河川堤防の
技術史

山本晃一 著
公益財団法人 河川財団 企画

技報堂出版

書籍のコピー，スキャン，デジタル化等による複製は，
著作権法上での例外を除き禁じられています。

はじめに

　平成の時代に入り社会経済状況の変化は，河川に関わる産・官・学・民の技術者集団の相対的位置関係や役割分担の変化を促し，急速に変わりつつあります。また，内務省時代の直轄技術体系が終焉し，現在，河川技術の再編成，維持管理を担う組織の整備と維持管理情報の IT 化，システム化が進められています。

　筆者の職場である公益財団法人 河川財団では，主要調査研究課題の一つとして，河川管理施設の維持管理に関する調査研究を重点的に取り上げ実施してきました。膨大な量に達した既存ストックの維持管理の高度化による河川構造物の延命化，維持管理費用の低減が望まれており，維持管理システムの体系化，合理化，情報化が急務であるからです。中でも，堤防植生管理，堤防を含めた河川構造物の維持管理，河道の維持管理について受託調査業務や自主研究事業で重点的に取り組んできました。

　堤防は，常に変化する長い河川河道に沿って築堤された構造物であり，被災を受けて実践を重ね，改良してきた長い治水の歴史の産物です。その技術は経験的色彩が強いものでした。

　しかしながら，高度経済成長以来，氾濫原において人口および資産が集中し，破堤による被害規模を著しく増大させ，国土保全の観点から堤防の機能および安全性を評価し，必要な堤防強化を行い，堤防の維持管理体制の明示化・システム化し得る堤防技術の工学化が求められました。

　本書では，河川管理施設として最も重要であり，かつ合理的機能評価が難しい堤防を取り上げ，現堤防技術の到達点を技術の変遷史として記し，さらに今後の技術の方向について述べたいと思います。

目　次

はじめに …………………………………………………………………… i

第 1 章　序　　論　　　　　　　　　　　　　　　　　　　　　1

1.1　河川堤防を取り上げる理由 ……………………………………… 1
1.2　河川堤防の技術とは何か ………………………………………… 2
1.3　河川堤防の技術項目と検討法 …………………………………… 3

第 2 章　古代から近世初頭までの堤防技術　　　　　　　　5

2.1　古代・中世の堤防技術 …………………………………………… 5
2.2　中世末から近世初頭の堤防技術 ……………………………… 11
2.3　戦国末期から幕藩体制確立期の治水技術の性格 …… 24

第 3 章　幕藩体制下の堤防技術　　　　　　　　　　　　　33

3.1　幕藩体制下の治水と治水制度 ………………………………… 33
3.2　地方書・定法書の出現とその役割 …………………………… 43
3.3　堤防の構造と配置 ……………………………………………… 48
3.4　幕藩体制下の川除普請の性格 ………………………………… 80

第4章 近代技術の導入とその消化
―明治の初期から中期まで―　　　93

4.1 治水制度の改革と治水法規 ……………………………… 93

4.2 欧米からの技術導入とその展開 ……………………… 99

4.3 デレーケの常願寺川改修計画における堤防と護岸工法
　　　…………………………………………………………… 109

4.4 欧米河川技術の受容 ……………………………… 122

4.5 欧米河川技術の消化とその実践 ……………………… 123

4.6 明治中期の近代堤防技術批判 ………………………… 125

第5章 河川法の制定と直轄高水工事
―明治中期から末期まで―　　　133

5.1 河川法の制定 …………………………………………… 133

5.2 国内物資輸送体系の変化 ……………………………… 136

5.3 内務省直轄改修計画の特徴 …………………………… 138

第6章 産業構造の変化とその対応
―明治43年大洪水から昭和の初めまで―　　　159

6.1 明治43年の大水害と臨時治水調査会 ……………… 159

6.2 社会経済状況の変化がもたらした技術課題 ………… 165

6.3 土木技術者の増大と治水技術の標準化の動き ……… 171

6.4 河川工学書における堤防技術 ………………………… 174

6.5 大正期から昭和初期の堤防築造の実態 ……………… 195

第7章 技術者の自覚と技術の法令化
―昭和恐慌から敗戦まで―　　　209

7.1 昭和恐慌から敗戦までの治水の動きと技術界 ……… 209

7.2 河川技術の法令化と標準化 …………………………… 219

目　次

第 8 章　戦後制度改革と内務省技術の総括
―敗戦から昭和 30 年代中ごろまで―　　239

8.1　治水利水制度の改革と治水事業の動き ⋯⋯⋯⋯⋯⋯ 239

8.2　堤防施工の機械化と請負施工 ⋯⋯⋯⋯⋯⋯⋯⋯⋯⋯ 252

8.3　堤防技術と土質工学 ⋯⋯⋯⋯⋯⋯⋯⋯⋯⋯⋯⋯⋯⋯ 256

8.4　河川砂防技術基準の発刊とその堤防技術 ⋯⋯⋯⋯⋯ 258

第 9 章　社会・経済構造の変化に対する対応
―高度経済成長から昭和の終わりごろまで―　　285

9.1　社会経済状況と治水 ⋯⋯⋯⋯⋯⋯⋯⋯⋯⋯⋯⋯⋯⋯ 285

9.2　河川法の大改正と河川管理施設の構造の基準化 ⋯⋯ 290

9.3　河川技術の担い手の変化と堤防技術 ⋯⋯⋯⋯⋯⋯⋯ 293

9.4　堤防に関する研究開発の動き ⋯⋯⋯⋯⋯⋯⋯⋯⋯⋯ 299

9.5　河川砂防技術基準（案）にみる堤防技術 ⋯⋯⋯⋯⋯ 308

9.6　河川土工指針の検討とマニュアル化 ⋯⋯⋯⋯⋯⋯⋯ 334

9.7　昭和 60 年 3 月の「河川堤防強化マニュアル（案）」

　　　における浸透対策 ⋯⋯⋯⋯⋯⋯⋯⋯⋯⋯⋯⋯⋯⋯⋯ 359

第 10 章　経験主義技術からの脱却とその帰結
―平成時代の堤防技術―　　373

10.1　社会の動きと河川事業の課題 ⋯⋯⋯⋯⋯⋯⋯⋯⋯⋯ 373

10.2　堤防技術の指針化の動きと河道計画の変革 ⋯⋯⋯⋯ 388

10.3　河川堤防設計指針における構造検討の考え方 ⋯⋯⋯ 400

10.4　河川堤防の構造検討と堤防築造土工指針との関係性

　　　⋯⋯⋯⋯⋯⋯⋯⋯⋯⋯⋯⋯⋯⋯⋯⋯⋯⋯⋯⋯⋯⋯⋯ 428

10.5　高規格堤防の設計思想 ⋯⋯⋯⋯⋯⋯⋯⋯⋯⋯⋯⋯⋯ 433

10.6　堤防の維持管理システムの高度化 ⋯⋯⋯⋯⋯⋯⋯⋯ 440

第11章 今後の堤防技術の課題　461

11.1　河川堤防技術の今 ………………………………… 461

11.2　今後の技術課題 …………………………………… 462

おわりに ……………………………………………………… 467

資料　河川堤防設計指針 ………………………………… 469

索　　引 ……………………………………………………… 481

（　＊）：筆者の捕捉説明

⇒　　　：概念を理解するための記述が存在する節や項，注を示す記号

引用文・図表については，旧字を現代表記にした。

総合物価指数

（河川便覧 1994 より）

年号	指数	倍率	年号	指数	倍率	年号	指数	倍率
明治 11	35.9	4 398.8	大正 6	107.4	1 470.4	昭和 31	33 189	4.758
12	41.5	3 805.2	7	140.7	1 122.4	32	35 232	4.482
13	49.5	3 190.2	8	172.3	916.5	33	34 675	4.554
14	54.7	2 886.9	9	189.4	833.8	34	35 728	4.420
15	49.9	3 164.7	10	146.4	1 078.7	35	37 771	3.181
16	39.0	4 094.1	11	143.0	1 104.3	36	40 743	3.876
17	32.5	4 859.0	12	145.0	1 089.1	37	42 229	3.739
18	34.1	4 631.0	13	150.8	1 047.2	38	44 087	3.582
19	31.3	5 045.2	14	147.3	1 072.1	39	46 068	3.428
20	32.2	4 904.2	昭和 1	130.7	1 208.2	40	48 236	3.274
21	32.5	4 859.0	2	124.1	1 272.5	41	50 759	3.111
22	35.4	4 460.9	3	124.8	1 265.4	42	53 579	2.947
23	40.6	3 889.6	4	121.3	1 301.9	43	56 547	2.793
24	38.0	4 155.7	5	91.2	1 731.5	44	59 219	2.667
25	39.0	4 049.1	6	77.1	2 048.2	45	63 374	2.492
26	36.2	4 362.3	7	85.5	1 847.0	46	66 936	2.359
27	38.2	4 133.9	8	98.0	1 611.4	47	70 795	2.231
28	41.0	3 851.6	9	100.0	1 579.2	48	80 145	1.970
29	44.3	3 564.7	10	102.5	1 540.6	49	96 174	1.642
30	49.0	3 222.8	11	106.8	1 478.6	50	103 299	1.529
31	51.6	3 060.4	12	129.7	1 217.5	51	111 313	1.419
32	51.9	3 042.7	13	136.8	1 154.4	52	118 437	1.333
33	55.6	2 840.2	14	155.3	1 016.8	53	124 374	1.270
34	53.0	2 979.5	15	182.3	866.2	54	127 787	1.236
35	53.5	2 951.7	16	196.7	802.8	55	133 576	1.182
36	56.9	2 775.3	17	251.9	626.9	56	138 622	1.139
37	59.9	2 636.3	18	290.5	543.6	57	140 848	1.121
38	64.2	2 459.8	19	357.1	442.2	58	142 926	1.105
39	66.2	2 385.4	20	—	—	59	146 191	1.080
40	71.4	2 211.7	21	4 198	37.614	60	148 417	1.064
41	68.7	2 298.6	22	10 607	14.888	61	151 089	1.045
42	65.6	2 407.3	23	18 424	8.571	62	151 089	1.045
43	66.4	2 378.3	24	22 227	7.105	63	151 683	1.041
44	68.9	2 292.0	25	23 076	6.843	平成 1	154 503	1.022
大正 1	73.0	2 163.2	26	27 690	5.703	2	157 916	1.000
2	73.1	2 160.3	27	28 877	5.469	3	161 181	0.980
3	69.7	2 265.7	28	30 479	5.181	(推) 4	164 001	0.963
4	70.6	2 236.8	29	31 627	4.993	(推) 5	166 382	0.949
5	85.3	1 851.3	30	31 579	5.001			

資料：明治 11 ～昭和 17 年「日本経済の成長率」（大川一司編），昭和 18 ～ 30 年「経済要覧」（経済企画庁），昭和 31 年以降「国民所得統計年報」「国民経済計算年報」（経済企画庁）。
注 1）「指数」は昭和 3 ～ 7 年＝ 100 とした値であり，「倍率」は平成 2 年＝ 1.000 として換算した値。
注 2）暦年についてのものである。また，昭和 40 年以降は新 SNA 方式に基づく計数。
注 3）平成 4 ～ 5 年の値は河川計画課における推計値。

第 1 章
序　　論

1.1　河川堤防を取り上げる理由

　平成 9 年（1997）に河川法の大改定がなされ，その目的に河川環境の整備と保全が付加され，また，人口減少・高齢化社会を迎え，河川構造物に維持管理体系の改革，高度化，構造物の性能規定化が求められた。こうした社会からの新たな要請を受け，河川砂防技術基準の大改定が必要とされた。ようやく，平成 17 年（2005）に計画編，平成 22 年（2010）に調査編，平成 23 年（2011）に維持管理編（河川編）が国土交通省水管理・国土保全局から公表された。

　維持管理編（河川編）の「第 6 章　維持管理対策」においては，対象施設として河川管理施設一般（機械設備・電気通信施設，堤防，護岸，根固工，水制工，樋門・水門，床止め・堰，排水機場，陸閘，許可工作物）が挙げられている。

　これら河川管理施設の中では，堤防の維持管理が最も主要，重要なものであるが，維持管理の対象とされる堤防の材料特性（土の種類，締固め度，透水係数，土の強度など），築堤履歴が不明なものが多く，堤防治水安全性の評価を的確に実施するのに障害となっている。

　河川管理に当たっては，変化が激しく，その変動を予測するのが難しい河川という歴史的蓄積物を対象とするので，通時態情報（時間軸情報）を必要とする。堤防を見てみる。現在存置している堤防には，近世以前の古堤防を内部に抱え込んでいるものもある。ある時代の堤防築造方式（形状，締固め

●第1章●序　論

方法など），堤防材料についての知見の有無は，堤防の維持管理および改良工法の決定，選択，堤防機能の評価精度に関係する。その意味で現代的な堤防内部構造の探索技術とは別に，堤防材料，堤防形状，堤防築造技術の歴史的変遷に関する情報は貴重な技術情報である。しかしながら，その技術内容を技術史として記した適切な文献が見当たらない。

　河川事業に関する歴史的情報は百年史等にまとめられているが，近代以降の工事史が主であり，それも工事の前提になる背後の技術情報は断片的にしか記述されていない。河川技術体系および河川管理組織の変化が急速に進みつつある現在，河川技術の通時態情報の編集およびその情報へのアクセス手段の構築が急務である。

　そこで，河川堤防の技術の変遷を技術史として取りまとめ，河川堤防の維持管理・治水安全度評価の高度化・合理化に資するものとする。

1.2　河川堤防の技術とは何か

　河川堤防は，土を基本材料とした盛土である。それにより洪水による氾濫域を制御し，堤内地（堤防で洪水防御された土地）の土地の利用高度化を図り，土地生産力を高め，また蓄積された財物の洪水による被害を軽減するものである。堤防そのものは，一定の形状に土で盛ったものであるが，堤防の技術はそこにとどまるものでなく，一つの体系をなしている。

　堤防をどこに，どの高さで，どういう形状にどうやって盛り立てるのか，盛り立てるに必要な材料，労働力，道具，資金をいかに調達するのか，堤防法面を雨水や洪水の流体力による侵食からいかに保護するのか，築堤後の堤防の変形や草木類の侵入にいかに対処するのか。すなわち，堤防築造という計画目的・意図を実現するための調査，設計，施工，維持管理という行為内容，行動方針，手段の編成は，気候，基礎地盤，地形という自然条件とその認識に関する理論水準，河川流域の統治体制，空間の利用状況，物材の生産様式，物材の交換様式という社会経済条件により空間的に差異が生じ，また，時間軸で変化する。

　本書では，堤防の技術史としてこれらについて記述する。

2

1.3 河川堤防の技術項目と検討法

河川堤防の技術史として取り上げるべき項目は以下のことが挙げられる。

① 堤防の目的・機能・構造が変わる社会・経済的背景

② 堤防の設置位置（堤防法線形の設定法）

③ 堤防形状（高さ，天端幅，法勾配の設定法）

④ 堤防築堤材料（材料の選定法）

⑤ 堤防材料の運搬法（道具・機械）

⑥ 堤防の築堤法（土の締固め法，施工法）

⑦ 堤防法面および法尻侵食保護工

⑧ 堤防築造の歩掛かり・積算法

⑨ 築堤工事検査法

⑩ 堤防の維持管理法

⑪ 水防システム・工法（緊急時対応）

⑫ 堤防築造および維持管理費用負担割合論

　　（国，地方自治体，特定受益者など）

これらの項目は，個々ばらばらに存在しているものでなく相互に密接に関連し合っており，それが堤防という実在物として具現化している。

②，③は，河川の形状を計画する洪水防御計画（河道計画）に関わる事項である。これについては，拙著『河道計画の技術史』[1] において①と関連づけて記述したので，ここではそこから抜き出し補足情報を加えることとした。

③〜⑦，⑩，⑪の項目は，既往文献（発掘調査報告書，土木史関係研究書，堤防に関する研究報告書），近世の地方書，河川技術に関連する工学書，技術基準，現地調査，関係者に対するヒヤリングにより取りまとめる。なお，⑦に関連する護岸・水制については，拙著『日本の水制』[2]，『護岸・水制の計画・設計』[3] から関連情報を引き出し，さらに，最近の調査・研究情報を付け加える。

⑧〜⑨，⑫の項目は，多少触れるが本格的な検討を実施していない。⑪については，堤防の技術と密接な関係にあるが水防工法の変化が少ないこと，

3

●第 1 章●序　　論

水防システムとして，別途，社会学的・経済学的な詳細な検討を踏まえた根本的な検討（地域水防から広域水防へ：交通，通信，備蓄，指揮・指令，訓練）が必要であり，今後の課題としたい（⇒注 1）。

　なお，ここ 30 年の堤防の構造設計法，安全性の照査法については，建設省・国土交通省から技術基準や手引きが通達・発刊されており，その技術内容はインターネット等の情報システムにより容易にアクセスできるので，細かい技術内容には触れず，研究・検討・技術化の流れのみ記すことにする。

　本書では，河川堤防に関連する技術用語の解説を行っていない。本書の理解のために，日本における堤防に関する随一の成書で，今日の堤防技術の現状と課題，外国の河川堤防の技術にも触れた中島秀夫著『図説　河川堤防』[4]を，河川地形や河道の特徴・特性の空間的差異については，拙著『沖積河川』[5]を参照されたい。

《注》
注 1) 昭和の終わりごろの水防体制の課題と実情のついては，文献 6) ～ 11) が参考となる。

《引用文献》
 1) 山本晃一（1999）：河道計画の技術史，山海堂
 2) 山本晃一（1996）：日本の水制，山海堂
 3) 山本晃一 編著（2003）：護岸・水制の計画・設計，山海堂
 4) 中島秀夫（2003）：図説　河川堤防，技報堂出版
 5) 山本晃一（2010）：沖積河川―構造と動態，技報堂出版
 6) 山本晃一（1986）：水防体制の変遷―治水との関わりから，地質と調査，1986 年 4 月号，pp.2-13
 7) 山本晃一，末次忠司，桐生祝男（1984）：水防体制の現状とその問題点（1）―水防体制の強化に向けて，土木研究所資料，第 2059 号
 8) 浜口達男，末次忠司，桐生祝男（1987）：水防体制の現状とその問題点（2）―都市域における水防体制のあり方，土木研究所資料，第 2457 号
 9) 浜口達男，末次忠司，桐生祝男（1986）：水防における情報伝達に関する調査報告書，土木研究所資料，第 2327 号
10) 浜口達男，末次忠司，桐生祝男（1986）：全国水防団体の実態調査，土木研究所資料，第 2457 号
11) 吉本俊裕，末吉忠司，桐生祝男（1988）：水害時の避難体制の強化に関する検討，土木研究所資料，第 2565 号

4

第2章
古代から近世初頭までの堤防技術

2.1　古代・中世の堤防技術

　遠い縄文時代にあっては，植物の採取，狩猟，漁撈を生産労働の中心とした生活を営み，住居も氾濫原を避けたこともあって河川との関わりは薄く，河川に意図的に働きかけるという技術的活動は，身の丈スケールの小規模のものであったろう。

　紀元前300年ごろ北九州で始まった水稲栽培は，弥生時代中期までには東北青森まで行われるようになる。この水稲栽培は一定の技術様式を持った中国大陸，朝鮮半島からの渡来人とともに伝えられたものと考えられている。このころ住居は丘の周辺あるいは自然堤防上の微高地に構えられ，水田は浅い谷地や小河川の低平地に営まれた。人と河川の関係が密接となった時期が，治水・利水の始まりと言える。

　このころの河川処理技術は歴史文書として残っていないため，遺跡の発掘調査からその工法を探らざるを得ない。福岡県の板付遺跡（弥生初期）や静岡県の登呂遺跡（弥生後期）では，杭・板で作られた畔畔や木組みの井堰が発見されていることから[1,2]，用水路や小河川の川欠けを防ぎ，また導水するための詰杭工，板柵工，しがら工程度のものは施工されていたと考えられる（**図-2.1**）。

　稲作技術が伝わってから200年，前述した遺跡に見られる井堰などの導水技術により，大河川の小支川や小河川の比較的高位の堆積面にも水田（乾田）が開かれ，食料生産量の増大となり人口も増加した。中国の『魏志』に記さ

● 第 2 章 ● 古代から近世初頭までの堤防技術

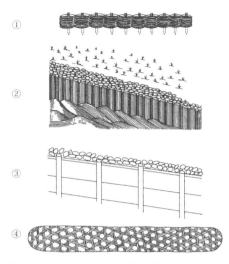

図-2.1 ① しがら工，② 詰杭工（水理真宝），③ 板柵工，④ 竹蛇籠

れた記述によると，このころ西日本一帯に多くの国が成立し，百余国もあった。これが相争い3世紀前半には30国に減っている[3]。弥生時代後期2世紀に入ると鉄製の武器や鉄刃の鋤などの農具が使われ始め，戦闘力や土工の生産性が増加し開田が容易になったことが，これに拍車をかけたであろう。

4世紀から5世紀には大規模な古墳が築造されていることから，生産性の上昇と人口の増加，労働力を統制する権力の集中が進んだことが知られる。古墳には一定の様式すなわち統一性があることにより，計画的に造られた土木構造物である[4]。

設計に当たっては，設計図が必要であり，このための測量術，製図道具（定規，コンパス）などの規格化，技術が働きかける対象の定量化のための尺度の統一がなければならない。これらの技術は朝鮮からの渡来人や大陸との交流・交通を通じた先進技術が導入されたものである。畿内を中心として集団的に移住し，定住した渡来人は，進んだ技術を伝え，また土地の開発にも当たったのである。

水田の増大は用水を必要とする。小河川から用水を取り入れるしかなかったそのころの技術では，河川からの用水取水可能量（低水流量程度）が水田耕作面積拡大の制約条件となり，これを超える技術「ため池」が畿内を中心に3世紀ごろから築造されるようになる。

大河川の沖積地への積極的な進出も行われる。『日本書紀』の仁徳紀には，難波高津の宮の北の原野を掘り割り，南の水（大和川）を西の海に入れた事跡（難波の堀江）や，淀川の南岸に堤防［茨田（まんだ）の堤］を築き氾濫を防ぎ土地の開発を行った事跡に代表される[5],[6]。

飛鳥時代になると，中大兄皇子らによる大化の改新（645）が行われ，地

2.1 古代・中世の堤防技術

方豪族による地方支配の強い氏族的社会から，随・唐の進んだ文化や制度を取り入れた律令制国家，すなわち中央集権的な国家体制に整備されていく。公地公民の制，班田収受の法という法制度は米が大和朝廷の財政的基盤であることを示すものであり，水田の拡大と用水の確保は朝廷の存続と律令体制の存続基盤であった。

7世紀初期（616年ごろ），南河内を流れる西除川の洪積台地を下刻した谷部を締め切り，ため池（狭山池）が築造された。発掘調査により，締め切り堤防の高さ5.4 m，底幅27 m，長さは300 m，池側斜面が35°程度と推定された。**図-2.2**はその土質断面図である。帯状に薄くなった小枝の層が何層もあり，小枝を敷き並べその上に土を積む敷葉工法（盛土厚15～20 cmごとに敷葉を伏せる）で築造し，堤体底部，池側斜面および堤体内部に黒い土の塊となった土のう積みが施されている。また，コウヤマキの丸太をくりぬいてつなげた樋管も発掘されている[7]。

この敷葉工法は古代中国・朝鮮半島で使用されたことが遺跡調査で見つかっており，日本の敷葉工法は中国・朝鮮からの伝来技術であると考えられている。日本においては，1世紀ごろの遺跡である岡山県上東遺跡の港跡の突堤に敷葉工法が使われ，5世紀末～6世紀初めごろの堤防（高さ1.5 m，底幅10 m程度）にアシやスギ皮と推定される敷葉工法が発見されている。7～8世紀には敷葉工法の遺跡が多くなる[7]。

福岡県の水城（みずき）は，663年，白村江において唐・新羅連合軍に大敗した百済救援の倭国軍の戦後処理として，唐・新羅の倭国への襲来を恐れ

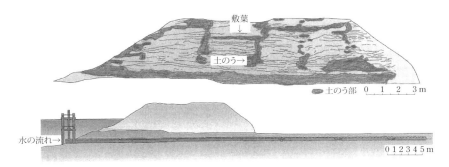

図-2.2 狭山池東樋地点の堤の断面（文献7を簡略化）

●第 2 章●古代から近世初頭までの堤防技術

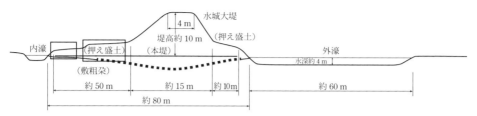

図-2.3 水城（大堤）の当時の断面形状のイラスト（文献 9 を簡略化）

太宰府の外郭（防塁）として築造された。その形状は図-2.3のとおりであり[8),9)]，堤底に粗朶を用いた敷葉工法が用いられた。また堤体は版築（はんちく）工法で盛立てられた[8),10)]。平成 5 年（1993）の開削トレンチの観察によると敷粗朶は旧水田面と思われる粘土質の上面とその上 10～20 cm の真砂土を盛立てた上面の 2 層構造であった。また超軟弱な箇所には梯子胴木的工法の採用，工事途中ですべり崩壊を生じた箇所では抑止杭工と石材（50 cm×50 cm 程度）投入による対応を取っている。粗朶敷工法は，粘性土上での盛立てという土工工事の作業効率（トラフィカビリティ）の向上と基盤強度の補強を狙ったものと考えられている[8)]。

狭山池と水城では，築堤の目的が異なり敷葉工法の技術的意味付けは異なる。狭山池は貯水施設であり，漏水破壊や水漏れが生じない工法が求められる。粘性質の土を使用した土のう積み工法は実質的に漏水防止対策，堤体補強対策となっていると評価される。敷葉工法は堤体の法すべり対策効果を期待したもの考えるが，漏水に対しては負の効果となろう。堤体内部の土のう積みはその対策なのであろうか。

治水について見ると，大化 2 年（646）に早くも公地開発のため河川に堤防を築造せよと言う詔が出され，国や郡という大和朝廷関係機関のもとに結集された公民への賦役により治水工事が実施された[5)]。治水工事，条里制の施行による新田開発は，奈良時代中期に急速に進展し，天平文化の栄華を支えるが，その一方で耕地が洪水氾濫域に進出したために，『続日本紀』などを見ると洪水との戦い，水害の被害が増していったことをうかがえる。

治水工事は大和朝廷にとって重要であり，法令として統制される。大宝元年（701），文武天皇により大宝律令が発布され，その中の営繕令に治水に関

する法規が定められた。今日伝わる法令は養老律令（718）であるが，内容は変わらないと言われている。

令巻第七営繕令廿では「大河の水流に近い堤防は，国司，郡司をして巡視し，修築を要するものがあれば秋の収穫の後に施工し，かつその土工の多少を考慮して近くより遠くに及ぼし（河川近傍の農民から，漸次遠くの農民を動員し[*]），大破の場合にあっては時季のいかんに関わらず直ちに修築を行え。500人以上の人夫を要する場合には施工と同時に具申せよ。もし急施を要するならば，軍団の兵士を用いることを許される。使役する日数は5日を超えてはならない。」とし，また「堤防の内外，堤防上に楡，柳，雑木を植栽して堤堰用に当てよ。」と記している[5),6)]。

メモ　奈良時代の1日1人当たりの開削土工量の推定

水野時二[11)] は『算計十書』の記事より132立方尺と見積もり，亀田隆之[12)] は140立方尺程度とした。140立方尺は6.3 m^{3}に相当する（大宝律令の大尺35.6 cmで計算した。大尺は土地の測量に使用した。ちなみに小尺29.6 cmでは3.6 m^3）。江戸時代の算法書では鍬取1坪（6.0 m^3）である。時代の差にもかかわらず，土工用具（鍬等）の変化が少なく，土工効率の変化が少ないのであろうか。

平城京の造営に当たっては，条里地割（升目状の地割）に合わせて佐保川，菰川，岩井川，秋篠川を人工的な新水路に流し，京内への洪水の流入の防止を図り，また，物資運搬用の運河を開削した。水田下に眠っていた堀川（運河）の発掘調査によると，川幅11 m，深さ2.5 mで杭としがらみで護岸が施されており，また内裏の東方では，上幅7 m，底幅3.5 m，深さ2.5 mの玉石を積み上げた排水路が見つかっている[13)]。このころ，河岸処理として杭工，板柵工，しがら工，竹蛇籠に加えて，三本の木材を主材料にした三叉（猪子）や出雲結（**図-2.4**）が使用されたと考えられている[14)]。

その後，律令体制下の公地公民の制は，この制度のうちにおいても私有地であった寺田・神田等の増大，大臣の位田・功田，職田の私有地化によって弱体化し，公田は，私有地化・荘園化されていった。また当時，口分田の不

●第2章●古代から近世初頭までの堤防技術

足を解消するための開墾政策として進められた三世一身の法や墾田永年私財法では，開墾が資金と労働力（逃亡農民）を持つものに限られたため，寺社や貴族が所有地を増やし，さらに寄進による墾田を合わせて耕地の大部分は寺社・貴族の所有するところとなり，荘園化されていった。用水も国家的管理を離れ，土地に張り付いた郡司領域，荘園単位の用水体系となり，小河川のため池に依存するようになった。治水工事も大規模なも

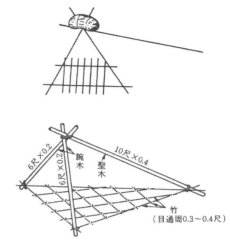

図-2.4 三叉（猪子）（諸国堤川除樋橋定法），出雲結（日本水制工論）[14]

のは行われなくなり，沖積地に進出した水田が度重なる水害により荒廃するケースが多くなった。治水が地先単位のものとなり，山地森林管理も弛緩してしまう。干拓された塩田・新田も私有地となり，塩焼きのため海岸林は伐採・燃料とされ荒廃した。

　荘園の増大と不輸・不入の権は，荘園内の管理や自衛武力を必要とすることになり，荘園の管理等に携わっていた土豪は武士となっていった。鎌倉幕府の成立とともに荘園武士は，守護，地頭，御家人等の身分を得て，徐々に荘園領主の支配から離れた。室町時代に入ると，有力な武士は荘園領主支配の権限を奪い，守護大名のもとに被官として統制され，荘園制は崩壊していく。一方，荘園制の弱体化とともに，二毛作と役畜，刈敷肥料の普及，鉄鍬による深耕等の農業技術の進歩と相まって，荘民は自営農民に成長するものが増え，荘園の枠を超えて地域的に結合し，経済的・行政的にまとまった名主（みょうしゅ）を中心とした「惣」を形成していく。

　開発先進地である山城国の木津川や宇治川等の支川では，天井川化が南北朝14世紀ごろから始まっている[15]。沖積地開発が小扇状地まで進み，氾濫を防ぐ人工堤防の継続的嵩上げが生んだものである。

10

2.2　中世末から近世初頭の堤防技術

　応仁の乱によって，幕府の統制力が弱まると守護大名に代わって，戦国大名が出現する。守護大名は領国内の在地領主層を被官とすることができただけで，土地と農民を直接支配するまでには及ばなかったが，戦国大名はしだいに在地領主層に対して支配力を強め，家臣の知行地に軍役だけでなく一定の租税を賦課するようになる。戦国大名は家臣に所領の明細書を提出させ（指出検地），それに基づいて役や租税を賦課するとともに，新領地獲得の場合には検地を行い，領主の支配権をより強固なものにしていく。

　各地に出現した戦国大名は，戦力の基盤である土地，農民の奪取のため，外に向かって戦うと同時に，自領内では兵力増強，作物増産をスローガンに国力増進に励んだ。農業生産の基盤整備事業である灌漑や治水施設の整備が武将たちの指揮によって展開されるようになる。さらに，戦国大名の居城が領国の中心地に築かれると，その周辺には武家屋敷が置かれ，貨幣経済の発達もあって町人も住む城下町が形成されていく。ここに都市防衛を含めた自国領地の洪水防御が大きな課題となった。

　以下に代表事例として，武田信玄の釜無川と加藤清正の菊池川の堤防技術について述べよう。

2.2.1　武田信玄と釜無川の治水と堤防

　武田信玄と釜無川の治水はその代表例で，甲府盆地を守るために釜無川，御勅使川の合流点処理，堤防築造を合わせて抜本的な治水対策を行ったのは有名である。

　甲府盆地は，周辺の山々から流出する河川によって形成された扇状地と盆地出口狭さく部上流の自然堤防帯からなる。釜無川は，**図-2.5** に示す竜王の鼻を扇頂とする扇状地（勾配 1/300 であり，甲府盆地の出口狭さく部上流 6 km 区間は 1/600 の緩勾配である）の西側寄りを流れていた。この竜王の鼻の下流辺りで巨摩山地より流れる御勅使川が右側から流入する。この川は信玄が父信虎を追放し，甲斐の統治を始めた天文 10 年（1541）当時は，**図**

● 第 2 章 ● 古代から近世初頭までの堤防技術

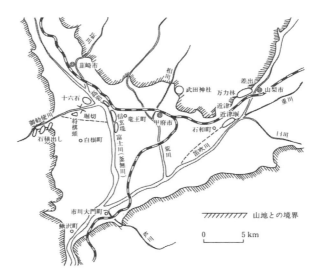

図-2.5　甲府盆地の地形と河川

-2.5 の点線が主流路である勾配 1/60 程度の急勾配の扇状地を流れる河川であり，その扇端が釜無川に接していた。したがって洪水のたびに運び出された土砂は合流点付近に堆積し，釜無川を盆地の中央に向かわせることとなり，盆地に存在する既存農地を守り，また，ここを開発するためには，釜無川左岸堤の防御が重要な課題となっていた。

　信玄の採ったと言われる治水策は次のようなものであった。まず，釜無川左岸の安定性を破壊する主要因となっている御勅使川の流出土砂の堆積と洪水流を緩和するため，御勅使川を高岩という自然な強固な崖に受けさせた。御勅使川扇状地の扇頂付近には，水をはねて河道を固定する「石積出し」を築き（図-2.6），また，当時の主流であった流路への分流量を減少させるため，当時派

図-2.6　御勅使川が平地に出る付近の白根町筑山，有野地先にある巨大な石積出し（1995）

2.2 中世末から近世初頭の堤防技術

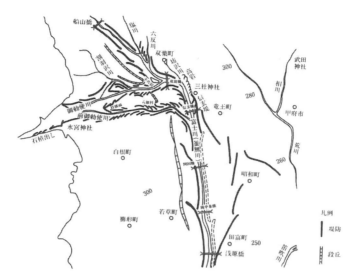

図-2.7 富士川（釜無川），御勅使川の霞堤（ただし，江戸時代後期の推定図）
（文献17を簡略化）

川であったと考えられる現本川筋を拡幅し，これを主流路とした．分流点には「将棋頭」と言われる頂部が三角形状をした空石堤を築き分流点を固定し，さらに**図-2.7**のように霞堤（⇒注1）で流路を固定した．釜無川本川筋には，御勅使川と釜無川が合流する直上流右岸に巨大な石（十六石）を水制とし並べ，釜無川本川筋の流れが高岩に向かうようにした．高岩下流の扇状地左岸側には「出し」という下流に向いた水制を付した堤防を築き石張や蛇籠を施工し，竹や木の植栽を施した．これが有名な竜王信玄堤である．その下流には不連続でしかも前の堤防と重ね合わせた霞堤を配置した（⇒注2）[16),17)]．霞堤は河道前面にある堤防が破壊され洪水が流れ出しても，次の堤防でこれを受けて洪水を河道に戻すものである．扇状地のように流速が速く，河岸侵食によって堤防の破壊が生じやすいところに対して2重の防護策を取ったのである．

信玄は，また新田開発のため信玄堤近くに移住を勧めた領民に対して，租税や労力奉仕を永らく免除する一方，洪水時の水防従事を義務づけた．洪水により危険な状態になった場合，普請奉行からの命令により直ちに水防に出

13

●第2章●古代から近世初頭までの堤防技術

仕させるなどして，領民による地先防衛を含む治水戦略を練り上げている[18]。

　戦国大名として領国を支配するためには，地付の武士団の経済安定を図り，かつ戦力の充実のため，農業生産力を増大することが求められ，治水および利水投資が必要とされたのである。領国一円支配という治水対象空間領域の拡大と強力な力なしには，甲府盆地で行われた種々の治水および利水施設の建設は有りえなかったといってよい。また，甲府の地形，河川の特性を読み取り，それを領国支配強化のための治水利水戦略とする優れた実利的な構想力は，戦国という荒々しい目的論的な功利主義の時代を生み出したものである。

　戦国大名による治水水事としては，このほかに北条氏による荒川熊谷堤・箕田堤など，毛利氏による大田川等の工事などが挙げられる[5]。

2.2.2　加藤清正による菊池川・緑川下流域治水と堤防

　加藤清正は，永禄5年（1562）尾張国愛知郡中村に生まれ，木下藤吉郎（後の豊臣秀吉）に仕え，数々の武功を挙げて加増されてきた。天正13年（1585）7月，秀吉が関白に任ぜられたときには，首頭頭（かずえのかみ：民部省の主計寮の長官）の称号を与えられた。天正15年の秀吉の島津氏征討に従事し，名和氏の明け渡した宇土城を預けられ，その守護に当たった。島津を降伏させた秀吉は，帰途，肥後国を佐々成政に与えたが，国衆一揆が発生し，成政は領国支配に失敗した。一揆は秀吉の命により近隣の諸大名によって平定されたが，成政は一揆を起こさせた責任を問われ切腹を命じられた。この一揆鎮定後，秀吉は肥後の北半と葦北郡を清正に，南半を小西行長に与えた。清正は旗本の5570石から25万石の大名に若干27歳で取り立てられたのである（⇒注3）[19]。

　天正19年（1591），清正は秀吉の命令で，朝鮮出兵のための基地として肥前名護屋城築城の指揮を執り，昼夜兼行の突貫工事を5か月程度で完成させた。文禄元年（1592）から5年，さらに慶長2年から3年の長きにわたって清正は朝鮮で戦った。慶長3年（1598）8月18日に秀吉が亡くなり，本国からの撤退命令を受け11月に帰国した。秀吉の2回の朝鮮出兵は，両国に

14

とって不毛と朝鮮の荒廃をもたらした。

　秀吉の死後，権力の継続をめぐって豊臣氏の将来を案じる石田三成が，徳川家康に対して挙兵し，ここに関ヶ原の合戦（1600）となった。このとき，清正は九州において黒田如水とただ2人家康方につき，小西行長の宇土城を攻め落とし，立花宗茂に柳川城を明け渡させた。この功により清正は，小西の旧領を合わせて54万石の領主となった[19]。

　天正16年（1588），肥後入国に当たって大坂で新規に家臣を召し抱え，さらに佐々氏の家臣300人に知行を与え家臣団に加え，領国の経営に当たる。一揆の残党を鎮めると同時に入国200余日で早くも菊池川下流の治水工事に着手する[19]。

　菊池川は当時，現在の玉名市の中心部に当たる高瀬付近から南に向きを変え，伊倉の西を通り久島と横島の間を抜けて，有明海に注いでいた。その河口は船津と称し，伊倉，高瀬は貿易港と知られ，支那船の来泊するものが多かった。支那船が高瀬（現河口より7 km 地点）まで航行し得るようにした。この区間は感潮区間で上流の菊水町江田付近（現河口より約15 km 地点）まで海水が逆流していた。なお，現在の菊池川のこの区間の河床勾配は0～7 km 区間で1/4 000，7～15 km で1/2 300 程度，河床材料は粗砂となっており，泥湿地のセグメント3（⇒注4）の河道ではなく，当時の技術でも開発しやすい土地であったと言える。

　清正は菊池川の河口付近を開墾し新田とするため，天正17年（1589）より慶長10年（1605）に至る17年を費やし，現玉名市桃田・千田川原地点の本川を塞ぎ，これを廃川として，新たに西方に新水路（支流があったと言われている）を開き本川とした[19],[20]。

　旧菊池川の河口である久島・横島間には石塘（いしども）を築き，川の締め切りと潮止めを図った。石塘のうち久島山の方に18間（約36 m）の洪水落とし場を設けた。塘根敷石の上に土手を築立て，洪水によって田が浸水したとき，この場所を切り開いて水を海に落とすものであった。これと同様な施設は流路変更した地点の桃田・千田川原にも作られた。御米蔵等がある重要水防箇所である高瀬を守るため，左岸側に作られた洪水落としから水を入れ，これを旧菊池川に落とし，これを先の久島の洪水落としで海に掃くもの

であった。さらに，旧河道沿いには，落とされた洪水水による氾濫被害を防ぐために両側に堤防を築き道路と兼用とした。菊池川の支川である小葉川は旧川と結び，そこに井樋を設け伊倉周辺の用水の補給源とした[19),20)]。旧河道を用排水路としたのである。

新川筋には堤防を築き洪水に備え，67か所の石造水制を築造し，また轡塘（くつわども：**図-2.8**に示すように本堤とは別に川の中に枝塘を造り小出水はここに流し，いったん洪水になった場合は，下流から流入させ被害拡大を防ぐもの）を8か所築造し，河岸場として切石積の陸揚場を6か所造った。さらに旧来の干潟地や州を水田とし，それを高潮などから守るため，横島と大浜間に海岸堤防を造成

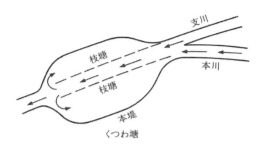

図-2.8 轡塘の基本形状と原理

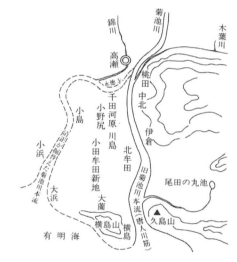

図-2.9 菊池川の掘り替えと小田牟田新地（天正末期）（文献19を微修正）

し，防潮堤とした[19),20)]。これによって小田牟田新地が造成されたのである（**図-2.9**）。天保3年（1832）に書かれた『藤公遺業記』によると[20)]，この新地の面積は870町9反歩，11 499石余とある。

図-2.10に菊池川3.5〜6.7 km区間の堤塘配置と石積水制配置［安政2年（1855）の図面］を示す[21)]。石積は切石を層積としている。法勾配は石垣風で急である。また，水制の下部は水制を取りまく切石による裾巻が設置されている。

2.2 中世末から近世初頭の堤防技術

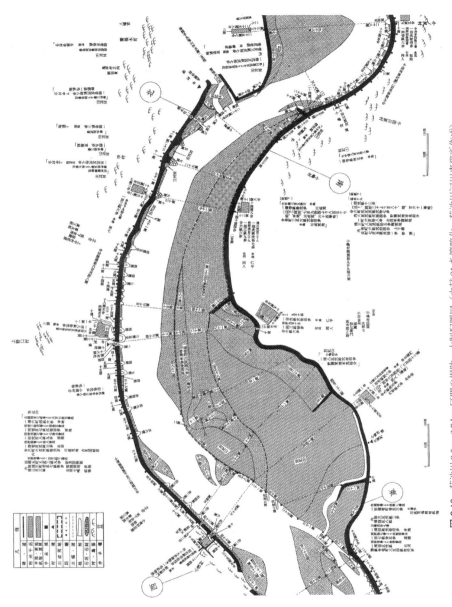

図-2.10 菊池川 3.5〜6.7 km 区間の堤防・水制配置図（文献 21 を簡略化、菊池川河川事務所作成）

17

● 第 2 章 ● 古代から近世初頭までの堤防技術

水制の設置された地盤（砂層）と水制底部の構造形式については不明であるが，水制荷重を支える基礎工（土台木，敷粗朶工，敷石工など）が設置されているであろう。

加藤清正は，セグメント 2-2（⇒ 注 4）に当たる河道区間において切石を用いた石積水制や石積護岸を築造した。城普請の技術が利用されたのである。この工法は，後述するセグメント 2-2 における近世江戸幕府下の堤防（土堤）および河川侵食防止法からみると過剰な工法と言えるが，現在まで残置しその機能を担っており，ライフサイクルコストを考えると妥当だったと言えよう。

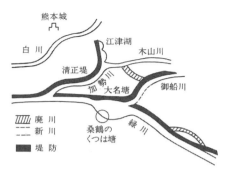

図-2.11　緑川の改修と堤防配置の概略図[19]

関ヶ原の戦い後，小西行長の領地を得た清正は，慶長 13 年（1608）より杉村茂吉，森勘左右衛門を普請奉行として緑川の改修を始める[20]。緑川の支川である加勢川は，矢形川，木山川，沼津山川，江津湖，御船川が流入する緩流河川で，出水，氾濫が絶えない河川であった。清正は有明海からの高潮と加勢川からの海水・河水の流入を防ぐため，図-2.11 の示す長い連続堤（清正堤：きよまさづつみ）を築き，併せて御船川の流路を切り替えて緑川に落とした。また緑川，御船川右岸の大名塘と言われる堤防を築造させ，さらに御船川合流点の上流と下流に轡塘を造っている[19),20]。清正堤は加勢川の右岸側に築造され，左岸側の大部分は無堤であった。大きな洪水時には旧小西領に氾濫させたと言える。この堤防を天保期においても「外郭の堤防」と呼んでいた[20]。この堤防は隈本城防御の第一の要害として位置づけられていたのである。

2.2.3　和歌山県かつらぎ町で発掘された紀ノ川右岸の石張護岸と石出し

この遺跡は，平成 9 年（1997），紀ノ川中流域かつらぎ町で発掘されたもので，延長 200 m を超える石張護岸（村田ほか[22]）では石積み堤防と記して

2.2 中世末から近世初頭の堤防技術

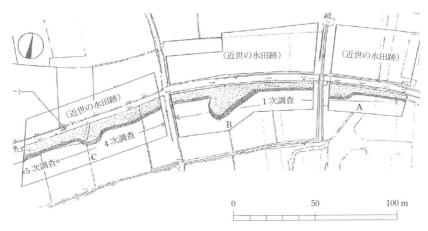

図-2.12 石積み護岸の概略図（文献22を簡略化）

いるが，堤防形状を確認しておらず，河岸侵食防止のための護岸工と判断した[*]で16世紀末から17世紀初めに施工されたものと推定されている。本区間における現紀ノ川は，河床勾配1/520，河床材料の代表粒径4cmのセグメント2-1の河道であり，中央構造線に沿って流れている。

石張護岸および石出しの構造を村田ほかの報告[22]に基づいて，構造形式を述べる。

石張護岸は，**図-2.12**に示すように発掘延長で235mである。現水田の1.5mほど下に天端がありその標高はT.P.46mほどで，高さは最も高い部分で2.1m，低い部分は0.8m程度，法勾配は18°（3.12割）から25°（2.15割）前後で比較的緩い。護岸および石出しは主として10～20cm前後の河原石（C集団：河原石の内，主粒径集団より粗粒な粒径集団）と20～30cmの片岩割石の2種類の石で構成されている。本川護岸法面は，主として片岩が使用され，その下に河原石を置くことは行われていないと推定している。割石は整然と合場を合わせて敷かれたものではなく乱積みに近い。石張護岸の法尻基礎部は，基底部である地山砂礫層の上に20cm程度の大褐色の土を敷き，その中に若干の河原石を入れ，法面に片岩を置いている。そのほかの法尻保護工は発見されていない[22]。

この護岸には3か所（約70m間隔）に張り出した石出しが設置されている。

●第 2 章 ● 古代から近世初頭までの堤防技術

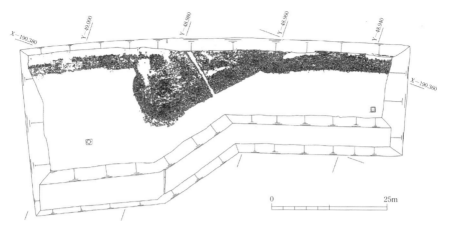

図-2.13　石積み護岸・水制平面実測図（発掘調査報告書より転載）[22]

水制 A（上流部）はやや丸みを帯びた台形状で，幅は基部で約 12 m，先部で約 6 m，堤防法肩部より 2.5 m 張り出している。水制 B（**図-2.13**）は堤防法線に対し約 30°の角度で下流向きに突き出し，25 m ほど延びたのち先端部を丸め，そこから弧状を描き堤防に取り付く。堤防法肩部から約 12 m の張り出しである。水制 C は水制 A をやや小型化したものである。水制表層の石材は護岸法面よりやや大きめ目の石を用いている。水制 B の端部裾部付近には 50 cm 前後の片岩が散乱する形で存置している。水制 B の内部構造は，法面の片岩を除去すると，その下に 20 cm 前後の河原石が並べられ，さらにそれを取り除くと茶褐色のシルト質の土に混じって 10 〜 20 cm の河原石が無造作に投げ入れられていた。さらにその下層，基底部付近では 40 cm ほどの比較的大きな石が土に混じって入れられていた[22]。

　護岸の高さが延長方向に異なることにより，この護岸施工に当たっては地山の地形（ちぎょう）均しが行われず地山地形に合わせて護岸および石出しを施工した，また護岸・水制の構造形式により陸域での施工（水中に張り出さない）と判断される。護岸および石出しの破損程度が低いことより，本掘削区間の護岸に紀ノ川本川みお筋が近づいて護岸前面に大きな洗掘や破損の生じることがないうちに，護岸前面に土砂の堆積が始まったと推定される。

2.2 中世末から近世初頭の堤防技術

2.2.4 宇治市宇治川右岸の護岸・水制

宇治市，京阪宇治駅西側一帯に計画された土地区画整理事業に伴う莵道丸山遺跡発掘調査により，太閤秀吉に命じられて築造されたとみられる護岸・水制が発見された。太閤堤とは秀吉が伏見城を築造した際に，宇治川を付替えて流れを伏見に寄せ舟運物流の改良と巨椋池の洪水軽減を図るものだったといわれている。

発掘は平成19年（2007）6月～20年2月，図-2.14の示すように二次にわたって実施された。ここでは発掘調査の成果資料[23],[24]と筆者ほか2名（小林寿朗，松尾宏）の現地調査結果（平成20年1月24日）より堤防護岸・水制形式の特徴について述べる。

なお，当該地点は宇治川が山間部から抜けた地点にあり，河床は中礫を主体とするセグメント2-1の河道区間である。本区間に流出する土砂はマサの

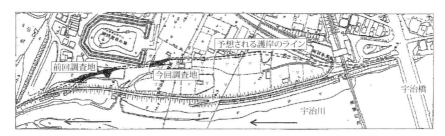

図-2.14 発掘佃町付近の地形と予定護岸ライン（前回調査地平面図）[23]

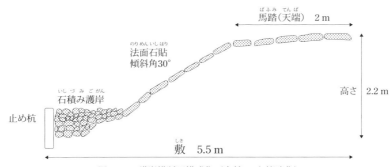

図-2.15 護岸横断図模式化（文献23を簡略化）

流出があるが，礫の流出は上流琵琶湖の存在および琵琶湖下流の山地域の狭さから少ないと判断される。

一次調査の護岸は，現地盤の1.5 m下に天端を持つ図-2.15のような護岸工設置幅5.5 m，護岸施工高2.5 m，天端工2 m，護岸法勾配約30°（1割7分3厘）の下端に止め杭（直径約8 cm）を数列打ちその間に割石を積み，法面には割石を敷設している。法面の上半部および天端工は，頁岩・粘板岩（3 kmほど上流の川岸から切り出されたものと推定されている）の割石を張り付けている。天端工は，図-2.16のように割石の間に隙間のあるものとなっている。ま

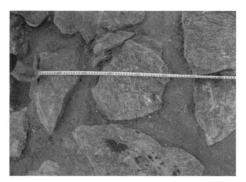

図-2.16　天端工の割石

図-2.17　石出し水制

た，図-2.17のように石出しが設置され，その基部の幅は9 m，長さ8.5 mの台形状の石垣である。上流側は流水で破損しているが，下流側の保存程度は良好である。石出しの内部は割石で充填されている。

石出しの上流側および下流側には杭出しが見つかっている。下流にある杭出しは3列（杭の直径は約15 cm，水制縦断方向に50〜60 cm間隔）で堤防法線と挟み角30°程度で下流に向かい，杭間には頁岩・粘板岩で捨て石状に充填されたものである。杭出しは石出しと構造形式が異なり，また出しの設置方向や長さが異なることより，同時に設置されたものでなく石出しの一部破損後の対策として設置されたものと推定される。

2次調査においても，地表下0.5 mほどに同様な護岸および石出しが発掘されている。ただし，護岸の法尻の処理法が異なり，直径6 cm，長さ1.8 m

の杭を杭柵とし裏側に割石を詰め，さらに杭の上端の合わせ幅14 cm，長さ5～4 m，厚さ6 cmの厚板を図-2.18のように横木とし，その前面に直径25 cmの杭にて支え，杭柵の前傾を防いでいる。本箇所にも石出しが設置されており基部幅約8 mで，側面を傾斜45°程度の割石を張り付けている。検出長2

図-2.18　横木と杭

mほどしか掘り出されておらず全体の構造は不明である。法面の上流側に捨石が多量に投入されている。石出し上流の護岸保存状態は不明であるが破損されたようである。石出し上流に江戸時代後期（18世紀後半）の廃瓦が多量に見つかり[24]，その瓦堆積層の下には河原石層が見える。なお護岸および石出しの基礎地盤は河原石ではなく粘土混じり砂である。

　ところで，掘削範囲における石張護岸は河岸侵食防止機能を持つ構造物であり，また護岸高が2 m強で，今日の低水護岸のように見える。本掘削調査では掘削幅が狭く堤防形状の確認がなされていない。本堤の高さおよび護岸基礎部の土質から堤防は宇治川の砂利河原に設置されたものでなく，河岸崖斜面を整形して築造されたようである。なお対岸の左岸堤防の堤防工事の際，太閤堤の一部である槇島堤遺跡が露出した。その調査によると底幅10 mほど，高さ2～3 m程度の堤防で，割石で覆われ，法尻には松杭が施工されていたと推定されている。

> **メモ　河川関係遺跡調査の課題**
>
> 　河川関係の遺跡発掘調査においては，遺物が設置された環境および設置後の洪水環境を把握するために，また河川構造物の技術史的価値を評価するために，基礎工下まで掘り下げた地層調査，構造物基礎部および盛土構造の調査が必要である。
>
> 　セグメント2-1河道に設置された紀ノ川左岸堤防，宇治川右岸堤防と

●第２章●古代から近世初頭までの堤防技術

言われる堤防は，河岸崖斜面に沿って法面を整形した法面護岸であると判断する。堤防形状を確認するために，堤防裏法（堤内地側）まで掘削することが必要である。

　いずれにしても，砂利川において河岸位置の固定あるいは河岸付近に堤防を築造する場合は，護岸・水制工が必要である。土堤では侵食作用に耐え得ないのである。

2.3　戦国末期から幕藩体制確立期の治水技術の性格

　以下に，**2.2** で示した治水事業の事跡などを通して，この時期の治水技術の性格と特徴を取りまとめよう。

2.3.1　河川改修工事の目的

（1）治水・利水

　この時代の領主にとって，河川改修工事の第１の目的は，既存田畑を水害から守り，かつ新しい田畑を開発し，支配地の農業生産力を増大させることであった。農業生産の安定のためには水が必要であり，河川改修と同時に河川からの用水確保のための利水施設の建設と改良を行っている。治水と利水は同時並行的に計画され，目的論としては未分化の状態と言える。

（2）軍　　事

　戦国時代末期になると有力戦国大名は，検地を通して在地小領主層への支配力を強め家臣団とし，また，刀狩を通じて在地の農民と分離させていく。このような領国支配体制の変化と鉄砲という新しい兵器の登場による戦闘様式の変化は，領国の中心に天守閣を伴う城郭を中心とした家臣団，職人・商人の住む城下町の形成をもたらした。

　この城郭と城下町の形成に当たっては，城および城下を守る水壕として既存の河川の付替え工事等が行われた。加藤清正による白川，毛利輝元による太田川，宇喜多秀家による旭川などの河川工事がこの事例に当たる。

24

戦国期，河川および堤防を軍事防御ラインとして利用することは軍略上当然なことであったが，河川を積極的に攻撃用の手段とすることも行われた。秀吉は備中高松城攻め，美濃竹鼻城攻めにおいて水攻めを行っている。堤防を築きそこに河水を入れ，城を周囲から孤立させ兵糧攻めにするのである。後者の水攻めに当たっては10万余人を動員し堤を3里にわたって巡らしたという[25]。

（3）運　　輸

物資を運送する手段として舟運は重要であった。戦乱期が終わり領国支配の安定度が増すと，舟運路改良のための工事が行われる。加藤清正による菊池川，白川，緑川の改修に当たっては河岸の整備，航路の確保を行っている。また，菊池川の改修では堤防は道路としても利用することも意図された。豊臣秀吉による巨椋池周辺の堤防群においても，伏見への舟運路確保，道路確保が意図されていた[33]。

2.3.2　河川改修の基本方針

河川改修の基本的な方針，すなわち構想計画は，領国の地形・地理，河川の特徴，構想を実現するに必要な資金と労働力，改修による便益，河川を制御する河川構造物という計画を支える要素を計画対象河川流域に向けて意識的に適用することによって生まれるものである。戦国という荒々しい時代を生きた武将には，軍略上地形を読み取る優れた能力と功利的な経済分析能力が必要とされた。河川改修の構想に当たってもこの能力が求められる。優れた武将は，また優れた治水戦略家となり得たのである。

（1）計画対象空間

戦国末期になると大名は，領国内の国人層を家臣団とし城下に集め，兵農分離を図り，また検地によって農地・農民の直接的支配力を強めていった。ここに領国の一円支配が可能となり，領国を単位とした一定の構想のもとに統制された河川改修工事が行われるようになる。武田信玄，加藤清正が行ったような河川改修計画の空間スケールは，領国の支配権の強大化なしにはあ

●第2章●古代から近世初頭までの堤防技術

りえないものであった。

（2）計画の規模と治水戦略

洪水氾濫に対処するための計画の規模すなわち堤防の高さについては，流量という概念が確立していないので，既往の洪水時の水位をもとに定めたと思われる。築堤の高さは，改修の目的，工事費用，工事による便益，既往洪水の推移，堤防を越える洪水の対処法によって変わるが，投入し得る資金や労働力の制約により，特殊，軍略上のものを除けば，それほど高いものでなかったと思われる。せいぜい2〜10年に一度生じる洪水規模以下であろう。

加藤清正は，ある一定以上の洪水流量に対して意図的に洪水を穏やかに導く堤防や片側だけに堤防を造り，氾濫被害の軽減化や氾濫地の差異化を図っている。この対処法は，築堤を高くせず工事費用を軽減するものであるが，領主権力の強大さがなければできない計画であったと言えよう。

扇状地河川（セグメント1）では，越水破壊より河岸侵食による破壊が多く，これを対象とすることが技術の課題であった。武田信玄は，霞堤による洪水防御ラインの二重化，一種のフェイルセーフ手法を採っている。

尾張国犬山から称富に至る延長47kmの大堤防である御囲堤は，伊奈備前守忠次が家康の大命により慶長13年（1608）から翌年にわたって築立てたものである。この築堤は木曽川左岸側の水害を防除するのみならず，西国大名の侵入を防ぐ軍略上の意図を持ったものであった。一方，美濃側は輪中堤の補強を除いて一連の築堤が許されなかった[26]。左右岸の権力・力関係がそのまま「美濃の堤は御囲堤より3尺低かるべし」として，治水秩序として固まり，明治まで続くこととなった。緑川の清正堤，大名塘による緑川の治水秩序も同様な事例である。

（3）堤防技術と河岸侵食防止工

戦国大名の支配圏域は，おのおのの領国に限られ，そこで河川に積極的に働きかければ，その領国内の河川の特性，築堤材料調達の制約に合った各地特有の河川技術が発達する。この技術の直接的な担い手は，地域にはりついた土豪武士・有力農民である。彼らは氾濫の直接被害者であり河川に関して，

2.3 戦国末期から幕藩体制確立期の治水技術の性格

また自身の土地の安全に関わる河川工事に関心を持ち，河岸侵食防止工の技術的改良に関わっていく。この地域の経験を通した技術的改良を領国支配のため積極的に取り入れ組織化していくという戦国大名の能動的な働きが，この技術的改良をより進めたと言えよう。

堤防技術について言えば，甲州に代表される急流扇状地にまで農地開発（水田開発）が進み，護岸・水制技術の高度化を伴う築堤や用水取水堰建設がなされた。

扇状地河川（セグメント1）では，割石・玉石により石張工，空石張工，石積工という堤防法面保護工と石出し，枠工・牛類という水制による堤防法尻侵食の防止工という技術の発展を見る。江戸時代中期に書かれた『地方凡例録』（1794）には「棚牛・大聖牛・尺木牛・棚木牛・菱牛・尺木垣等（図-2.19～2.24）は甲州にて古来より用ひ，信玄工夫の川序の由」[27]とあるが，

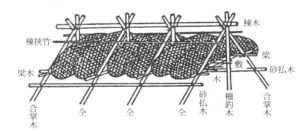

図-2.19 棚牛（地方凡例録）

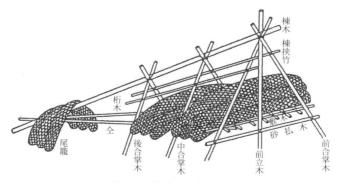

図-2.20 大聖牛（地方凡例録）

27

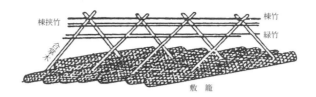

注）蛇籠の配置は正しくないように思われる。下段のように配置したと考える。

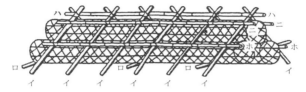

ホ　胴縁竹
ニ　棟挟竹
ハ　棟竹
ロ　籠通木
イ　合掌木

図-2.21 尺木牛（上：地方凡例録，下：堤防溝洫志）

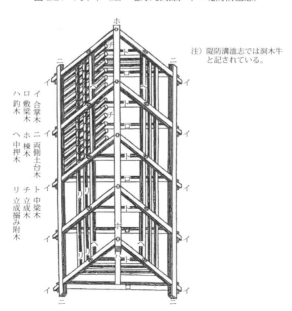

注）堤防溝洫志では洞木牛と記されている。

ハ　釣木
ロ　敷梁木
イ　合掌木
ヘ　中押木
ホ　棟木
ニ　両側土台木
リ　立成摺附木
チ　立成木
ト　中梁木
イ

図-2.22 棚木牛（堤防溝洫志）

2.3 戦国末期から幕藩体制確立期の治水技術の性格

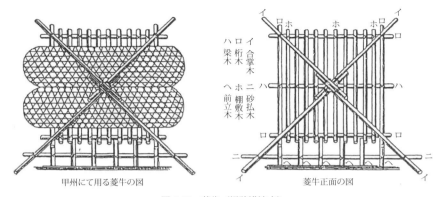

図-2.23 菱牛（堤防溝洫志）

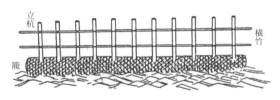

図-2.24 尺木垣（地方凡例録）

川普請の実際の指導者であった国人層，有力農民の改良，発明であろう。

セグメント2-1では，宇治川，紀ノ川のように石張護岸，石出し水制の設置を見る。セグメント2-1の河岸侵食の程度はセグメント1に比べ激しいものでなく，護岸の根固工法は杭柵，板柵，捨石が使用されている。

セグメント2-2の砂川である菊池川では，石積堤，石出し水制のような強固な築城技術の応用であると考えられる工法が適用された。近世につながるセグメント2-2における沖積地低地部の開発の先駆となったが，建設費用が高く一般論とはならないものであった。砂川に適合した堤防の配置，築堤・護岸技術の進展は，江戸期に持ち越された。

（4）河川工事のための資金と労働力

河川工事は，主に領民に課した年貢や商品交換として得た貨幣を原資とし，夫役として領民を動員して行うが，農業および領民の生活の再生産が不可能

29

●第2章●古代から近世初頭までの堤防技術

となるほどの年貢・夫役を課すことはできず，また，土着の旧名主層（土豪層）の力の強いところでは領主の支配圏に対する抵抗力もあった。

　夫役の程度は，支配層と被支配層の力関係，時期および領国によって異なるものであったであろう。隈本の城普請に当たって加藤清正は，大人男子1日銀2匁5分か米6合，女には米5合を与えている[19]。また，農繁期の動因を避けている。この米の配給は，軍役に動員された場合の飯米の量に近いものである。大規模な河川工事に領民を動員する場合においても飯米あるいは資金の支給は必要であり，これを行う兵糧を含めた資本蓄積が必要であった。領主支配権の強化による領主の収入増がこれをなし得たのであるが，甲州の金山開発や毛利氏による海外貿易収入などもこれらの原資の一部となっただろう。

《注》

注1）図-2.7のように雁行状に配列された堤防を霞堤と呼んでいる。大熊孝によるとこの言葉は近世においては使われておらず，明治になって，1981年，西師意がその書『治水論』[28]の中で「霞形堤」と記したのが初見としている[29]。

注2）図-2.7の堤防配置は，明治時代の地図，旧堤跡などにより推定されたものであり，近世を通して完成されたものである。信玄時代の堤防配置であったかは確証がない[30),31]。

注3）森山恒雄は，加藤清正の入国当初の所領高は，『被護国領地方目録』より19万4916石と確定しうるとし，さらに豊臣氏の蔵入地の存在を実証し，その所領高は3～4万石であり，加藤清正が代官としてこれを請け負ったとしている[32]。

注4）山間部を含めて河川の縦断形は，ほぼ同一勾配を持ついくつかの区間に分かれているとみることができる。このような河床勾配がほぼ同一である区間は，河床材料や河道の種々の特性が似ており，これをセグメントと呼んでいる。河川におけるセグメントの数は，河川によって，また河川をセグメントに区分する目的によって異なる。

　表-Aは，山本によるセグメントの定義と特徴を示したものである[34),35]。セグメント1，2-1，2-2，3に加え，沖積河川の上流の山間部および狭さく部をセグメントMと呼び，これらを地形特性と対応した大セグメントと呼んでいる。セグメントごとの河道の特徴が大きく異なることは，それを存在基盤とする河川生態系もセグメントごとにその特徴が大きく異なることを示す。セグメントは河道の特徴の単位であると同時に河川生態系空間区分の単位でもある。

2.3 戦国末期から幕藩体制確立期の治水技術の性格

表-A 各セグメントとその特徴[34]

セグメント	M	1	2		3
			2-1	2-2	
地形区分	←—— 山間地 ——→ ←—— 扇状地 ——→ ←—— 谷底平野 ——→ ←—— 自然堤防帯 ——→ ←—— デルタ ——→				
河床材料の代表粒径 d_R	さまざま	2 cm 以上	3 cm ～ 1 cm	1 cm ～ 0.3 mm	0.3 mm 以下
河岸構成物質	河床河岸に岩が出ていることが多い。	表層に砂，シルトが乗ることがあるが薄く，河床材料と同一物質が占める。	下層は河床材料と同一。細砂，シルト，粘土の混合物。		シルト・粘土
勾配の目安	さまざま	1/60 ～ 1/400	1/400 ～ 1/5 000		1/5 000 ～水平
蛇行程度	さまざま	曲がりが少ない。	蛇行が激しいが，川幅水深比が大きいところでは 8 字蛇行または島の発生。		蛇行が大きいものもあるが，小さいものもある。
河岸侵食程度	露岩によって水路が固定されることがある。沖積層の部分は激しい。	非常に激しい。	中：河床材料が大きいほうが水路はよく動く。		弱：ほとんど水路の位置は動かない。

《引用文献》

1) 古島敏夫（1956）：日本農業史，岩波書店，pp.1-40

2) 八賀 晋（1984）：条理と技術，土木─講座・日本技術の社会史，第 6 巻，日本評論社，pp.53-80

3) 石原道博編訳（1951）：魏志倭人伝他三編─中国正史日本伝（1），岩波文庫

4) 甘粕 健（1984）：古墳の造営，土木─講座・日本技術の社会史，第 6 巻，日本評論社，pp.7-52

5) 土木学会編（1936）：明治前日本土木史，岩波書店，pp.3-11

6) 井上光貞（1973）：日本の歴史 1 神話から歴史へ，中公文庫，pp.285-289

7) 大阪府立狭山池博物館（2002）：常設展示案内，大阪府立狭山池博物館

8) 林 重徳（1996）：Ⅳ 1.水城土塁の地盤工学的研究，太宰府史跡 平成 7 年度発掘調査概報，九州歴史資料館

9) 石松好雄，桑原滋朗（1985）：古代日本を発掘する─ 4，太宰府と多賀城，岩波書店

10) 小田富士雄（2015）：水城の築堤とその時代，河川文化 河川文化を語る会講演集（その 42），公益社団法人 日本河川協会

11) 水野時二（1966）：我が国中古における溝渠の規模と構造およびその労働量，史林，第 49 巻第 1 号

12) 亀田隆之（1973）：日本古代用水史の研究，吉川弘文館，pp.154-164

13) 狩野　久（1984）：都城建設，土木―講座・日本技術の社会史，第6巻，日本評論社，pp.81-120
14) 眞田秀吉（1932）：日本水制工論，岩波書店
15) 釜居俊孝（2011）：南山城における土砂生産と河床上昇の歴史的展開―天井川の形成過程を探る―，河川整備基金助成事業助成番号 23-1216-007
16) 杉山　博（1974）：日本の歴史11　戦国大名，中公文庫，pp.239-246
17) 望月誠一（1989）：今に冠たる信玄堤，甲斐の道づくり・富士川の治水，建設省関東地方建設局甲府事務所，pp.166-184
18) 安藝皎一校注（1972）：御普請一件，近代科学思想　上，日本思想史大系62，岩波書店，pp.320-367
19) 加藤清正土木事業取りまとめ委員会（1995）：加藤清正の川づくり・町づくり，建設省熊本工事事務所，pp.5-56
20) 鹿子木維善（1832）：藤公遺業記，肥後文献叢書　第2巻，歴史図書出版
21) 建設省九州地方建設局菊池川工事事務所（1998）：菊池川の今と昔
22) 村田　浩，海津一郎（2001）：我国における石積み堤防の初現とその変遷の解明，平成20年度河川整備基金助成事業報告
23) 宇治川歴史資料館（1997）：宇治川護岸遺跡（太閤堤）の発掘成果資料
24) 宇治市教育委員会（2009）：宇治川太閤堤跡発掘調査報告書，宇治市埋蔵文化財発掘調査報告，第73集，宇治市教育委員会
25) 朝尾直弘（1953）：16世紀後半の日本，岩波講座　日本通史　第11巻　近世1，岩波書店，pp.15-30
26) 岐阜県（1953）：岐阜県治水史　上巻，岐阜県，pp.112-114
27) 大石猪十郎久敬（1794）：地方凡例録，日本史料選書④，近藤出版社，p.212
28) 西　師意（1891）：治水論，清明堂
29) 大熊　孝（1976）：手取川の霞堤，土木学会誌，第81巻第5号，pp.22-23
30) 笹本正治（1997）：武田信玄―伝説的英雄像からの脱却，中公新書，pp.154-163
31) 山梨県中北建設事務所，南アルプス市教育委員会（2012）：前御勅使川堤防址（お熊野堤），南アルプス市埋蔵文化調査報告書，第31集
32) 森山恒雄（1983）：豊臣氏九州蔵入地の研究，吉川弘文館，pp.71-89
33) 永野宏樹（2010）：太閤堤について―宇治川太閤堤跡の発掘調査事例を中心に，帝京大学山梨文化研究所研究報告，第14集，pp.35-48
34) 山本晃一（1994）：沖積河川学，山海堂，pp.2-4
35) 山本晃一（2010）：沖積河川，技報堂出版，pp.88-92

第3章
幕藩体制下の堤防技術

3.1　幕藩体制下の治水と治水制度

　慶長8年（1603），徳川家康は征夷大将軍に任ぜられ，江戸幕府を開く。慶長19年（1614）10月，大坂にあって当時有力な大名であった豊臣秀頼を攻める（大坂冬の陣），その年の12月両軍和議を結ぶ。翌年，再度，大阪城を囲み落城させ，豊臣家を滅ぼしてしまう（大坂夏の陣）。同年，元和元年（1615）には，一国一城の制を布告し，武家諸法度・禁中並公家御法度・諸宗諸本山諸法度を制定し，大名を強力に統制するとともに，一定の主体的能力を持っていた朝廷および宗教集団にも統制を加える。ここに戦国の混乱はほぼ収まる。

　その後も幕府は大名の改易，取り潰しなどを通して大名に対する支配力を強化し，幕府権力の安定化を図る。

　江戸幕府は，経済上，戦略上の要地は天領（公領）として直轄支配を行った。天領の石高は元禄期（1688～1704）に約400万石に達し，ここには郡代・代官，遠国奉行を配置して支配した。この天領は旗本領（約300万石）を加えたものを広義の幕領といった[1]。全国の領地2 600万石のほぼ4分の1が幕府の支配下に置かれたのである。領国を支配する260余の諸大名は独立し諸権利を持っていたが，幕府はその任免権という強力な権力を持つことにより，また軍役，賦役，参勤交代などを課すことによって大名を統制した。

　幕藩体制の土台，生産力は農業である。全人口の80%程度が農民層であり，残りが武士，職人，商人層であった。農地とそれを耕作する農民は，生産力

●第3章●幕藩体制下の堤防技術

の基盤であり，領主はこれを検地により把握し，これによって貢租，種々の夫役を農民に課した。

　農民の貢租の大部分は物納であり，一部は代金納であった。石高制によって村高が確定され，これを基に貢租額や諸役が決められ，任命された名主（庄屋・肝前），組頭（年寄・長百姓）などの村役人によって納められた。これを村請という。村請は貢租の納入システムとしてだけでなく，領主の村支配の一環に組み込まれた。農民は土地と一体として把握され，移住・転職・結婚の制約，土地処分の禁止，作物の品種の制限など，きびしい統制を受けていた。なお，農民の代表として，名主などの村の行政・財政を監視する役割を持った百姓代が設けられるようになる。これら村の役職を村方三役と言っている。

3.1.1　治水と土地開発

　強大な幕府・藩の支配のもとに，沖積地の開発が行われるようになる。幕府をはじめ，大名は，領国の安定・強化のため大規模な治水・利水工事を行い生産力の増大を図る。

　17世紀前半には，北上川，利根川，荒川，富士川下流，木曽川，淀川，芦田川，重信川，遠賀川，筑後川，嘉瀬川，菊池川，白川，緑川，山国川，大野川などの大河川で工事が行われている[2),3)]。中小河川でも同様であっただろう。

　治水・利水工事に加えて，舟運のための航路整備も隆盛を極める。例えば角倉了以は大井川，保津川，富士川，天竜川，高瀬川に，河村端賢は淀川に航路を開くための河川工事を実施している[2)]。

　領国を支配し得る強力な力を得た幕府および領主，軍事支出の減少による財政の余力，戦国期に蓄えられた労働力編制技術，城普請を通した石工や大工などの職人層の増大および技術力の向上や土木施工技術の向上が，これをなさしめたのである。これらの河川開発を通して17世紀初頭約1800万人であった日本の総人口は，100年後に3000万人近くに達している[4)]。この時期は大河川中・下流域の沖積平野の大開発時代だったのである。

　耕地の拡大は無制限に進むものではない。開発しやすい土地の存在量，用

水および肥料の供給可能量，労働力，そして生まれた土地を維持・管理して
いく費用が開発の制約条件となる。江戸時代の初めから始まった河川改修を
伴う新田開発は，17世紀の中ごろには一段落し，それまでに開発された田
畑をいかに維持し生産性を向上させるかが農政の中心となる。新田開発は，
むしろ用水不足，入会採草地の不足の原因となり，また本田畑の耕作をおろ
そかにするとして，これを禁止する領主も出てくる[5]。沖積地の開発が進ん
だことにより以前は水害とならなかった土地に水害が発生し，幕府および藩
の財政を圧迫するようになったのである。

承応3年（1654），備前岡山では干ばつに続き大洪水が発生した。池田藩
では上方町人から銀千貫の借用と幕府からの4万両の融通により，復旧に当
たった。当時藩主池田光政に司えた熊沢蕃山は，これら災害の経験から新田
開発に対して否定的な意見を『大学或問』[6]において述べている。

17世紀後半になると各藩のみならず幕府の財政も窮乏するようになる。
正徳6年（1716），紀伊藩主から将軍家を継いだ徳川吉宗は，幕府財政の窮
状を救うため一連の改革を始める。

川除普請費の増大に対しては，普請を適切に行い工事費の減少を図る方向
での対応，すなわち過大な川除工事を行わないよう川除普請技術の標準化と
普請内容や勘定の吟味の強化を行い，新田開発に当たっては財力のある町人
資本による新田開発（町人請）を進めた。開発者に対しては，開発に使った
資本の1割5分の限度内で新田から小作料を取ることを認め資本回収と収益
を保証した。また，年貢増徴をねらって定免制を強行した[7]。

確かに緊縮財政政策，年貢増徴策，町人資本による新田開発などの一連の
享保の改革によって，幕府財政は黒字となり貨幣の蓄積量は増大したが，米
の生産量はそれほど増大しなかった。享保6年（1721）から6年ごとに行わ
れた18回分の人口調査（武士とその従者を除いた人口，また15歳以下の年
少者を除いた藩もある）によると，吉宗の時代以降19世紀の中ごろまで全
国の農民人口はほとんど変わりがなかった。18世紀中ごろから19世紀の前
半は世界的な寒冷期であったと言われ，東北，北関東では冷害による飢饉，
洪水などの天災が相次ぎ，人口はむしろ減少した。天明3年（1783）の浅間
山の噴火は死者が2万人と言われ，冷害に拍車をかけた。冷害や災害による

収入の減少により，必要な土地保全費用や再生産費用を賄いきれず，農民層の分解が進むと同時に縮小再生産となり人口が減少したのである[8),9)]。

　一方で，西日本一帯は近畿地方を除けば当時においても人口が増大している[8),9)]。西日本は冷害の被害が少なく，また，河川河口部や干潟の干拓により新田開発が進んだことが，人口増の要因であった。吉宗の新田開発の掛け声によって潟湖や湖沼の開発（大きなものとして見沼，飯沼，紫雲寺潟の干拓新田の造成，3事業で合計約4 500町歩）が行われたが，同時に行われた年貢増徴策による農民の疲弊や自然災害によって耕地面積の大きな増大とはならなかった。

　18世紀末ごろになると開発の遅れていたデルタ部で掘上げ田や排水河川の整備などが行われ，また臨海部の干潟の干拓新田の造成などにより，耕地が徐々に増加し，また河川中流部においても新たな用地開発による開田や農民によるミニ開発が行われ，石高は増加した。しかし人口は微増にとどまった[10)]。

3.1.2　治水制度

　治水技術は，河川の管理・統制システム，川除普請の実施体制と密接に連関しつつ発展する。そこで江戸時代の治水制度について，大谷貞夫による研究成果[11)]などを参考にして概説する。

　幕府は，享保の改革（1720～1730）以前は，郡代や代官に治水事業を担当させた。彼らは勘定奉行の支配下に置かれ，天領の租税徴収に当たった。江戸時代のはじめには70名以上もおり，地着きの武士が主に任命されたが，その後，減って40～50名ぐらいになり，転任が頻繁に行われるようになった。

　郡代は，ほぼ10万石以上の領地，代官は5～10万石の領地を支配した。役高は郡代が400俵，代官が150俵程度で，そのほかに役料が支給された。代官の配下は元締2人，手代・手付8人，その他合計30～40名程度であり，非常に少ない人数で支配を行った[1)]。

　郡代や代官の担当した治水・利水事業は，堤川除，用悪水の掛渡井，圦樋，橋などの普請であり，天領の村々が中心であったが，大きな川除普請などで

は，幕府領のみならず旗本領，藩領，寺社領なども含まれた普請までも監督指導に当たった。

　幕府は天和2年（1682）綱吉時代に勘定吟味役2名を新設し，これによって勘定所や郡代・代官に対する吟味を強化し，税収の増大と支出の削減を図った。地元と密着しすぎ不正が絶えなかったのである。これによって地着き豪族型の代官の多くは死刑あるいは免職となった。このような処分は八代将軍吉宗の時代にも行われた[1]。身分の低い勘定所の役人が多数代官に転出することになり，行政官僚型の支配体制となっていった。

　八代将軍徳川吉宗は，幕府の財政難を救うため種々の行政上の改革を行った。治水制度についても享保5年（1720）国役普請制度を改革し，享保9年（1724）には普請役（御家人）を，同10年には江戸川，鬼怒川，小貝川，下利根川を担当する四川奉行を新設した[11]。

　普請役は勘定書の下級の役人であり，土木官僚である。当初12名であったが（紀伊藩から召し出された地方役人で勘定から勘定吟味役となった井沢弥惣兵衛為永（500俵）が出世頭である），享保13年（1728）には112名となり，このうち正規の普請役が54名，普請役並が6名，雇普請役が30名，普請役下役が22名であった。その後，延享3年（1746）に減員され69名となり，次の3課に分掌された。四川用水方普請役，在方普請役，勘定所詰普請役である。四川用水方普請役は関東の川々と館林領，羽生領，騎西領，見沼代用水，葛西用水などを担当した。在方普請役は酒匂川，富士川，安倍川，大井川，天竜川を担当した。勘定所詰普請役は普請役の家督相続事務や諸国臨時御用を務めた。重要な堤川除・川悪水の普請は勘定奉行が直接担当するという仕組みができ上がったのである。普請役は明和5年（1768）には116名となり，天保8年（1837）には136名となった[11]。

　以上，関東・東海地方（駿河・遠江）の普請制度をみた。

　幕府の重要拠点であった大坂，美濃，尾張，桑名の場合は以下のとおりである。

　淀川の河川統制体制成立の節目は，寛永7年（1630），大坂代官の兼務する摂津領小河川の川除普請の見分を行ったことである。ついて貞享4年（1687）川奉行が設置され，領主の違いを超えて河川を統制することとなっ

た[12]。

　木曽三川の場合はこれを担ったのが美濃国奉行，後の美濃郡代である。美濃では寛永2年（1625）以降，多くの国役普請がなされたが，これらの川除工事の実務を担ったのが地役人の堤方役である。なかば世襲の12家からなっており，17世紀初頭に抱え入れられ，在方居住のまま堤川除や水防の任に当たった。18世紀初頭には郡代陣屋内に転属し堤方御役所を構成した[13],[18]。

　次に江戸幕府の治水仕法について簡単に述べる。大谷貞夫は，治水仕法は次の型があることを述べている[14],[15]。

（1）公儀普請

　公儀普請は，幕府が幕府領のほか，藩領・旗本領・寺社領などを対象として，幕費を投じて行った普請である。公儀普請は幕府領が比較的集中する関東・東海地方のみが対象であり，畿内やその他の地方では全く実施されていない。また，その回数は極めて少なく，関東の川で4回である。

（2）大名手伝普請

　大名手伝普請は，幕府が普請に必要な材木・杭木・縄・鉄物等々の普請用材料（これを「諸色」と称する）を負担し，幕府から特命を受けた大名が普請人足費・竹木の伐採費・運送費などを負担して行った普請である。

　大名の負担額は，笠谷和比古によるとだいたいにおいて石高1万石につき金1000両強となるように御手伝大名の数を組み合わせていたとしている[16]。なお，大谷貞夫によると宝永1～2年（1704～1705）の利根川・荒川の手伝普請では石高1万石につき金2000両を出金させている[15]。時期，場所によって違いがあったと思われる。役を仰せつかった大名は財政の負担に苦しんだが，「公儀御勤事」として慎重に普請を実施した。この手伝普請は，実施されない時期もあり，またこの制度も時代とともに変化した。大谷貞夫によると，その形態は次の4期に分けられる[15]。

〔第Ⅰ期　慶長期〕

　土木技術に秀でた特定の大名に手伝普請が命じられた。その大名は自ら家臣や領民を率いて現場に赴き，普請を実施した。河川の普請に対してはごく

少数の大名が手伝を命じられている。城普請などの軍役と同じようなシステムであった。

〖第Ⅱ期　元禄～宝永期〗

　手伝普請を命じられた大名は，少数の家臣を現場に送ったが，実際の普請は幕府代官の指導下で，落札した町人や有力農民の請負で行われた（⇒注1）。

　特命を受けた大名は，幕府が負担する材料費を除いた普請費を負担した。

〖第Ⅲ期　正徳～明和期〗

　幕府は正徳3年（1713）4月に郡代や代官に宛て13か条からなる触書を発した。その第10条で，幕府領の堤川除・堰・橋など，また村々での普請の費用は年々幕府の負担が増大しているので，今後請負による普請を一切禁止すると申し渡した。城下町の町人や村々の有力農民などが普請を請け負うと，現地に不案内で自己の利得のみを考え，不堅固（手抜き）に普請を行うことがあること，また，請負人から代官の手代や役人に対し賄賂が送られ委細の吟味が行われず，毎年普請が絶え間なく続くことを理由に挙げている。ちょうど，正徳の治と称された新井白石らによる政治が遂行されていた時期であった。

　特命を受けた大名は，家老級の家臣を惣奉行に任じ，そのほか多数の家臣を現地に派遣をしなければならなかった。臨時の陣屋とも言える元小屋を備え，あちこちに出張小屋を設けて，家臣らは長期滞在することとなった。

　このことは，普請に直接要する費用以外に，派遣滞在費などの「内入用」がかなりの部分を占めることになる。寛保2年（1741）の利根川の災害復旧での場合の萩藩（毛利家）の場合は，この「内入用」が出費全体の約75％を占めていた[52]。

〖第Ⅳ期　安永～文久期〗

　第Ⅳ期は「お金手伝」化した時期であって，特命を受けた大名は，形式的には家老級の家臣を惣奉行に任じ，主要な役務にも相応のものを選んで命じた。しかし，これらの上級家臣は，普請が終了したときに江戸城に登り，褒賞にあずかるという慣例が生じていたための任命であり，現地には小数の比較的下級の家臣が派遣された。これは，幕府の勘定所の役人の指導のもとで普請が行われ，藩側の役人は簡単な見廻り程度の仕事でしかなかったからで

ある。幕府は普請費の総額から幕府の負担すべき材料費を差し引き，残額を特命を受けた大名より知行高に応じて上納させた。

（3）国役普請

　国役普請は大きく分けて2つになる。そのひとつは，畿内や尾張・美濃・伊勢地域で江戸初期から行われていた治水仕法である。堤奉行や美濃郡代，代官が指導して実施したものである。淀川・大和川水系，木曽川・長良川・揖斐川水系で見られたが，ほかの河川では知られていない。

　ほかのひとつは享保5年（1720）下野国大谷川，竹鼻川修築の際始めたもので，全国に国役を賦課し，そのうち2割を幕府が負担した。翌6年これを改め幕府の負担を1割とし，畿内5か国の各川修築費賦課の規定を制定した。9年5月には武蔵以下9か所についても規定を制定した。さらに宝暦9年（1759）これらを修正した [17), 18)]。

　賦課の方法は『治水雑誌』第1号（1890）に掲載された「旧幕時代国役普請賦課方法」[18)] を引用すると以下のようである（原文旧字体）。

- 一　各川ノ修築ハ公領地若クハ私領地ノミニ止ルモ其費用ハ総テ課率己定ノ国郡二賦課ス但公領地内定例ニ係ル小破堤防ノ修繕及ヒ圦樋建設ノ如キハ之ヲ国役ト為スヲ得ス
- 一　凡ソ各川ノ修築ハ公領地ニ在テハ総額一十分ノ一ヲ官給トシ其余ハ国役金ヲ賦課ス私領地ノ請願シテ修築ヲ為ス者ハ村高一百石ニ金一十両ヲ賦課シ総額ニ就テ之ヲ扣除シ残額一十分ノ一ヲ官給シ其余ハ国役金ヲ賦課ス連合修築ヲ挙行セル各川ニシテ毎年私領地ヨリ其派当金ヲ出セル者モ亦国役ヲ賦課ス
- 一　領地二十万石以上ノ大名ハ各自修築ヲ為スニ由リ別ニ国役金ヲ賦課セス但二十万石以上ナルモ領地ノ分隔セル者ハ二十万石以下ニ準シ之ヲ国役トシ修築ヲ為スヲ得故ニ其領地内ニ修築ナキモ亦之ヲ賦課スルヲ例トス
- 一　国役ニ属スル各川ノ支流ハ本川ニ準シ之ヲ算入ス又私領地ノ請願ニ由リ修築ヲ為スノ時ハ其用ノ何タルヲ問ハス其費用ハ国役ニ属スル近傍各川ノ費額ニ加入計算ス若シ傍川に賦課ナキノ際ハ其費額ヲ記存シ後チ修

築アルニ会シ合算賦課ス

一　二人一村ヲ領スル者アリテ其一人ハ国役修築を請願シ一人ハ請願サセ
　ルモ之ヲ修築スル時ハ其川岸ニ采地ヲ有スルト否トヲ問ハス均シク費金
　ヲ派当徴収ス

一　国役金ハ賦課額一万両以上ニ至レハ其国郡ノ三役即チ蔵前入用伝馬宿
　入用六尺給米ヲ免除ス

一　国役賦課定例各川ノ外別ニ大ニ土功ヲ起スノ時ハ国役賦課ノ方法ヲ稟
　候スヘシ

　国役金の課率は，例えば関東では，武蔵・下総両国内を流れている利根川・
荒川とその支流（下野国を除く）の場合，普請金高 3 000 両未満は国役とせず，
金 3 000 ～ 3 500 両では武蔵・下総・常陸・上野の 4 か国（総石高 288 万
1 000 石余）から取り立てる。金 3 500 両以上はさらに安房・上総の両国（総
石高 336 万 5 000 石余）を加えて取り立てる。下野国内の稲荷川・大谷川・
竹鼻川・渡良瀬川の場合，普請金高 2 000 両未満は国役とせず，金 2 000 ～
2 500 両では下野国（総石高 66 万 7 000 石余）から取り立て，2 500 両を超
えると陸奥国（総石高 176 万 8 000 石余）を加えて取り立てるものであった。

　この制度は，享保改革期の前半，特に四川奉行の時代にあちこちで実施さ
れたが，享保 17 年（1732）には表向き西国筋の蝗害を理由に中止された。
幕府財政を圧迫していたのである。いったん中止されたこの制度は，再び宝
暦 8 年（1758）12 月に復活し，幕末維新期に及んだ。

(4) 領主普請

　領主普請は，幕府が幕府領に，藩が藩領に，旗本が旗本領に，寺社が寺社
領に，それぞれ行った仕法であり，幕府の主導した定式普請にその典型を見
ることができる。

　貞享 4 年（1687）幕府は村役の定式化を図るため規定を定めた。村方の義
務として提供すべき人足を高 100 石につき 50 人とし，それ以上は扶持人足
とする。田畑は損亡した場所の川除を行う場合は，すべて扶持人足とする。
金銭が必要な普請はすべて給費とする。竹木，萱，藁，縄，その他の材料を
用いる場合，その場で賄えるときは代金を与える。材料が私領と入り組んだ

● 第 3 章 ● 幕藩体制下の堤防技術

場所にあるときは，村高に応じた割合で確保する，というものであった[19),20)]。

　幕府は享保 17 年（1732），村々の高割人足・賃人足・扶持人足などの規定を改定した。普請人足は正徳期に改められ，村役人足は高 100 石につき 100 人とされたが，これが守られず場所によりまちまちであるので，これを以下のようにした[13),21)]。

　定式普請は，旧暦の春日（正月〜 3 月）に例年行われたもので，人足の負担については，高 100 石につき 50 人までは村役（無賃），51 人から 100 人までは扶持人足と称し玄米を 7 合 5 勺が各人に支給され，101 人以上は賃人足と称し 1 升 7 合が各人足に支給された。これらの玄米は代金で支払われ，国ごとの特定の市町の米相場が基準とされた（⇒注 2）。このほか諸色と称し，村方で調達できた竹・細杭木・空俵・縄・麁朶（粗朶）・葭萱（よし・すすき）などは村方の負担となった。村方では調達の難しい板材・大杭材・鉄物などは幕府側の負担であった。この仕法は 1 村のみでも，また組合でも同様の取り扱いとなった。したがって，大きな川除普請組合や用悪水組合の場合，幕府領だけでなく，藩領や旗本領が含まれていた。この規定は以降幕末まで変わらなかった。

　藩においても，自領がまとまって存在した場合には，郡奉行や代官が普請を指導し，一定の補助（米や金子の場合が多かった）が村々に支給された。旗本領や寺社領でも慣例として一定の金品が支給されていた事例は多い。これらを総称して「領主普請」と呼称している[14)]。

(5) 自普請

　自普請は，農民が自らすべての負担をして普請を行ったものである。堤川除普請や用悪水の基幹施設は，普通，領主普請で行われ，洪水などの破壊により臨時に行われた普請が公儀普請，大名手伝普請，国役普請であった。それ以外の小規模な普請，小河川の築堤，用悪水路の浚いなど，農民の保有する農地に直接関わる普請がこの自普請である[14)]。

3.1.3　水防制度

　村は上述したように地先の堤防の築造，維持修繕のみならず洪水時の水防

活動やその費用を負担していた。自普請による村囲いの堤防（二線堤として現在も残っているものが多い）ではその維持修繕はほとんどが村役によるものであった。このように村役の負担が高いにもかかわらずそれを負担せざるを得なかったのは，治水施設が生産基盤，生活基盤そのものであり，それを守っていくことの必要性を十分に認識していたことにほかならない。このことは堤防をめぐる上下流，左右岸において，堤防の高さをめぐる殺傷事件を起こすほどの多数の論争（水論）や論所堤（1つの堤防に関し，治水上の利害の対立する地域間の論争の歴史があり，そのような背景の下に地域間で調節がなされた結果，その堤防の高さや，洪水時の対応の取決めのある堤防）によく示されている。

　堤防があり，それが村を守っているという状況は，洪水時の水防活動のための水防組織を生み出さずにはおかない。幕藩体制下では，それぞれの藩の大小，治水条件などに応じた各地方独自の水防組織と費用負担形式を持っていたが，基本的には地縁的な組織（水利と水防という農村共同体・村を単位とした組織）であり，愛郷的，共同体としての自治的性格が強く，その費用負担も村役（労務・資金・資材拠出）が大部分であった。農民は村落共同体としての規範に縛られて生きていたのである。

　ただし，水防活動が領の運命（財政）に関わるような美濃国では，美濃郡代（奉行）のもとに堤防役という役があり，この堤防役は土木掛で普請，川廻りに加えて水防に従事した。出水があれば，重要な輪中に水防役が出役し，水防資材について担当役人の指揮で水下役村より集めることになっていた。使用した資材には縄から畳，壊家に至るまで値段が定められ支払われていた[22]。なお，国役普請における村の負担に水下役と遠所役があり，村の所在する位置によって定期的修繕である定式春役普請の行われる水下役村とそうでない遠所役村に分け，国役普請の際にそれぞれに負担の役を課したもので，直接災害にさらされる水下役村の役が重いのである。

3.2　地方書・定法書の出現とその役割

　川除普請の監視指導に当たった郡代，代官は，陣屋を構え，そこに在留し，

手付，手代などの地方役人を置き，管内の一切の政治を統轄した。ただし江戸に近い関東の代官は，寛文・延宝年間から元禄のころになると陣屋を引き上げて，江戸の役宅や馬喰町の郡代役所で事務を執るようになった。この下には各村々に名主などの村役人がいて，村内の事務一切を司り，また普請場の直接の監督・指揮を行った。村請の場合には請人となった。工事の見積書をつくり役所に提出し，工事が終われば出来形帳を提出した。

　勘定奉行は，郡代や代官などに対して地方支配のための諸法令を出した。この中には治水に関する法令が含まれている。その内容は，①治水仕法（川除の心得，工法の選択の考え方，工事の仕方）に関わるもの，②工法の規格に関するもの，③普請費用の負担に関するもの，であった。

　このような河川管理方式は，統制する側に統制方式の標準化，現場に適用される技術，工法および財政支出の管理のための工事の積算方式の標準化・体系化を要求する。幕府財政が窮乏した17世紀になると財政圧迫の要因となる過大な構造物の建設，普請箇所をおさえようとし，上から土木普請の技術内容に統制を加えるようになる。享保の改革期にこれが進み，一応の完成を見る。

　戦国時代および近世初期に各地で発達した地域性を持った川除技術は，地方役人，村役人層に集まり，これが幕府の広域行政化に伴って情報が収集され，技術の制度化の基盤が形成されたのである。

　地方役人の行政一般の仕方書は，地方書（じかたしょ）といわれ，地方役人に必要な種々情報が記述されている。その中に普請に関するものが含まれている。そこでは普請に関する行政手続から，普請技術，工法，積算仕様が説明されている。川除普請に関する仕方・工法は，先に述べたようにほぼ享保期で固まり，その後は変化が少なくなる（⇒注3）。ここに享保期以降，定法書といわれる土木普請のみ扱う書物が現れる。川除普請については，築堤のための丁張り，縄張り法や断面積の計算法，普請のための材料費，人足歩掛や，護岸・水制の工種，製作方法，歩掛かりなどが記されている。

　このような幕府法令および地方書・定法書の性格から，これらに記述される川除に関する内容は，そのころの川除技術および河川に関する認識の水準を示すものと言える。

京都府立図書館職員の松田万智子は，同図書館に収蔵されている『地方普請仕様幷諸積録』，『川々御普請定法書』，『土木図』，『普請目論見明細書』（タイトルが異なるが内容がほとんど同じなもの）と同様なものが収蔵されているか全国各所蔵館の参考係にレファレンスを依頼し調べ，**表-3.1** の結果を得ている [23]。

表-3.1 に見える No.38『普請目論見書　天・地・人』[24] は，No.35 国立公文書館内閣文庫収蔵『普請目論見明細書　上・中・下』とほぼ内容が同じものであり，類書が多数あり，幕府の土木普請に関わる御普請役から手代に至るまで広く，マニュアルとして利用されたことが読み取れる。なお，利根川歴史研究会では，群馬県立文書館収蔵『水防計覧細弁　天・地・人』が，同様な内容を持つ定法書であることを確認している [24]。そこでは『普請目論見書　天・地・人』の地の内容が人に，人の内容が地に記載されている。

これらの定法書は種々の土木普請に関わる工法を網羅しており，18 世紀後半の土木工法の実情を垣間見ることができる。これらは写本の形で写されたものであり，写記の過程で誤記や写本者が持つ新たな技術情報が加わることにより内容の異同が生じるが，大差はあまりないようである。

これらの定法書の発達経緯については，知野泰明，篠田哲昭ほかが調査研究し，触れているので繰り返さない [19), 25)]。結論から言えば，幕府による土木普請の統制制度が整った 18 世紀中ごろの幕府中央組織，勘定所普請役によって最初の雛形が作られたと推定されている。その他の地方書や明治初期の内務省土木局が明治 14 年（1881）に作成した『土木工要録』を見ると 18 世紀中ごろから明治維新まであまり変化が見られない。技術が勘定奉行のものに統制され官僚制度の中に制度化された後は，技術改新や新工法が見られないのである。幕府中央の普請役は，土木普請の見積もりのチェックや監督者，完工検査者であって，制度化された技術を忠実に実施させる立場にあり，技術の改革の担い手という意識はないのである。

実際の土木普請，特に川除普請は，小工事は自普請で，領主普請などは村請で行うことが多かった。名主などの村役人は，見積書，出来高書などを提出した。川除技術の実質的な担い手は，村の有力農民層であり，技術の蓄積と土木仕法の改良の実質的担い手もこの層にあったと言える。この層の中に

●第 3 章●幕藩体制下の堤防技術

表-3.1　定法書現存一覧表（文献 23 に文献 24，25 を付加）

No.	タ　イ　ト　ル	所　蔵　館	書写年	備　　考
1	川々御普請定法書	京都府立総合資料館	寛政 8?(1796?)	A 全 1 冊
2	川々御普請定法書	国立公文書館内閣文庫	弘化 4（1847）	C 若干異同あり
3	川々御普請定法帳	〃	不明	A
4	川々御普請定法帳	神宮文庫	〃	A
5	御普請一件	茨城県歴史館	〃	
6	御普請一件	山梨県立図書館	〃	B 若干異同あり
7	御普請袖秘録	東北大学狩野文庫	〃	A 若干異同あり
8	御普請定法	国立国会図書館	嘉永 5(1852)	A
9	御普請定法	〃	不明	内容異同多し
10	御普請定法	東京大学史料編纂所	〃	内容異同多し
11	御普請定法仕様書	東京都立中央図書館	〃	C
12	御普請積方定法	愛知県西尾市立図書館	〃	B 全 3 冊
13	御普疎積立定法書　堤樋類橋	宮内庁書陵部	〃	C 横長本全 1 冊
14	御普疎積立定法書　樋類橋	宮内庁書陵部	天明 6(1786)	C 横長本全 2 冊内容の一部
15	御普請手引集	国立国会図書館	文政 8(1825)	C 全 4 冊
16	御普請目論見一件	大阪府立中之島図書館	不明	A 全 1 冊
17	御普請目論見方規矩	京都大学附属図書館	〃	A
18	御普請目論見方大概　川除樋類橋々	東京都立中央図書館	〃	B 若干異同あり
19	御普請目論見仕方	無窮会図書館	〃	B 巻順 2，3，1
20	御普請目論見手控	国立国会図書館	〃	全 1 冊
21	地方普請図解	国立公文書館内閣文庫	〃	C 巻順 2，3，1
22	地方普請仕様并諸積録	京都府立総合資料館	〃	B 全 1 冊
23	治水図彙	神宮文庫	嘉永 3(1850)	A 全 1 冊
24	堤防図彙	国立国会図書館	不明	A 全 3 冊巻順 1，3，2
25	堤防図彙	東京都立中央図書館	嘉永 3,4(1850)	B 巻 1，2
26	堤防図彙　（地・人）	京都大学附属図書館	不明	A 巻順 3，2，巻 1 欠
27	堤防図式	成田山仏教図書館	〃	A 全 4 冊，若干異同あり
28	堤防図説	東京大学史料編纂所	〃	A 巻 1，2 の 1 部
29	堤防之書	成田山仏教図書館	〃	B 内容の一部
30	堤防普請要経	神宮文庫	〃	B 若干異同あり
31	堤防録	国立公文書館内閣文庫	〃	A 若干異同あり
32	土木図　（乾・坤）	京都府立総合資料館	〃	A 巻 1 欠
33	普請積要書	国立国会図書館	文政 8(1825)	A
34	普請目論見明細書　巻之 2	京都府立総合資料館	不明	B 巻 2 のみ
35	普請目論見明細書	国立公文書館内閣文庫	〃	A 若干異同あり
36	普請目論見明細書	〃	〃	B 若干異同あり
37	普請目論見明細帳	茨城大学附属図書館	〃	A 内容の一部
38	普請目論見書	大谷貞夫文庫	〃	全 3 冊
39	水防計覧細弁	群馬県立文書館	〃	全 3 冊

注 1）タイトルの 50 音順に配置（38,39 を除く）
注 2）備考欄 A は巻頭に目録あり，B は目録なし，C は体裁が異なるもの
注 3）備考欄空欄は中尾氏の調査によるもの

は地方役人として取り立てられたものもあった。『民間省要』[26]の著者として，また多摩川，酒匂川，荒川などの改修工事を行ったことで知られる田中丘隅（1662～1729）は，享保8年（1723）名主から井沢弥惣兵衛為永配下の川除御普請御用を命ぜられ，享保14年（1729）3万石を支配する支配勘定格に任じられ30人扶持が供与されている[27]。水制工法の一種である弁慶枠（**図-3.1**）は田中

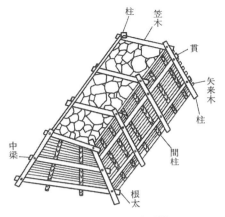

図-3.1 弁慶枠（治水要辨）

丘隅が案出したといわれている。なお弁慶枠は，『普請目論明細書　上・中・下』，『普請目論見書　天・地・人』に工法例の最後に記されている。新工法を後から付け加えたのであろう。

　このように技術改良の担い手は，名主層や下級武士である地方役人であったが，技術の開発を担う制度的仕組み，医学や算学のように技術情報の交換や相互批判を行う学的集団が形成されず，身分の引き上げによる人材登用という制度に乗らない限り，技術改良は制度の中に取り入れられなかったと言えよう。単発，局所に終わったのである。川除工事は，町人による請負方式でも実施された。専門の技能を売る専門集団とそれを統制する請負業が成立したが，請負業者は忠実に目論見計画に従う仕事を行うことによって請負金を手に入れるのであり，労働者の編成手法や土工の改良の担い手となり得る可能性があったが，施工手段や普請材料に変化のないこの時代，川除け工法の改良者にはなれなかった。

　『普請目論見書　天・地・人』より幕府が統括した土木普請の対象について記す。天の巻には，川除工法である堤防，水制，護岸，水路掘削が，地の巻には，灌漑用水のため池堤（塘），掛渡井（掛樋），樋橋鉄物，木材の事，伏越が，人の巻きには，橋に係るものと用水に係る圦樋，繰樋が記述されている。これにより幕府普請役，郡代，代官が所掌した土木普請工事の内容が

わかる。川浚工事，川を渡る橋の工事，用水に関わる大規模水路掘削工事，取水排水施設工事，川を渡る掛樋および伏越施設工事である。

定法書は，幕府の技術情報が編集されたものであり，また直轄地支配のための定法・算法書なのである。

3.3 堤防の構造と配置

ここでは近世における堤防の形状，堤防法面保護工，堤防の配置の考え方を地方書や事例を通して記す。

3.3.1 堤防形状

元禄2年（1689）に書かれた『地方竹馬集』[28]では，堤防法勾配（法斜面の勾配）について，大法川表1倍5割（1割5分*），川裏2倍（2割*）が定法であるとしている。ただし，川表1倍（1割*），川裏1倍5割（1割5分*）の仕事もあり，小川などでも今少し急にすることもある（**図-3.2**）。石堤・砂堤などは川表2倍（2割*），川裏3倍（3割*）の仕事もあるとしている。なお，土堤の勾配，表法1割5分，裏法2割を常法とするものを，後に「古法」といった。

寛政6年（1794）に書かれた『地方凡例録』[29]では「堤防は元来紀州流においては，川表1割であれば川裏は1割3分にし，大きな堤防であれば川表は1割2分，裏法は1割4〜5分としていた。近年の土堤は1割，砂堤ならば1割5分，石堤は5分としている。堤防を丈夫にするには，土堤で1割

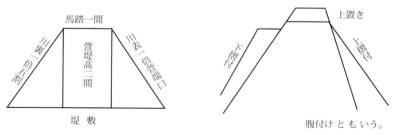

図-3.2 地方竹馬集による堤防横断面と技術用語

2〜3分，砂堤は1割7〜8分，石堤は1割であるが，坪数が多くなるので，だいたいは，前条による。」としている。このように，紀州流から両法を同一勾配とするように変わったのは，「今日では堤防の保ち方の考えもなく，少しでも入用の減るのを功とすること，また目論見のときの算法（積算[*]）が簡単であり，帳面も仕立てがよく，かつ手廻しを第一とすることのゆえである」としている。

19世紀初頭に佐藤信有によって書かれた『堤防溝洫志』[30]にも同様な記述がある。ただし古法の表法と裏法の勾配が逆となっている。写記の誤りであろう。

以上のことより，18世紀の初め正徳期までは古法が，8代将軍吉宗の時代，享保期から紀州流が定法となり，寛政年間以降幕末まで両法の勾配を同一とし，かつ急である新法（これは筆者が古法との比較のために名づけたものである[*]）が定法となったと言える。

堤防の勾配が急になっていった主原因は幕府の財政緊迫であった。宝暦5年（1755），幕府は財政緊縮政策を取った。明和期には治水に関する申渡書の書付けをしきりに発布し，見積もり，普請の手続きを厳とし，仕様をその場の特性に合った適切なものとすることにより普請の肥大化を防ごうとしている[13]。寛政期に入ると幕府の財政緊縮政策はより厳しいものとなり，川徐に投入し得る資金が少なく，応急処置で済ませたり，工事の延期，停止まで行われるようになった。田沼意次によって進められていた町人請による印旛沼の水を台地に掘割って検見川に落とし，新田を開くと同時に水運路として使うという工事は，天明6年（1787）の洪水による被災，翌年の田沼意次の失脚によって中止となっている[31]。松平定信による寛政の改革が始まり，緊縮財政の下，堤防の仕方の格が下げられ新法が採用されたであろう。

なお，法勾配に関する幕府の定法は法令として通牒されたものではなかったようである。宝暦2年（1752）森田通常（『民間省要』の著者田中丘隅の甥）が記した『治水要辨』[32]には，例として，高さ1丈（3.0 m）の堤防の法勾配を大略金尺六寸（約1割7分）として見積もり，天保8年（1837）官許を得て出版された『算法地方大成』[33]では，川表金尺7寸5分（約1割3分），川裏5寸（2割）あるいは両法7寸5分に築くとしている。『續地方落穂

●第３章●幕藩体制下の堤防技術

集』[34]（1763 ごろ）および『疏導要書』[35]（1834）では，古法が示されている。

堤防天端幅については，明確な規定がなされておらず，地方書の中の図や算法の中で例が示されているのみである。『地方竹馬集』[29]（1689）では，高２間（3.6 m）が示されている。

表-3.2 に文献などの記載に見られる堤防の規模を示した。『明治以前日本土木史』[2] に示された堤防（文献 2）は，目立つ存在でありよく知られた堤防が記載されたと考えられ，規模の大きなものが示されていると考えられる。ほかの河川の堤防は出来高帳により調べたものであるが，破堤した堤防の再築の資料は破堤口の大きさの影響を受けるので除いてある。堤防の規模の大部分は，地方書で示されたような堤防規模が標準的なものであったと言えよう。

ところで近世の堤防は，どの程度の出現頻度の洪水を対象に築堤されていたのであろうか。

大熊孝は，天明３年（1783）浅間山の噴火による土砂生産量の急増が利根川の河床を上昇させ，それ以前と以降では河状が変わったとし，その証拠に上利根川（中条堤から赤堀川まで），下利根川での破堤記録を調べ，噴火以前は，上利根川，下利根川とも 10 年から 20 年に一度の破堤であったものが，噴火後は，３年か５年に一度となったことを示している[36]。利根川という江戸幕府の膝元の堤防でもこの程度の越水頻度であったのである。

『川除仕様書』[37]（1720）は甲州の川を対象とした地方書である。そこに「場所によるけれど，満水をも防ごうとする心持ちは，大概よくない。満水というものは３年から５年に一度あるかないかであり，（そのため*）土手を高く築けば，水ののらないところにねずみ穴，へび，もぐらの穴ができる。満水のとき少しでも水が通れば，そのところに水が集中して（堤防が*）大破損することとなり，田地の流れ跡は，数年を経なければ起返らない（田地に帰らない*）ものである。そこで（土手は*）7 〜 8 合の水を防ぐ様に築くべきである。」と記されている。内容は土堤を対象としているので砂川を対象とした記述であろう。

同一堤防高であれば，勾配の緩い河川ほど，また河床材料が小さいほど（河口部は除く），満水に達する頻度は一般に高くなる。**表-3.2** を見る限り，堤

50

3.3 堤防の構造と配置

表-3.2 江戸時代における堤防規模

河川名	堤防名・場所	セグメント	年代	高さ	馬踏	数	延長	出典	その他
利根川	右岸堤(古戸～下五箇)	2-2	文禄4年(1595)	15～20尺(約4.5～6.1m)	3～5間(約5.5～9.1m)	15間(約27.3m)	18 339間(約33.4km)	36)	
安倍川	駿府御囲堤	1	慶長年間(1596～1614)	3間(約5.5m)	6間(約10.9m)	16間(約29.1m)	2 400間(約4.4km)	2)	駿府域下の防御
太田川	広島域外堤防	2-2	元和3年(1617)	7尺(約2.1m)	—	—	—	〃	
太田川	広島域内堤防	2-2	〃	13尺(約3.9m)	—	—	—	〃	
筑後川	千栗堤	2-2	寛永年間(1654～1641)	4間(約7.2m)	2間(約3.6m)	30間(約54.6m)	約12km		
筑後川	安武堤	2-2	〃	4間(約7.2m)	3間(約5.5m)	30間(約54.6m)	1里(約4km)	55)	
仁渡川	左岸堤(弘岡上ノ村～森山村)	1	承応年間(1652～1654)	2間(約3.6m)	—	—	1 877間(約3.4km)	2)	
仁渡川	右岸堤(川内村鎌田～高石村中島)	1	〃	2間(約3.6m)	—	—	1 800間(約3.3km)	〃	
加古川	増田堤	2-1	万治元年(1658)	3間半(約6.4m)	8間(約14.5m)	18間(約32.7m)	—	〃	印南郡, 神吉村
賀茂川	左岸堤	2-1	寛文10年(1670)	2間(約3.6m)	5間(約9.1m)	8間(約14.5m)	25町(約2.7km)	〃	
賀茂川	右岸堤	2-1	〃	2間(約3.6m)	5間(約9.1m)	8間(約14.5m)	31町(約3.4km)	〃	
狩野川	江間村堤防	?	宝永6年(1709)	4尺(約1.2m)	4尺(約1.2m)	9尺(約2.7m)	12間(約21.8m)	〃	
酒匂川	文命西堤(川村地先岩流瀬堤)	1	享保11年(1726)	3間(約5.5m)	7間(約12.7m)	18間(約32.7m)	120間(約218m)	〃	田中丘隅施工, 石堤
酒匂川	文命東堤(福沢村大口堤防)	1	〃	20尺(約6.1m)	18間(約32.7m)	25間(約45.5m)	100間(約182m)	〃	
球磨川	荻原堤防	2-1	宝暦5年(1755)	30尺(約9.1m)	7間(約12.7m)	25間(約45.5m)	—		
雄物川	(雄勝郡小野村地先)	2-1	宝暦7年(1757)	2間(約3.6m)	—	—	900間(約1.6km)	〃	
下利根川	右岸安西新田川除堤	2-2	明和9年(1772)	1丈2尺(約3.6m)	3間(約5.5m)	12間(約21.8m)	—	12)	
下利根川	右岸安倉村本田囲堤	2-2	天明6年(1786)	3間2尺(約6.1m)	2間半(約4.5m)	16間(約29.1m)	—	〃	
北上川	赤生津堤防	2-2	文化年間(1804～1817)	13尺(約3.9m)	2間(約3.6m)	14間(約24.5m)	836間(約1.5km)	2)	
那賀川	万代堤	1	文化2年(1805)	2間半(約4.5m)	2間半(約4.5m)	30間(約54.6m)	520間(約946m)	〃	
最上川	二俣川締切堤	2-2	天保4年(1833)	3間(約5.5m)	3間(約5.5m)	12間(約21.8m)	—	〃	
釜無川	信玄堤	1	天保10年(1839)	7尺(約2.1m)	2間(約3.6m)	3丈(約9.1m)	1 050間(約1.9km)	56)	
富士川	帰郷堤	1	安政5年(1858)	5間半(約10m)	3間(約5.5m)	27間(約50m)	180間(約327m)	2)	安政元年の地震による流路もどす (高すぎる?)

51

● 第 3 章 ● 幕藩体制下の堤防技術

表-3.2 （つづき）

河川名	堤防名・場所	セグメント	年代	高さ	馬踏	数	延長	出典	その他
安倍川	遠藤新田1番出し～5番出し間	1	慶長2年(1597)	2間(3.64 m)	5間(9.1 m)	10間(18.2 m)	221間(402 m)	59)	
	下村山脇横堤	1	寛文6年(1666)	9尺(2.73 m)	9間(7.27 m)	10間(18.2 m)	80間(145 m)	〃	
	下村山前横堤	1	延宝7年(1679)	2間(3.64 m)	6間(10.91 m)	12間(21.82 m)	135間(245 m)	〃	
	遠藤新田出口横堤～松野木	1	天和元年(1681)	9尺(2.73 m)	1丈(3.03 m)	6間(10.91 m)	450間(818 m)	〃	
	遠藤新田向原五番下～築留	1	天和元年(1681)	9尺(2.73 m)	2間(3.64 m)	6間(10.91 m)	150間(273 m)	〃	
松川	信濃川支川松川小布施町太夫千両堤		元和頃(1620頃)	1.5 m*		5.5 m*	80 m*	58)	＊現在する堤防より，福島正則の製造・石堤
千曲川	戸倉町	1	元治元年(1864)	1丈(3 m)			100間(180 m)	〃	
	松代	2-1		1丈3尺～1丈5尺(3.9～4.5 m)					
	飯山	2-1			6尺(1.8 m)	3間(5.4 m)		〃	文化4年(1807)の災害絵図より
	水内郡小沼村戸隠田		天保12年(1841)		6～9尺(1.8～2.7 m)	2～4丈(6～12 m)	930間		仕来書上帳より
信濃川	魚沼郡十日町村	1	寛政12年(1800)	9尺(2.7 m)	9尺(2.7 m)	3間(5.4 m)		〃	出来高帳より，石堤
旭川	百間川洗手付近	2-1	貞享4年頃(1687)	7尺				40)	洗手は6尺絵図より
安倍川	下村前立堤	1	天和元年(1681)	2間(3.6 m)	6間(10.91 m)	10間(18.18 m)	150間(273 m)	59)	
	下村脇下～大諸岡上	1	元禄14年(1701)	1間(1.82 m)	1間(1.82 m)	3間(5.45 m)	400間(727 m)	〃	
	遠藤新田1番～3番	1	享保19年(1734)	5尺(1.52 m)	6尺(1.82 m)	1丈6尺(4.85 m)	90間(164 m)	〃	
	下山脇13番～15番	1	明和4年(1767)	7尺(2.12 m)	9尺(2.73 m)	3丈(9.09 m)	150間(273 m)	〃	
阿賀野川	下新村	2-1	不明	4尺(1.2 m)	8尺(2.4 m)	3間(5.4 m)	18間(32.8 m)	55)	伊藤家文書
	羽下村（往環土手）	2-1	寛政4年(1792)	1丈2尺(3.6 m)	1.5間(2.7 m)	7間(12.6 m)	150間(273 m)	〃	安養村明細帳
	〃	2-1	寛延4年(1751)	1丈2尺(3.6 m)	2間(3.6 m)	8間(14.4 m)	350間(637 m)	〃	羽下村明細帳
	羽下村・安養寺村（引き堤）	2-1	文化9年(1812)	6尺(1.8 m)	2間(3.6 m)	4間(4.2 m)	28間(51 m)	〃	急破出来高帳
	〃（引き堤）	2-1	文化13年(1816)	7尺(2.1 m)	2間(3.6 m)	5間(9.1 m)	37間(63 m)		〃

52

3.3 堤防の構造と配置

表-3.2 （つづき）

河川名	堤防名・場所	セグメント	年代	高さ	馬踏	数	延長	出典	その他
	論瀬村・清瀬村（引き堤）	2-1	万延元年（1860）	2 間（3.6 m）	6 尺（1.8 m）	5.5 間（9.8 m）	652.5 間（1 190 m）	〃	
	〃	2-1	文久 3 年（1863）	2 間（3.6 m）	9 尺（2.7 m）	5.5 間（9.8 m）	494 間（899 m）	〃	
	木迎村付近	2-2	享保 9～10 年（1724～1725）	9 尺（2.7 m）	3 間（5.4 m）	8 間（14.6 m）	196 間（357 m）	〃	
	小浮村	2-1	6 尺（1.8 m）		9 尺（2.7 m）	1 丈 5 尺（4.5 m）	184 間（345 m）	〃	
	砂山～草川（渡場村）	2-1	寛保 2 年（1742）	7 尺（2.1 m）	7 尺（2.1 m）	4 間（7.3 m）	148 間（269 m）	〃	
	〃	2-1	寛保 3 年（1743）	6 尺（1.8 m）	6 尺（1.8 m）	2 間（3.6 m）	170 間（309 m）	〃	
	〃	2-1	宝暦 8 年（1758）	6 尺（1.8 m）	6 尺（1.8 m）	2.5 間（4.5 m）	220 間（400 m）	〃	
	〃	2-1	寛政 8 年（1796）	6 尺（1.8 m）	6 尺（1.8 m）	5 間（9.1 m）	193 間（351 m）	〃	
荒川	日本堤	3	元和 2 年（1616）	12 尺（3.6 m）				21)	江戸下町堤防
多摩川		2-1	江戸初期	6 尺（1.8 m）				〃	

防高は越水頻度を指標として築造されたというよりも，左右岸の力関係，堤防築造実施主体の財力などに規定されているように思える。砂川の堤防ついていえば 3 ～ 10 年に一度出現する洪水に耐えられる堤防高のものが大多数といえそうである。扇状地河川では砂川と同一出現頻度の洪水に対して水位の上昇が小さいので，越水頻度は小さかったと考えられるが，ここでは越水より河岸侵食による破堤を防ぐことのほうが技術的課題であった。

3.3.2 土堤防法面保護と堤防植生

土で築造された堤防は，表面を雨水，流水による侵食から防ぐため，保護工が必要である。『百姓伝記』[38]（1680 ～ 1683 ごろ）では次のようにいっている。

① 新堤を 10 ～ 2 月のうちに築いたら（農閑期に川除を行うのが通例であった*）柴（芝*）を貼り付けるとともに柳を杭に使用する。柳は背の高くならない種類（例として丸葉柳，白楊，行李柳を挙げている）を用いる。大木となるものは用いてはならない。

② はんの木，はりの木は水を好む木であるが，柳に比べれば劣る。竹を植えるなら女竹を植えて年々刈り取って伸び上がらないようにする。男竹を植えて生い茂らせると堤は緩む。

③ 大木となる木は，大風雨のとき堤が緩んで傷む。また木を切って，その根が腐れば堤に穴があく。

④ 柳は秋の末に枝を切って若芽の出やすいようにしておく。毎年刈らないと木が太くなって水衝りが強くなり，堤の腹を洗う。堤防上の大木は堤防にとってよくないが，背の低い柳のように灌木となり，風や流水によって根の廻りが緩まないものは好ましいというものである。

『地方竹馬集』[28]（1689）では次のように記している。

堤防に高木を植えることが好ましくない（理由は，『百姓伝記』と同様である*）。それに加えて，地方役人の堤防普請の経験から腰付（堤根に犬走り，腹付けなどを行って堤防の補強を行うこと*）を行う場合に堤外の大竹は施工の邪魔になること。川裏に（堤防裏法面*）竹木があると堤防補強のための腹付け，腰掛（小段，犬走り*），笠置（堤防天端に土砂を置き堤防を高くすること*）を行う場合，土を持運ぶのに不便であるとし，芝の場合は人足や馬鞦が自由に動け，また漏水を早く発見できるとしている。施工の観点から，また水防の観点から堤防上の竹木は好ましくなく，芝の優位性を述べているが，後段の文章では柳を2〜3年で刈り取るような管理を行えば堤防のために好ましいとしており，芝でなくてはならないと主張したものではない。

定法書である『普請目論見書　天』[24]では，砂堤と土堤の雨水および流水による侵食特性の差異に基づき，砂堤では龗朶（柳の枝なども用いた粗朶）で補強し，土堤では芝で法面の保護をするとしている。

ほかの地方書，農書も基本的には，大木となるものは好ましくなく，高くならないように管理した柳や小笹などは堤防にとって好ましいとするものであるが，18世紀中ごろより，堤防普請という観点よりも，存在する堤防の維持管理という観点が強くなり，『地方竹馬集』に記述された施工の視点から芝が好ましいという記述がなくなっていく。

寛政元年（1789），幕府は各代官に次のような申渡を行った[39]。

3.3 堤防の構造と配置

〖御代官え申渡〗

川々堤防儀，竹林・葭萱・薄萱之類生立有之，保方宜場所は格別，左も無の箇所は，川表之方え水際と中段とへ二重ニ柳を植候共，又は差木に成共いたし，其間々え小笹を植，柳は年々刈取，株より枝多く出候様ニ手入いたし，株より若枝多く出候様成候ハヽ，後々は水際と中断とを隔年ニ刈取可申候，堤外方之儀も，立木有之候ても害ニ不成功場所は，豹尾・櫨・犬山椒・毒荏・はんの木之類助ニ成候品植付可申候，右之木共笹の根ニ〆られ，痛ニも成不申候は，堤外法えも小笹植候様可致候，

右は堤之土性ニも寄，又は水流之寛急ニもより，一様ニは有之間敷候得共，右の通相成候得は，堤保方は勿論，末々村方之助にも成候事ニ付，土地柄ニ応，勘弁いたし，村々之ものえ得と申教候様可破致候，尤定掛り場有之候分は，其掛ニて取計候共，又は支配限り御代官ニて取計候共，申合，差支ニ不相成，弁利宜様可取計候，此段御沙汰も有之候事ニ付，申渡候条，可破得其意候，

　堤防に竹木・葭萱・薄萱の類が生えているのは好ましく，これらが生えていないところは，川表に柳を植え，または差し木を行い，間々に小笹を植えること，堤外法（川裏側の法面*）に立木があっても害とならない場合は，豹尾，櫨，犬山椒，毒荏，はんの木類のように助けとなるようなものを植え付けることを指示している。

　18世紀後半の幕府財政の緊迫，農村の疲幣は，堤防そのものを経済財の生産場として位置づけ，川普請材料としての柳，また商品材の立地場所として堤防裏法を意図的に利用し，財政負担の軽減，農村の疲幣を救おうとした。治水・施工の論理より経済の論理が強くなったのである。

3.3.3　堤防配置

　堤防配置について『百姓伝記』[38]（1680〜1683ごろ）では，「大河の堤防は二重に築くのがよい。河の幅（堤間幅）を広く取って，二重堤の間に流れ田地（流作場ともいう*）を作り，万が一の場合は2つ目の堤防によって大

●第３章●幕藩体制下の堤防技術

水を防ぎ，流れ田地は捨てる」「たとえ堤を二重に築かなくても，河の幅を広く取って，つねに作物は植えつける」と記している。この記述は自然堤防帯やデルタを流れる大河川に対する堤防配置論を記したものであろう。

　佐藤信有の『堤防溝洫志』[30]（19世紀前半）に，「玄明窩云ク新ニ堤防ヲ築キ立ルハニ先ツ洪水ノ出テタル時ニ其川ノ上下一ニ里間ノ水勢ヲ審ニシ新規ニ堤敷ヲ居ント欲スル場処ヲ定メ又再ヒ其流河ノ模様ト水当テノ強弱トヲ熟察シ既ニ堤敷キヲ居ント思ヒタル場処ヨリ成ルベキノ事ナラハ十間程モ退キテ築キ立ルヲ最良トス。何ントナレハ洪水出タル時ニ及テ其堤ノ十間進ミ出タルト退キタルトノ水当テノ強弱ハ莫大ナル相違ナリ故ニ達瀬ノ流川ノ川幅広キハ夕決（ヤブレ*）ヘキ堤決スシテ禍ヲ逃ルヽコト多シ川幅ノ十間広キト狭キト満水ノ時左右ニ圧ノカラハ幾倍ノ強弱ナルコトヲ考フベシ西洋人ハ此ヲ量リタル表ヲ著ハセリ（原文旧字体）」の記述がある。

　新堤の位置を決める場合は，その川の上の上下１〜２里間の水勢をよく調べ堤敷の位置を定め，さらにその流れ，河の様子，水衝の強弱を熟察し（堤防が設置された後の流れの状況を推察するということであろう*），堤敷として考えた場所よりなるべくなら10間（18 m）程，退いたところに築造するのが最良である，とするものである。定性的，理念的な記述で具体的にどのようにするのか判然としないが，堤防に水勢が直接当たらないような位置に配置せよということであろう。これも自然堤防帯を流れる河川を対象とした記述と言える。

　実際の施工例から堤防の配置の考え方を見ていこう。

（1）扇状地河川（セグメント１）

　扇状地河川の場合は，**図-2.7**に示した釜無川の堤防配置のように，前面の堤防が破壊され洪水流が流れ出しても，次の堤防でこれを受けて河道に戻す不連続堤である霞堤状の配置が，北陸および東海地方の急流扇状地河川で行われている。ただし，実際の堤防設置は，扇状地部全体をひとつの計画論として意図的に行ったものではなく，扇状地の新田開発の進行に伴い堤防が築かれ，徐々に霞堤状の配置となったというものが多かった。

　図-3.3は静岡県の安倍川（河床勾配Ib ≒ 1/125 〜 1/170）の明治20年（1887）

56

時の堤防位置図であるが，沖積谷の狭い区間は，氾濫水を川に戻し下流の氾濫を防ぐ機能のある山付き堤となっているところが多い[40]。新田の開発が行われるとそれを守るために新たに堤防が築かれ，この結果が不続堤防となったと言える。この開口部は，山水・内水・悪水の排除口ともなっていた。安倍川下流部の**図-3.3** の A のところは二重堤となっている。駿府城下を守るためであろう。

安政 5 年 (1858) 2 月 25 日，越中 (富山県) に大地震が発生した。この大地震によって常願寺川の水源の大鳶・小鳶の山峰が崩れ川筋を塞ぎダム湖が生じた。その後，このダム湖の欠壊によって大土石流が常願寺川を襲い，扇状地部の堤防が切れ大災害となった。この災害の 2 年後，万延元年 (1860) に常願寺川の山間部に出口から河口までの約 21 km の区間の平面図が作製された。この図面は「新川郡常願寺川筋御普請所分間絵図」[41] という主題図で堤防普請における丁場 (工事区，すなわち村請などによる工事を行う場合の分担区間) を示すものである。平面図は測量を基に縮尺 1/4 200 で作図され，そこには堤防の位置，構造，水制工種などが示されている。災害後 2 年経過し，一部復旧工事がなされたと思われるが，災害後の状況を示した図を考えてよかろう。**図-3.4** には，その絵図の一部 (現河川河道距離 7.5 ～ 12 km) の区間 (河床勾配，1/100 ～ 1/76) を示したものである。図中の点線の部分は故御請跡とされているもので，当時堤防の体をなしていなかったものであろう。図中の下流部には災害時に生じた新しいみお筋が示され，みお筋のところの堤防が点線の堤防となっていることは，この推論を

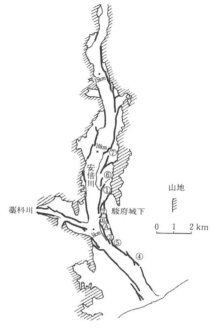

図-3.3 明治 20 年 (1887) 3 月の安倍川堤防位置図 (文献 40 を微修正，付加)

● 第 3 章 ● 幕藩体制下の堤防技術

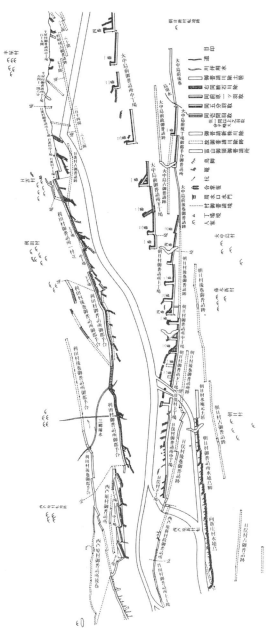

図-3.4 万延元年（1860）の常願寺川の堤防配置と構造（新川郡常願寺川筋御普請所分間絵図より、簡略化）

証明している。堤防の配置を見ると霞堤状となっている。

　長い二重堤状になっているものは，外側の堤防が古いものであり，それが築造されたときは第1線堤であったが，流路位置の変化によって堤防前面に開発余地が生まれたときに，それを守る新たな堤防が作られたのであろう。その結果が開口部を持つ霞堤状となったものと思われる。

　左岸堤（朝日村）にはかぎ型の堤防が連続した形で配置されている。出し先には鳥脚による水制が設置され流水を刎ね，堤防への水衝りを緩和している。このかぎ型の堤防の高さは高く，非越流型の水制機能として築造されたのであろう。

　堤防を守るために石あるいは土で出し状の形状を作り石で覆った出しは，下流向きに配置されている。

　下流左岸側の新しく生じたみお筋沿いに鳥脚（朝日村御普請所水栖鳥脚，向新庄村水埴鳥脚）（**図-3.5**）が設置されている。応急工法として実施されたのであろう。

　扇状地は，新田開発の過程で2重堤状，あるいは霞堤状の堤防配置となった河川が多いのである。

　図-3.6は，富士川下流部（$I_b ≒ 1/250$）の扇頂付近の堤防配置図を示したものである[2]。河口より5.3 km地点から3.8 km地点の右岸の堤防の配置が変わった形状をしている。この堤防は雁堤（かりがね堤）といわれ，代官古郡孫太夫が元和7年（1621）より築造を始め正保2年（1645）に竣工したものである。本堤は上流で山付けされ，下流は水神岩に取り付けたもので，中

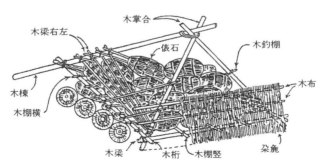

図-3.5　鳥脚［治水積方必携，山崎藤左衛門編，明治18年（1885）］

● 第 3 章 ● 幕藩体制下の堤防技術

間は川岸から離れた位置に配置されている。取り付け部上流の岩本山下に 2 本の水制を設置し，さらにその下手に備前堤といわれる長い出し水制を設けている。水神岩より上流において遊水池を設け，これによって本堤に当たる水流を緩和し堤防の安全を図ったといわれているが，富士川は急流であり，遊水によって死水域が生じる範囲は狭く，水流の緩和には直接役立たない。本堤の内側に長い出しを出していることは，これを証明している。

この雁堤設置の目的は，富士川の河道位置を固い岩の露出している水神岩より西方の位置に固定し，左岸側の扇面を洪水流

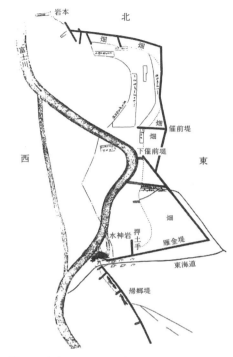

図-3.6 富士川雁堤配置図［明和 5 年（1768）］（文献 2 を簡略化）

から守ることにある。水神岩から岩本山に直線に堤防を築いても，急流河川であり河岸侵食によって破壊されるおそれが強く，もし破堤すると洪水水は扇面を走り被害が大きくなるので，堤防を引き，かつ水制を出すことによって本堤防に直接流水が当たらないようにしたものであろう。

着手から竣工まで 24 年間経過していることを考えると，前もって計画的に堤防配置を決めたのではなく，試行錯誤的に行われたものであろう。

(2) 砂利の河床材料に持つ自然堤防帯を流れる河川（セグメント 2-1）

勾配が扇状地河川に比べ緩く（$I_b \fallingdotseq 1/500 \sim 1/2\,000$），洪水時の河岸侵食幅も小さくなるため，堤防をある程度河岸から離せば，流水による堤防の破壊のおそれは小さくなる。

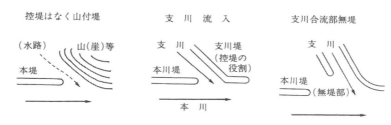

図-3.7 セグメント 2-1 河道での山付および支川合流部の堤防配置（文献 42 を簡略化）

砂利を河床材料として持つ自然堤防帯の河川は，沖積谷（氾濫原）の幅が狭いことが多い。このような河川では，水防林を河岸沿いに配置して洪水が氾濫原を走らないようにして耕地の流水による侵食および粗粒物質の堆積による田畑の埋没を防いだ例が多い。例として由良川，白川中流部，高梁川，吉野川，江の川，嘉瀬川，久慈川などが挙げられる。堤防はほとんど作られていない。

セグメント 2-1 の河道特性を持つところの沖積谷の洪水氾濫は一般に湛水型とはならず，洪水の流下に伴ってすばやく水が引き，湛水時間は短い。稲の出穂期に出水がなければ収穫減はそれほど大きなものとはならなかった。宅地を標高の高い沖積谷の山裾などに立地させ，氾濫原を水田とすれば洪水に対処し得，また再生産が十分に可能であった。

堤防が作られた場合は，河川沿いの自然堤防上に作られたが，支川の合流点や悪水路の合流点は，**図-3.7** のように開口部となっているところが多かった（例・雲出川，豊川，重信川，那珂川，多摩川）[42],[43]。内水，氾濫水のすみやかな排除のため開口部を存置させると同時に遊水させることにより破堤による被害の軽減を図ったのである。

（3）砂を河床材料に持つ自然堤防帯およびデルタを流れる河川 （セグメント 2-2 および 3）

勾配が緩く，氾濫水は長時間沖積地に湛水するところである。

近世初期の領主権力が強大であり，また開発意欲の高かった時代において，領主が開発の主体となるような場合は，連続堤を河川の蛇行を包絡するように堤防が配置された（例，筑後川千栗堤，中利根川）。領国を洪水氾濫によ

●第３章●幕藩体制下の堤防技術

る被害から防ごうとすれば，連続堤にする必要があったのである．

　沖積低地の開発が数村スケールで行われた場合には，集落を守るように村囲堤が築かれ，幕臣等の小領主スケールで行われた場合には領域を守るように堤防が配置され，上・下流域の利害が対立し論争となる場合があり，論所堤としてその形状や洪水氾濫時の対応法等の取り決めがなされた．沖積地に残る旧堤防跡は，開発の経緯，地域間の力関係の痕跡なのである．

　沖積谷の幅が広く，そこに３本の大河川が流下する木曽三川流域では，河川の分離・合流する分岐水路形態であった（図-3.8）．土砂堆積により島状地形が形成され土地開発がなされると土地を守るため下流側が空いた堤防が築かれ，最終的には島状地形に沿うように堤防が形成され，輪中という独特の農村景観を呈するようになった．堤内の集落は洪水に対して運命共同体的な意識と水防組織を持ち，隣接する共同体と堤防の高さや排水条件をめぐって多くの争論（水論）が発生した[44]．

　利根川右岸に緩勾配扇状地性地形（$I_b ≒ 1/800$）の扇端より少し下流に築造された中条堤は，扇状地部の氾濫水と利根川から右支川福川合流点（利根川の $I_b ≒ 1/2400$）からの逆流を受け上流に遊水させ，下流の被害を大幅に低減するものであるが，たびたび越流破堤し押堀［⇒ **3.3.6**］が形成され下流にも洪水被害を生じさせるものであった．上郷と下郷の利害が対立し堤防

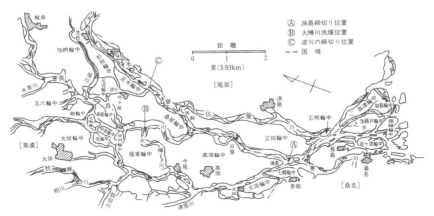

図-3.8　宝暦治水工事後（1760 年代）の輪中および木曽川，長良川，揖斐川（文献 44 を簡略化，付加）

3.3 堤防の構造と配置

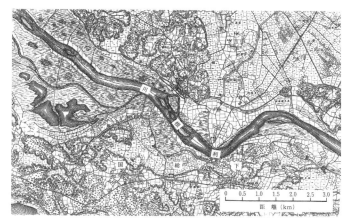

図-3.9 中利根川の沖積谷（取手付近）［迅速図，明治14年（1881）より］

の高さをめぐり水論となり，その調整の帰結である論所堤（⇒ **3.1.3**）でもあった。

近世の末期の時点では，上利根川，江戸川には河川沿いの両岸に連続堤が完成している。しかし，利根川の洪水を引き受けることになった関宿・取手間では，**図-3.9**のように沖積谷も狭いこともあって連続堤が築造されず遊水地的土地利用のままであった区間が多かった。近代にいたってそのようなところが計画調整池（田中および菅生遊水地）として利用された。

ところで，久下地点で付替えされた荒川は現荒川沖積平野を流下することになった。この荒川は市野川の合流点（現荒川距離程54

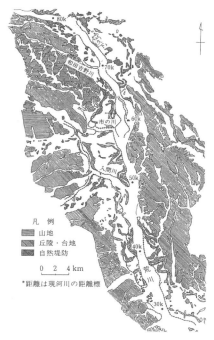

図-3.10 荒川中流域の地形と明治初頭の築堤状況（治水地形分類図と第1軍管区地方迅速測図より作成）

63

km 地点）より河道の特徴が変わり，上流はセグメント 2-1，下流はセグメント 2-2 の河道特性を持つ。この荒川中流部の左岸側は洪積台地に山付きとなった連続堤防が江戸末期までに築造されていた。しかし，右岸側は**図-3.10**に示したように堤防位置が河道位置から遠く離れ，堤防間の距離が 1.5 ～ 2.5 km 程度となっていた。堤外地は流作場となっていたのである。このように連続的に堤防間幅の広い河川の事例はほかにない。荒川の水をこの沖積低地に人為的に落したため，河道の河積がこの水を引き受けるほど大きくなく，氾濫しやすいことより，堤防間幅を広くすることにより遊水させたと言えよう。これはまた江戸の下町を洪水被害から守ることに大きく貢献した。堤防の配置に江戸の町を守るという戦略的意図があったのであろう。

鬼怒川，小貝川のセグメント 2-1，2-2 の区間では旧鬼怒川との合流河道の自然堤防上に堤防を設置し，土工量を少なくする工夫がされている区間が多い[60]。

3.3.4　堤外地の管理

堤防と河道河岸との間，すなわち堤外地は洪水時における流水の流下空間であり，農民にとっては流作場である開発可能地であった。堤外地における植生の繁茂や堤外地に家屋の存在は，洪水の流下の妨げとなるため，幕府はたびたび堤外地の開発規制と植物の刈り取りを指示している。

享保 12 年（1727）には，利根川，江戸川，小貝川，荒川の川通りの堤外地における百姓の家屋の建築の禁止を[45]，享和 3 年（1803）には，寄州の弊害について述べ，川中の寄州や片側に高州となっている場所などに草が繁茂していたら，農業が手薄となったとき（農閑期，冬期*）に残らず掘り取ること[46]，天保 2 年(1831)には享保 12 年の命と同様な指示を，同 13 年(1842)には，利根川，江戸川，小貝川，荒川，多摩川，その他の川通の付州が段々と高くなって，葭，萱，竹木が生い茂っていることを指摘し，これらを出水のころあいを見計らって毎年それ以前に（出水期前に*）刈り払うこと。また，堤外には小堤防でも築堤することを禁止している[47]。

連続堤のある緩流部の河川の堤外地の植生の繁茂，構造物の建設は，洪水の通りが悪いとして，好ましくないとしていたのである。

3.3.5 洗い堤

『地方竹馬集』[28]（1689）には，「洗い堤」についての解説が記されている。洗い堤とは，洪水時に意図的にそこから越流させる堤防で，上・下流の堤防より少し低くなっているものである。

構造としては，「川裏は越流水が根を洗い洗掘するので，法勾配を3～4割と緩くする。三尺ほどは念入りに『入萱出し』のように仕立て，上には葉竹を川表の堤に多数抜し，それを川裏の方に折りかけ押え置いて，その上に石籠（蛇籠*）を平らに並べ置く，また洗堤下は大石あるいは材木にて仕立て，上に籠を縦に重ねることもある。枕籠を下に（堤防の法尻方向に*）2本並べて，これより長4～5間（7.2～9m*）の籠を縦に密に並べ，その上に少し短い籠をまた一重並べ，すでに置いた枕籠の上にまた枕籠をひとつ重ね，縦横の籠の上より何本も乱杭を打って強固にすることもある。」と記している。

堤防の高さが2mを超えると法尻の流速は，4～5m/sとなり，前述したように念入りに仕立てなければ，堤防が破壊してしまうのである。

成富兵庫は，佐賀を流れる嘉瀬川，城原川の野越（洗い堤）を作り，大水のときに堤内に氾濫させる工夫を行っている。嘉瀬川の野越は，緩扇状地状特性を持つ河道が自然堤防帯の特性を持つ河川の変わる遷移点に設けられた。図-3.11に示す石井樋の上流に作られたもので，上流の堤防間幅を広くし，そこを遊水地とし，そこに竹を植えて水勢を滅殺し，さらに堤防に2か所の野越を設けて洪水に対処している[3),36)]。

洗い堤はほかにも築造されたと考えられるが，維持の難し

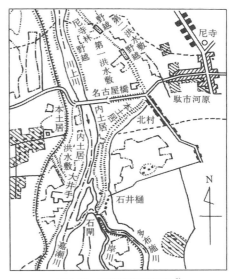

図-3.11 石井樋付近平面図[3)]

● 第 3 章 ● 幕藩体制下の堤防技術

い高さのある洗い堤はあまり作られなかったと思われる。堤防が低い場合には，土堤の上に笹を植え，そこから越流させるということも行われた。佐賀の佐賀江では，西から東に流れる水路の南側のほうにだけ堤防が作られた。佐賀江は，北側からの落水を排水するもので，北側に堤防を築造すると内水の自然の排除を妨げてしまうので堤防の必要性が低かった。一方，南側の堤防は洪水水位を高める作用をもたらすものであった。そこで南側の川副地方を守る堤防には堤頂まで笹を植え，そこから越流させるという取り決めがなされた。堤防の高さは左支川巨勢高尾橋横の藩の米穀倉庫の床板より五寸（15 cm）低くしてあったという[3]。

　放水路の流入口に設置され一定以上の洪水流量となったら越流する洗い堤は，越流深が大きく，強度の強いものが必要であった。旭川および庄内川の放水路流入口に築造された洗い堤は，『地方竹馬集』で記された構造より強固なもので，旭川の「百間川二ノ荒手」（**図**-3.12）は亀甲積の石張りであり[40]，庄内川の洗堰は長 30 間（54 m）の枠と石籠であった[48]。

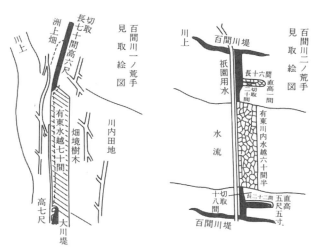

図-3.12 百間川荒手の構造［文化 11 年（1814）作成の見取絵図（池田家文庫）[40]］

3.3 堤防の構造と配置

3.3.6 破堤後の堤防配置

セグメント 2-1，2-2 および 3 の特徴を持つ河道沿いに築造された土堤防は，越水すると堤防法尻部が侵食され，越水深が小さい場合以外は破堤してしまう。破堤すると破堤穴に流水が集中し地表面を削り，破堤口を中心に流下方向に長い半楕円形の堀（池）が生じる。これを押堀（おっ

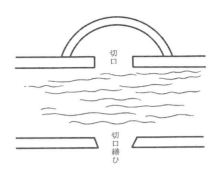

図-3.13 切所の堤防配置（地方竹馬集）

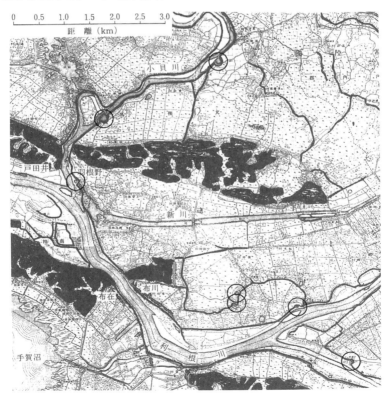

図-3.14 利根川布川付近地形図における押堀跡（○囲い部分）［迅速測図（明治 14 年 (1881)）より］

●第3章●幕藩体制下の堤防技術

ぽり）という。

　押堀を埋め立てて元の位置に堤防を築立てると埋め立て土工量も多く，また浸透により再度同一地点で破堤しやすいことにより，**図-3.13** のように堤防を堤内地に引いて築造することが多かった。『地方竹馬集』[28]（1689）では，切口の古堤は 4 〜 5 間ほど両方とも残し，古堤の切れ目を輪のように修復するとし，ただし，このような仕法は大川で行うものであり，小川では直に築立てることもあると記している。

　図-3.14 に示す利根川・小貝川布川付近地形図には多くの押堀と押堀を輪のように囲む堤防が見られる。利根川の切れ所の堤防には堤外側に引いたものも見られる。押堀の形状は通常堤内側に長く，もし堤外側に堤防を築立てる土地があり，かつ洪水時の堤防沿いの流速が遅く法面の侵食のおそれがなければ，堤外側に引いたほうの土工量が少ないので堤外に堤防を円弧状に引いたのである。

　寛政 6 年（1794）に書かれた『地方凡例録』[29]（1794）では，**図-3.13** と同様な図が示され，「輪の如くに堤を築立修復するなり」という記述もあるが，切所の築堤法として切所を下埋めしてその位置に堤防を築く方法が詳しく，また種々の埋立て法が記述されている。田地を回復し高入地として存置使用とする意図が読み取れる。

3.3.7　堤防築堤歩掛

　地方書によると，土取り 1 坪（約 6 m³）に対して運搬距離（町数，1 町 ＝ 109 m）により入用人足を評価している（**表-3.3**）。ただし，鍬取（土掘り）人足は一坪 1 人で変わらない。なお，これに築堤坪数を乗じ合計人足を算出する。これには芝付けの費用も含まれるとしている。堤防形状に合わせた整形および踏み固めも含まれると考えられ，堤防土の締固め費用が記述されて

表-3.3　土取り・石取り数 1 坪当り人足数

	運搬距離	人数
土取り*	1 町	3
	1 町半	4
	2 町	5
	2 町半	6
	3 町	7
	3 町半	8
	10 町	21
石取り**	1 町	7
	3 町	10
	3 町半	11.5
	10 町	31

注）　* は鍬取り 1 人に 1 町に 2 人を乗ず
　　** は石取り 1 人に 1 町に 3 人を乗ず

いないことより，締固めは重要な技術行為とみなされていなかったと判断される。築堤費用は，合計人足の費用銭（本人足80文，玄米1升7合の代銭相当）を乗じ算出する。

3.3.8 護岸・水制技術

土でできた堤防は，表面を雨水，流水の侵食から守るため，法面保護工が必要である。『普請目論見書　天』[24]では，砂堤と土堤の雨水および流水による侵食特性の差異に基づき，砂堤では麁朶（柳の枝なども用いた粗朶）で補強し，土堤では芝で法面を保護するとしている。

洪水時の河床洗掘，高流速により河岸の侵食や堤防の破壊が生じる。これを防ぐために設置する河川構造物が護岸・水制である。護岸は法面に石，玉石，萱，粗朶，竹などで覆い法面を保護するものであり，水制は堤防あるいは河岸から突き出して流水の流速の軽減あるいは高流速を河岸・堤防から離し，河岸・堤防の破壊を防ぐものである。

『普請目論見書　天』[24]には，種々の地方書，文献に記載された近世の護岸と水制工種の多くが記載されていたが，その工種は幕府支配地で実施されていたものを整理したものであり，甲州，駿州の急流砂利河川の水制工法，

図-3.15　川内川長崎堤防の水制配置［平成6年年（1994）］（川内川工事事務所提供）

石堤，関東の緩流砂河川の羽口，杭工法，また，切所部の締め切り方・地形整正の方法・埋め立て法・堤防の法面決壊部の保護法など堤防災害に対する対処法が紹介されている。九州地方の菊池川や川内川で見られた独特の形を持つ石積水制（**図-3.15**，大陸中国の壩と形が似ている）などについての記述はない。

　近世における種々の地方書，農書，施工実績から推定される堤防法面保護工および水制工種について，概要を記す。

表-3.4　法覆工 [49]

法覆工			説明
法面を覆う材料・方法によって分類	芝付工 法面に芝を張り保護する。	芝付工	芝を張って法面を防御する。護岸勾配が（2割より）緩やかで，流速が(2m/s)より遅い場所に適する。
	羽口工 堤防または土出しの水当たりの部分を保護する。 積み上げる材料に応じて分類される。芝付よりは強固。	萱羽口,粗朶羽口	萱・粗朶と土を交互に踏み固めながら高く盛る。緩流河川に適用。
		石羽口	玉石と芝を交互に積み上げる。緩流河川の水当たり部。
		石羽取口	玉石を積む。急流河川に適する。
		土俵取口	土俵を積む。主として応急工事に使用。
	法柵工 法面に粗朶を用いて格子上に柵を組み，その中に，土砂や砂利を詰めて法面を防御する工法。 柵と中詰めの材料によって分類される。芝付よりは強固。	柳技工	生きた柳を使って粗朶を敷き，杭を打ち，柵を設けて枡をつくり柵の高さまで土砂や砂利を詰める。なお，柳は柳枝の発芽を図る。緩流部に使われる。
		栗石粗朶工	柳技工の中に栗石を詰める。緩流部に使われる。
		投げ掛け工	柳技工の中に15cm以上の栗石，または玉石を詰める。緩流部に使われる。
	籠工 石などを積めた籠を法面に張ることで法面を防御をする。 法面を覆う籠の種類によって分類される。柵工より強固。	蛇籠	亀甲形に編んだ籠に玉石または割り石を詰めた籠を法面に敷く。籠は竹あるいは鉄線。急流河川でも使用できる。
		粗朶籠	粗朶を使って籠を編んだもの。
		包柴工	粗朶の中に砂利・栗石などを包み縄，鉄線でつないだもの。
		柳蛇籠(万年籠)	生きた柳を使って籠を編んだもの。
	石積み・石張り工 石を用いて法面を防御する。 石の施工方法で分類。最も強固。	石積み工(空)	石を積んだもの。急流河川適用可。法勾配1:1〜1:1.5。
		石張り工(空)	石を張ったもの。急流河川適用可。法勾配1:1より緩い場合。

3.3 堤防の構造と配置

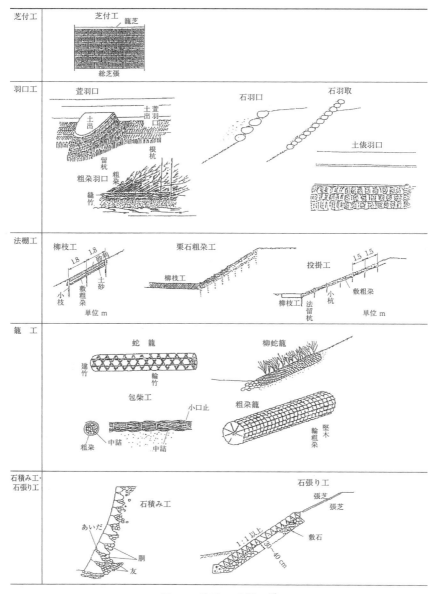

図-3.16 法覆工の標準図[49]

● 第 3 章 ● 幕藩体制下の堤防技術

堤防法覆工については（**表-3.4，図-3.16**）[49]，緩流河川（セグメント 2-2，2-1）の堤防で河道河岸から離れて築造された堤防では，芝付け工が施工される。筋芝は法面全面に張るのでなく筋状に間をあけて張り，畳芝は全面に張るものである。羽口工，萱羽口，粗朶羽口は，緩流河川において河岸に接近して築造される堤防，重要河川施設（堰，樋管，出し）に接近した堤防等

表-3.5　基礎工 [49]

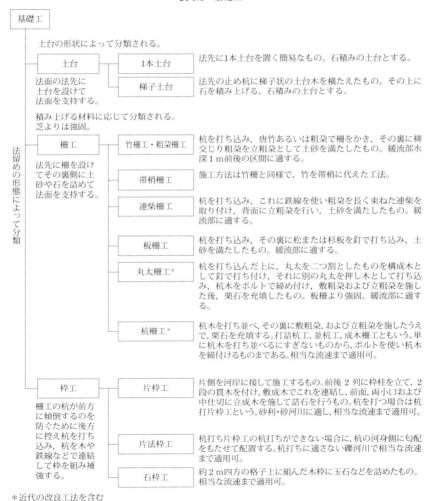

＊近代の改良工法を含む

3.3 堤防の構造と配置

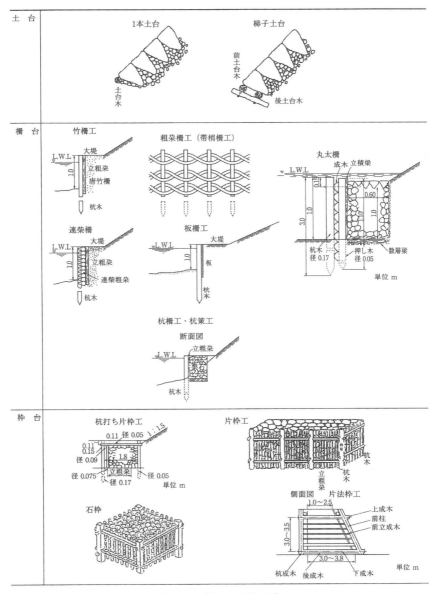

図-3.17 基礎工の標準図[49]

●第３章●幕藩体制下の堤防技術

表-3.6 水制工[49]

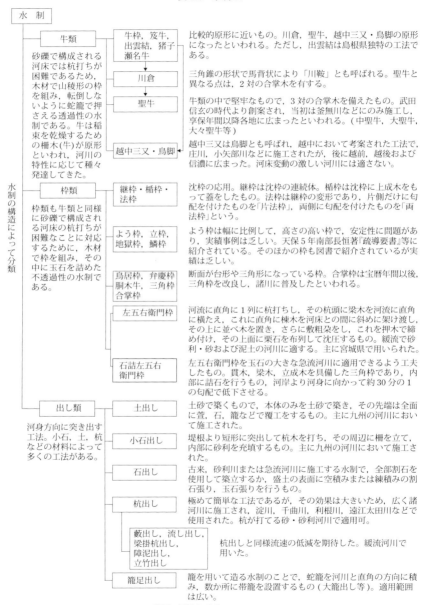

水制			
牛類 砂礫で構成される河床では杭打ちが困難であるため、木材で山稜形の枠を組み、転倒しないように蛇籠で押さえる透過性の水制である。牛は稲束を乾燥するための柵木(牛)が原形といわれ、河川の特性に応じて種々発達してきた。	牛枠, 笈牛, 出雲結, 猪子 瀬名牛		比較的原形に近いもの。川倉, 聖牛, 越中三又・鳥脚の原形になったといわれる。ただし、出雲結は島根県独特の工法である。
	川倉		三角錐の形状で馬背状により「川鞍」とも呼ばれる。聖牛と異なる点は、2 対の合掌木を有する。
	聖牛		牛類の中で堅牢なもので、3 対の合掌木を備えたもの。武田信玄の時代より創案され、当初は釜無川などにのみ施工し、享保年間以降各地に広まったといわれる。(中聖牛, 大聖牛, 大々聖牛等)
	越中三又・鳥脚		越中三又は鳥脚とも呼ばれ、越中において考案された工法で、庄川, 小矢部川などに施工されたが、後に越前、越後および信濃に広まった。河床変動の激しい河川には適さない。
枠類 枠類も牛類と同様に砂礫で構成される河床の杭打ちが困難なことに対応するために、木材で枠を組み、その中に玉石を詰めた不透過性の水制である。	継枠・楯枠・法枠		沈枠の応用。継枠は沈枠の連続体。楯枠は沈枠に上成木をもって蓋をしたもの。法枠は継枠の変形であり、片側だけに匂配を付けたものを「片法枠」、両側に匂配を付けたものを「両法枠」という。
	よう枠, 立枠, 地獄枠, 鱗枠		よう枠は幅に比例して、高さの高い枠で、安定性に問題があり、実績事例は乏しい。天保 5 年南部長恒著『疏導要書』等に紹介されている。そのほかの枠も図書で紹介されているが実績は乏しい。
	鳥居枠, 弁慶枠 胴木牛, 三角枠 合掌枠		断面が台形や三角形になっている枠。合掌枠は宝暦年間以後、三角枠を改良し、諸川に普及したといわれる。
	左五右衛門枠		流水に直角に 1 列に杭打ちし、その杭頭に梁木を河流に直角に横たえ、これに直角に棟木を河床との間に斜めに架け渡し、その上に並べ木を置き、さらに敷粗朶をし、これを押木で締め付け、その上面に栗石を布列して沈圧するもの。緩流で砂利・砂および泥土の河川に適す。主に宮城県で用いられた。
	石詰左五右衛門枠		左五右衛門枠を玉石の大きな急流河川に適用できるよう工夫したもの。貫木、梁木、立成木を具備した三角枠であり、内部に詰石を行うもの、河岸より河身に向かって約 30 分の 1 の匂配で低下させる。
出し類 河身方向に突き出す工法。小石, 土, 杭などの材料によって多くの工法がある。	土出し		土砂で築くもので、本体のみを土砂で築き、その先端は全面に萱、石、籠などで覆工をするもの。主に九州の河川において施工された。
	小石出し		堤根より短形に突出して杭木を打ち、その周辺に柵を立て、内部に砂利を充填するもの。主に九州の河川において施工された。
	石出し		古来、砂利川または急流河川に施工する水制で、全部割石を使用して築立するか、盛土の表面に空積みまたは練積みの割石張り、玉石張りを行うもの。
	杭出し		極めて簡単な工法であるが、その効果は大きいため、広く諸河川に施工され、淀川、千曲川、利根川、遠江太田川などで使用された。杭が打てる砂・砂利河川で適用可。
	藪出し, 流し出し, 梁掛杭出し, 障泥出し, 立竹出し		杭出しと同様流速の低減を期待した。緩流河川で用いた。
	籠足出し		籠を用いて造る水制のことで、蛇籠を河川と直角の方向に積み、数か所に帯籠を設置するもの(大籠出し等)。適用範囲は広い。

←発展の経緯を示す。

3.3 堤防の構造と配置

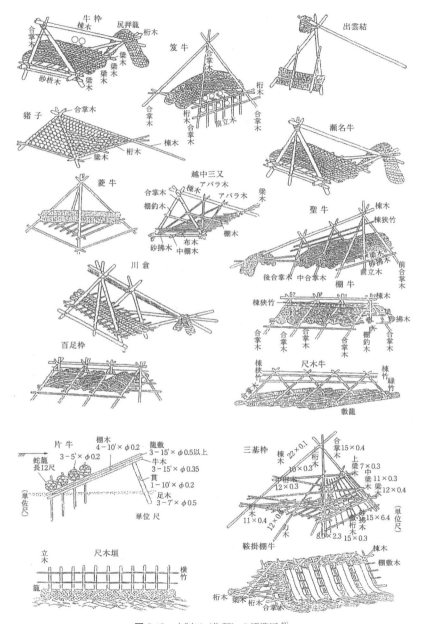

図-3.18 水制工(牛類)の標準図[49]

75

● 第3章 ● 幕藩体制下の堤防技術

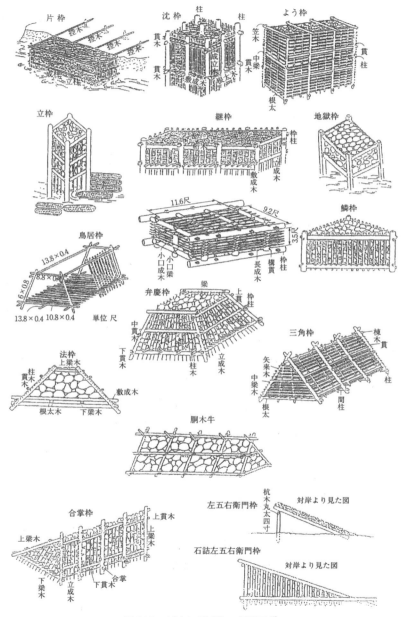

図-3.19 水制工（枠類）の標準図 [49]

3.3 堤防の構造と配置

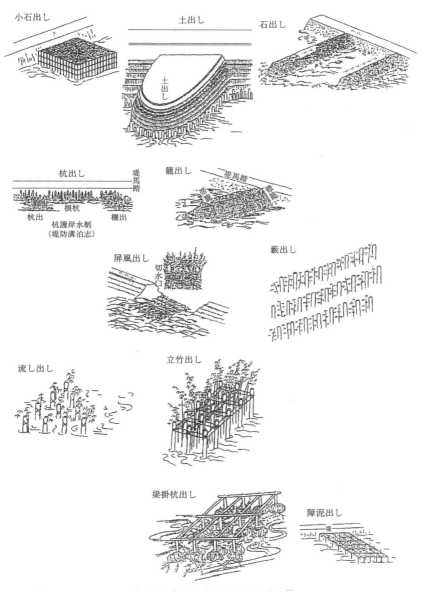

図-3.20 水制工（出し類）の標準図 [49]

77

に用いられた。急流であるセグメント1および2-1では，堤防法面に玉石や割石を貼り付ける石場羽口（石張工，空石張り），石腹付（石堤水衝部等では堤の法面に蛇籠を底から天端に向けて立てる工法）土俵（応急工事工法）での法面保護もなされている。

石張や石積工の基礎工として大石や切石の基礎，土台木の設置（一本土台，梯子土台）が設置されたと推定される。土堤で水際にある場合は，しがら工，板柵工，杭柵工等が施工されたであろう（**表-3.5**，**図-3.17**）[49]。

堤防法尻全面の河床洗堀対策としては，捨て石，蛇籠工（法尻に蛇籠を横向きに敷設），片枠，石枠などの枠類の設置，種々の水制工（**表-3.6**，**図-3.18〜3.20**）[49] が設置された。

法尻工や水制工の設置に当たっては，設置場所の地盤の整正を行ったものもあろうが，基本は現場合わせの施工と考えるのが妥当である。

具体的に護岸・水制の設置位置，構造形式について示そう。

急流扇状地河川（セグメント1）の工法については，3.3.1（1）において常願寺川での事例を示した。ここでは，酒匂川の岩流瀬（がらぜ）堤の事例を示す。

享保19年（1734）8月，酒匂川は大出水となり，流域各地で堤防決壊し氾濫により大災害となった。山地から沖積扇状地河川出口付近に築造された文命西堤（左岸）の岩流瀬土手，文命東堤（右岸）の大口土手共に決壊し，

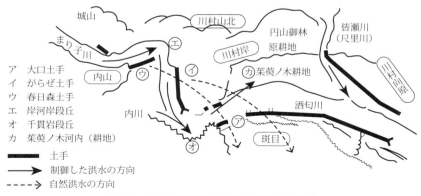

図-3.21　大口三堤構造図（文献52を修正，付加）

3.3 堤防の構造と配置

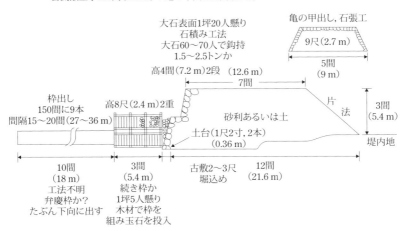

図-3.22 岩流瀬堤復元図（著者作成）

洪水水が大口土手下流の 6 ヶ村を押し流した。図-3.21 に同箇所の平面図を示す。春日森土手を内山の崖が切れたところから土手を出し流水を跳ね、これを河岸段丘に誘導し、段丘の先から岩流瀬土手を出し、流水をさらに千貫岩段丘にぶつけて扇状地に導くものである[50]。この岩流瀬土手の復旧工事（当時町奉行支配の幕領で公儀普請であった）に関する文書［南足柄史 3 資料編近世（2）][51] および現地調査より復元した岩流瀬堤の復元図（図-3.22）を示す。岩流瀬土手は長さ 150 間、その下流に亀の子出し 50 間を築造した。岩流瀬堤の表法は現地河原に存在したと推定される巨石を車地（人力のクレーン）で巻き上げ順次積み上げ二段の石積みとした。石積み前面に枠工および枠出しを設置した。

セグメント 2-1 および 2-2 の工法の実例については、上利根川の御手伝普請に見てみよう。

寛保 2 年（1742）8 月、利根川、荒川流域は江戸期を通じて第 1 位ないし第 2 位の大洪水に見舞われた。幕府は堤防の決壊箇所、用悪水施設や橋の破損箇所の普請に取りかかる。当時、国役普請は中止されており、費用が掛かり自普請は不可能なので、西国筋の諸大名（10 藩）に普請費用を負担させる御手伝普請を同年 10 月 6 日命じた。吉川家は先例により萩藩に含められ

79

●第3章●幕藩体制下の堤防技術

手伝いを命じられた。この御手伝普請に関わる記録文書，絵図が残されており，これを解読し，江戸中期の堤防・護岸・水制技術をさぐる[52]。

　吉川家は，萩藩担当のうち「上利根川通南側の内間々田村より俵瀬村迄，ただし内郷（現在の妻沼町と青毛掘）共に」担当している。堤防工事は現利根川の 170 ～ 155 km 付近および中条堤防である。11 月 12 日に萩藩から丁場の指示があり，12 月 1 日から普請を再開し，正月休みを挟み翌年 3 月 24 日に堤防工事が完了している。吉川家は，この工事に当たり侍等 71 名，足軽 150 名，中元 150 名合わせて 371 名を現地に派遣している。この御手伝普請に吉川家は吉川家の年収の約半分に当たる 13 720 両（工費 5 690 両，残り内入用）を出費している。別の資料によると総費用は銀 1 057 貫 8 587 分 3 毛（金換 17 259 両）の支出となっている。なお，幕府普請役に届けた吉川家担当区域における人足数は 30 万 9 937.8 人，賃銭は 5 593 両である。幕府負担諸色代は約金 516 両である。

　被災箇所と復旧工法を示した絵図の代表例を示す。**図-3.23** は出来嶋村，**図-3.24** は中条堤補修箇所北河原村の普請である。萩藩吉川家文書の絵図から水制工を施工している工区は，間々田村工区，出来嶋工区，元小屋工区（妻沼村）善ヶ島村工区，俵瀬村工区である。工区の位置を**図-3.25** に示す。**表-3.7** は，工区別の施工された護岸・水制工種を示したものである。同表の工区は上流から下流に設置されており，現利根川の距離程 170 ～ 155 km の区間である。妻沼村工区は河床材料が小砂利から中砂に変わるセグメント 2-1 から 2-2 に変わる遷移点付近である（勾配が上流工区 1/1 400 から下流の 1/2 400 に変化）。砂利川工区間の工法と砂川区間の工法には差異が見られる。

3.4　幕藩体制下の川除普請の性格

　幕藩体制下における川除工事の実施例に見るように，この時代，近代の計画洪水流量のような計画対象空間を貫く具体的，量的技術指標と概念がなく，当然意識化された河道計画という枠組みもなかった。計画対象空間としては，舟運路の開削や利根川の東遷事業のように水系スケールを越えるものがあったが，計画の技術としては構想に関わるものであり，その構想を計画空間ス

80

3.4 幕藩体制下の川除普請の性格

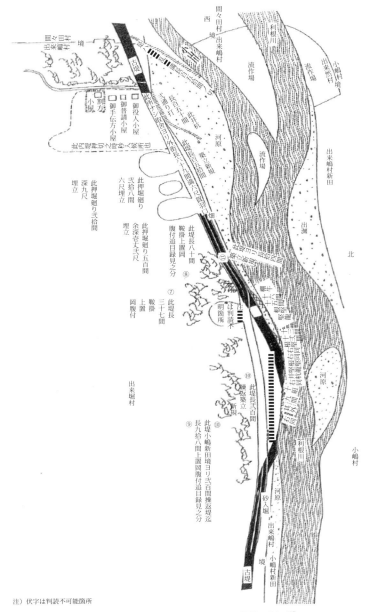

注) 伏字は判読不可能箇所

図-3.23 出来島（169 km 付近）の被災と復旧[52]

81

● 第 3 章 ● 幕藩体制下の堤防技術

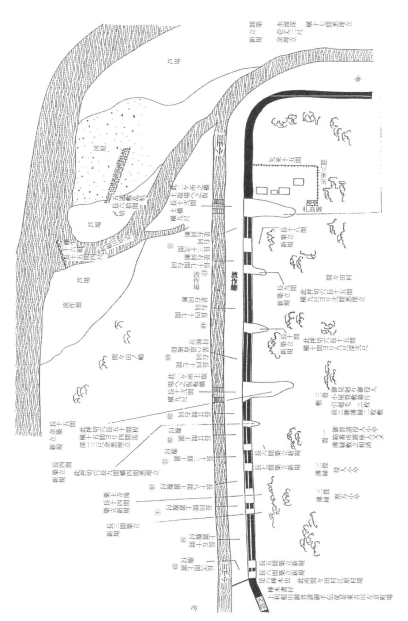

図-3.24　善ヶ島 (161 km 付近) の被災と復旧 [52]

82

3.4 幕藩体制下の川除普請の性格

図-3.25 利根川酒巻・瀬戸井挟さく部と中条堤，A〜Eは表-3.7の土王位置 [迅速図 (明治17年 (1884) より]
○印は落掘跡
大線は堤防および堤防兼用道路

83

第3章 幕藩体制下の堤防技術

表-3.7 工区における護岸・水制工法

工区	繰返堤	棚牛	乱杭	乱杭柵	敷箋乱杭柵	大杭出し	杭出し	大萱出し	萱出し	萱羽口	堅箋立箋	距離
間々田村 A		○	○									168 km 付近
出来嶋村 B		○		○							○	167 km 付近
妻沼村　 C	○						○			○		165 km 付近
善ヶ島村 D				↑砂川↓								161 km 付近
俵瀬村　 E						○		○	○			158 km 付近

ケールでとらえる具体的技術指標はなかったのである。したがって成文化された法令，地方書の川除技術に関わる記述は，空間的には大きくても河川の蛇行スケール（川幅の 10 ～ 20 倍程度）以上にはなり得なかった。

ここでは，地方書が対象とした川除技術の特徴と性格について取りまとめる。

3.4.1　川除技術の統制化

幕藩体制下の経済，財政は，石高制に見られるように農業生産力，特に米の生産力に規定されていた。

川除普請は生産力の増大，再生産の維持のための絶対条件であり，支配層はこれに重きを置かざるを得なかった。

治水・利水施設の小災害は村方の負担で補修し得ても，広域的な災害や重要治水利水施設の補修，再築については村方で負担し得るものではなく，生産力水準の維持，疲弊した農民層（労働力）の救済のために，支配層は制度的に川除普請を統制，実施していかざるを得なかった。

幕府や藩の公的資金を適切に無駄なく効率的に投資するため，地方の直接的な支配層である地方役人用の行政指針，川除普請の共通仕様が要求され，幕府においては勘定方から地方役人に対する川除普請に関する指示，法令が発布され，また地方書が生まれたのである。

江戸時代前期 17 世紀は地域性を持った川除技術が，代官や地方役人などを通して中央に集まり集約されていく時期に当たる。この時期の地方書『地

方竹馬集』[29] を見ると，地方役人の倫理要綱，行政文書の作成指針，川除技術が未分化のまま同居し，また技術内容も工種が少なく全国に適用し得るものとなっていない。

18世紀，八代将軍吉宗の時代，川除に関する制度面の確立がなされると，川除技術は勘定奉行のもとに統制され，制度と一体となっていく。技術が官僚制度の中に制度化され幕府支配地に適用されると，技術の進歩がほとんどなくなる。

以下に川除普請の特徴と性格さらに技術の変化について述べよう。

3.4.2　財政と川除技術

川除普請の費用が国役普請のように被害を受けた地域のものでなく公的賃金となると，地域の要望を受け川除普請の見積もりと普請箇所は増大過大となりがちである。ここに勘定方と地域の要望を受けた地方役人との矛盾が生じる。この矛盾は吟味を厳格にし，普請箇所を減らすこと，不正を行った役人を罰することで対処した。しかし，新規の地方役人は，その場について詳しい知識を持たず川除普請に不慣れであり，問題も生じた。18世紀中ごろより幕府財政の窮迫により普請の仕方の格を下げ，より費用のかからない工法を採用することで対応している。矛盾を技術的改良で突破するという行動は見られない。

幕府中央の普請役は，土木普請の見積もりのチェックや監督者，完工検査者であって制度化された技術を忠実に実施させる立場にあり，技術の改良の担い手という意識は少なかったと言える。

3.4.3　工事の施工者と技術

川除普請は，小工事は自普請で，領主普請などは村請で行うことが多かった。名主などの村役人は，見積り書，出来高書などを提出した。川除技術の実質的な担い手は，村の有力農民層であり，技術の蓄積と川除仕方の改良の実質的担い手もこの層にあったと言える。この層の中には地方功者として地方役人として取り立てられるものもあった。『民間省要』[26] の著者として，また多摩川，酒匂川，荒川などの改修工事を行ったことで知られる田中丘隅

（1662 ～ 1729）は，享保 8 年（1723），名主から井沢弥惣兵衛為永配下の川除御普請御用を命ぜられ，荒川，多摩川の工事を行い，享保 14 年（1729）3 万石を支配する支配勘定格に任じられ 30 人扶持が給与されている。水制工種の一種である弁慶枠は田中丘隅が案出したとされている。このように技術改良の担い手は，名主層や下級武士である地方役人であったが，技術の開発を担う制度的仕組み，医学，算学のように技術情報の交換や相互批判を行う学的集団が形成されず，身分の引き上げによる人材の登用という制度に乗らない限り，技術改良は制度の中に取り入れなかったと言えよう。単発，局所に終わったのである。

　川除工事は，町人による請負方式でも実施された。正徳期には請負は不正や財政支出の増大，手抜工事をもたらすとして禁止されたが，その禁令は効力を持たなかった。請負工事では賃金を出来高払いとし作業効率を上げる工夫を行い，能率が良かったのである。また，工事に馴れた専門職人のほうが俊敏に働き，工事の出来も良かったと言える。

　専門の技能を売る集団とそれを統制する請負業が成立するが，請負業者は目論見計画に忠実にしたがった仕事を行うことによって請負金を手に入れることができるのであり，労働者の編成手法や土工の改良の担い手となり得ても川除工法や計画の改良者にはなり得なかった。

3.4.4　川除工法の工種選択基準

　具体的川除工である護岸，水制，堤防の技術は，力学的基礎を持たない特定の河川を対象とした経験の積み上げによって発達した。これらの知識や技法を集約し，広域的に適用していくことは，各種工法の適用場の特徴（河道の特徴）を表す分類概念が必要とされる。

　近世の川除技術は，特定の河川を対象とした経験を通して発達した各種工法を河道分類によって適用工種を示すという技術体系となっている。河道分類としては泥川，砂川，石川に分け，さらに川幅の広狭，川瀬の急緩，河道の平直と屈曲により普請の仕方の違いを示している。すなわち技術が適用される河川の特性を河床材料，川幅，河床勾配，河道の平面形を指標としてとらえ，これと適用工種の関係を示している。ただし，これらの分類指標は量

的概念として確かな数字では示されておらず，定性的な記述にとどまっている。

　この分類指標は，経験を通して得られた優れた分類概念である。現在もまた将来もこの分類概念は捨てられることはないと思われる。もちろん河川構造物の設計は，力学的合理性を持ったものに，また分類概念は近代の科学的観点から見直され客観化されたものとなるという質的変化をとげるのであるが[56]。

3.4.5　外国技術との関係

　中国は，わが国にとって先進国であった。中国の制度，思想，技術を学ぶことには抵抗はなく，むしろ積極的に取り入れようとした。明で出版された生産技術の百科全書である『三才図会』（王圻 1607），『天工開物』（宋応星 1637）や薬学全書である『本草綱目』（李時珍 1590），農学百科全書である『農政全書』（除光啓 1639）は，すぐに日本に輸入されわが国の農学，薬草学に大きな影響を与えた。

　川除技術については，実施された水制工の中に中国の水制技術の影響が見られるものがある。旭川後楽園の石出し水制の配置，川内川長崎堤防（干拓締切り堤として作られた）の石出し水制は，中国黄河で古くより施工されたもの（その高さが本堤と同程度，または幾分低いが高水位より高く，その長さは数百 m くらい達するものがある水制，方向は下向きである。構造は石積み，乱石積み，高粱の茎と土を用いたもの，土で本体をつくり周囲を石積みとしたもの，竹蛇籠を用いたものなど多くの種類があり，それぞれ名称が付けられている。）のうち石材を用いたものと，萱出しは中国の掃（杭，竹，粗朶，高粱などと土を用いてつくるもので，流れが堤脚を洗って堤防が危険にならないように設置するものである）と似ている。

　近世における武士層の倫理，知識，教養の基は中国の学問にあったこと，中国との通商を通しての交流があったことを考えると，文献などを通じて技術の伝来があったと考えるのが自然であろう。ただし，地方書に見える枠・牛水制の大部分はわが国独自のものであり，急流砂利川の工法は，中国・朝鮮の影響力はあまり強くなかったと言える。

西洋の影響については，キリスト教の伝道のはじめからイエズス会宣教師によって16世紀ヨーロッパの古典科学（数学，光学，天文学，音響学，暦学など）が持ち込まれた。これは「自然界の解明を通じて神の道へ」という布教方針によるものである。しかしながらキリスト教の禁教と圧迫によりヨーロッパ科学思想は細々と命脈を保つにすぎないものとなった。後に八代将軍吉宗の時代，宗教色のない実用の学が解禁され，長崎という狭い窓口を通じて17世紀の科学革命を受けた天文学（地動説），暦学，医学などが蘭学として学ばれ，社会のなかに一定の地位を占めたが，川除に対する西洋の影響は測量術を除けばほとんど見られなかった［天保8年（1837）発刊の『算法地方大成』[33]に針盤（磁石を用いた方位器），大方儀（方位および傾斜角を図る道具）等の測量器具，渾淺（コンパス），三角測量（縮図法）の解説がある］。佐藤信有の『堤防溝洫志』[30]（19世紀前半）に堤防に働く水圧について「西洋人ハ此ヲ量リタル表ヲ著ハセリ」とう記述があるが，単に西洋の文献も読んだという箔づけの文章としてしか機能していない。

幕末，西洋先進国によるわが国の植民地化への対抗ということから西洋の情報を必要とし，安政元年（1854）の日米和親条約による開国の翌年には洋学所を設け政策的に西洋文献の翻訳が行われ，また講武所，長崎海軍伝習所を設け，直接ヨーロッパ人から軍事技術，航海術などを学び，また留学生も送るが，幕末の混乱のなかでこれらの新知識は川除に利用されることはなかった。

3.4.6　施工技術と材料

土，木，萱，石などの天然素材を材料とし，人力，畜力などの動力源とする土木技術の姿は江戸期においてほとんど変化がなかった。鉄生産技術（タタラ技術）の向上による鉄製道具の普及，農工用・建築用鉄製道具類の多様化など土木用工具類の技術進歩はあったが，土工の生産性の向上は地方書の積算仕様をみる限りほとんどなかった。施工法，材料が変化しない以上，これが川除工法を変える大きな要因とはなり得なかった。

3.4.7 河川・流水に関する知見と川除技術

　近世において，河川・流水に関する知識（理論）上の進歩は大きなものではなかった（⇒注4）。したがって知識上の進歩が川除技術を変えたと明示できる事例を見ない。

《注》

注1）各郡代・代官ごとに注文書（人足および諸色を計上，今日の白抜設計書）が作成され，請負希望者は，その注文書と現場とを確認したうえで札を入れる。落札人は請負金額の1割から，それ相応の田地質入を代官に提出することになっていた。完成後請負金額が支払われるので，その間の人足代などの金も必要であり，資力のある者しか請け負えなかった[15]。

注2）定式役普請や御手伝普請で直営工事（請負に出さない工事）では，人足1人当たり銭80文程度であった。入札による請負工事では，請負人は，出来高払いなどの労働効率を上げる工夫を行った。例えば宝永1〜2年（1704〜1705）の大名手伝普請を請け負った農民三郎佐衛門は，築堤1間につき銭500文とし，その日限りの出来高払いとした。これは1人当たり400文程度であり，多くの人足が集まったという。なお，入札では1人当たり銀1匁3分5厘（90文）で請け負っている[15]

　　なお，このころの貨幣単位（宝永期）は，1両（銀60匁または銅・鉄銭4貫文），1分（1両の4分の1），1朱（1両の16分の1），1貫（1両の4分の1），1文（1両の4000分の1）である。文は寛永通宝1枚。なお金貨，銀貨，銭貨は変動相場で，大坂と江戸でも異なり，貨幣改鋳によって変動した。

注3）西田真樹は，幕府の治水法令，地方書，目論見帳などより，川除技術と治水制度の関係について歴史的考察を行い，享保期以降あまり変化のないこと，また享保期以降は幕府の財政難から経費節減を主目的とした法令が発布され，また譜請仕方も経費節減を主目的とした変化があり，新しい技術体制を生み出すことはなかったとしている[13]。また知野泰明も幕府法令，地方書，農書の記述より同様な決論を得ている[19]。

注4）江戸時代，長さ，重さ，面積，体積に関する尺度概念と単位が確立されており（地方によって異なり，全国一律でない），それに基づいて工事に必要な人足数，必要経費が算定されていた。しかし，近代川除技術に必須である量的尺度である流速という時間に関係する尺度単位は，江戸期の川除技術に取り入れられていない。「瀬早き流れ」とういように速さの概念はあったのであるが，その用い方は定性的なものであり量的なものとなっていない。

　　江戸時代の時制は，今日のように定時法でなく，日の出でと日の入り時刻を基準とした不定時法であり，季節により一刻当たりの時間の長さが異なっていた。速さを測る時計の普及が見られなかったことより，流れの速さを量的にとらえることが十分になされなかったのである。時間を精緻に測定する道具がなければ，時間に関わる量的概念の定量化は難しいのである。流速の定量化が十分でないので，流量（流下断面積

×流速）の概念化もできていなかった[54]。

《引用文献》

1) 村上　直（1997）：江戸幕府の代官群像，同成社，pp.3-10
2) 土木学会編（1936）：明治以前日本土木史，岩波書店，pp.41-218
3) 江口辰五郎（1977）：佐賀平野の水と土，新評社，pp.132-164
4) 本間俊郎（1990）：日本の人口増加の歴史，山海堂，pp.146-152
5) 武井　篤（1961）：わが国における治水の技術と制度の関連に関する研究，1章，京都大学学位請求論文，pp.52-61
6) 後藤陽一，友枝龍太郎校注（1975）：熊沢蕃山，日本思想大系30，岩波書店，pp.401,pp.419-421，pp.432-434
7) 大石慎三郎（1995）：徳川吉宗と江戸の改革，講談社学術文庫，pp.75-108
8) 板倉聖宣（1993）：日本史再発見，朝日選書，pp.160-257
9) 前掲書4），pp.95-100
10) 前掲書4），pp.71-88
11) 大谷貞夫（1986）：近世日本治水史の研究，雄山閣出版，pp.57-76
12) 淀川百年史編集委員会（1974）：淀川百年史，建設省近畿地方建設局，pp.215-216
13) 西田真樹（1984）：川除と国役普請，土木―講座・日本技術の社会史，第6巻，日本評論社，pp.227-260
14) 前掲書11），pp.91-192
15) 大谷貞夫（1990）：宝永期の大名手伝普請と請負人，栃木史学，第四号，pp.79-106
16) 笠谷和比古（1991）：日本の近世3　支配のしくみ，2将軍と大名，中央公論社，pp.45-98
17) 前掲書2），pp.1634-1652
18) 治水協会編（1890）：旧幕時代国役普請賦課方法，治水雑誌，第1号，pp.13-18
19) 知野泰明（1991）：徳川幕府法令と近世治水史料における治水技術に関する研究，土木史研究，第11号，pp.49-60
20) 徳川禁令考 前集，1440
21) 荒井顕道編，瀧川政治郎校訂（1969）：牧民金鑑上巻，万江書院，pp.741-743
22) 建設省木曽川上流工事事務所（1969）：木曽川三川の治水史を語る，木曽川上流工事事務所
23) 松田万智子（1997）：御普請定法書について，資料館紀要，第25号，京都府立総合資料館
24) 利根川歴史研究会編（2008）：普請目論見書　天・地・人，学報社
25) 篠田哲昭・中尾　務（1999）：定法書の系譜に関する一考察，土木史研究，第19号
26) 田中丘愚（1721）：民間省要（ここでは村上直校訂『新訂　民間省要』有隣堂，1996によった），pp.74-79
27) 村上　直（1996）：新訂　民間省要，はじめに，有隣堂
28) 平岡道敬（1689）：地方竹馬集（ここでは小野武夫編『近世地方経済史料　第2巻』

同刊行会，1931 ～ 1932 によった）

29）大石猪十郎久敬（1794）：地方凡例録（ここでは『日本史料選書④』近藤出版社，1969 によった）

30）佐藤信有（1800 年代前半）：堤防溝洫志，名山閣（『日本の川』河川開発調査会，第 14，17，19 号に復刻版がある）

31）野口勝一（1894）：印旛沼開疏論，利根川治水協会会報，第 1 号，pp.48-59

32）森田通常（1752）：治水要辨（ここでは楠木善雄校訂『府中市郷土館紀要』第 4 号，1978 によった）

33）長谷川善左衛門（1837）：算法地方大成（ここでは『日本史料選書⑫』近藤出版社，1976 によった）

34）式陽泰路（1763 ごろ）：續地方落穂集（ここでは『日本経済大典　第 25 巻』，啓明社，1928 ～ 1930 によった）

35）南部長恒，1834：疏導要書

36）大熊孝，1981：利根川治水の変遷と水害，東京大学出版会，pp.1-62，90-92

37）小林丹右衛門，1720：川除仕様書（ここでは『日本農書全集　第 65 巻　開発と保全 2』農山漁村文化協会，1997 によった）

38）著者不明，1680 ～ 1683 ごろ：百姓伝記（ここでは『日本農業全集　第 16 巻　百姓伝記』農山漁村文化協会刊，1979 によった）

39）御触書天保集成，4643

40）建設省静岡河川工事事務所編集（1992）：安倍川治水史，pp.61-78 および p.189

41）作者不明（1860）：新川郡常願寺川筋御普請所分間絵図，富山県県立図書館蔵

42）浜口達男，金木　誠，中島輝雄（1986）：霞堤の現況調査報告書，土木研究所資料，第 2286 号

43）新多摩川誌編集委員会（2001）：新多摩川誌　本編［上］，pp.189-201

44）松尾國松（1993）：増補改訂　濃尾に於ける輪中の史的研究，大衆書房（初版，1939）

45）前掲書 21），p.741

46）前掲書 21），p.783

47）前掲書 21），p.813

48）知野泰明（1994）：治水における近世堰技術の変遷に関する研究，新潟大学学位請求論文

49）山本晃一編著（2003）：護岸・水制の計画・設計，山海堂，pp.83-96（表 3.3.2，図 3.3.14 は蔵重敏夫原図に山本晃一付加・修正）

50）山北町編：山北町史，pp.327-335

51）南足柄市編：南足柄史 3　資料編　近世（2）

52）利根川歴史研究会（2003）：利根川歴史研究（その 5）報告書，河川整備基金助成事業　平成 14 年度報告

53）山本晃一編著（2003）：護岸・水制の計画・設計，山海堂

54）山本晃一（1999）：河道計画の技術史，pp.37-51

55）北陸地方建設局阿賀野川工事事務所編（1988）：阿賀野川史，pp.217-276

56）九州地方建設局（1986）：筑後川五十年史，pp.68-70

57) 安藝皎一（1972）：信玄堤，近代科学思想上，岩波書店，pp.498-509
58) 北陸地方建設局（1989）：信濃川百年史，北陸建設弘済会，pp.399-469
59) 中部地方建設局（1992）：安倍川治水史，pp.66-78，p.189
60) 山本晃一（2010）：沖積河川　18章 小貝川の河道特性，技報堂出版，pp.461-482

第4章
近代技術の導入とその消化
―明治の初期から中期まで―

4.1　治水制度の改革と治水法規

　慶応3年（1867）12月，王政復古の大号令，大政奉還によって翌年明治新政府が成立した。新政府の基礎が固まるまで，治水制度，水防制度は目まぐるしく変遷したが，明治23年（1890）水利組合条例，明治29年（1896）河川法，明治30年（1897）砂防法の成立をもって一応の近代的法制度が確立した。

　明治2年（1869），版籍奉還が実施され，権力は朝廷に集中したが，旧藩主はそのまま藩知事に任じられ，旧藩をそのまま統括したので，江戸幕府体制の残存色の強いものであった。

　翌明治3年（1870）11月，民部省土木司から「治水策要領」[1]という建策が提出され「治水ハ民政ノ大業ニシテ且ツ最モ至難ナルガ故ニ決シテ軽易ニ挙行ス可キニ非ズ。故ニ本年二月先ズ目下緩過ス可カラザル事項ヲ建議シ之ヲ各地方官ニ申達セリ（民部省申達 "府県ヲシテ堤防ヲ修理セシメル法規" *）。爾来姑ク旧慣ニテ料理シ其ノ工事ヲ挙行スル毎ニ具状稟候セシム。然レドモ尚充当当ヲ得ザル者極メテ多シ。困テ実際ニ施為スル順序ヲ論定シテ左項ニ詳具ス。」

　ここでは14条の法規原案とその立案理由を5つの点から論じている。その内容は，民部省，土木司と地方官の事務の分担と行政手続きに関するもの，財産に関するもの，修繕に関する国費・地方費・民費の負担割合に関するもの，地方の恣意による工事の禁止事項に関するもの，技術的内容に関するも

●第4章●近代技術の導入とその消化

のであり，幕藩体制の治水事業の実施方策を踏襲しているが，細部にわたっては改革された点もある[2]。

　各条の立案理由，背景を説明した立案理由の中から技術的内容について触れたものを要約すると以下のようである。

① 治水の術の要点は，川澮を浚渫する。堤防を修築する，溝渠を開くこと，砂州を疎開すること，土砂を防止することの5点である。

② 汽船1隻の土砂の運搬量はおよそ90 000立方歩（歩：1間の立方体[*]）である。1年の1/3，120日休み，240日稼動すると，年費用1隻およそ9 000両である。利根川・江戸川等の大河川ではその中央を6尺浚渫し，1里間の歩積は21 600立方積とする。利根川・江戸川（銚子・行徳の間）40里の1/2を浚渫すると，汽船5隻で10年の工事となる。

③ 川の中に「やな」を作ることは厳禁とする。

④ 堤防には水楊，細竹の類を植え，堤脚で耕作することを禁じ，裏法面には杉の類を植え，その成長を待ち，これを治河要に用いる。

⑤ すべての溝渠を開通する場合には，地形を測量し，利害得失を明らかにする。

⑥ 流作場のようなものは，水害がないと，だんだん集落となって，洲地が耕作となり撤去ができなくなる。これは治水の大患であるので，今後これを禁止する。

⑦ 河川の水源と沿岸地の樹木を切ることを禁じて土砂の河川への流失を防止する。

　技術内容は幕藩体制下の法規とほぼ同様であるが，②の内容は汽船を用いて航路用浚渫土砂の土工および費用に関するものであり，明治新政府の関心が早くも近代技術を用いた舟運路確保にあったことが読み取れる。

　明治4年（1871）2月には，民部省土木司が「堤防修繕ノ官費ニ属スル者ト民費ニ属スル者トヲ区分スル方法」を提案し，民部・大蔵両省合議のうえで仮に定めた。しかし，これも単に対象とする場所の河川の状況，費用の多寡をよく調査したうえで民部・大蔵両省合議のうえで官費・民費の判定をするというだけあって，官の負担あるいは民の負担とすべき場所を具体的に定めたものではない。

同月 22 日，太政官から「治水法規」「治水規定」などと呼ばれている法規（大政官布告第 88 号）[3] が布告された。ここでの河川事業費負担方法に関わる規定は，従来各村に割り当てていた土取り・石取り・坪掛りと呼ぶ人足について，今後旧来の慣例をやめ，堤防の長さに応じて割り当てるのを定則とし，目論見帳にその長さを記載せよというものだけである。

しかし，この布告には問題点が多々あったことから改正することとなり，同年 12 月，太政官から「水利堤防条目改定」「治水条目改定」「治水法規改定」などとよばれている法規（大政官付告第 631 号）[3] が布告された[4]。ここでは，この 7 月に廃藩置県が行われた際，租税の納入は旧慣によることとし，一方，村や個人が有する石高に応じて賦課していた付加税の一種である夫米や永銭は本年より廃止と定めたが，地方庁が徴収して堤防・橋梁などの修繕費に充てていた分については，今後も徴収してそれらの用途に充てるとした。また，従来官普請を行っていたことを示す書類のない箇所は自普請とし，官普請の箇所は手当金を下げ渡すというもので，旧慣（幕府の制度）によっていることは明らかである。

明治 6 年大蔵省通達により「河港道路修築規則」[5] が制定された。この規則は従来の治水方規を含め，土木全般について定めたものである。河川の等級を定め，河川の管理について中央・地方の責任区分を明確にし，費用の負担についても規則を定めた。しかし，その内容は，淀川，利根川のようにその利害が数県にわたるものを 1 等河とし，他管轄の利害に関わらないもの（他県の利害に関わらないもの*）を 2 等河とし，市町村の利害に関するものを 3 等河するものであり，1 等河および 2 等河は，6 分は官より 4 分を地民の負担とするものであった。ただし，一等河は地元の負担金は大蔵省に納め，2 等河は 4 分を直ちに地方庁に納め 6 歩を大蔵省より下渡すものとした。また，3 等河はその利用に関わる地元民の負担とした。

しかし，その運用は多くの疑義が生じ，河川の等級の別は，明治 9 年（1876）6 月に大政官第 59 号で廃止，またその規則も明治 13 年の地方税規則の改正に伴い消滅した[2]。なお，明治 6 年 11 月内務省が設置され，7 年 1 月 10 日よりその職制と事務章程が制定され，民部省，工部省，大蔵省とその所管の変わってきた治水事務は，内務省に引き継がれた。内務省の任務の第 1 は国

●第4章●近代技術の導入とその消化

内安寧の保護すなわち警察行政であり，第2には殖産興業であった。

この間，明治4年（1871）11月，廃藩置県が実施され，全国を3府72県とし，明治6年（1873）には徴兵令が布告され，藩兵が解散され，中央政府の鎮台が設置された。ここにようやく中央集権的軍制の確立となる。このころ，征韓論の議が起こり，廟議は2つに割れたが，結局大久保利通が征韓論を退けて，西郷派の参議を政府から追放し，明治政府の実権を握った。このような状況下で薩長土肥の反目抗争，民選議員設置の建白，佐賀の乱などがあり，国論が割れた。この中で明治8年（1875）2月，大阪において，大久保，井上，伊藤，木戸，板垣などの大物政治家が会合（大阪会議）し，この機会を利用してお互いに意思の疎通を図り，次の妥協案が成立した。

1. 民選議員の設置は尚早であるから，まず地方官会議を設けること
2. 元老院を設け，これを後日貴族院にすること
3. 大審院を設け，人民の権利を保護すること

これを受けて，その年6月20日，第1回地方長官会議が東京浅草本願寺で開かれた。この会議に提出された議案は，国論が割れていたので政治的なものを避け，国内行政体系の整備に関わるものであった。堤防法案と道路附橋法案がこの会議に提出されている。

堤防法案の提出理由および法案の骨子は，河川の等級を廃止すること，治水工事を予防の工と防御の工に大別し，予防の工すなわち保水機能を保持するための治山や溜池の設置，舟運のための低水工事を国が施工し，防御の工すなわち治水のための本川・支川の堤防，堤外前地の保護，護岸の工は地方庁が行うこと，工事の負担を地租改正の進行に従って漸次決定することを主なものとするものであった。この法案は，費用分担についてまとまらず結局制定に至らなかった。

河川行政は，国の財政制度，行政制度と密接に結び付いており，これらの確立と政治的安定なしには，費用負担の制度確立がなし得なかったということである。

堤防法案に見るように，明治初期においては，国の関与する河川工事は，低水工事および砂防工事であった。

明治6年（1873），地租改正条例が公布された。課税基準は収穫高から地

価（基本的には年収を資本還元，年利6%程度としたものである）を定め，税率は3%とし金納とした（明治10年農民の反対により2.5%に引き下げられた）。さらに明治11年（1878）7月，「郡区町村編制法」「府県会規則」「地方税規則」のいわゆる三新法が公布され，明治13年（1880），「区町村会法」が制定され，明治22年（1889）には「市制・町村制」の公布がなされ，ここにようやく幕藩体制の地方統治体系から近代的制度への転換がなされた。

この間の地方の治水・水防組織の変遷を見ると明治13年（1880）の区町村会法の布告に伴って編制された町村会では，「水利土功に関する集会」の規定により地元の関係者が水利土功に関して協議し処理ができるとし，明治17年の改訂では水利土功会を開設できるとした。町村会，水利土功会（村の連合組織）では，道路，堤防，水利施設，水防などの土木一般の事務を担っており，旧来の慣行を引き継ぐ形で治水・水利施設の改良・維持・修繕を行った。なお，このころ堤防組合というものも組織化されている。下利根川の北相馬郡27か村，河内郡59か村，香取郡18か村，計104か村は，明治15年8月，利根川・小貝川・下利根川・新利根川堤防組合を組織化し，各郡長の監督のもとに堤防工事・水利工事・水防活動を行っている[6]。このように地域では，江戸時代から続いてきた地縁的なきずなは強く水利・治水・水防が未分化のまま同一基盤の上に名前を変えて行政組織化されていったのである。

明治初期の地方の治水・水防組織とその費用負担は，従来の慣行を新しい地方行政の長である県令，郡長が追認・権威を与える形で制度的確立を見ていく。

これの全国版が，地方行政組織体系が一応整った直後の明治23年（1890）6月20日法律第40号として制定公布された「水利組合条例」である。

本条例による水利組合は，第2条で「水利組合は分テ左ノ二種トス　1普通水利組合　2水害防止組合」とし，水利土功会は廃止されることになった。

この条例は，既存の村落共同体を基盤とした水利・水防体系に制度的保障を与えたものと言えるが，水利組合と水防組織の制度的分離という行政組織の近代化過程の現れの一端を示している。

なお，明治27年（1894），「消防組規則」（勅令第15号）が制定され，その第1条において「府県知事水火災警戒防御ノ為メ必要ノ地ニ消防組ヲ設置

スルトキハ此ノ規則ニ定ムル所ノ条項ニ依ルヘシ」として消防組に水災警防の事務を兼ねさせることができるとした。

消防組の活動や消防員の身分については，府県知事，警察署長，官吏の統制下に置かれ，本組織が内務警察行政の一環として位置づけられていた。

府県が行う河川事業の国庫負担については，明治2年（1869）7月，民部省から各府県に対する交付金に対する「県官人員并常備金規則」を定めた。常備金には第1と第2があり，第1は県庁や官吏の巡察費に充てるもので，その額は府県の石高に応じて配布されるものであった[7]。明治4年（1871）11月，廃藩置県に伴って配布した「県治条例」による「県治官員并常備金規則」で，第2常備金は「管下堤防橋梁道路等難捨置破普請等ノ入費ニ可充事」と記され，その額は4,500両とされた（これは明治2年の規則の高20万石に相当する場合の交付金額である）。石高の大きさによる額の相違については明確な基準が示されず，石高が増加すれば漸増すると記されている[8]。

明治10年（1877）に起こった西南戦争後のインフレーションは厳しく，政府は紙幣整理のための緊縮財政を取り，明治13年（1980）地方税規則を改正し，翌年には地方税支弁の府県土木費に対する官費下渡金を廃止し，地方税規則の追加削除を行い，その中で土木費（府県に属する河港道路堤防橋梁建設修繕等の費用および区長村に属する同上費用の補助費）に対する補助制度を定めた。この制度による補助事業は微々たるもので，特に高水工事はほとんど府県の単独事業に委ねられていた。以後，災害などの度に個別に補助を求めるしかなくなった。この制度改正は地方にとって受け入れられるものではなく，府知事，県令らが増額・制度化を強く要求したが受け入れられることとならなかった。ようやく明治20年（1887）大蔵省は「内務大臣稟議地方土木費の件」を内閣に提出し，同年から土木費に対する50万円の増額を認め，合計150万円とした。ただし補助については直轄工事および旧態維持工事に限るとし，道路工事などの新規事業に流用するときは閣議の裁可を必要とするものとし，了承された[9]。

なお，この時期の河川事業の国と地方の負担方法は，直轄河川の低水工事（一部高水工事を含む）は全額国庫負担であり，府県が担当する河川は全額地方で負担（必要に応じて個別に国庫補助）であり，郡，市町村が担当する

河川は市町村が負担（府県会の議会により府県費から土木補助金あり）する
ものであった[9]。

明治18年（1885）12月，太政官制度が憲法施行に備え廃され，内閣制度
が創設された。翌年7月には土木監督区署管制が制定され，内務省の直轄工
事および府県の工事を監督するため全国6つの土木監督署が置かれた。明治
38年（1905）土木監督署は廃され土木出張所に変わったが，これは府県の
監督権を持たなかった[10],[11]。

4.2　欧米からの技術導入とその展開

江戸時代においても長崎の出島という狭い窓口を通して，西洋近代科学技
術は日本人に伝えられ，医学，暦学，測量学などの実学に取り入られたが，
幕藩体制の封建的秩序の中では，幕府権力はその秩序を破壊するような近代
的な科学思想や物の見方を取り入れ，それを広く民間にまで広げるという政
策をとれず，蘭学・洋学を幕府の統制下におこうとした。川除けの技術につ
いては，西洋の近代技術はほとんど影響力をもたなかったといってよい。

嘉永6年（1853），ペリーの率いるアメリカ合衆国の黒船の来港，翌年の
日米和親条約の締結は，国論を開国と攘夷に二分し内戦のおそれが生じてき
た。徳川幕府は，列強の圧力に対抗するためにも，国内の攘夷派に対抗する
ためにも，西洋近代技術を取り入れ早急に軍備の強化を図る必要に迫られ，
安政2年（1855），長崎の海軍伝習所を設置し，オランダ海軍軍人を教官と
して航海，造船，測量，砲術の教育を始め，軍医養成の目的で西洋医学の教
育を行った。さらに，同年，洋学所を設け外国書の翻訳に当たられた。文久
2年（1862）には榎本武揚，西周ら15名の留学生をオランダに送った。

ここで教育された，あるいは留学した人材は，明治維新後のわが国の近代
化に重要の役割を果たすことになったが，河川技術を学んだものがなく河川
技術界への貢献はなかったと言える。

欧米列強の圧力に対抗するため，富国強兵，殖産興業をスローガンに掲げ，
わが国の近代化，資本主義化を急ぐ明治新政府は，欧米の近代技術を取り入
れる。河川では，オランダから河川技術者を雇いいれる（**表-4.1**）。

99

●第４章●近代技術の導入とその消化

表-4.1 土木寮雇用オランダ人技術者と雇用条件 [13]

名　前	資　格	月　給 （来日当初）	雇　用　期　間						
			明治5　　10　　15　　20　　25　　30　　35						
ドールン （1837 ～ 1906）	長工師	500 円	9.4.2　13.7.22 □　□ 5.2.16　8.4.10						
エッセル （1843 ～ 1939）	1 等工師	450	□ 6.9.25　11.6.30						
ムルデル （1848 ～ 1901）	1 等工師	475	20.5　23.5.11 　□ 12.3.25　19.6.12						
リンドウ （1847 ～ ？）	2 等工師	400	□ 5.2.9　8.10						
チッセン （1839 ～ ？）	3 等工師	350	□ 6.1.15　9.11.14						
デレーケ （1842 ～ 1913）	4 等工師	300	□ 6.9.25　　　　　　　　　　　　　　　36.6.18 ころ						
ウェストルウィル （1839 ～ ？）	工　手	100	□ 6.11.15　11.11.14						
カリス	工　手	100	□ 8.5.14　10.5.13						
アルンスト	工　手	100 （推定）	□ 6.9.25　13.12.27						
マイトレクト	工　手	100 （推定）	□ 12.3.29　14.2.4						

注）文献 13）より作成したものである。

　明治５年（1872），ドールン（Doorn）とリンドウ（Lindow）が，翌年エッセル（Escher）とデレーケ（De Rijke），チッセン（Tissen），ウェストルウィル（Westerwiel），アルンスト（Arnst），続いてカリス（Kalis），マイトレクト（Mastrigt），ムルデル（Mulder）が来日する [12], [13]。

4.2 欧米からの技術導入とその展開

ドールンに対して明治政府が依頼したのは重要港湾の修築，重要河川の改修，その水源の砂防工事であった。

4.2.1 治水総論－ファン・ドールン－

オランダの河川技術者のうち，最初に来日したファン・ドールンは技術者の団長格の人であった。彼は天保8年（1837）オランダ生まれ，デルフトの専門学校で学び，文久元年（1861）技師の免許を得た。この専門学校は後のデルフト工科大学であり高級技術者養成を目的とした名門大学である。その後オランダの国有鉄道で働き，慶応元年（1865）には北海運河工事の技師となっている[12]。

来日した明治5年（1872）4月，利根川，江戸川の改修計画のため現地調査し，上総の境町に量水標を設置し，同年7月には淀川の毛馬，中之島の鼻，同西の鼻に量水標を設置した。その後オランダ人技師を指揮して河川の縦横断測量などを実施する。明治6年（1873）2月，『治水総論』を大蔵省土木寮頭　小野義直に提出し，オランダ技術者が日本において行う河川改修の考え方や技術手段の概要を示した。これはオランダ語で書かれたものを，通司殿川碇が訳したものである。

ここでは，河川改修計画や工事に必要な各種用語の説明，すなわち，まず近代的な河川改修に当たって必要となる概念の説明を行い，次に水刎（水制），堤防などの河川構造物の技術的説明を行っている。今日いうところの河道計画に必要な概念を持ち込み，これを用いた河川改修が始まったのである。

『治水総論』で説明している河道計画に関わる用語は，**表-4.2** のようである。ここで重要な用語は，わが国の近世においては使われていなかった水面勾配，水勢速力（流速*）という概念である。（以下においては，今日使われている言葉を用いる）

かつそれを計測し得る技術手段と各量的指標間の関連性が明確化されることによって，ある長い河道区間を一貫した考えの基で計画的に改修が可能になる。すなわち，計画流量を定め，この流量が流れるように河道を整備するという手法がとれるのである。以下に『治水総論』によってこれを説明しよう。

●第4章●近代技術の導入とその消化

表-4.2　治水総論による用語とその定義

治水総論での用語	今日用いられる用語	定　　義
流　域	流　域	河川に向かって傾斜する地面の全体
水　界	分水界	流域の境界となるところ
航　路	航　路	水の最も多く流れる凹部のところ
流　心		航路の方向線
横側形	横断形	流心に直角に横断するところの形
毀岸（きがん）		流水によって衝突される河岸
縦側形	縦断形	航路に沿う河の長さ方向の測形
落　差	水位差	2点間の水面差
水面勾配	水面勾配	落差を距離で割ったもの
水勢速力	流　速	流れの速度
平均速力	平均流速	全横断面形に対する平均流速
河川の流量	流　量	毎秒当たり流れる水量
平均の流量		夏季の月の流量および大雨のない時期の流量
河　幅	川　幅	
深　さ	水　深	
河　床	河　床	

　まず，今日では自明のこととなっている流量Qは，河積Aに流速を掛けたもの

$$Q = V \cdot A \tag{4.1}$$

となることを示している。次に流速公式として以下の式を示した。

$$V = \sqrt{11785.7 - \frac{48645.6}{R + 4.125}} \cdot \sqrt{RI} \tag{4.2}$$

ここでRは，河積Aを川幅Bで除したもので径深に相当する。Iは水面勾配である。この式は1865年にフランス人のダルシー（Darcy, H.）とバザーン（Bazin, H.）の共書である『水理学研究』[14]という書に発表されたもののうち，土床河床に対する係数を使った流速公式を尺・秒単位に変換したものである。

　次に『治水総論』の中から堤防，護岸・水制に関わる記述内容を取り出し

整理してみよう。

① 河道の平面計画

　十分に河水を流下させ，河岸の決壊を防ぐには曲がった河道をまっすぐにするのがよいが，すべてを直にすると費用が大であるので，曲がりを平鈍にするよう注意して水刎（水制*）を築造して流線を転移して河水が岸に平行に流れるようにする。これが最も望ましく，費用も大きく減じることができる。

② 河道の平面形状の制御工法

　河道の平面形状の制御および河岸侵食防止工法として，その当時ヨーロッパで使用されていた水刎の配置法，構造について示している。

③ 高水敷の幅

　河水の流れの力を堤防に波及させないために，若干の遊地を設ける。この堤防と河川（低水路*）の間にある遊地を外岸（高水敷*）という。外岸に必要な遊地の広さは河川水の流速に関係する。利根川および江戸川では幅200尺（60 m）以内（以内としているが，以上の意と考える*）とすることが最も好ましいが，この2河川はすでに堤防が築設されているので，堤防間の距離を同一にすることは費用が膨大となるので，できないことはもとよりわかっている。したがって今はただ著しい曲流を矯正し，堤防を河水の流れに適合させ，川幅の最も狭いところだけに改築して，既成のものを修築するほかない。

④ 堤防の形状

　堤防の幅は築堤材料の土質に関係し，また天端を道路に兼用する，しないに関係がある。日本の場合は，できれば堤防を道路と兼用とするのがよい。天端幅は16尺〜20尺（4.8〜6 m）が必要である。道路の幅は人や車の往来が非常に盛んなところでは1丈2尺（3.6 m），往来の少ないところでは8尺（2.4 m），人が歩くだけの場合は6尺（1.8 m）とする。水を排水するために堤防は半球状（かまぼこ型*）とする。

　堤防の高さは，河川の高水位（計画高水位*）に従って定め，予防のため天端の高さは，高水点（高水位*）より2〜3尺（0.6〜0.9 m）高く築堤する。堤防の斜面は，良質の粘土で築堤する場合は，堤内側法面（堤

内地側*）1：1.5で十分であるが，1：2より勾配が急な場合は，植物が
よく繁茂しないので1：2より急にしないのがよい。堤外側の法面は，
水勢に抵抗しなければならないので，予防のため1：2.5より緩くすべ
きである（この勾配は，近世中期以降の地方書に記載されているものよ
り緩い*）。

⑤ 樹木の取り扱い方

堤防の天端においても法面においても大きな木を植えることはよくない。
その理由は第一に草の生長を妨げる。第二に暴風のとき樹木が動揺して，
地面がこれにより崩れるからである。

高水敷の樹木は「ストロイク・ゲウス」（枝葉が繁茂する低い木の種類*）
の低木および短い樹木がよい。これは満水となったとき，堤防に接する
流水の力を減じる効果があるからである。

この『治水総論』は，技術的権威のある一種の教科書，指針としてわが国
の河川を司る役人に読まれた。

4.2.2　オランダ人技師の高水工事計画の技術

来日の目的からオランダ人技術者の計画の重点は低水路整備計画を立てる
ことであったが，地方からの洪水防御の要望は強く，明治19年（1886）の
ムルデルの利根川改修計画では改修の目的として

① 通船に資する

② 破壊漲溢の危険を除く

③ 下流低地の一部を開墾に適せしむ

の3目的が挙げられた[15]。

同年完成した木曽川改修計画では改修の目的として

① 高水の除害

② 低水の改良，すなわち堤内悪水の改善

③ 揖舟の便の増進

が挙げられた。この木曽川改修計画（**図-4.1**）は，明治11年（1978）より
デレーケが中心になって改修計画を作成し，明治17年（1984），木曽川改修

図-4.1 木曽川下流改修計画図

工事の目論見の作成が命じられ，内務省土木技師清水済（明治12年東京大学理学部土木工学科卒），佐伯敬崇（明治13年工科大学校土木工学科卒）以下5名が補佐し，計画設計に当たったものである[16]。

明治10年代の後半に入ると，改修計画の標準的な考え方が固まり，そこでは高水計画もなされたのである。

高水計画の基本的な考え方も低水路と同様であり，次のように計画が立てられた。

① 河川の深浅測量を行い，河道の縦断形状を調査する。
② 同時に河川沿いに水位標を適当な間隔で設置し，洪水時の水位を測定する。
③ 水位標で観測された洪水時の水位を用いて水面勾配を求める。
④ バザーンの旧公式（4.2）式と①，③で求められる川幅，径深，水面勾配を用いて流量 Q を算定する。
⑤ 観測された洪水流量の内，改修費用など総合的判断による高水計画流量を求める。ムルデルの利根川改修計画では，毎年数回発生する「通常洪水」を対象とし，明治18年7月洪水のような非常な洪水に対しては，将来における対応となるべきとしている[15]。
⑥ 計画高水流量を安全に流下させる河道断面形を決定する。基本的には，計画高水位，計画河床高，低水路川幅，川幅（堤間幅）の4つを定めな

ければならない。オランダ人技術者たちの明治初期の計画は低水計画に主眼にあり，これらをどのような視点から決定したか明確に記されていないが，大略次のような考えに則って定めたようである。

 i）計画高水位は既往の洪水の最高水位を超えないように設定する。これによって水面勾配も設定される。

 ii）河道の位置は，放水路でなければ，なるべく現河道位置を尊重し，曲がりの急なところは滑らかな形にする。放水路であればなるべく直線とし工事費の低減を図る。

 iii）低水路幅は現河道の川幅を尊重する。川幅の狭いところは拡げる。

 iv）低水路河床高は，現河床の河床高を尊重する。川幅や堤防高を変えられないような土地条件のあるととろでは河床の浚渫を行い，河床高を下げる。

 v）設定された計画高水位，低水路幅，河床高より，低水路および高水敷に断面分割し，式（4.1）（4.2）式および連続の式を用いて堤間幅を試算・設定する（⇒注 1）

 vi）堤内地の土地利用などより，v）で求めた川幅が確保し得ない場合は，低水路幅の拡大や浚渫による河床高の低下を図る。

次に高水流量を安全に流下させる手段としてどのような技術や対応を取ろうとしたのか明治 19 年（1886）のムルデルの「利根川改修計画書」[15]，明治 19 年（1886）の「木曽川下流改修計画書」[16]より示そう。

① 築　　堤

計画高水位に対して安全に流下させるように旧堤の拡幅・嵩上げ，新堤の築造を行う。木曽川では余裕高を六尺（1.8 m）とし，内法（堤内地側法面*）2 割，外法 2 割から 3 割，馬踏を 3 間（5.4 m）および 4 間（7.2 m）としている。

② 河道整理（捷水路・新水路）

乱流している河道を整理し，ほぼ一定の川幅とし，特に蛇行して曲がりの大きいところは捷水路を掘削する。また，派川を締め切ったり，新水路を掘って河道を整理する。

掘削に当たっては入力および機械掘削（汽力，浚渫機）を用いる。

③ 合流する河川の処理

木曽川三川では合流する木曽川，長良川，揖斐川を分離して，おのおの
の河川で発生する洪水の影響が他河川に及ばないようにし，洪水被害を
軽減している。

また，利根川では，渡良瀬川，小貝川に対する本川洪水の逆流の影響を
防ぐため背割堤，鬼怒川合流点の引下げを計画している（⇒注 2）。

④ 河岸の防御

ケレップ水制による航路幅の制御とこのケレップ水制および護岸工に
よって河岸防御を図っている。

⑤ 河口部の処理

導流堤および防波堤の築設を計画している。

⑥ 山地からの土砂流出対策

山地からの土砂流出による河床上昇を防ぐため，山林保護（山腹工と植
林）を図るとしている。

4.2.3 水刎工法

『治水総論』では，技術の対象である河川を普遍的な量概念ととらえる近
代科学的な施工が紹介されているが，河川を統制する具体的工法については，
日本の工法と同様，経験を基に生み出されてきたものが示されている。

工法としては，後に**図-4.2**に示すケレップ水制として砂河川の工法として
普及，改良されていくことになった柴枝を用いた水刎のみならず，木石を用
いた水刎なども紹介されている。このころのヨーロッパの標準工法を示した
ものと言えよう。

ただし，これらの工法は，そのままでは使われず，その後に来日するデレー
ケ 4 等工師やアルンスト，ウェストルウィル工手らのもたらした情報，実技
指導を通していわゆるケレップ水制が標準工法となっていく。

デレーケは来日して 2 か月後の明治 6 年（1873）11 月，大阪において粗
朶工法について詳細な技術解説書 [17) を作成している。この内容はドールン
のものと少し異なっている。デレーケは大学を出ていないが，デルフト工科
大学教授レブレット（Lebret）がオランダ建設省技官のとき土木技術を教わ

●第4章● 近代技術の導入とその消化

図-4.2　柴工水刎ケレップ全図，上覆工（土木工要録）

り，かつ実務経験が豊富であった。具体的な工法についてはデレーケのほうが長けていたといってよい。ただし技術解説書は，デレーケの文章を翻訳したものであることもあって，熟読しても水刎水制の特徴がわかりにくく，具体的な水刎水制のイメージがわかないところがある。

　デレーケのもたらした柴工水刎水制は，オランダ式工法として速やかに受け入れられ，早々と標準工法となっていく。

　明治14年（1881）内務省土木局は，『土木工要録』[18)]を発刊した。これは旧幕府の普請方の用いた工法にオランダ工法を加味し解説した「単位当たり材料労力表」であり，地方書と同様なものである。明治新政府として土木工事の標準仕様を早急に確立する必要があったのである。

　土木工要録，人之部，柴工水刎説明書より，ドールン，デレーケらのオランダ人技術者がもたらした柴工水刎が淀川，利根川などの試験施工を通して日本的現実に合うように標準化されたのである。なお，以下に示す説明は，『江戸科学古典叢書8　土木工要録（付録）解説』（楠 善雄）[18)]を参考に現代風に書き直し，またわかりやすくするため修正を加えたものである。

　① 柴工水刎の目的
　　柴工水刎は，流心の規線を定め（計画低水路法線*），これに合うように水刎を出し，流水が岸堤に衝突するおそれをなくす。計画低水路内の

水深を深くして，舟船が通れるように柴工水刎によって流水の流れている幅を絞り，かつ流砂が停滞するのを絞ることによって動かし，河床の凹凸の不等をなくす。

もっぱら，低水工事のための水刎としており，堤防護岸としての位置づけはない。

② 柴工水刎の工法

河水の氾濫を防ぎ洪水を流通せしめるために，その改築するところののり（河岸のことか*），河床の浅深や水勢の緩流によって，施工上の小異はあるが，概ね，沈床，単床，扇状工，上覆工の4工法よりなる。

この『土木工要録』に示された柴工水刎の標準仕様は，明治8年（1875）6月から淀川修築工事が始まっているので，明治8年ごろには標準的なものができていたと思われる。

『土木工要録』に示された柴工水制は標準仕様となっていった。標準仕様の確立は，この水制工の使用河川の拡大となり，多摩川や天竜川などの急流河川まで使用され破損，破壊が生じた[19]。

このように柴工水刎の適用場として適切でないところまで設置し，オランダ技術に対する批判も生じたが，柴工水刎は砂河川，緩勾配の砂利河川の水制工法として広く普及し，一般工法となり多用された。

4.3　デレーケの常願寺川改修計画における堤防と護岸工法

明治15年（1882）になると**表-4.1**に見るようにムルデルとデレーケを除き，オランダ人技術者は帰国し，明治23年（1890）にはムルデルも帰り，デレーケ1人が日本に残ることになった。

明治24年（1891）の常願寺川水害による復旧工事では富山県から請われて，デレーケが改修計画を策定することになり，これによって大規模な改修工事が実施された。デレーケは，明治6年（1873）に来日以来，桂川，宇治川，淀川，木曽川の改修計画を担当し，また吉野川，多摩川，大和川などの検査（フィージビリティ・スタデーに相当）し，報告書を作っていた。わが国の河川の特徴を知り種々の経験を積み，仕事の上で脂の乗っていたときに当た

● 第4章 ● 近代技術の導入とその消化

る。このような日本での経験が河川改修計画の技術の中に具体的に現れているか，また本計画策定以前に常願寺川で実施されていた治水工法を，デレーケがどのように摂取し，または取り入れなかったかを見てみよう。

なお，この計画の内容は種々の文献に簡単な記載があるのみで，正式の報告書があるかどうか現在のところ不明であるが，当時の富山県技師で，この工事の責任者であった高田雪太朗（明治14年工部大学校卒）が残した記録，デレーケの描いた図面が残っている（⇒注3）。これらからデレーケの扇状地河川セグメント1における堤防，護岸工法を読み取ることにする。

4.3.1 改修計画の概要

明治24年（1891）7月の大洪水による被災を契機に，常願寺川改修事業は同年12月に測量を開始し，約2か月後の翌年（1892）1月26日，内務技師ヨハネス・デレーケの設計が完了し，本格的改修工事が着手された。

この計画の概要は以下のとおりである[20),21)]。

① 従来の用水取水口をなくして，左岸用水は合併し上滝町にて隧道にして常西合口用水を新設することにした。右岸は利田村より下流用水を合併し，常東合口用水を新設して用水に関する害をなくすこととした。

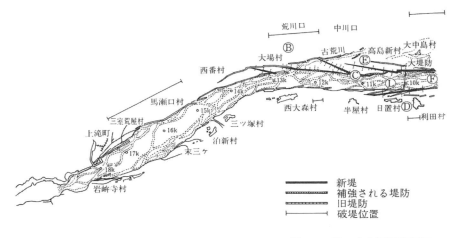

図-4.3　デレーケ改修計画平面図

4.3 デレーケの常願寺川改修計画における堤防と護岸工法

② 築堤に関しては，大部分変更工事を起し，左岸上滝より大場前まで堤防復旧を施し，中川口前より下流針原，横越まで堤防改築し，右岸岩峅寺より半屋まで護岸工事および復旧工事を施し，日置より利田までおよび柴草より辻堂間の堤防を改築することとした。

6.0〜8.0 km 付近左岸堤防は，大幅引堤して川幅 180 間（324 m）の新水路を作ることにした。

③ 下流の状況は狭小で屈曲部の堤防延長左岸 2 400 余間（約 4.3 km），右岸 2 100 余間（約 3.7 km），川幅平均 98 間（177 m）のセグメント 2-1 の特性を持つ河道であった。この区間に対しては，新河道を開削することとし川幅 190 間（324 m）とし，河口において支流白岩川を分離し停滞する土砂の排出を図った。

図-4.3 に河道の平面計画，**図**-4.4 に常願寺川新旧比較図を示す。

計画高水流量は明治 24 年 7 月 19 日，上滝〜岩峅寺間で観測された水位を基準として流量を算定し，これを 133 120 立方尺／秒（3 700 m³/s）と評価し，この流量を安全に河道に流下させる河道断面を確保するものとしている。緩流河川と同様な作業手続を踏んでおり，急流河川であるからといって特別なことは行っていない。デレーケはほかの計画において（4.2）式の流速公式

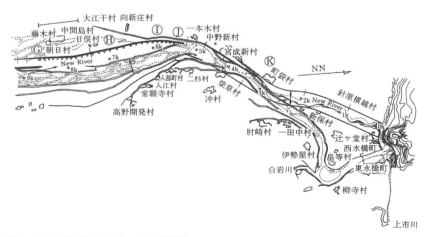

（デレーケの改修平面図に付加，および和訳）

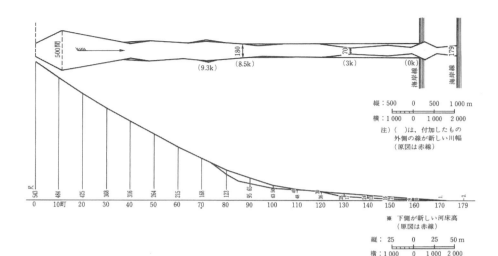

図-4.4　常願寺川新旧比較図（10町が1 090 mに相当）

を使っているので，本計画においても，この式を使って流量を評価したものと考える。なお，デレーケは，この洪水は12〜15年に一回生じる洪水であると評価している。地先の人の聞き込みによる過去の水位記録からの判断であろう。実際にはこの流量は100年に1回生じるような洪水流量に相当している。(4.2)式を常願寺川のような玉石の多い河川に適用するには無理があり，河床の粗度が（4.2）式で使われたものより大きく，したがって流量を大きく見積もりすぎたのである。常願寺川の河床の粗度係数から考えると明治24年7月19日の洪水は2 000 m^3/s 程度であったと評価される。

なおデレーケは，(4.2)式を常願寺川に適用することに問題があることに気づいており，富山県での経験について多くを記している明治33年（1900）9月オランダの王立技術者協会の機関誌であるDe Ingenieur に発表した「日本の鉄砲水と洪水」[22]で次のように記している[12]。

「いろいろな本にある流速公式は，あらゆる場合に有用ではあるが，それは自宅に置いて来ても，忘れてしまってもよい。と言うのは，河床や田野に泥や岩屑や大量の石が散乱していることは，それらの公式が考えに入れていること以外のことを物語っているからである。」（井口昌平翻訳）

4.3.2 堤防・護岸・水制の構造

デレーケの設計した堤防・護岸・水制の代表的構造形式について述べる。

なお，以下の文章中に示すアルファベットを丸で囲んだものは，**図-4.3** にその位置が示されている。

(1) 新堤の構造

Ⓚ 町袋下流の新堤防の構造（河口より 1.95 km）

堤防は計画高水位上 6 尺（1.8 m）の高さとしているが，暫定として 3 尺の高さとし，後で嵩上するという計画となっている。本区間は勾配が緩く（現河道 1/800），洪水時の掃流力が大きくないので，**図-4.5** に示すように川表側の表層は粘土とし，根固めは粘土を詰めた沈床とし，堤防表層の下部は樹枝を杭で止める工法（しがら工）と柳枝を差すことによって護岸とし，上部は芝で流水に対して守る構造としている。沈床の上面高は計画河床高より多少下となっている。なお，悪いところ（流速が大きいところの意か*）は，しがら工に代えて石で表層を防御するとしている（空石積み*）。本体は砂および土である。なお，河口より 0.9 km 付近の堤防は，上述のものより護岸が簡略化され，草あるいは小さいしがら工で守るとしている。

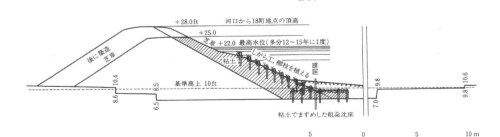

図-4.5 町袋下流の新堤防

● 第4章 ● 近代技術の導入とその消化

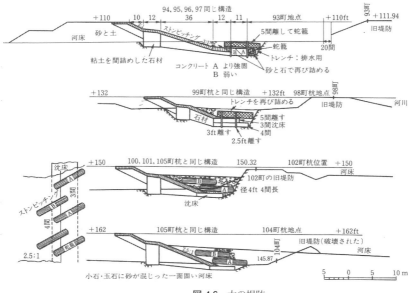

図-4.6　大の堤防

Ⓕ 大の堤防（8.7〜10.2 km 左岸）

　大の堤防の下流部 542 m は根固めにコンクリートを用いている（⇒注 4）。その長さ 1 790.4 尺（542 m），幅 10 尺（3 m），厚さ 5 尺（1.5 m）であり，コンクリートはセメント 5.79％，小砂利 41.76％，砂利 35.82％，砂 16.6％の構成比となっている。ここは朝日の新水路の直上流であり，流れが落ち込むところであるので，強固なコンクリート根固めとしたのである。構造は**図**-4.6 の 93 町地点のごとくであり，このコンクリート根固めの上に蛇籠を 9 m 間隔に乗せ，杭で止めている。根固めは，元の河床から 3〜4 m 程度掘削し，その上にコンクリート根固め，蛇籠を伏せている。法覆工はストンピッチング（空石張）で，天端にも 3.5 m 天端工を施している。9.5〜10.2 km の堤防（102 町，104 町地点）の根固めは，沈床と蛇籠としている。

(2) 水制の構造

　河岸侵食に対する防御が特に重要と考えられる地点には水制が配置された。

4.3 デレーケの常願寺川改修計画における堤防と護岸工法

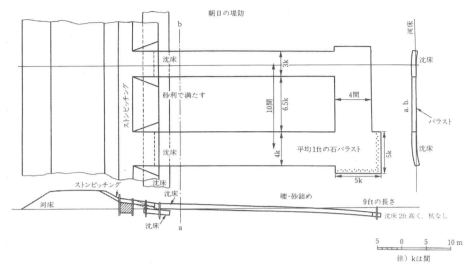

図-4.7 朝日の水制

水制構造の特徴は以下のようである。

Ⓗ 5.58 km 付近

図-4.7 に示す沈床からなる水制を朝日の新堤のほぼ全長にわたって計画している。水制の間隔は約 125 m であり、水制長が 45 m あるので水制長の 3 倍となっている。図面より読み取ると水制の頂部高は堤防付近で計画河床高より 1 m 高くし、頂勾配 1/23 で低下させ、先端部 9 m はより急にし、先端で計画河床高より 1.1 m 潜らせている。

Ⓔ 10.8 km 付近

蛇籠出しを 3 本出している。伝統工法の大籠出しに近い (**図-4.8**)。

Ⓐ 12 km 付近

ここは右岸の堤内地の標高が高く無堤地であるが、河岸侵食防止のため蛇籠 3 つを杭打ちしたものを設置したものである。**図-4.9** に示すように杭打蛇籠工をほぼ河岸に直角に向けて設置している。沈床上に蛇籠を置き、これを杭で止める構造となっている。

8 km より下流の河床勾配の緩いところは沈床による水制とし、明治初期にオランダ人技師よりもたらされたケレップ水制の簡易構造としたが、8

●第4章●近代技術の導入とその消化

図-4.8 大籠出しの状況（市川紀一氏提供）

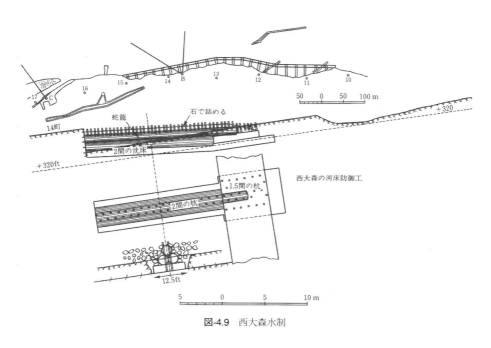

図-4.9 西大森水制

kmより上流の勾配の急である区間は，わが国の伝統工法を利用している。上流部では下流部で用いた水制構造では耐えられないと判断したのであろう。

表-4.3　堤防天端幅と堤防浸透防止工法

堤　　防		天端幅（m）	堤防浸透防止工法
L 0 ～ 4.8 km *	Ⓚ	7.2 ～ 9.1	粘　土
L 4.8 ～ 5.4 km	Ⓙ	9.1	粘　土
L 5.5 ～ 8 km	Ⓗ	10.9	粘土で間詰めした石材
L 8.7 ～ 10.2 km	Ⓕ	18	同　上
L 10.2 ～ 10.6 km	Ⓔ	14.4 ～ 18	同　上
L 10.8 ～ 11.2 km	Ⓒ	18	同　上

注）＊は現河川河口よりの距離，Ｌは左岸

（3）堤防の天端幅と浸透防止工法

　河道に直接接する本堤防の天端幅は，**表-4.3** に示すように上流のほうが広い。勾配の急である 8.9 km より上流（I_b=1/70 ～ 1/100）は 18 m を基本とし，勾配の変化点である 5.5 ～ 8 km は 10.9 m，5.4 km より下流は 9.1 m としている。この堤防天端幅は現在の構造基準より定められている最小幅よりかなり広い。

　堤防の浸透防止工法（遮水工法）は，勾配の変化する 5 km 付近より下流では表層に粘性土で被覆し，上流では**図-4.6** にように粘土で間詰めした石材を鋼土として築立てている（前小段を取り，そこの材料を粘土で間詰めした石材を用いて浸透防止を図っている）。5.5 km より下流は土堤であるが，ここでも堤防表法に粘土を打ち鋼土（はがねど）とする計画となっている。なお，旧堤の天端幅は 7 ～ 8 m あったようである。ちなみに，ファン・ドールンの『治水総論』では 16 ～ 20 尺（5 ～ 6 m）が必要としている。

　砂利堤は浸透による漏水が多いが，漏水がそのまま破堤に結びつくものではない。デレーケの計画堤防幅は，この時代の経済力水準から見ると過大のように思われる。

（4）堤防の法覆工

　河道に直接接する本堤防の法覆工は，**表-4.4** に示すように 8.7 km から上流と下流で法覆工の構造を変えている。下流は構造が簡単なものとなっている。なお，法覆工は下部を厚くし，上部が薄くなっている（厚さであるが玉石の径と判断される*）。根固めに接続する水平部分（堤脚）は 8.7 km より

表-4.4 堤防法覆工

堤　　防	工　　法	厚さ 堤防下部	厚さ 堤防上部
L 0 〜 4.8 km　Ⓚ	編牆（連柴を杭で止めたもの*）と植生（一種の柳枝工*）		
L 4.8 〜 5.4 km	ストンピッチング	30 cm	15 cm
L 5.5 〜 8 km　Ⓗ	同　　上	45 cm	30 cm
L 8.0 〜 10.8 km　Ⓖ	同　　上	60 cm	38 cm
L 8.7 〜 10.2 km　Ⓕ	同　　上	60 cm	45 cm
L 10.2 〜 10.6 km Ⓔ	同　　上	76 cm	45 cm
L 10.8 〜 11.2 km Ⓒ	同　　上	76 cm	45 cm

図-4.10　ストンピッチングの施工状況（市川紀一氏提供）

上流は 90 cm の厚さとしている。

　石の大きさについては指示がないが厚さが石の直径に相当しよう。施工時の図-4.10 によると河床にある「ごろ太石」を空石張りにしている。

4.3.3　堤防余裕高

　堤防余裕高は 6 尺（1.8 m）に取っており，ファン・ドールンが『治水総論』で示した余裕高 2 〜 3 尺（0.6 〜 0.9 m）より大きい。ただし，これは将来計画であり暫定的に 3 尺としている。なお，明治 20 年代に河川改修工事計画が作られた河川の余裕高は，長良川成戸で 1.8 m，淀川枚方で 0.9 m，斐

伊川で 0.9 m であった。急流河川の水位評価の難しさを考慮して大きめにしたのであろう。

縦断形は，9 km 付近より新水路にすり付けたため，ここの河床勾配が急となり不自然な形となるが，これについてはなめらかに河床縦断形をつなげるというような特別の配慮を行っていない。

4.3.4　近世河川工法とデレーケが常願寺川で実施した工法との比較

図-4.5 に示したように，万延元年（1860）の新川郡常願寺川筋御普請所分間絵図によると，セグメント 1 の区間の堤防は石堤であり法勾配は 0.5 割から 1 割である。堤防防御のために石堤の出しを出し，先詰部は籠工，鳥脚，合掌枠で守る構造となっていた。

デレーケの堤防防御工は，堤防の法勾配を 2 割とし，ストンピッチングで法面を覆い，根固めには沈床を布設し，水衝りの強いところは，高さの低い水制を設置するものである。基本的には日本の工法を取り入れるというよりヨーロッパの標準工法を使っている。伝統的な石堤による非越流型の出しでは突出高が高く，先端部の洗掘によって破壊しやすいので，日本で使われていた従来工法を避けたのであろう。例外は左岸 10.8 km 付近の三基の大籠出しである（図-4.8）。

なお，デレーケは，前述した「日本の鉄砲水と洪水」に次のように記している。

「扇状地の上の川に沿っては，いろいろな種類だが少量の土や粘土の中に石が含まれている。そして，堤防は土砂で造られていて，川表の法面は，多かれ少なかれ，はつりをつけて，かみ合うようにした重い玉石で覆ってある。

欠点は，そのような堤防が漏水しやすく，また洪水による法尻の洗掘によって，石張り護岸がその前面のわく・じゃかご・うしなどの工作物とともにしばしば崩し去られることである。

近年は図-4.11 の略図で大体を示すような堤防が造られている。この設計は越中の山地から出る急流（勾配 1 : 100）に沿う 2，3 の堤防のために，ある程度研究されたものだが，高価につくのでもっと広く適用することはできないでいる。

● 第 4 章 ● 近代技術の導入とその消化

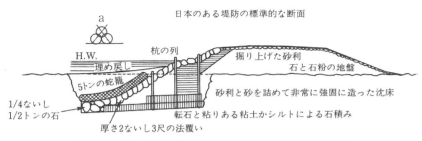

図-4.11 デレーケ論文[22]に示された堤防の断面図（井口昌平訳）

　法覆いとして設置されるじゃかごは，直径4尺，長さ30尺で，また**図-4.11**のaに示すように，3本を杭の打込みでひとまとめにする。杭の打込みは，じゃかごに石を詰める前で，相互の間隔は30尺かそれ以上である。これらのことによって，洗い流されやすい新設の工作物はよく守られて，そうしているうち，転石が詰められ，また流れによって運び込まれたシルトも加わって，石積みの法覆いが全体として強固なものになる。かごは，空気にさらされているとじきに風化してきて，そうなったころには不要になっている。

　河川水位が高いときには流水は泥を多く含んでいる。しかし，流れが速いので，シルトが沈殿して層をなすようなことはない。ここで取上げている場合のこの工作物のために必要な粘土やロームは，それゆえに遠方に求めなければならなかった。駄馬で運ばせて1 m^3 約5グルデンかかった。

　構成材の大型の石をもっと山寄りのところで大量に求めなければならないときには，それの運搬のための軌道が必要であった。

　杭材も，竹も，また極めて良質でしなやかな粗朶も，越中ではすべて安価であり，また技能の優れた職人も多勢いる。このような人々は組をつくってどこかに仕事を見付けようとしてよく歩きまわっている。そのようにして彼らは学びとったオランダ式の沈床をもっと砂の多いほかの川でも造った。

　ここで考案されている構造と日本の古来のやり方とのおもな違いは堤防を掘込むことである。これは，このような堅い地盤のところで，しかも，「つるはし」と「かなてこ」だけを頼りにするのだから，大変な仕事である。

　掘込みはここでは，幅50尺，深さ15あるいは18尺である。大体これと

同じような深掘れのところが幅300 mないし500 mの河床に幾つも見られる。洪水のたびに流れがその深掘れの箇所に石をびっしりと投げ込み，また新たに深掘れを造る。

　掘込みは，法尻の洗掘を予防することのほかに，実はしばしば起こることだが，文字どおりの大洪水が来てそれがどこにでもあふれ出て，すべての堤防を激流の中に崩し入れてしまうようであっても，この金のかかった区間は掘れたままであり，その後にも防護の役を果たすのに差し支えない，という長所を持っている。

　略図の中に示してあるH.W.線は，もちろんこのような大洪水ではなく，普通の洪水のうちの最高のものの高さ，あるいはむしろそのような洪水のときに堤防に向かつて押し寄せてくる流れの高さである。

　扇状地の上の川のこのような速い流れは，実は日本の北西岸に沿って何十とあるが，そこでは雨期になると，激流をなす洪水が大きな音を立てながら，まだ鈍くゴロゴロという音を発する石とともにジグザグ状に流れ下るのが見える。そして，その洪水は岸を造ったり，破壊したりする。このようにして，作ってから間もない，金のかかった工作物が，1日で無用のものになったり，防護の働きをする高い河岸が2，3年は安全な岸でいても，その後，防護の点ではほとんど無に等しくなるというような，非常に危険な状態がもたらされる，ということがしばしばある。」[12]（井口昌平翻訳）

　デレーケは，常願寺川で実施されていた日本の工法とその被害から学び，ヨーロッパでの堤防，侵食防御工に改良を加えていたのである。

　しかしながら，デレーケが示した工法は常願寺川の洪水力から考えると堤防を守りきれるものではなく，その後も堤防欠壊による被害は続いた。

　堤防の欠壊がなくなったのは，戦後，橋本規明による重量の大きいコンクリートブロック，巨大コンクリート制水制の開発とその施工，さらに河床掘削による河床低下というハードな対策を行った昭和44年（1969）洪水以降のことである。ただし，その後も水制，根固め工の被災は続いている。

4.4 欧米河川技術の受容

　明治初期，オランダ人は当時のヨーロッパの最新の河川技術を持ち込んだ。この技術に対する日本人の反発は少なく，積極的に取り入れたと言えよう。オランダ人のもたらした技術のうち，大きなものは次の2つであった。

① 河川改修計画の立案に当たって改修対象区間を一貫として考える技術概念「計画洪水流量」を持ち込んだ。これによって計画対象河川区間を量的指標で結び付け，河道の縦横断面形状を定量的に検討するという河道計画という技術体系がわが国に導入された。この計画高水流量という計画のための量的指標の背景には，流量を評価するための流速公式や流量測定という水理学や力学などを基にした近代的科学技術があった。

② 河岸侵食防止や航路水深確保のための護岸・水制としてヨーロッパの工法を持ち込んだ。特に粗朶沈床，柴工水制（ケレップ水制）は，河川舟運のための低水工事に多用された。明治14年（1881）内務省土木局は『土木工要録』を発刊した。これは旧幕府の用いた工法にオランダ工法を加味した構造仕様，材料労力表と解説からなるものであり，地方書と似たものであった。明治政府は早くも土木工事の標準仕様として取り入れている。

　ヨーロッパの技術を積極的に受け入れられたのは，進んだ欧米から科学技術を学び，それをわが国に導入して欧米に追いつこうとする時代風潮にあるが，廃藩置県を行い中央集権的統治体系が確立し，河川という長い公物を国と県という単位で管理また計画し得る主体が形成されたことも原因しよう。

　また，欧米においても河川技術は経験にたよることが多く，水理学的知見もそれほど高度なものではなくなじみやすかったこと，導入された技術が一度フランスの啓蒙思想の洗礼を受けた宗教的色彩の少ない経験的科学技術であったこと，技術の担い手であった士族階級の教養・社会観・倫理観であった儒教は宗教的色彩が薄かったことも大きな反発を招くことがなかった一因であろう。

明治も中期になるとオランダ人が計画し，施工された工事の結果が災害などを通して見えるようになり，砂防工法や扇状地河川への柴工水刎の適用への批判[23]なども生じたが，個別技術への批判であった。

この時代は学んだ科学技術を現場に適用しはじめた時代であり，実践を通した日本の気象や地形・社会特性に合った河道計画，堤防，護岸・水制工法の確立は，次の時代に待たねばならなかった。

4.5 欧米河川技術の消化とその実践

4.2で述べたように，産業の近代化，富国強兵を急ぐ明治政府は，欧米の文物，近代科学技術の導入を図るため，欧米人を雇い入れ，河川，港湾，鉄道，水道などの産業基盤の整備の指導に当たらせた

一方で，日本の若者に西洋近代科学を土台とした高等技術教育を始める。明治4年（1871）に工部省に工学寮を設け，明治10年には工部大学校を開校した。また，明治6年（1873）には開成学校を開き法学，理学，諸芸学，鉱山学の5課の専門学校とし，続いて翌年には東京医学校と合併して東京大学と称した。この大学は明治19年（1886）に帝国大学令の公布により工部省の所管であった工部大学校と合併して帝国大学となり，各学部は大学と称した。さらに明治9年（1876）には北海道開拓のための札幌農学校が開設された。明治11年には東京大学理学部（工学は理学部の中に含まれていた）から土木の卒業生3名，翌12年には工部大学校から3名の土木の卒業生を出した。さらに，後に河川行政の中心的な役割を果たしていく古市公威（⇒注5），沖野忠雄（⇒注6）がフランス留学からそれぞれ明治13年，明治14年に帰国した。これらの若者がお雇い外国人に代わって本格的に科学技術界の指導者として実践を始めたのは，明治10年代の末になってからである。例えば，筑後川では明治19年（1886）4月内務省技師 石黒五十二（明治11年東京大学理学部卒）が，「筑後川改修並びに出水防御工事計画意見要略」を書き上げている。これに基づいて翌明治20年から工事が始まった。工事は河身改修工事（低水工事，工費642,025円，国庫負担）に重点を置き，併せて出水防御工事（高水工事，工費551,602円，地方負担）を行うもので8

● 第 4 章 ● 近代技術の導入とその消化

表-4.5　工区内訳工区内訳

工　区	区　間	里程	現距離程	セグメント
第 1 区	河　口―若津町	2 里余	0 ～ 9 km	セグメント 3
第 2 区	若津町―久留米	6 里余	9 ～ 27 km	セグメント 2-2
第 3 区	久留米―床　島	6 里余	27 ～ 43 km	セグメント 2-2
第 4 区	床　島―関（夜明）	5 里余	43 ～ 64 km[*]	セグメント 2-1
第 5 区	関　―隈　町	3 里余	64[*] ～ 77 km[*]	セグメント M

注）＊は著者の推定である。

か年の継続事業として着工された[24]。工事区域は河口より日田市隈町に至る約 22 里間で，この区域を**表-4.5** のように 5 区に分けて，その対処方針を示している。

　河川法が制定される直前の明治 29 年（1896）2 月，島根県から依頼されて斐伊川改修計画の立案に当たった関屋忠正 内務技師補（明治 24 年帝国大学工科大学卒）は，「斐伊川治水調査顚末並に改修設計説明書」[25] を書き上げた。これによって旧河川法制定（明治 29 年）直前における若い日本人河川技術者の技術水準をのぞくことができる。

　関屋は明治 26 年より斐伊川の調査を始めているから，関屋の技術水準は帝国大学工学大学の技術教育水準も示すことになろう。

　関屋内務技師補は，2 年という短い間に，流域の地勢，地形，地質，気象特性等の自然特性と過去の災害形態，明治以前の斐伊川改修の歴史などの人文・地理特性を学び取り，斐伊川流域の地形測量（三角測量，高度測量），水象観測（洪水時の水位観測）を行い，斐伊川の今後のあるべき姿（派川整理，放水路の建設等）を示している。現在から見ても基本的な問題点は，ほとんど網羅されている。今日から見れば定性的分析の段階で終わっているもの，分析結果に問題のあるものもあるが，今日の河道計画の分析手続きと大きく変わるところはない[25]。大学卒業後 3 年という若さで調査を始め，計画を立案し得たということは，大学教育の中でこれを担えるだけの基礎的技術教育がシステマチックに行われ，かつその技術を実体化し得る測量や水位観測を行うスタッフと組織が地方にもでき上がっていたことを示している。

　なお，関屋が立案した計画は実施に至らなかった。工事が着手されたのは

大正 12 年（1923）の内務省斐伊川改修計画以降である。この計画によって
新川は閉じられ（1938），斐伊川は本川のみの一本の河道に整理された。斐
伊川の放水路計画は経費が高く，また潰れ地が多く地域の合意が取れなかっ
たのである[27]。遠く昭和 51 年（1976），昭和 47 年（1972）の松江市等宍道
湖周辺等の大水害を契機として工事実施基本計画が改訂され，計画高水流量
は大津地点，5 100 m^3/s とされた。そのうち 2 000 m^3/s を丘陵部を掘削し，
神戸川へ落す計画が立案され，工事が行われた。国力の増大，合意を得やす
い丘陵部の掘削と神戸川の利用，岩を効率よく掘削し得る土工機械の進歩が，
ようやく関屋の意図を実現したのである。

4.6　明治中期の近代堤防技術批判

　明治前期の河川改修計画は，お雇い外国人であるオランダ人技術者が当た
り，明治 10 年代の末からはヨーロッパ留学を終えた古市公威や沖野忠雄や
工部大学校，東京大学，帝国大学を卒業したエリート技術者が担ったもので
ある。

　明治 20 年代の初めまでの民間における治水に関する請願や建策は，その
ほとんどが①治水事業の着手や促進を要請するもの，②治水事業の国庫支弁
の増大を要請するもの，であり，治水に関する結社（金原明善による明治 8
年（1875）の天竜川通運会社，明治 12 年（1879）に設立された木曽川改修
を目的とした治水改修有志社，翌年治水共同社に改組，明治 15 年（1882）
の信濃川治水会社，明治 23 年（1890）の金原明善，山田省三郎および西村
捨三による治水協会の設立等）も，同様な目的のために広く有志を募り，治
水事業の必要性を訴えるものであった[28]。

4.6.1　堤防偏重主義に対する批判

　一方で明治 20 年代の中ごろには，オランダ工師や内務省のエリート技術
者の策定した改修計画案や改修方式，さらには技術内容に対する批判が行わ
れるようになった。このような批判のなかで特に注目に値するものは尾高惇
忠による『治水新策』[29]による堤防による洪水の濫乱防御方式に対する批

●第4章●近代技術の導入とその消化

判である。

尾高惇忠は，利根川中流部の現・深谷市大字下手計の出身で，明治3年（1870）民部省に入り，その後初代の富岡製糸場長となったが，明治10年（1877）これを辞職し，その後は従兄弟に当たる渋沢栄一の第一銀行に入り秋田・仙台の支店長となり，明治24年（1891）に72歳で亡くなった[30]。『治水新策』は死亡の年の前年に書かれたものである。この書における治水策等は，堤防無用論というもので，大水を堤防のうちに閉じ込めて害のなかったことはなく，洪水はむしろ土地の肥沃に有益であるというものであった。

尾高は明治元年にはすでに40代の後半であり，漢学者であった。50代において日本の資本主義の確立期にその最前線にいたにもかかわらず，欧米の技術や思想一辺倒の風潮に対する反発を『治水新策』の中でしばしば引用される漢書や中国思想に見ることができる。確かに洪水による氾濫と流域の土地との関係を深く洞察すること，堤防に対する過信をいましめていることは，今日でも評価するところであるが，このような治水策を受け入れる社会的勢力は少なく，対抗治水論となることはなかった。このような堤防偏重主義に対する批判は，デレーケの常願寺川改修計画を批判した西師意の『治水論』[31]にも見られる。

しかしながら，土地の私有制度や地租に基づく税制改革等を通して近代化，資本主義化に突き進むこの時代，堤防無用論は地主や産業資本家層の支持を得られるものでなかったのである。

4.6.2　堤防築造工法に対する批判

明治23年（1890）新潟県通常県会において，信濃川堤防の改良方法について検討がなされ，それに基づいて議決がなされた。信濃川では，明治19年（1886）以来，古市公威が明治17年（1884）に立案した治水計画に則り，洪水防御のための堤防の改築を県民の負担で行ったが，この築造された新堤がたびたび破損崩壊するために，堤防改築の改良方法に関する技術的提案を行ったのである[32]。「信濃川堤防改築の改良方法」として提案されたものは，以下に示す5点であり，河道計画に関連する堤防の法線形に関する以外は，すべて堤防の構造に関するものであった。

126

一，改築堤ノ位置ハ計画ノ測点ニシテ，旧堤ヲ相距ル二十間及至三十間位
　　ノ差ハ，実地適応ノ斟酌ヲ加ヘ旧堤ヲ基趾トシテ改造スヘク，又両岸共
　　旧堤ヲ離レテ新規築立ヲ為ス場合ハ，可成一方ヲ旧堤ニ拠リ改造スベキ
　　事。

一，新堤ハ馬踏四間ニシテ川方ノ法ヲ二割トシ地方ノ法ヲ一割五分ト為ス
　　ノ法ヲ改メテ，馬踏ヲ三間ト為シ，余ル一間ヲ地方ノ堤脚ニ移シテ小段
　　ト為スヘキ事。

一，築堤中山土ノ粘土ハ，河水ニ直接シタル護岸上装ノ法張ト為スノ外ハ
　　廃止スベク，石張ハ河水直接若クハ深田ニ築立タル護岸上装ノ外ハ廃止
　　スベキ事。

一，堤土ノ砂利敷ヲ廃シ，内外両面一般ノ芝張ヲ筋芝張，若ハ柳土坡ト為
　　スベキ事。

一，改築堤防ハ第一年土坡装飾ヲ除ク全土量ヲ築造シ第二年陥没又ハ減縮
　　ノ状況ヲ実験シテ，残土量ヲ修補シテ法張装飾等全般ヲ築造シ，都合二ヶ
　　年ヲ以テ成功スベキ事。

　これ等の提案には，すべてなぜそのような提案をしたのか理由が付されて
いた。第1点については，新堤より旧堤のほうが堅固であり，堤防間幅の多
少の変化は流れの状態を著しく悪くすると考えられないので，杓子定規に設
計の堤防位置を墨守するのは偏執の甚だしいものであり，なるべく旧堤を基
に堤防を築造するほうが強固な堤防となり，また経費も安いとしている。第
2点については，堤防の浸潤破壊に対しては，天端幅を大きくするより堤敷
幅を大きくしたほうがよく，経費も増大しないとしている。第3点について
は，遠方より運ぶ山土は高価で，これを堤防表法面の洪水に対する侵食防止
に用いるのみとするべきであるとし，また石張は緩流で不要なところに設置
しているので必要なところ以外は廃止すべきであるとしている。第4点につ
いては，天端上の砂利敷は堤防の強度には関係していない。堤防を里道と利
用するところは，歩きにくいので砂利のない堤防の肩を踏み歩き，かえって
砂利道は数尺の草が生え害あるのみである。県道とするような場合は，工事
確定の後，道路費により砂利敷を行うべきであるとしている。また，堤防内
外両面の一般張芝は，用途の後は雑草が生い茂るところとなるので経費損失

●第4章●近代技術の導入とその消化

となるので，筋芝もしくは柳土坡（堤防上に背の低い柳を育えつける工法，柳枝工と考える＊）で足りるとしている。第5点については，堤防の急速施工は種々の問題（1回で全土量を築造するため，陥没や沈下を生じ，増工事が必要となる。これによって砂利敷や法張等の無駄が生じるなど）があるので，2か年で工事を行うべきであるとしている。

　実際に堤防を施工し，その後の堤防の被災状況からの技術改良点を述べたものであり，そのほとんどは適確な指摘と言えよう。膨大な地方費を使い堤防を築造しながら，その効果が発揮されない治水工事に，県会議員はその技術内容にまで踏み込み検討を行ったのである。なお，堤防工事は県の事業として請負工事で行われた。このころは，まだ高い堤防を短い期間で築造する場合の施工方法や施工管理について，十分な経験の蓄積と知識がなくこのような問題点が生じたのである。

　新潟県民は，堤防改築がその目的を達成することができず，また政府事業の河身改修も度重なる洪水で十分な効果を発揮せず，次第に古市技師の計画に対して懸念を深めていき，明治24年（1891）2月には県会で「信濃川河身改修工事設計変更調査ノ儀ニ付建議」し，内務大臣品川弥二郎に送っている。

4.6.3　堤防法面上の樹木伐採，植樹禁止に対する批判

　前述した治水協会の機関誌『治水雑誌』第11巻（1892）に，美濃国安八郡に住む西松喬は「堤塘植樹管見」[33]という論文を寄稿している。そこでは維新の際に欧米の新事物を輸入して，わが国の固有の良所まで破壊し唯欧米化するのを必要とする主張により廃れてしまったなかに，オラングの水理法を取り入れて堤防に生育している樹木類を伐採するということにより行われなくなった"堤防上に樹木を植付けること"があるとし，これを見直すべきだとした。西松は，樹木の効用を種々検討し，この工法について世の治水論者が一考することを希望している。

　堤防上の樹木を植えることの利害については，近世においても種々の議論のあったところであり，これらの考えを踏まえて発言したと考えるが，この提言は原則的には受け入られることはなかった。堤防上に樹木があると，堤

128

防が速やかに乾かず，また日が射さないので草が繁茂しがたく，強風が吹けば樹木を振動させ，それが根に伝わり堤体を緩めるという理論に勝てなかったのである。しかしながら，明治中期以降でも天端肩辺に松や桜を存置・植樹した事例は多々あり，景観要素として花見・憩いの場として親しまれた。

治水の論理が堤防形態を支配するものではないのである。

《注》

注1）航路確保のための低水工事では，河岸と水制頭部を連ねた線（基線）の間は，水制の存在によって流れの抵抗が増し流速が遅くなる。オランダ人工師達がこれをどのように評価したか明らかでないが，明治9年（1876）のデレーケによる「天満橋以下改修」[34] では，水制頂部を流過する水の厚さを高水位よりの厚さとし，流速を評価し，また流過断面とし，流過流量を求めている。なお，デレーケは水制頂部以下のところも流水が流れるので，流過能力はより大きいと判断している。

注2）背割堤による合流点の引下げによって合流点の水位が，そうしなかった場合に比べて概略，水面勾配と引下げ距離を掛けた量だけ下がる。すなわち本川洪水による支川水位の上昇量が低下し，支川の氾濫が減少する。

注3）高田雪太郎の遺族より，平成6年（1994）8月，市川紀一氏を通じて富山県に対して常願寺川の改修計画図面などを寄贈したい旨の連絡があり，富山県土木部に図面が送付された。県砂防課より県立公文書館に上記資料の保管を依頼し，現在同館書庫に保管されている。

注4）日本で最初にセメント製造を行ったのは大蔵省土木寮深川摂綿（セメント）製造所で，竪窯を用いてセメントを製造したが石膏による凝結制御は行われておらず，性状が今日のセメントと異なる。明治6年（1873）当初は月産約33トンの製造能力があったと言う[34),35]。明治8年には竪窯湿式焼成法によるポルトランドセメントの製造が始まっている。

注5）安政元年（1854）生まれ，大学南校，東京開成学校よりフランスのエコール・サントラルに留学，卒業し，さらにパリ理科大学で数学，天文学を学び，27歳のとき帰国。内務省土木局雇となる。明治23年（1890）以降は土木局長，土木技監として最高の地位にあった。明治19年（1886）から明治31年，32歳から42歳にかけて帝国大学工科大学教授兼工科大学長に就任し，教育にも当たっている[11]。

注6）安政元年（1854）生まれ，大学南校，東京開成学校より，明治8年（1875）仏国に留学し，土木工学を学ぶ。帰国後河川技術界の中心技術者として活躍し，明治44年（1911）技監となる[11]。

《引用文献》

1）大内兵衛，土屋喬雄編（1932）：大蔵省沿革史，明治前期財政経済史料集成　第2巻，改造社，pp.129-139

●第 4 章●近代技術の導入とその消化

2) 武井　篤（1961）：わが国における治水の技術と制度の関連に関する研究，第 2 章，京都大学工学部学位請求論文

3) 内閣官報局編（1888）：法令全書，明治 4 年，pp.90-92（復刻：原書房，1974）

4) 松浦茂樹，藤井三樹夫（1993）：明治初頭の河川行政，土木史研究，第 13 号，pp.145-160

5) 内閣官報局編（1889）：法令全書，明治 6 年ノ 1，pp.934-938（復刻：原書房，1974）

6) 八間堀川沿岸土地改良区史編集委員会（1985）：八間堀川沿岸土地改良区史，pp.162-168

7) 前掲書 1），pp.251-252

8) 前掲書 3），p.428

9) 松浦茂樹，藤井三樹夫（1994）：1875（明治 8）年の堤防法案の審議から 1896（明治 29）年の河川法成立に至る河川行政の展開，土木史研究，第 14 号，pp.61-76

10) 近藤仙太郎（1928）：利根川治水沿革考，内務省東京土木出張所，pp.39-45

11) 日本科学史学会（1970）：日本科学技術史大系　第 16 巻　土木，第一法規出版，pp.15-18

12) 地域開発研究所（1987）：デレーケとその業績，建設省中部地方建設局木曽川下流工事事務所，pp.26-28

13) 土木学会（1942）：明治以降本邦土木と外人，土木学会，pp.139-193

14) Darcy, H., and Bazin, H.（1865）：Recherches experimentales sur lécoulement de léau dans les canaux découverts, Recherches hydrauliques; les partie, Paris.

15) 利根川百年史編集委員会（1987）：利根川百年史，関東地方建設局，pp.391-471

16) 内務省土木局（1919）：木曽川改修工事，内務省土木局

17) 淀川百年史編集委員会（1974）：淀川百年史，建設省近畿地方建設局，pp.215-292 および pp.610-634

18) 内務省土木局（1881）：土木工要録（復刻：恒和出版，江戸科学古典叢書 8）

19) デレーケ（1892）：多摩川検査報告，治水雑誌，第 9 号，pp.1-15

20) 市川紀一（1995）：明治期における常願寺川の改修工事，土木史研究，第 15 号，pp.453-460

21) 建設省北陸地方建設局編（1962）：常願寺川沿革史，富山工事事務所，pp.154-167

22) Johannis de Rijke, 1900: Banjirs en vloeden in Japan, De Ingenieur, 1900.9.8, pp.544-548［文献 12］，pp.76-89 に井口昌平の翻訳がある］

23) 山本晃一（1994）：日本の水制，山海堂，pp.96-97

24) 筑後川工事事務所（1976）：筑後川五十年史，建設省九州地方建設局筑後川工事事務所，pp.214-217

25) 関谷忠正（1896）：斐伊川治水調査顛末並に改修計画書（ここでは出雲工事事務所により 1972 年筆写されたものを用いた）

26) 松浦茂樹，山本晃一（1982）：近代黎明期における河川改修計画についての一考察，第 2 回　日本土木史研究発表会，土木学会，pp.143-153

27) 長瀬定一編（1950）：斐伊川史，斐伊川史刊行会，pp.298-300

28) 石崎正和，宮村　忠（1981）：民間治水論に関する考察，第 2 回　日本土木史研究発

130

表会論文集，土木学会，pp.138-142

29）尾高惇忠（1891）：治水新策（ここでは農業土木古典選集　第8巻　治水論，日本経済評論社の復刻版による）

30）前掲書15），pp.497-498

31）西　師意（1891）：治水論，清明堂

32）北陸地方建設局編（1979）：信濃川百年史，北陸建設弘済会，pp.490-495

33）西松　喬（1892）：堤塘植樹管見，治水雑誌，第11巻，pp.29-35

34）日本コンクリート協会（2000）：コンクリートの長期耐久性に関する研究委員会報告書

35）大河津分水河動堰記録保存検討委員会編（2014）：解体新書　大河津分水河動堰，土木学会，pp.101-106

第5章
河川法の制定と直轄高水工事
―明治中期から末期まで―

5.1 河川法の制定

　氾濫防御を目的とした高水工事は，前章で見たごとくもっぱら地方費より実施されていたが，到底府県単独で支えきれるものではなかった。明治23年（1890）11月，帝国会議が開催されたが，早くも地方出身議員の間に治水事業の促進と治水経費の国家負担増を求める建議案が提出された。以後，河川法が制定される明治29年（1896）以前の第1回から9回までの合計10回にわたって提出されており，いかに治水に対する要望が強かったかがうかがえる。河川法は，前述の地方行政組織の整備，日清戦争の終結とともに世論の治水問題への関心の増大という背景のもとに制定された。河川法の制定によって治水費の国庫負担の道が法制度的に開け，国は高水工事を本格的に実施していく。翌明治30年には，砂防法，森林法が相次いで制定され，ここに治山，治水に関する基本法が制定された。砂防法は明治29年（1896）8，9月の台風被害を契機に，河川法のみでは治水の安全を期しがたいとし，下流河川区域への土砂の流入防止を目的として制定されたものである。また，森林法には保安林の規定が設けられ，治山，治水の一翼を担った。

　河川法の特徴は中央集権的国家権力の統制力が強いこと，治水に重点が置かれていたことが挙げられる。

　河川法の適用を受ける河川としては，第一条において，「此ノ法律ニ於テ河川ト称スルハ主務大臣ニ於テ公共ノ利害ニ重大ノ関係アリト認定シタル河川ヲ謂フ」とされた。

●第5章●河川法の制定と直轄高水工事

　河川の管理主体については，第六条において，「河川ハ地方行政庁ニ於テ其ノ管内ニ関ル部分ヲ管理スヘシ但シ他府県ノ利益ヲ保全スル為必要ト認ムルトキハ主務大臣ニ於テ代テ之ヲ管理シ又ハ其ノ維持修繕ヲナスコトヲ得」とされた。河川を国の公物とし，地方行政庁（道府県知事）は，国の機関として之を管理するものとしたのである。これはこの河川法が廃止された昭和39年（1964）の時点では，「主務大臣カ自ラ河川ニ関スル工事ヲ施工シタルモノニ付必要ト認ムルトキ」もまた，直轄管理を実施し得ることが追加されていた。

　直轄事業は，第八条において，「河川ニ関スル工事ニシテ利害ノ関係スル所一府県ノ区域ニ止マラサルトキハ其ノ工事至難ナルトキ若ハ其ノ工事至大ナルトキ又ハ河川ノ全部若ハ一部ニ付キ大体ニ渉ル一定ノ計画ニ基キテ施行スル改良工事ナルトキハ主務大臣ハ自ラ其ノ工事ヲ施行シ又ハ其ノ工事ニ因リ特ニ利益ヲ受クル公共団体ノ行政庁ニ命シテ之ヲ施行セシムルコトヲ得前項ノ場合ニ於テハ主務大臣ハ此ノ法律ニ依リテ地方行政庁ノ有スル職権ヲ直接施行スルコトヲ得」となっており，これは新河川法制定時（1964）まで変更はなかった。

　費用負担に関しては，第四章に規定されており，このうち，国と府県ノ負担区分に関するものは次の各条である。

　「第二十四条　河川ニ関スル費用ハ府県ノ負担トス主務大臣ニ於テ第六条但書ニ依リ河川ノ管理若ハ其ノ維持修繕ヲナス場合ニ於テハ国庫ニ於テ其ノ費用ノ全部若ハ一部ヲ負担スルコトヲ得」

　「第二十六条　河川ノ改良工事ニ要スル予算費用ニシテ其ノ府県ノ地租額ノ十分ノ一ヲ超過スルトキハ其ノ超過額ノ三分ノ二以内ヲ国庫ヨリ補助スルコトヲ得但シ地租額ヲ超過スル部分ニ付テハ其ノ超過額ノ四分ノ三以内ヲ補助スルコトヲ得災害ニ依リ必要ヲ生シタル工事ニ要スル費用ハ前項ニ限ニ在ラス工事費用清算ノ上予算ヨリ減スルコトアルモ既ニ与ヘタル補助金ハ之ヲ還付セシメサルコトヲ得」

　「第二十七条　第八条ニ依リ主務大臣ニ於テ工事ヲ施行スル場合ニ於テハ府県ハ前条ノ規定ニ準シテ其ノ予算費用ヲ負担シ国庫ハ其ノ残額ヲ負担スヘシ前項ノ場合ニ於テ府県ノ負担スヘキ金額並不足額ノ補充及残余金ノ処分等

134

ハ主務大臣之ヲ定ム」

「第二十八条　第八条ニ依リ主務大臣ニ於テ工事ヲ施行スル場合ニ於テハ府県其ノ負担スヘキ予算金額ヲ国庫ニ納付スヘシ」

これらの費用負担区分の規定は，その後の制度の更改に伴って改正され，改良工事の国庫負担は 1/2（第二十四条，ただし政令が定められていないので法的には発効しておらず，形式的には予算補助である），直轄工事の府県負担は 1/3，直轄維持の府県負担は 1/2（第二十七条）となった[1]。

また，受益府県の費用の分担の利害関係者に対する賦課については以下のようであった。

「第三十三条　河川ニ関スル工事ニシテ他ノ府県若ハ他府県内ノ公共団体ニ於テ著シク利益ヲ受クルモノナルトキ又ハ河川ニ関スル工事若ハ其ノ維持ニシテ主トシテ府県内ノ公共団体ヲシテ其ノ費用ノ一部ヲ負担セシムルコトヲ得」

「第三十七条　公共団体ハ河川ニ関スル費用ニ付キ利害関係ノ厚薄ヲ標準トシテ其ノ区域内ニ於テ不均一賦課ヲナスコトヲ得」

河川，河川の敷地及び流水については，

「第十八条　河川ノ敷地若ハ流水ヲ占用セムトスル者ハ地方行政庁ノ許可ヲ受クヘシ」として私権を排除した。

水防については，第二十三条第三項において，「地方行政庁ハ其ノ管内ノ下級公共団体ニ命シテ予メ洪水防禦ノ為必要ナル準備ヲナサシムルコトヲ得」として水防に関する規定を定めている。自治水防の関する最初の法律となった水利組合条例は，その後の運用において若干の不備が生じ，明治 41 年（1908），水利組合法として再編された。主な改訂点は，

1）水害予防組合も，組合会の議決・府県知事の許可を得れば，灌漑排水事業を営むことができる。

2）組合の管理（管理者の権限・組合員の規定），財務に関する規定を整備した。例えば土地・家屋以外に組合規約に指定する工作物の所有するものを組合員とすること，および賦課することができるようにした（不動産資本である電柱，軌道敷等にも賦課し得る*）。

である。この法律は，戦後まで機能した。

●第5章●河川法の制定と直轄高水工事

　明治32年（1899）に「災害準備基金特別会計法」および「災害土木費国庫補助規定」が定められた。これは明治28年（1895）の日清戦争の勝利による清国よりの賠償金1000万円を基金として，非常災害にあてる災害準備金特別会計をつくり，災害復旧事業費の地租に占める割合に応じて10分の4から10分の5，連年災害に対しては通常の3割増しの国庫補助を与えるものであった[2]。

　河川法制定後，明治43年（1910）の第一次治水計画（⇒ **6.1**）までに，政府は利根，庄，九頭竜，遠賀，淀，信濃，吉野，高梁，筑後，渡良瀬の10河川の直轄施行に踏み切った。これらの河川の改修計画は，すべて日本人の手で計画された。

　例えば，淀川では，来日以降デレーケが大阪港の整備と並んで淀川の改修計画の立案に当たり，明治20年（1887）「大阪築港並ニ淀川洪水通路改修計画」，明治23年（1890）「京都府並びに大阪府の管下における淀川毎年の漲溢に対する除害の新計画」を古市公威土木局長に提出し，翌明治24年から地方支出による測量が行われ，沖野忠雄内務技師が調査・計画に当たっていた。沖野忠雄は，明治27年「淀川高水防御工事計画意見書」を内務大臣に提出した。この意見書は，土木技監古市公威らからなる技術会議で審査され若干の修正が命じられ，沖野は手直しを行い明治28年8月に「淀川高水防御工事計画に関する追伸」を提出した。これが淀川改修計画となって淀川改良工事が着手されたのである[3),4]。デレーケは明治27年7月，沖野の計画に対する意見書を古市に提出しているが，これ以降は，淀川改修計画に直接的な関わりがなくなった。

5.2　国内物資輸送体系の変化

　明治27～28年（1894～1895）の日清戦争前後から，鉄道，紡績，鉱業，海運，銀行などを中心にわが国の産業の近代化が進展し，資本蓄積の増大と生産力の増大が進み，農業を生産力の基盤とする社会から商工業を主とするものへ変化しつつあった。この産業の発展は，明治政府による交通・運輸網の整備というインフラ投資が大きく貢献した。**図-5.1**は明治期における政府

5.2 国内物資輸送体系の変化

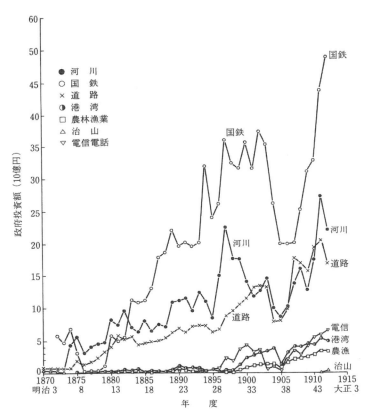

図-5.1 政府固定資本形成(実質)の変化[昭和35年(1960)度価格][経済企画庁総合開発局,政府固定資本形成および政府資本ストックの推計,昭和40年(1965)5月]

固定資本形成の施設別の変化を示したものである。

明治10年(1877)前後は相対的に見ると河川事業(低水工事)に多くの投資がなされたが,明治20年(1887)になると河川投資から国鉄投資へと重点が移行した。わが国の最初の鉄道は明治5年(1872)新橋・横浜間27 kmの運行から始まり,明治10年代後半からの私鉄ブームによる活発な投資により急激な路線延長が増大し,明治13年末158 km,20年末1 033 km(国鉄523 km,私鉄510 km),明治34年末6 481 km(国鉄1 706 km,私鉄4 775 km)に達している。明治39年(1906)9月「国鉄鉄道法」が公布され,

137

●第5章●河川法の制定と直轄高水工事

法第1条に「一般運送の用に供する鉄道は，総て国の所有とする。但し，一地方の交通を目的とする鉄道は，この限りに在らず」と定められ，私鉄の買収が進められた。買収された路線数は，開業線4545km，未開業線291kmであった。この結果，明治40年末には国鉄7166km，私鉄718kmの開業延長となった。国有化の目的は，①鉄道網の統一，一元化による輸送の迅速化，運賃の低廉化，経済発達促進上必要な特殊運賃制の効率的実施により産業貿易の振興を図ること，②日露戦争時の物資輸送の経験を通して，軍事的観点からの秘密保持と輸送の効率化を図ること，③鉄道財政収入を確保し，戦後の財政の立て直しを図ること，であった。

陸運について見ると，明治政府はまず道路交通上の封建的束縛からの解放，すなわち①関所の全廃，②津留めの禁止（⇒注1），③住民の移動・移住の自由化，④民需輸送の自由化，⑤架橋・渡船等の禁止令の廃止，⑥交通運輸手段の自由化，を行い，資本主義化への制度的改革を行ったが[5]，**図-5.1**に見るように，物資輸送としては舟運，鉄道に投資の重点が置かれ，道路整備は明治後期に至るまで放置の許されない緊急的整備の必要な箇所や，道路県令と知られる三島通庸が山形，福島，栃木で行った日本海から太平洋に抜ける大横断道や東北から東京へ直通する大幹線道の建設などを除けば十分な投資が行われず，膨大な交通需要に追いつくものでなかった。陸地での物資運輸手段としては，馬車，牛車，荷車，人力車であり，大量の貨物を長距離，安価に運ぶ点から見ると効率の悪いものであり，道路は舟運，鉄道の補間的役割と位置づけられたのである。明治30年代になると自動車が出現したが，大正元年（1912）においても自動車台数は575台にすぎず[5]，自動車走行のために必要な規格の道路および道路整備に対する要求はほとんどなかったのである。

明治20年代後半の物資輸送手段の重点は，舟運から鉄道へ急激に変わりつつあった。

5.3　内務省直轄改修計画の特徴

明治29年（1896）に河川法が成立し，国による高水工事の実施の道が開

かれ，前述した10河川の直轄工事が順次始まった。なお，工事は現在と違って継続費制度が取られ，総事業費および年度割計画が立案され，これは国会で議決，承認されるものであった。以下に，主に沖野忠雄の「淀川高水防御計画意見書」[3]，近藤仙太郎の「利根川高水工事計画意見書」[6]を基に，堤防形状を規定する改修計画に新しい展開がみられたことについて記そう。

5.3.1 計画対象流量

高水工事計画の立案に当たって最も重要な計画概念は河川の川幅や平面形状，堤防の高さ等を定め，かつ流域の治水安全度の指標となる計画高水流量である。この流量は降雨特性，流域の地形・地質，雨水の流出特性などの自然条件，氾濫を受ける土地の利用，財政状況，河川工事および維持管理費用，費用負担制度，改修による便益などの社会条件によって定まるものであるが，明治30年代における河川流域に関する自然認識度，社会条件の中でどのように計画対象流量を定めたのか見てみよう。

図-5.2は，**表-5.1**に示す13河川（第1次治水計画直後着工された北上川，荒川下流および明治20年着工の木曽川を含む）の基準地点の比流量 q（計

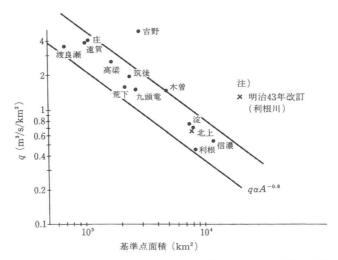

図-5.2 明治44年（1911）時の直轄河川の計画高水流量（比流量）と基準点面積の関係

●第5章●河川法の制定と直轄高水工事

表-5.1　明治44年（1911）時の直轄河川計画対象流量と比流量

河川名	計画対象流量	基準地点	基準地点面積	基準地点比流量	着工年	計画継続年	当初事業費	計画対象流量立方尺／秒
利根川	3 750 m³/s 5 570 *	粟　橋	8 068 km²	0.46	M33	30	22 325 317円	13万5千 20万
信濃川	5 570	長　岡	10 199	0.55	40	15	13 000 000	20万
木曽川	7 330	笠　松	4 965	1.48	20	16	4 319 749	
淀　川	5 560	牧　方	7 281	0.76	29	10	9 090 000	20万
吉野川	13 900	岩　津	2 810	4.95	40	15	8 000 000	50万
九頭竜川	4 170	布施田	2 633	1.58	33			
庄　川	4 500	庄	1 082	4.16	33			
高梁川	6 900	酒　津	2 606	2.65	40			
遠賀川	4 170	河　口	1 030	4.05	39			
渡良瀬川	3 500	岩　井	694	3.60	43	10	750 000	
筑後川	4 450	瀬の下	2 315	1.92	29	8	1 484 000	16万
荒川下流	(3 340)	岩　淵	2 137	1.64	(44)			9万
北上川	(5 570)	登　米	7 869	0.71	(44)	24		20万

注）（ ）は明治44年第1期治水計画による計画対象流量，＊は明治43年改訂

画対象流量を流域面積で除したもの）と流域面積 A の関係を示したものである。全体としてみれば吉野川を除けば q は A が大きくなると小さくなり，

$$q \propto A^{-0.8} \qquad\qquad (5.1)$$

の関係にあるが，流域面積の違いにもかかわらず利根川（明治43年改訂），信濃川，淀川，北上川では，同じ20万立方尺／秒（5 560 ～ 5 570 m³/s）となっている。

　この時代の計画対象流量の算定は，前時代と同様，調査期間中に生じた洪水について水位標より水位および水面勾配を求め，その水位時の河積，径深を評価し，次に流速公式により流量を求め，これらの洪水流量群より求めた。前時代より検討対象洪水群が増大したところに違いがあるが，基本的な考え方には変化はない。

　計画対象流量は，基本的には既往最大流量を対象とするのが原則であるが，計画された洪水流量が大きく改修工費が膨大となる場合には，議会の決議承認を受けるのが難しく，この場合には当時の財政規模に合わせて計画の縮小を図った。

140

5.3　内務省直轄改修計画の特徴

以下具体的に見てみよう。

① 筑後川では明治 18 年（1885）洪水の水位を基にバザーン式［⇒ **4.2.1**］を用いて評価し，16 万立方尺／秒（4 450 m³/s）とした。途中上流で氾濫した流量は含まれていない [7]。

② 淀川では明治 18 年および 22 年の洪水時の水面勾配を調査し，バザーンの式を用いて評価した。ただし，バザーンの式の係数は砂利河川では過大であるとして，「諸書を参観して適宜之を減少した」としている。この計算より，木津川最大流量 130 000 立方尺／秒（3 614 m³/s），桂川同 70 000 立方尺／秒（1 746 m³/s），宇治川同 30 000 立方尺／秒（834 m³/s）とし，合計 230 000 立方尺／秒（6 394 m³/s）となるが，三川の最大流量が同時に合流することはないので，30 000 立方尺／秒（1 834 m³/s）を減少し，残 20 000 立方尺／秒（5 560 m³/s）を淀川の計画対象流量とした [3]。

③ 利根川では明治 18 年（1885）7 月，23 年（1890）8 月，27 年（1894）8 月，29 年（1896）9 月，30 年（1897）9 月の 5 洪水を対象に検討を加え，そのうち最小の 30 年 9 月洪水を除き，他の 4 洪水の平均した値を田中地先（上利根川）の計画対象流量 135 000 立方尺／秒（3 750 m³/s）とした。この 4 洪水の流量は，それぞれ 133 000 立方尺／秒，136 000 立方尺／秒，133 474 立方尺／秒，139 036 立方尺／秒と評価されており，それほどの差異がない。なお，関宿で 100 000 立方尺／秒（2 780 m³/s），鬼怒川が合流する取手以下で 135 000 立方尺／秒（3 753 m³/s）としている [6]。なお，明治 43 年 8 月大洪水を受けて改訂された「改修計画」では，栗橋で 20 万立方尺／秒（5 570 m³/s）を計画対象洪水とした。この洪水は明治 43 年洪水より流量の小さい明治 40 年 8 月洪水を計画の基準としている（**図-5.3**）。

④ 信濃川では明治 19 年（1886）改修工事に着手し，その計画対象流量は，18 万立方尺／秒（4 860 m³/s）であったが，明治 29，30 年（1896，1897）の出水では 20 万立方尺／秒（5 560 m³/s）以上の洪水となった [8]。明治 34 年（1901）に新潟土木監督署は改修案として大河津分水工事（分流量 5 万立方尺／秒）を含む計画案を策定し，この計画では大河津上

141

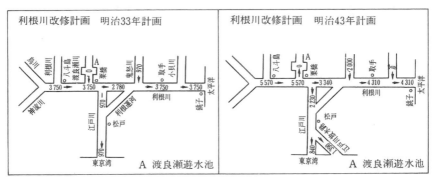

図-5.3 利根川の明治33年（1900）および43年（1910）の計画流量図

流の実測流量20万立方尺／秒（5 570 m^3/s）を計画対象流量とした。明治40年（1907）の計画では，20万立方尺／秒のすべてを大河津分水路へ流す計画と変更された[9]。

ところで，洪水時の水位観測による水面勾配と流速公式によって評価される洪水流量は，実際に流下した洪水のピーク流量ではない。流速公式中の粗度を表す係数が河川の実態を正しく反映していなければ，評価された流量は実流下流量と異なるものである。**表-5.1**で示された計画対象流量より，その河川の治水安全度を現在の統計データを用いて評価するのは適切ではない。水位を観測した期間の長さから考えると，利根川を除けば計画対象流量は10〜30年程度の再帰確率年（ただし上流に氾濫あり）の洪水を対象としたと考えてよいだろう。

5.3.2 改修方式

改修計画における改修方針は，堤防工事によって従来洪水時に氾濫し遊水効果を持っていた土地を洪水から解放するものであった。明治43年（1910）の渡良瀬川改修計画以外は，計画遊水地を計画していない。

渡良瀬川の改修計画は，河川規模からみれば国の直轄工事の対象とするような河川ではなかったが，明治の中ごろから上流の足尾銅山の産銅量が飛躍的に増加し，これにより足尾地区での煙害による山地の裸地化，流出土砂量の増加，氾濫水に含まれる銅を含む微小鉱滓の流入による中・下流部での農

作物の被害や魚への被害となり，大きな社会問題となった。鉱害地の救済策として渡良瀬川の改修が急がれた。計画はすでに実施中の利根川改修工事に大きな影響を与えないように，渡良瀬川の洪水は渡良瀬川で処理する必要あり，ここに利根川への合流量を零とするように60億立方尺（1億6700万m^3）の渡良瀬遊水地が計画されたのである。

なお，北上川の改修は，下流部が計画対象区間であり，上流岩手県の一関の自然遊水効果を前提としたものであった。

5.3.3　河道の位置および平面計画

洪水を堤防の中に閉じ込め洪水を海まで快疎させるという高水工事の目的は，低水流量時の水深を増大させて航路を確保するという目的と本来矛盾となるものである。高水工事の計画をみるとこれに対する配慮があまりみられず，また低水工事に関する記述がほとんどなされていない。

下流部に大都市や重要施設のある河川である。淀川，信濃川，荒川，北上川では，**図-5.4 〜 5.7**に示すように放水路を建設し，下流の洪水被害を激減ならしめる計画がなされた。また，分流あるいは合流している河川を整理し，洪水の流下をスムーズにならしめる計画が利根川，木曽川，淀川，北上川，吉野川，高梁川でなされた。

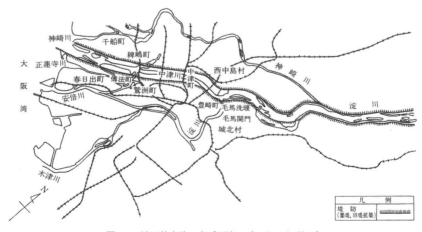

図-5.4　淀川放水路工事［明治20年（1887）着工］

● 第 5 章 ● 河川法の制定と直轄高水工事

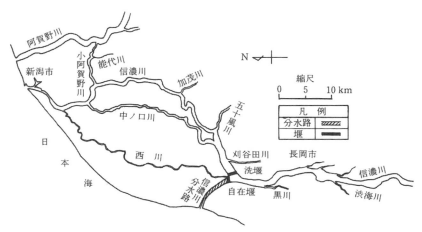

図-5.5 信濃川分水路（大河津分水路）の位置と信濃川

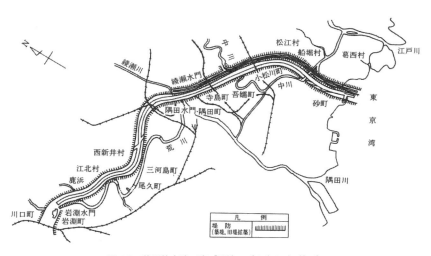

図-5.6 荒川放水路工事［明治 44 年（1911）着工］

5.3 内務省直轄改修計画の特徴

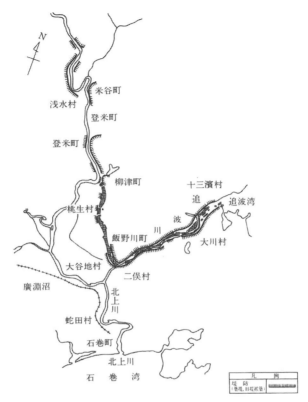

図-5.7 北上川放水路工事［明治44年（1911）着工］

　川幅（堤防間隔）は，同一河道特性（同一河床勾配，流量）を持つ区間ごとに，計画対象洪水が計画高水位以下にスムーズに流下するように川幅一定とし，水位計算は等流（川幅，河床勾配，流量，粗度を与え，水面勾配を河床勾配と等しいとして水深を求める方法）として計算を行った。

　河道の蛇行度は，なるべく小さいものとし，蛇行度の大きい区間は捷水路を掘削し直線化して洪水流の疏通を図った。近藤仙太郎の利根川改修計画には次のように書かれている[6]。

　「右法線間ノ距離（洪水路幅，堤防間幅に相当*）ヲ標準トシ湾曲半径三千尺乃至一万五千尺ニシテ河幅ノ五倍ヨリ大ナラシメ曲線ノ接続セントスル所

145

ハ其間ニ河幅ノ二倍ニ等シキ直線ヲ置キ且ツ曲線部ノ幅ハ直線部ノ幅ヨリ五分及至ハ二割五分広カラシムルヲ大体ノ方針トシテ尚実地ノ損様ニヨリ差支ナキ限リハ可成現在ノ堤塘ヲ用ヒタリ（原文旧字体）」

　湾曲部において河幅を増大させる計画としたのは，河積を広くして流速を低減し，もって湾曲部の堤塘に対する水衝作用を軽減しようとしたのである（⇒注2）。

5.3.4　河道の縦断形・横断形の設定

　河道形状（堤防の平面位置，高さ）の設定に当たっては，川幅，計画高水位，横断形状を定めなければならない。これらは同時に決められないので，計画全体が均整のとれた計画となるように見なおしを行い，必要な修正を加えて最終案を決めることになる。

　一般には，まず河道法線位置を設置し，次に現状の河道形状を参考にして，低水敷幅および低水敷河床高を設定し，3番目に既往最大洪水時の水位，水面勾配，河道縦横断測量より，計画対象洪水時の水面勾配および水位を既往の最高水位程度以下となるようにほぼ同一勾配区間ごとに設定し，4番目に流速公式を用いて川幅（堤防間幅）を求め，必要に応じて修正をするという方法を取ったようである。

　なお，近藤仙太郎による利根川改修計画では，河道横断形状を計画低水路の部分（水制によって制御される航路部分*）は，ムルデルによる既定計画（低水位から深さ3尺から4.5尺の深さ）に則り，平均低水位以下の水深を定め，中水路（水制によって制御された計画低水路線と河岸線の間の部分*）は，平均低水位より1尺（0.3 m）ないし1尺5寸（0.45 m），高水敷部分は現状の地形に合わせて平均低水位より5尺ないし8尺（2.4 m）高いところを河床とした横断形状とし，流速公式で低水路・中水路で流せる流量を計算した後，この値と計画対象流量との差を高水敷で所定の水深をもって流れるように幅を算出し，これに低水路と中水路の幅を加えて全体の幅を求めた。航路維持用のいわゆるケレップ水制の天端高は河岸において低水位以上6尺（1.8 m），それより河心に向かって低下させ端末で低水位より1尺（0.3 m）以内とするのが標準であったので，水制による流下能力の低下を平均低水位より

1尺（0.3 m）ないし1尺5寸（0.45 m）河床が高いものとして評価したのである。

5.3.5　浚　渫

5.3.4で設定した標準断面を確保し得ない部分は，浚渫あるいは掘削によって河積を確保する方針とした。

淀川改良工事では浚渫土量が150万坪（5 290 000 m³）にも達するので，土運搬用の機関車，土運搬舟，掘削用の掘削機，掘削船などの土工機械を使用することが計画された。これらの機械は当時のわが国の機械工業の技術レベルでは国内で調達できず，外国から購入する方針が取られた。購入に当たっては，技師2人，技手1人を海外に派遣し，欧米諸国の大土木工事を監視させ，本工事に適した土木機械を購入させた。国内で調達されたものも含めて購入した土木機械類は**表-5.2**のようであった[3]。明治30年代，大型土木機械類は国産化されていなかったのである。

利根川高水工事計画では600万余坪（15 552 000 m³）の多量の浚渫が計画されており，人力でこれを行うことができないとし，軌道，舟船，浚渫船の使用が計画された。

5.3.6　河川堤防と護岸・根固め

明治中期までの河川構造物は，土，石，竹，木材などの自然素材を材料とするもので，作られる施設も堤防，水制，木樋などであったが，明治も中期になるとコンクリート（⇒第4章　注4），煉瓦［明治20年（1887），日本煉瓦製造会社が埼玉県深谷市に日本で最初の機械方式による煉瓦工場を建て，翌年から製造］，鋼材が，河川構造物（水門，橋，樋門，閘門，堰）の部材として使用されるようになり，構造力学を用いた設計がなされるようになった。しかし，堤防，護岸・水制については依然として経験を基にした工法選択が行われていた。

堤防，護岸・水制の工法および施工実態を，河川法制定直後の明治29年（1896）から明治43年（1910）竣工の淀川改良工事，明治33年から42年にわたる利根川改修工事第一期工事（河口～佐原）に見てみよう。

●第5章●河川法の制定と直轄高水工事

表-5.2 重要船舶土工機械購入調べ[3]

品 名	員 数	代 価	摘 要
浚渫船〔大〕	4艘	191 131 円 206	1時間 20 坪（66 m²）掘, 鉄製ポンツーンバケット式, ドイツ製
浚渫船〔小〕	2艘	57 721 円 396	1時間 10 坪（33 m²）掘, 鉄製ポンツーンバケット式, ドイツ製
掘鑿機	3台	68 152 円 227	1時間 20 坪（120.2 m²）掘, 梯形バケット式にて後方に土砂を落すもの, フランス製
移搬汽機	7台	12 550 円 453	8馬力4台, 5馬力1台, 4馬力2台, イギリス製
梯形土揚機	3台	33 641 円 414	1時間 20 坪（66 m²）揚, ドイツ製
土運船用鉄板	40 艘分	79 667 円 935	長 100 尺（30.3 m）幅 16 尺（4.85 m）吃水 4 尺（1.21 m）10 坪（33 m²）掘, アメリカ製
底開土運船	5艘	38 226 円 653	鋼製長 100 尺（30.3 m）幅 16 尺（4.85 m）吃水 4 尺（1.21m）10 坪（33 m²）積, ドイツ製
側開土運船	5艘	40 439 円 957	鋼製長 100 尺（30.3 m）幅 16 尺（4.85 m）吃水 4 尺（1.21 m）10 坪（33 m²）積, ドイツ製
土運車車輪および金具一式	660 台分	111 740 円 119	半坪（1.65 m²）積, イギリス製
セントリフューガルポンプ	3台	642 円 050	1分時 400 ガロン（1.5 m²）揚, イギリス製
機械工場用諸機械9種		2 1490 円 784	運賃その他および関税は不祥につきこれを加算せず, イギリス製
レールおよび附属品	7 900ヤード	100 939 円 000	30 ポンド（13.6 kg）イギリス製
汽関車	6台	87 420 円 000	重量 20 トン, イギリス製
旋車盤	1個	1 700 円 000	イギリス製
分離線	30 個	4 100 円 000	イギリス製
曳舶用小蒸気船	6艘	116 390 円 000	川崎造船所製
ショベル	5 000 個	3 588 円 000	
鉄道用具		1 900 円 000	
枕木	15 000 本	9 750 円 000	
土運車用木材	3 068 尺〆	16 250 円 000	
ドコービル鉄軌	5 847 m	7 367 円 400	フランス製
ドコービル車輌	760 台	34 230 円 600	0.05 坪（0.165 m²）積, フランス製
ボイラー, エンジン外工具類 6 種		8 881 円 000	
計		1 047 920 円 694	

備考 外国購入品に対しては原価に運賃関税等を加算したものを代価とした。

(1) 淀川堤防と護岸[3]

代表事例を示す。河床材料はマサの流出が多く小礫混じりの粗砂からなる。

・長柄築堤

新淀川筋左岸長柄と本庄地内幅杭 127 ～ 150（30 間ごとに杭を打ち縦断距離を表わす*），延長 1 254.42 m，堤防天端幅 7.27 m，両法 2 割芝付けとし，表堤脚は低水路に接近しているため 1.82 m 当たり 8 本の杭を打込み，延長 1 254.42 m のうち 636.30 m は護岸沈床（幅 3.64 m ないし 5.45 m を 2 段または 3 段に重ね），捨石を施した。築立土砂 73 901.38 m^3 の大部分を長柄運河掘削土砂を利用した。

・毛馬締切築堤

本工事は，淀川筋左岸毛馬堤防と毛馬洗堰を連絡するため，延長 181.8 m の旧川締切りを行ったもので，これに使った土砂 158 352.99 m^3 は閘門や洗堰下流旧川敷内の浚渫土を利用した。

・福大水道横断築堤

新淀川筋右岸福地内，阪神電鉄西大阪線付近，大水道横断箇所の築堤で，延長 72.72 m，堤防天端幅 5.45 m，両法 2 割芝付けした。**図-5.8** に示すように堤内側に幅 1.82 m と 7.27 m の 2 段の小段を設け堤外側には幅 27.27 m の小段を設けた。築立土砂 15 483.05 m^3 は稗島浚渫工事の土砂を利用した。

・枚方築堤

淀川筋左岸枚方町地先，距離標 7 里 30 丁から 8 里 1 丁半（1 丁約 108 m *）に至まで延長 798.1 m の河中に新堤を築設するもので，川表法先には法長

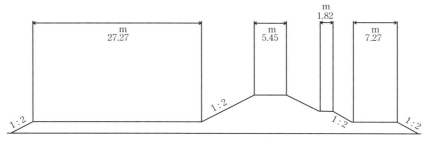

図-5.8　福大水道横断築堤[3]

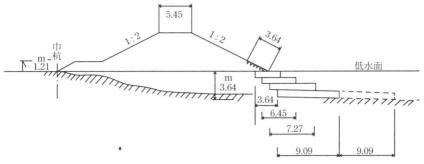

図-5.9 牧方築堤断面図[3]

3.64 m の石張りを施し，川裏には収用地の範囲内で低水面上 1.21 m の小段を設けた（**図-5.9**）。

・御枚築堤

　新宇治川筋左岸御枚村地内幅杭 23.5〜50.5，延長 1 545.3 m の新堤で，一口堤防から御枚沼地を経て北川顔地内の旧木津川右堤まで，そのうち佐山と御枚の水面地 909.0 m，御枚の田地 636.3 m である。新堤は天端幅 5.45 m，両法 2 割，粘土張付け，堤内側には天端から 3.18 m 下方に幅 1.82 m の小段を設けた。堤外側には松丸太を基礎とする法長 5.45 m の石張りを施した。築立は 1 割の余盛りとさらに 2 割を加えた（**図-5.10**）。その土量は 191 490.62

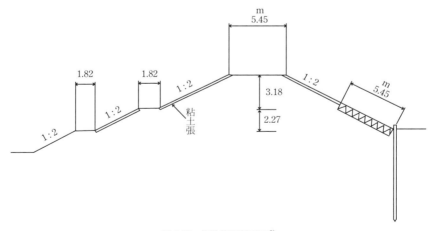

図-5.10 御牧築堤断面図[3]

m^3 で大池悪水路掘削土，北川顔地内高水敷浚渫土，御枚村低水敷浚渫土を利用した。

　上記事例により，近世の堤防との差異と特徴を挙げれば以下のようになろう。

- ・浚渫・掘削および土運搬に近代的土工機械を用いて土工効率が大幅に改善された。
- ・築堤土には浚渫・掘削した土砂が極力用いられた。
- ・堤防に小段が設けられるようになった。
- ・堤防法面は 2 割で芝付けした。
- ・計画法線に合わせて堤防を設置するため，水面を埋め立て築造する箇所があり，基礎部護岸をかねて，沈床を何段にも沈設し，沈床より堤内側の水面を埋め立て，その上に築堤した。
- ・低水路水面と堤防が近い場合には，堤防前面に基礎杭を打ち沈床を敷設し，さらに石張護岸を設置した。
- ・宇治川筋の御枚堤防は堤防法面を粘土張付けした堤防であった（粘土張りの目的は漏水防止と考えられるが，表法および裏法にも張っており，築堤材料が粗粒で悪かったのであろうか*）。
- ・築堤は土運搬車で運んだ土砂を一定の厚さになるように撒出し，千本づき（1.5 m 程度の杵で土を打ち固める）で締め固め，土羽踏み（多数の女工が列をつくり足踏みしながら横に移動し土羽を踏み固める）により法面の整形を実施した。

（2）利根川第一期工事（銚子〜佐原）の堤防と護岸 [10]

　『利根川百年史』によれば以下のようである。なお河床勾配の緩いセグメント 3 の区間であり掘削土は細砂およびシルト・粘土である。

　堤防の標準断面は，天端高を計画高水位上 1.5 m とし，天端幅 5.5 m，法勾配を表裏ともに 2 割，川表と川裏には天端より 1.8 m 下に幅 3.6 m の小段を設けることとした。法面はすべて野芝などによって保護し，場所によっては川表・川裏ともに堤脚付近の凹地に十分な埋立てを行い，護岸・沈床・石張りなどで堤脚そのほかの保護を図った（**図-5.11**）。

● 第 5 章 ● 河川法の制定と直轄高水工事

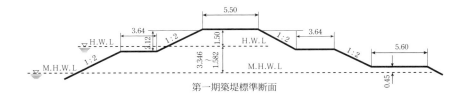

第一期築堤標準断面

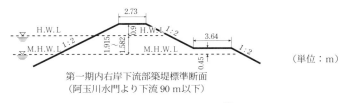

第一期内右岸下流部築堤標準断面
（阿玉川水門より下流 90 m 以下）

（単位：m）

図-5.11 利根川第一期工事築堤標準断面 [10]

　築堤用土はできるだけ浚渫土を使用することとしたが，それができない場合は築堤用土を別の場所から掘削運搬するものとした。浚渫土のうち人力掘削によるものは水面より上の土が大部分であり，含水比が小さくそのままでも築堤用土に適していたが，機械作業による水中の浚渫土は，一度乾燥させなければ築堤用土としての使用が困難であった。したがって，長樋あるいは排泥管を通して行う機械浚渫では，土砂をいったん陸上に排出させて自然乾燥し，モッコまたは軽便軌条を用いて築堤箇所に人力運搬した。また，機械浚渫でも土運船による方式の浚渫土は，乾燥する余裕がないためにやむを得ずそのまま使用したが，含水比が大きく，荷揚げ運搬に不便なばかりでなく，築いても潰れるといった有様で施工は困難を極めた。しかし，後には竹製の籠を考案して水分の漏出を図るなど種々の工夫をこらした。なお，浚渫地域の土質は泥砂の混合物が主体となっており，上層の 0.6 ～ 0.9 m は泥が多く，下層は砂が多かった。一方，耕地であった部分の土質は泥であったが含水比が小さく，築堤は比較的やりやすかった。

　築堤予定地の地盤も，場所によっては極めて軟弱であり，堤防が圧密沈下して安定するまでには長期間を要することが多かった。そのため芝張りなどは，築立直後に行わず，後年度に行うのが普通であった。築堤施工工区は概して低湿地で，いわゆる軟弱地盤のところが多く，土質は泥炭層などであり，

築立高を増していくに従って，その重量に堪えられなくなり，しばしば陥没して周辺の田面が隆起することがあった。なかには同一箇所で5回も陥没を繰り返してようやく堤形を完成したといったところもあった。特に小貝川湾と称する小貝川地先の現場は俗に幽霊丁場と呼ばれ，築堤工事は難渋を極めた。ここでは，着手した年の明治38年度内に3.48mも沈下した箇所があり，また小貝川地先の別の箇所では一時に1.5mも陥落したため，川表に幅55m，川裏に36mの押え盛土を施工してから再び築立したが，明治41年度に調べたところ総沈下量が堤防高の150％に当たる5.76mに達していた。

しかし，こうした軟弱地盤の場所以外では特に施工の困難な場所はなく，通常の手順で築堤を行った。また，旧川締切箇所には沈床を施すなどの工夫をとった。その他水衝部の堤防には根固めや法覆工として石張りなどを施工した。

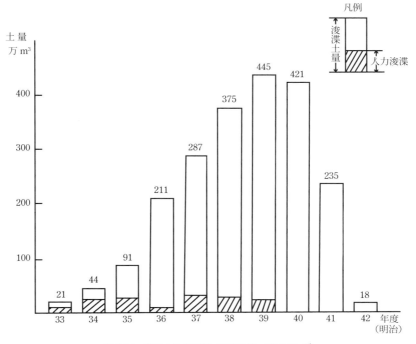

図-5.12 浚渫土量の推移（利根川第一期工事）[10]

●第5章●河川法の制定と直轄高水工事

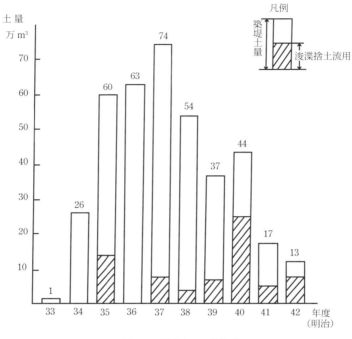

図-5.13 築堤土量の推移[10]

図-5.12 に第一期工事の浚渫土工量の推移を，図-5.13 に築堤土量の推移を示す。浚渫は機械によるものが大部分である。築堤材料に使用されたのは築堤土量 3 214 964 m³ の約 22 % である。ちなみに浚渫工量は 20 081 633 m³ であり，築堤にも用いたが（3.4 %），大部分は廃川敷の埋立て，堤内外の凹地の埋立てに用いられた。

堤防築立て方法は不明である

図-5.14 石蛸（利根地固め唄保存会所有，利根町立歴史民俗資料館）[11] 4つのリングに綱をつなげ，上下させる。

154

5.3 内務省直轄改修計画の特徴

図-5.15 高須村大留（現・茨城県取手市）地先の石蛸による地固め作業（利根川下流事務所提供）8人で作業している。

図-5.16 一列に並んだ土羽打ち作業（利根川下流事務所提供）

が，利根川第二期工事（佐原〜取手間），明治42年着工，昭和5年竣工）では，搬出した土を石蛸（いしだこ）で突き（**図-5.14，5.15**），法面を土羽打ち棒で土羽を打って（**図-5.16**）[11]いるが，浚渫土は突き固めず自然乾燥（水締め）にとどまったと推定される。

155

5.3.7 改修効果の評価

利根川高水工事計画では，改修効果は，改修後の平均年被害軽減額あるいは増収額を年5分の利子率で資本還元し，この額と工事額を比較するという考え方を基本とし，これに新たに生み出される土地を便益とみるという構成になっている。ただし，被害軽減額の評価法が十分に確立していないので，改修効果は概念的なものとしてしか把握されておらず，今後の調査を要するとしている。

5.3.8 この時期の河川技術の特徴

以上，この時期の内務省直轄改修計画の特徴を述べた。河道計画および堤防の技術内容を見ると，明治初期から中期の技術内容と大きく異なるところはないが，取りまとめると次のようになろう。

① すべての計画が，日本人技術者の手で策定され，欧米の近代的科学技術を学び取っていたと言えるが，学んだ科学技術を現場に適用したものであり，実践と経験を通した日本の風土・気候に適した改良された技術とは言えない。先行者の技術と言える。

② 計画の目的が高水工事に移行し，洪水の疎通を滑らかにせしめるということを計画目標とする治水第一主義の思想が確立された時代であった。この思想は，その後長く続くことになった。

③ 河川改修の費用については，総事業費および年度割計画を定める継続費制度であったこともあって，河川を徐々に様子を見ながら駆使していくという近世の方式から，計画に則って河道を整備していくという近代技術観（自然の法則性を用いて人間活動が自然の改変に与える影響を予測し，人間が望ましいという状態を意図的に実現化する）に立脚した改修方式となった。

④ 近代産業が生み出した機械や建設素材を改修計画の中に取り込む計画となった。

5.3 内務省直轄改修計画の特徴

《注》

注1）江戸時代，各藩は物資の藩外搬出を禁止する津留めを行うことができた。

注2）湾曲部では，湾曲外湾側の下流部で流水が集中する。これを軽減するために湾曲部の河幅を上下流に比べて 5 〜 25％程度拡大するという方針である。しかしながら堤防法線と低水路法線の位置関係の違いにより水衝部位置が変わるので一般論とするべきではないと考える。

《引用文献》

1）西川　喬（1969）：治水長期計画の歴史，水利科学研究所，pp.13-20

2）河川行政研究会（1995）：日本の河川，建設広報協議会，pp.376-377

3）淀川百年史編集委員会（1974）：淀川百年史，建設省近畿地方建設局，pp.312-424

4）松浦茂樹（1992）：明治の国土開発史，第 7 章，鹿島出版会，pp.194-210

5）沢本守幸（1981）：公共投資 100 年の歩み，大成出版社，pp.100-139

6）近藤仙太郎（1899）：利根川高水工事計画意見書

7）筑後川工事事務所（1986）：筑後川五十年史，九州地方建設局筑後川工事事務所，pp.218-220

8）北陸地方建設局（1979）：信濃川百年史，北陸地方弘済会，pp.498-519

9）前掲書8），pp.605-622

10）利根川百年史編集委員会（1987）：利根川百年史，建設省関東地方整備局，pp.603-622

11）千葉県関宿城博物館（2000）：利根川改修 110 年

第6章
産業構造の変化とその対応
—明治43年大洪水から昭和の初めまで—

6.1 明治43年の大水害と臨時治水調査会

明治29年（1896），河川法の制定をみたが，財政的には治水事業の急激な増大を望めなかったこと，明治29年の大水害以降大きな水害がなかったこと，日露戦争（1904～1905）の影響もあって，明治43年（1910）までに国の直轄事業として着工されたものは淀川，筑後川，利根川，庄川，九頭竜川，遠賀川，信濃川，吉野川，高梁川，渡良瀬川の10河川のみであった[1]。なお，北海道開発庁による第一期拓殖計画の一環として明治43年から石狩川の改修が着手されている。

日露戦争の直後（1905）は，戦勝といいながらも日清戦争と異なり賠償金のない講和条件，外債の急増，戦時税の継続のため，景気は後退し，明治40年（1907）には早くも反動的不況となり，以後43年まで続いた。この農業不況を伴う不況のなかで，製粉，製糖，石油，石炭などの部門で不況カルテルが作られ，各産業部門で財閥系の大企業の設立が進んだ。また日露戦争後の軍備の拡張により，造船，機械，鉄鋼などの重工業や海運業の発展があった。

日露戦争後は，ロシアに代わって満州，朝鮮における独占的支配が強まり，満州鉄道を先兵として資本の進出も進んだ。さらに，明治32年（1899）の日英通商航海条約の発効，さらに明治44年（1911）の日米および日英通商航海条約改正により，関税自主権が全面的に回復した。ここに関税自主権の下に国内産業の保護政策の採用が可能となった[2]。

●第 6 章● 産業構造の変化とその対応

　明治 43 年（1910）8 月の台風は，東海から関東・東北に明治時代最大の被害（当時の国民所得 33 億円に対し，被害額は約 1.2 億円）をもたらした。政府は 10 月臨時治水調査会を設置し，全国河川の治水計画の検討を行うこととした。

［第一次臨時治水調査会（第一次治水計画）］

　調査会は内務大臣の監督に属し，治水計画の事項に関して主務大臣に建議を行うことができるものとし，会長に内務大臣を充て，関係行政機関の次官と局長，貴・衆両院議員および学識経験者の 45 人の委員で構成され，必要に応じて臨時委員と幹事をおいた。

　調査会の目的は「全国河川の治水計画を確立する」ことであり，公共の利害に重大な関係がある河川の改修は直轄で施工することを基本として，主として直轄河川を選定することを主務としていた。

　翌年 10 月

　イ. 河川改修計画ニ関スル件

　ロ. 砂防計画ニ関スル件

　ハ. 森林行政上治水ニ関係アル施設ニ関スル件

を決議し，直轄河川事業として改修すべき河川を 65 河川とし，財政上の問題から，これを第一期 20 河川，第二期 45 河川に分け，第一期は明治 61 年（1928）までに竣工し，第二期は第一期河川の竣工を待って，逐次着工する計画とした。これがいわゆる第一次治水計画である（**表-6.1**）。当初内務省から河川を担当する特別委員会に提出された案では 50 河川であり，第一期 19 河川を 20 か年で完成し，残り 31 河川を第二期河川とする計画であった。選定基準は流域平地面積約 15 平方里（232 km^2）以上を持つものとしたのであったが，調査会の本会議によって，それが約 10 平方里に下げられ，15 河川が追加されたのである[3),4)]。

　第一次治水計画で，直轄河川流域の砂防工事は直轄施行を原則とすることが定められ，明治 44 年度より砂防法に基づく直轄砂防事業が富士川において開始された。

　このほか，改修工期短縮の要望に対して技術者の新規養成と待遇改善を図る必要のあることを返答している。

160

6.1 明治43年の大水害と臨時治水調査会

表-6.1　第一次治水計画選定河川[3]

河川名	順位	流域平地面積（方里）	明治29〜30年年平均水害額（円）	順位	河川名	順位	流域平地面積（方里）	明治29〜30年年平均水害額（円）	順位
○利根川	1	602.30	5 619 664	1	多摩川	34	22.42	192 679	27
○信濃川	2	258.10	3 558 650	2	鳴瀬川	35	22.35	190 622	28
○淀　川	3	182.91	2 343 855	4	関　川	36	22.20	201 491	25
○木曾川	4	134.70	2 695 486	3	相坂川	37	22.06	11 875	49
那珂川	5	120.35	172 298	30	○加古川	38	21.98	322 652	21
○北上川	6	116.94	1 013 986	8	紀ノ川	39	21.91	417 984	17
○荒　川[1]	7	101.28	987 456	9	千代川	40	21.88	4 832	50
○阿賀野川	8	98.40	838 517	11	○庄　川	41	21.70	718 454	12
○雄物川	9	94.10	1 212 697	7	川内川	42	21.51	33 662	43
阿武隈川	10	77.26	511 080	15	旭　川	43	20.41	158 433	32
天龍川	11	72.93	596 511	13	○遠賀川	44	19.42	243 954	24
大淀川	12	58.84	17 732	47	芦田川	45	15.98	51 212	39
筑後川	13	48.38	278 932	22	由良川	46	15.89	592 324	14
馬淵川	14	44.51	40 680	41	渡　川	47	15.54	98 216	35
○岩木川	15	41.97	126 438	33	球磨川	48	15.42	14 286	48
○最上川	16	40.81	448 143	16	鶴見川	49	14.97	33 485	44
○富士川	17	39.39	1 930 207	5	大野川	50	14.75	19 914	46
吉井川	18	39.00	93 100	36	相模川	51	14.46		
中　川	19	36.87	200 575	26	肱　川	52	13.87		
○吉野川	20	30.88	898 608	10	矢部川	53	13.18		
矢作川	21	30.88	170 900	31	狩野川	54	12.40		
○九頭竜川	22	30.66	1 232 965	6	円山川	55	11.88		
○斐伊川	23	30.24	37 581	42	肝属川	56	11.73		
米代川	24	29.17	76 056	38	太田川[2]	57	11.55		
○神通川	25	28.70	355 753	19	豊　川	58	11.51		
庄内川	26	27.68	356 690	18	白　川	59	11.37		
郷　川	27	26.67	24 245	45	大分川	60	11.28		
●緑　川	28	26.65	104 157	34	酒匂川	61	11.03		
大和川	29	25.24	278 667	23	鈴鹿川	62	10.99		
手取川	30	25.00	344 572	20	太田川[3]	63	10.33		
久慈川	31	24.22	80 492	37	名取川	64	10.28		
菊池川	32	23.22	42 174	40	仁淀川	65	10.12		
○高梁川	33	23.07	179 545	29					

注1)　○は内務省選定第一期19河川，●は特別委員会追加第一期河川
注2)　51番以降は調査会追加15河川
注3)　表中の上添字は次の意味…[1]（武蔵），[2]（遠江），[3]（安芸）

161

●第6章●産業構造の変化とその対応

　第二期河川は第一期河川が竣工次第逐次着工されるものとしたが，経済好況・第一期河川の順調な進捗，産業の発展に伴う改修の必要等から，大正6年（1917）第二期河川多摩川・千曲川等の7河川に対して，府県に改修計画を立案させ，事業費の1/2を補助する方針を決定し，「国庫ノ補助スル公共体ノ事業ニ関スル件」（明治30年4月法律第37号）を援用し，補助事業直轄工事として改修工事の促進が図られた[3]。

　ここに治水事業として高水事業が全国的に展開していくこととなった。このような展開が可能になったのは，産業の工業化などによる国民経済の成長に伴う国家財政の安定化と増大であった。

　なお，第一次臨時治水調査会の提案を受けて治水事業の計画的な施行と財政運営を行う必要が生じ，明治44年（1911）3月「治水費資金特別会計」が設定された。その経費については，一般会計からの繰入金，河川法，砂防法による地方分担金および借入金（預金部資金）で財源に充てることとした。この特別会計設定の際に計画された事業費総額は，明治44年度（1911）から明治61年度（1928）の15か年で176 434 471円であり，第27回帝国議会の決定を得たものであった[3]。

　これに伴い明治32年（1899）に制定された「災害準備基金特別会計法」による「災害準備基金特別会計」の資金が「治水費資金特別会計」に編入された。しかしながら災害準備資金の廃止は，災害による府県の負担が過重となることにより，明治44年に「府県災害土木費国庫補助に関する件」が制定された。これにより，従来よりも国庫補助率が高められた。その後大正8年（1919），昭和6年（1931）に一部改正され，昭和16年（1941）地方財政制度の改正に伴い，「地租額の7分の2に相当する額を超過するときは，その超過額の3分の2以内を国庫補助する」という制度となった[5]。この災害土木費国庫補助は地方財政救済を目的とするものであるが，治水事業の有力な促進手段となった。なお「治水費資金特別会計」は預金部資金の枯渇によって大正3年（1914）に廃止された。第一次治水計画はわずか数年で後退してしまった。

　大正3年（1914），第一次世界大戦が勃発した。開戦当時は欧州経済混乱の余波を受け，わが国の輸出入はともに減退したが，翌年には事情は好転し，

162

戦争景気が到来した。ヨーロッパが戦場となったため，工業製品の供給不足と価格の暴騰により，漁夫の利を得た日本は高景気となり投資が進み，造船，鉄鋼を中心に重化学工業の本格的発展となった[2]。

大戦が終結すると，重化学工業製品の相場は暴落し，大正8年（1919）の初めには景気が後退したが，5月ごろから好景気が到来し，大正9年（1920）3月まで続いた。これは，ヨーロッパの戦争による荒廃が大きく立ち直るのに長期間を必要とすることがわかり，混乱した日本経済が強気に転じるに至ったこと，戦争の被害の少なかったアメリカの好景気が続いたことによる[2]。

この時期大正7年（1918）に西日本が大水害に見舞われた。当時第一期治水計画で決定された河川，第二期施工河川の改修工事が一部実施されていたが，まだ数多く残っていたため，第一次治水計画を改定し，改修を速めることが強く求められた。このため政府は新たなる治水計画を策定するため，大正10年（1921）1月，勅令により内閣に第二次臨時治水調査会を設置した。

［第二次臨時治水調査会（第二期治水計画）］

調査会は5月18日，本会議を開催し特別委員会を受けて審議することを定め，最終的に6月23日，第二期治水計画を決議した。

国直轄で改修すべき河川としては，

① 第一次治水計画における第一期20河川中，完成した庄川，遠賀川を除いて残り18河川

② 直轄施行により実施中の6河川

③ 新規河川として57河川

の計81河川を選定し，これを大正11年（1922）以降20か年で改修することとした。この改修に要する国費額は，砂防費，調査費，および研究費を含めて371 999 211円を支出すること。財源としては原則的には一般財源によることとするが，場合によっては預金部資金の借入れ，または治水公債の発行によるものとした。

このときの新規採用河川の選定基準は

① 水害区域2 000町歩以上

② 流域平地面積10方里以上

●第6章●産業構造の変化とその対応

③ 既往20か年および10か年平均の水害損失額が1町歩当たりそれぞれ10円以上，20円以上

④ 工事費150万円以上

⑤ 上記基準に該当しない場合においても
- 被害が甚大なもの
- 都市および鉄道施設等に重大な利害関係を有するもの
- 1府県で河川改修工事が広範にわたるもの
- 府県の財政力に応じて（に対して*）治水費が極めて多額のもの

というものであった。

　河川改修については，「治水計画ノ実行ニ関スル件」「第二期河川改修工事施工ノ件」「河川ノ維持管理並河川行政ノ連結統一ニ関スル件」「農業水利改良ニ関スル件」の4件が付帯結議された[3]。この内第3番目の件は，国によって改修された河川のうち重要な河川についての維持管理を直轄で行うことを要望するもの，河川行政の連絡と統一を図ることの急務であり速に適当の方策を設定することを望むものであり，第4番目の件は農業水利の改良と治水の調和の必要性を指摘したものであった。この他，砂防への配慮が前回の調査会より強く具体的となっており，優秀な砂防技術者の優遇措置の要望を建議している。

　第一次世界大戦後の好景気は長くは続かなかった。大正9年（1920）3月15日に始まった株価暴落は，ただちに全国に及び，主要商品の暴落，地方中小銀行の破綻，取り付けが相次ぎ発生した。さらに6～7月より欧米諸国にも恐慌が生じ，激しいものとなった。大正10年（1921）下期，政府および日本銀行のインフレ政策により恐慌は鎮静したが，再び不況に陥った。大正12年（1923）には経済の動揺のなか，9月1日関東大震災が発生し，被災地が日本経済の中心地であったため，官庁，銀行，会社などの焼失，被害により日本経済は一時混乱を窮めた。7月には支払能力を失った銀行を救うため，「支払猶予令」を公布し，さらに27日には「日本銀行震災手形損失補償令」を公布し，日本銀行が震災地関係手形の割引や不動産担保貸出その他について寛大な措置を取るものとした。さらに被災地救済資金の貸付けや公債増発による震災復興のための膨大な予算を大正13年（1924）に計上した。

164

6.2 社会経済状況の変化がもたらした技術課題

これによって一次復興景気が現れたが，長くは続かなかった。昭和2年（1927）には震災手形の処理に関する問題から金融不安が広がっていたところ，3月14日の議会での片岡直温蔵相の失言問題をきっかけに金融恐慌が広がっていき，昭和4年（1929）に始まる昭和恐慌につながっていった[2]。

6.2 社会経済状況の変化がもたらした技術課題

大正期を通して日本の産業は，重化学工業化へ進み，都市への人口の集中が進んだ。この社会経済状況の変化は，河川改修に対して新しい技術課題を突き付けた。図-6.1 に示す各分野別の社会基盤整備事業の年度変化図に見るように投資量の増大によって流域の改変が行われ，治水事業との計画の整合性，投資計画の調整，各種事業間の権限問題が生じ，これらは事業間の調整のみならず，調整の合理化のための新しい技術課題，調整基準を求めたのである。

6.2.1 土地改良事業と中小河川の改修計画

明治の初めの土地改良は，大部分は失業士族の授産を目的とした開墾事業であり，荒蕪地などの官有未開地の開墾が政府の助成のもとで行われた。

明治30年代に入ると，農業開発の重点は，開墾から土地生産性の向上を目指す耕地整理の方向に移っていった。明治32年（1899）「耕地整理法」が制定され，土地の交換分合，区画形状の変更，道路畦畔水理の変更廃地等に関する規定が整備された。土地区画形質の改良，排水改善により農業生産力の増大を目指したのである。明治38年（1905）には「耕地整理法」が改正され「灌漑排水ニ関スル設備並工事」が事業目的に追加され，42年（1909）の改正では開墾・地目変換等も加えられ，さらに大正3年（1914）の改正では埋立て，干拓も事業目的に組み込まれた。ここに土地改良，灌漑排水，開拓の全体にわたる制度が確立した。農業水利の面で言えば，内務省のもとにおける用水管理のための水利組合，農商務省における灌漑排水事業を中心とする土地改良のための耕地整理組合，さらに市町村制に基づく一部事務組合，任意団体である小規模の用水を管理する用水組合が分存することになった[6]。

165

●第6章●産業構造の変化とその対応

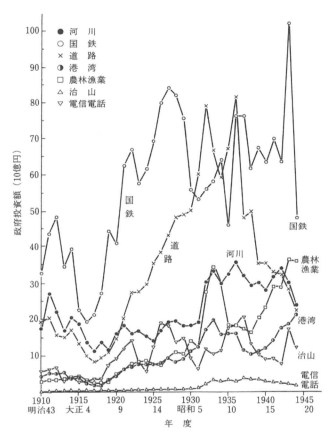

図-6.1 政府固定資本形成（実質）の変化［昭和35年（1960）度価格］［経済企画庁総合開発局，政府固定資本形成および政府資本ストックの推計，昭和40年（1965）5月］

　大正7年（1918）7月，大戦景気のなか，富山県魚津の主婦らが米問屋に対して米の県外移出阻止と米の廉売要求したことが引き金になり，米騒動がまたたくまに全国に広がった。近代的産業の発展による都市人口の増大と米消費量の増大の一方で米生産量の停滞があり，大正前期には日本農業が米の国内消費量を賄いきれない状況となり，外米輸入の大商社の独占，シベリア出兵を見込んだ米商人の買占めという事情が重なり，米価が高騰したのである。これに対処する一環とし食料増産のための開墾が求められ，大正8年「開

墾助成法」が制定され，開墾事業に対する利子補給が始められた。これにより開墾事業の進展が見られた。

さらに，大正 12 年（1923）には食糧局長通牒による用排水改良事業補助要項の制定により土地改良事業に対して国家の財政資金が本格的に大規模に行われるようになった。この要項は，府県営で実施する 500 町歩以上の受益地を持つ用排水事業に対して，国が予算の範囲内で 5 割の補助するものであり，府県費の支出が 2 割ないし 2 割 5 分，地元負担が 2 割 5 分ないし 3 割であった。土地改良に国が財政援助を開始したのである。

食料増産のためには，旧来の水利慣行，用水の不安定と排水不良を革新する水利施設の近代化を行うことが必要とされるが，これには多大な資金投入が必要とされ，国家資金の投入なしにはこれを実行することができなかったのである。この国家資金の投入による土地改良事業の伸展は，農業生産力の増強に大きな効果を発揮し，地主にとっては小作料収入の増加，小作農には所得の増加をもたらすことになった。

このような大規模な用排水幹線改良事業は，中小河川の改修も含むものであった。中小河川は農業水利にとって用排水路であり，これの改良なしには農業生産力の増加が望めないからである。ここに内務省の中小河川改修事業とぶつかり，農商務省と内務省との間で権限争いが起きた[3]。

農業水利施設の技術面でいえば，頭首工，樋門・樋管などにコンクリートや鉄製品が用いられ大規模構造物がつくられるようになり，さらに排水に当たってはポンプによる強制排水が行われるようになってきた。

このような大規模な農業水利事業は，河川行政との間に，工事の施工面や水利の面で調整を要する問題を生じさせる一方，もっぱら府県に任せていた中小河川の改修事業の国庫補助制度実現の要望が強まる一因ともなった。

このような堤内地の土地改良用排水施設の近代化が中小河川の改修を行政課題として重要なものとして浮かび上がらせたのである。ここに中小河川の改修計画のあり方が大きな課題となった。昭和 4 年（1929）このとき内務技監であった中川吉造［明治 29 年（1896）帝国大学土木工学科卒業後，主に利根川治水に当たった］は，内務省土木局の機関広報誌であった『水利と土木』（第 2 巻第 7 号）に「第二期河川以下の小河川の改修計画に就て」[7]に

167

●第６章●産業構造の変化とその対応

おいて，小河川の改修についての問題点と改良の方向性について次のように
記している。

　小河川の改修の問題として，計画洪水流量の設定に当たって自然的条件，
社会経済上の条件から，その設定が難しいとし，現状の小河川が置かれた状
況を踏まえ，次のような方向性を取るべきとしている。

　「然らば将来の小河川は如何に之を計画すべきかと言ふに凡そ危険性を伴
ふ構造物には総て安全装置の設備極めて必要なるが如く河川特に小河川の計
画に於ても是亦安全装置を必要とす。乃ち的確に予知し得ざる稀有の大出水
を推断して絶対安全を期せんとするよりは寧ろ予め経済的なる普通計画に加
ふるに更に非常計画を備え以て一朝非常大出水に際してはここに安全弁を排
して適宜に之を緩和すること極めて必要なりと信ず。（原文旧字体）」

　「今此等小河川の改修を施行するに当り既設工作物の効果を顧みず単に土
地の利用を慮りて徒らに河道を限定するが如きは其本来を過るものにして延
て大出水に際し其惨害滴り知る可らざるものあるべし。地方に於て往々此悪
例を瞥見することあるは洵に遺憾に堪えざる所なり。

　之を要するに将来小河川の計画を樹つるに当り現時の如く人文大に開け土
地の利用集約的となるに及びては強ち此安全装置の方法にのみ拠ること能は
ざるも特に能く其河川の性状を研究し其降雨量及洪水量等を精査しいやしく
も其河川にして古来治水上効果を挙げ来れる遊水地及水越堤或は霞堤等の如
き工作物あるときは可及的多く之を活用し又可成堤多く旧堤等を利用し以て
工費の節約を謀ると共に其安全性を期するは国家経済上最も緊要の事たるを
信ずるものなり。（原文旧字体）」

　中小河川の改修計画のあり方，課題が明確に示されたと言えるが，これに
対する技術的対応は後に持ち越されることになった。

　なお，堤内地の土地条件の変化や用排水施設の近代化，大河川の支川改修
は，河川への洪水流出形態の変化，洪水流下形態の変化をもたらし，大河川
の改修計画への配慮事項や計画論の変化要因となるものであるが，その影響
がそれほど大きくない場合が多く，中小河川の改修問題は，直轄河川の改修
計画論にほとんど影響を与えていない。また，堤防技術への言及も少なかっ
た。

168

6.2.2　自動車の登場と道路整備

　最初の自動車の輸入は明治 32年（1899）であった。その後自動車台数は**表-6.2**に示すように増大し，特に第一次世界大戦の影響を受けて日本の産業の発展および重化学工業は，物資輸送量を増大させ，馬車，荷車に頼っていた小距離運搬は限界に達し，また鉄道，舟運輸送だけではさばききれない状態となり，自動車が通過し得るような道路整備が望まれた。第一次世界大戦における軍事技術の変化，すなわち軍用自動車の登場は，軍事の視点からも軍事拠点間の自動車道路を必要とすることになった。

　大正 9 年（1920）になって，ようやく道路法が公布され，このころから道路整備への行政投資が**図-6.1**に示すように急増していく。道路法は，道路および道路付属物の定義，道路の種類，路線の認定基準，管理，費用負担，監督，罰則等について規定したもので，国道，府県道，郡道，市道，町村道の 5 種類が定められた[8]。

表-6.2　自動車台数の変化〔明治 32（1899）～昭和 19（1944）年度〕

年　　次	台　　数	年　　次	台　　数
（明治 32） 1899 年	1	（大正 11） 1922 年	14 886
1900	2	1923	15 731
1901	4	1924	25 001
1902	7	1925	30 215
1903	12	（昭和 1）	
1904	15	1926	38 693
1905	18	1927	66 306
1906	21	1928	81 718
1907	25	1929	97 071
1908	65	1930	106 604
1909	135	1931	118 241
1910	205	1932	124 936
1911	385	1933	134 812
（大正 1）		1934	155 581
1912	575	1935	176 252
1913	885	1936	195 236
1914	1 058	1937	213 746
1915	1 244	1938	221 162
1916	1 648	1939	217 563
1917	2 673	1940	217 219
1918	4 533	1941	198 607
1919	7 051	1942	188 295
1920	9 999	1943	180 257
1921	12 116	1944	163 635

注）　原典は運輸省自動車管理局資料[8]

　このように物資輸送手段の比重は，鉄道，道路，外航舟運に移行し，内陸水運の役割は減少していくが，大正期および昭和の初期には物資輸送手段としてまだ重要であり，河川改修に当たっては舟運のための水制の設置や既設

●第6章●産業構造の変化とその対応

水制の補修が行われていた。

　道路整備（鉄道の整備も含めて）の増大は，河川に横断するための橋梁の建設の増大であり，橋梁と河川改修計画および堤防との関係，また道路路線の選定と河川氾濫状況との関係性が検討課題となり，道路行政と河川行政との技術的調整問題が生じることとなった。橋台と堤防の取付け法，橋梁の高さ，橋脚の間隔，道路の路線高などに関して河川改修計画との調整，計画の整合性が強く求められた。

6.2.3　貯水池（ダム）による河水統制の芽生え

　明治16年（1883）に誕生したわが国の電気事業は，明治23年（1889）の琵琶湖疏水を用いた水路式の蹴上発電所を嚆矢とし，本格的な水力発電時代に入り，成長を続け，大正時代に入ると飛躍的な発展を遂げた。これは第一次世界大戦中の経済成長による電力需要の増大の影響が大きかった。水力の最大出力は，大正元年（1912）の233 000 kWから大正15年（1926）1 976 000 kWに増加している[9]。

　水力発電は水路式のものが主なものであったが，発電所も次第に大規模，大容量となり，水使用水量も増加し，大正初期には渇水量基準で設計されていたものが，中期には低水流量に昭和初期には平水量まで増大した。また，水利用の有効利用を高めるために調整池を持ったダム式発電所が各地に建設されるようになった。ダムの設計建設技術もアメリカの影響を受けて進歩し，大正13年（1924）に完工した木曽川大井川ダム（ダム高48.5 m）をはじめ，高さ50～80 mのダムが相次いで建設された[9]。

　このような発電水力による水利用の増大は，各種水利用者間で水利用の調整を必要とし，利水行政に関係する内務省，逓信省，農林省の間で軋轢を生じ，利水行政を複雑化させた。各省は立法化によって権限の二重化を解消しようとしたが解決に至らず，戦後まで持ちこされた。

　一方，ダム貯水池は治水対策に対しても効果あるものであり，河道改修による洪水処理に加えて，上流においてダム貯水池を築造しこれによって洪水を遅滞貯留する方式を取り入れ，かつこれを水利用するという河水統制の考えが，大正末期から内務省の技師たちの中に芽生え，大正12年（1921）に

170

策定された鬼怒川改修計画では五十里ダムが位置づけられた。このような考えは，当時内務省土木試験所長（東京帝国大学教授を兼任）であった物部長穂［明治44年（1911）東京帝国大学土木工学科を首席で卒業し，鉄道院技師となり，大正元年（1911）内務技師となって荒川，鬼怒川の改修計画に従事した。大正15年（1926）東京帝国大学土木工学科教授および内務省土木試験所第3代所長となる］の論文[10],[11]に代表される。

このようなダム貯水池による洪水制御を含む洪水防御計画に当たっては，ダム貯水池による洪水防御効果を把握し，それを全体計画論の中に位置づけなくてはならず，河川改修計画の中に新しい課題を持ち込むものであった。これに対する技術的解答が求められた。

6.3　土木技術者の増大と治水技術の標準化の動き

わが国の経済の発展に伴う社会基盤整備に対する財政投資の増大は，必然的に土木技術者の増大を要求する。さらに増大する技術者に対する専門書，マニュアル，技術の専門分化を要求する。以下にその動きを見てみよう。

6.3.1　土木技術者の増大と土木学会の成立

エリート技術者の養成については，明治33年（1900）京都帝国大学に土木工学科が置かれ，同年札幌農学校にも土木工学科が設立され，明治44年（1911）には九州帝国大学が開設され同時に土木工学科が置かれた。また，同じころ，理工系の高等工業学校が各地に設立されていった。このころは日本の資本主義の発展に伴う多量の技術者の増大期であった。この時期は日本のみならず欧米においても科学技術革命に伴う，近代産業の大発展期であり，大量の技術者の生まれた時期であった。

大正3年（1914）には土木学会が創立され，古市公威が初代会長に選ばれた。明治12年（1879）に創立された工学会に工学関係者が集まり技術情報の交換を行っていたが，工学関係者の増大と各工学領域の学的分科化により鉱業，電気，造船，機械，工業化学の専門学会が次々工学会から分離し，土木工学の発展には独立の学会が不可欠の状況となっていたのである。

171

●第 6 章●産業構造の変化とその対応

　土木技術者の増大に伴って土木に関する知識，技術を職業とする集団が形成されたことと，第一次世界大戦のなかで明らかになった科学技術の産業社会の発展に占める役割の増大と科学技術を国家の中に編成・制度化しようという動きとともに，自から技術集団の編成を求める動きも現われる。大正 3 年（1914），笠井愛次郎（明治 15 年工部大学校卒）を社長とする工学社が土木工学の技術専門雑紙『土木』を発刊する。この雑紙は土木技術の専門雑紙であるが，技術者の社会的意識の高揚と境遇の改善（社会を導くテクノクラート意識と現実との落差意識）に関する論説や放言を掲載し，土木技術者の団結を訴え，若い技術者に影響を与えたが，そこにはすでに帝国大学と私立大学出の技術者，官庁と民間の技術者の境遇の差による意識の分裂が見られる。

6.3.2　水理学的調査研究の始まり

　大正 5 年（1916），信濃川大河津分水路の自在堰の設計に当たった岡部三郎（大正 5 年東京帝大工科大学土木工学科卒）は，縮尺 1/4 の模型を作り，堰に作用する水圧や水位，流況を測定し，この情報を用いて設計を行った [12]。大正 9 年（1920）荒川上流遊水地に設置される予定の横堤の機能把握を担当した井上兼吉技師（大正 9 年東京帝大工学部土木工学科卒）は簡単な模型を作り実験を行い，横堤の機能把握を行っている [13]。河川構造物の設計やその機能把握のために水理模型実験を行うという新しい技術手段が使われるようになった。

　19 世紀後半から 20 世紀の初期に欧米，特にドイツを中心に実験水理学の発展があり，縮尺模型による水理的研究が進んでいた。わが国でも水力発電，造船，大型水理構造物の建設等に当たっては水理実験による検討が必要とされ，多少の遅れがあるが水理実験手法が，河川構造物の設計に用いられたのである。

　大正 11 年（1922），内務省土木試験所が設立され，道路改良および道路材料の試験を始めた。大正 15 年（1926）には治水・港湾に関する試験・研究を行うために東京府赤羽に水理試験所が建設された。日本で初めての水理試験所なので，その建築設計に当たっては，当時水理学的実験に関し世界の先頭を走っていたドイツのカールスルーエ工科大学の水理実験所に手本を求め，

172

6.3 土木技術者の増大と治水技術の標準化の動き

第3代土木試験所長物部長穂の下に，当時欧米留学から帰国した青木楠男（大正7年東京帝大土木工学科卒）が中心になって試験所の設計が進められた[14]。赤羽での最初の水理実験は，仙台土木出張所からの依頼による北上川下流の飯野川堰に関するものであり，昭和5年（1930）に「北上川降開式転動堰模型試験」[15]として土木試験所報告第15号に取りまとめられている。

最初にできた水理実験施設は木造のバラックに近いものであったが，昭和7年（1932）に鉄筋コンクリート3階建ての立派な水理実験所が完成した（この実験所は土木研究所の筑波移転に伴って1979年にその活動を閉じた）。ここからは，その後，水理学，河川工学の研究活動を担った優れた人材が輩出した。

また，土木学会誌には，欧米の文献の紹介や構造物の設計等の欧米技術の応用的問題の報告ではなく，新しい知見，理論を提示する学術的基礎的な研究成果も報告されるようになってきた。河道計画の技術に関わるものとしては，たとえば物部長穂の「河川ニ於ケル不定流に就テ」[16],[17]（1917），中山秀三郎（明治21年東京帝大土木工学卒）の「自成水路内の砂の運動に関する模型実験報告」[18]（1924）などである。

大正期には水理実験の重要さが認識され，大正末期ごろから昭和の初期に水理実験施設が整備されたのである。これにはドイツにおける実験水理学の発展と水理学の体系化が進んでいたことが大きな刺激となった。

堤防に関わる科学的理論については，欧米の技術書の翻訳によるものが伝えられていた。浸透に関してはダルシー（Darcy）の法則が，土質力学についてはクーロン（Coulomb）の土圧論，ランキン（Rankine）の土圧論などが帝国大学で応用力学の一部として教えられ解析力学的であった。土の物性の試験法，土の分類，土の性質などの情報が必要である工学的体系化は欧米においても十分に進でいなかった。わが国では，翻訳情報に基づいた擁壁の土圧計算などがなされたが，調査研究により自ら土質工学を発展させるまでには至らなかった。

ちなみに，わが国に近代的な土質力学が大学において教育研究されはじめたのは，第二次世界大戦後の50年代後半（西暦*）である。

●第 6 章●産業構造の変化とその対応

6.3.3　河川工学書の出現と治水技術の標準化の動き

　大正期に入ると，明治時代に欧米の科学技術を学んだ河川技術者，大学教授が，自身の技術実践の経験も含めて河川工学書を書き始める。河川工学書では
- ・長崎敏音『河工学』東京大倉書店，大正元年（1912）[19]
- ・岡崎文吉『治水』丸善書店，大正 4 年（1915）[20]
- ・君島八郎『河海工学第四編河工』丸善書店，大正 10 年（1921）[21]
が挙げられる。

　これは何も土木系の技術書ばかりでなく，日本の資本主義の発展に伴う多量の技術者の需要の増大期（ちょうどこのころは技術革命時代であり近代産業の大発展期でもあった）と欧米の科学技術を消化した官僚技術者と大学教官がそれをまとめあげられる時期が一致し，あらゆる領域のハンドブック的な教科書が作成された。産業社会は，技術の普遍化，標準化を要求する。

6.4　河川工学書における堤防技術

　発刊された河川工学書に記載された堤防に関する記述は，当時の河川技術界の堤防に関する技術水準を現わすものである。以下に覗いてみよう。

6.4.1　長崎敏音『河工学』における堤防技術内容

　長崎敏音は，明治 29 年（1896）に工手学校を卒業し，福井県，千葉県，東京市に奉職した。東京都技術長日下部辨二郎の序によると，明治 39 年（1903）に東京市に奉職し，以来もっぱら市内河川の設計を行い河工学の実施に通暁しているとしている。現地の実態をよく知る技術者と言える。

　本著は実用和洋というサブタイトルが付してある。長崎敏音は，自序において，「然れども，本書は主として本邦現状の河工に適合するが如く，工法の和洋共，其冗長を収拾し，配列を定めたり，治水の事，緊要欠く可らざるものあるは，予の，喋々を須たず。本書に依り，幸に，後進者が工事の設計，施行監督上に於て，参資の一端をも達するを得なば，著者の微志之れ足れる

174

6.4 河川工学書における堤防技術

なり，・・・（原文旧字体）」と述べているように，日本の河川工法と欧米の河川工法のどちらにも目配りし，わが国に適合する工法の実用学として示そうとしたものである。

本著には，近世の護岸・水制も網羅的に紹介されているが，主眼は新しい工法や設計法を示すことにある。例えばコンクリートモルタルを用いた工法や鉄筋コンクリートを用いた護岸工，岸壁護岸の設計法，ケレップ水制と近世の水制工法を組み合わせた和洋折衷的な工法，矢板工が紹介されている。

堤防技術について覗いてみよう。欧米の技術文献を基にわが国の実践事例を付して記述したものである。

(1) 堤防の種別

堤防は図-6.2 に示すように，その大小に没水堤防と洪水防御堤防がある。この堤防種別はわが国の堤防には概念規定がなく，ドイツの大河川等で言う，夏堤防・冬堤防に対応するもので，没水堤防は小洪水を予防し本堤との間は耕作地として利用するものである。

外国文献からの引用である。これに加え，わが国の急流河川で見られる霞堤を紹介している。

(2) 堤防間幅の算定法

流速を評価するバザーン式（水深と勾配を用いて流速を評価する式）（⇒ **4.2.1**）用いて堤防間幅，堤防高（築堤により同一洪水を流下せしめることによる水位上昇量）の算定法を紹介している。

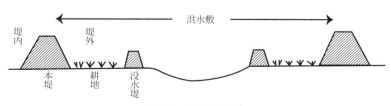

図-6.2 堤防の種別[19]

（3）堤防築設に当たっての注意事項

堤防は平水のときの流心よりなるべく離し，左右の堤防は流心より等距離となるのが好ましい。堤防法線はなるべく水の流れの方向と並行し，緩曲線とし，堤防間幅はなるべく変化なしを良とする。

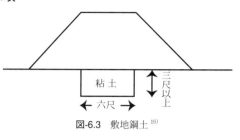

図-6.3 敷地鋼土[19]

堤防敷地地盤は堅牢なるを要す。もし地質が軟泥あるいは粗悪である場合は，図-6.3のように敷地中心に幅1間，深さ3尺以上を掘取り，粘土を詰め立てる。これを敷地鋼土という。

洪水のため堤防が決壊し堤防敷地に穴（落堀*）が生じたときは，なるべくこれを避け（土工量が大で工費を要し，当該堤防は甚だ不完全であるので*），穴が堤外地となるよう新堤を設計する。ただし，元位置に築堤の必要があるときは，平水位までは善良なる砂をもって埋め立て，沈下を待って前後法尻に簀子柵，竹掻き柵，粗朶柵，板柵あるいは石垣等を設置し，幅6尺以上の犬走を付し築堤する。なお堤防内部には幅6尺以上の鋼土を平水位以下まで充填し，かつ，内部力杭として松丸太を当該穴底地盤まで打ち込み，頭部は平水位することを最良とする（図-6.4）。

堤外の水が堤内に漏水しないためには，築堤は粘土質厚1尺5寸以上の地

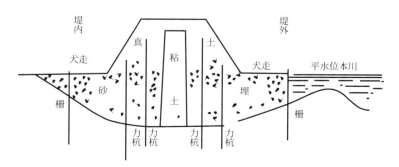

図-6.4 堤防決潰穴の築堤[19]

盤を選ぶを良とするが，そうでない場合は堤体内部に幅6尺以上を在来地盤以下，少なくとも3尺以上鋼土を充填する。

堤外地にはなるべく樹木あるいは家屋等の障害物は存置させない。

(4) 溢 水 堤

堤防を新設し堤防が決壊した場合に堤防築堤以前より一層甚大なる被害を招くと憂慮される。故に場所（氾濫被害が少ない区間*）により，堤防に一部を最初より低く築堤することがある。これを溢水堤と言う。

(5) 堤防の横断形

河川の大小により差があるが天端幅は6尺から3間とし，中には5間，6間のものもある。

天端高は最大洪水位面より1尺位を高くする。小川では普通1尺である。風下や川の曲り角の外側（外湾側*）等はそれよりなお1尺も高くして3尺位を要す。

外法（河身側*）の勾配は1割5分から4割位で，小河川では1割5分位とする。内法は通常土堤で1割5分から3割を採用する。時には1割位にする場合もあるが，通常2割が多い。堤防高が高いときはなるべく緩勾配とする。

(6) 堤防決壊の予防法

堤防決壊の原因は種々あるが，a）堤防全体が洪水のために堤内へ押し出される（堤防が静水圧と動圧により滑動する*），b）堤防が沈む，c）漏水に起因するもの，d）堤外の泥土を堤内の方に押し込む（泥土等地盤が悪い場所に築堤し，堤内側の落堀，古川などの深みがある場合，洪水による水圧や土圧により，軟弱な土層を堤内に押し出すこと*）のものがある。

a）に対しては堤敷幅 x を堤高 h の4倍以上とする（法勾配を2割より緩くする）。b）に対しては地盤の堅気ところに築堤する。できないときは堤敷幅 x を広くする。多数の力杭的地杭を打ち込む。c）に対しては築堤材料を選び施工するしかない。例えば鋼土を充填するか，外法に粘土を厚さ1尺

●第 6 章●産業構造の変化とその対応

5 寸以上貼り付ける。d）に対しては b）の場合と同様とする。

　上記以外の堤防決壊の原因となるのは，堤防の曲がりにより流勢が衝突して堤防外法を洗い流し，ついに崩壊せしめることがあり，これには法面に石張を施す。出水等において堤防が動揺し一部に縦の亀裂を生じ崩壊の兆しが生じること（法すべり＊）があり，これには法面一体に力杭を 3 尺間隔位に菱形に打ち立てて予防する（利根川，江戸川でよく施工）。

　大河川では流速が遅くても風のため波浪が生じ，堤防の破壊を生じることがあり，これに対しては法面に張石を施す。

　また，地震により堤防に縦亀裂が生じる（経験によれば横亀裂は生じない）。縦亀裂を防ぐには法勾配を緩くし，堅質なる地盤を選んで築堤するのがよい。柔らかい地盤では堤防は沈下することがある。

　その他，俗に「もぐり」という害虫（モグラ等による獣害＊）が堤防に穴を穿ち漏水を生じさせ堤防の崩壊にいたることがあり，これを予防するには洪水時堤防を見回り堤外の漏水箇所を土俵をもってこれを覆う。もし口を覆うことができない場合は，外法または馬踏等の口道（吸い込み口＊）に近い箇所を掘削し粘土あるいは土俵等を充填する。

（7）築堤材料

　築堤材料として好ましい材料は，粘土と砂が適当に混合した材料がよく，砂 15 〜 18％，粘土 85 〜 82％を最良とする。粘土のみの場合は亀裂を生じやすく，必ず砂を混合する。ただし堤防内部に鋼土として用いる場合は，この必要はない。築堤地盤が砂あるいは砂混じりの場合は，地盤の中心に溝を掘り粘土を充填し，また堤心に鋼土として粘土を積み上げ，その外部は粗悪の材料を使用する。

　粘土不足のためやむを得ず砂勝ちの土を使用する場合には，その表層に粘土 1 尺および 3 尺を被覆することがある。

　築堤の材料は，堤外地法尻より少なくとも 3 〜 4 間以上隔てて採取するべきである。

178

(8) 堤防の築造法

築堤における土の盛出しは図-6.5 (a) のように堤防中央を高めに厚さ1尺位ずつ盛出す方法と，図-6.5 (b) のように堤内より堤外の方へ傾斜させて盛出す方法があり，普通前者が採用される。

盛土締固めに当たっては，厚5寸から1尺ごとに，俗に言う「千本突き」と称し，多数の男女人夫が各手小蛸（こだこ*）を持ち，足と小蛸により足踏か

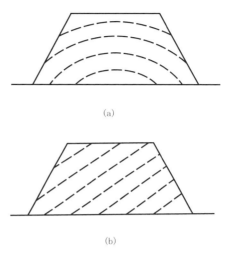

図-6.5 築堤法 [19]

つ締め固めるのを最良とするが，近年は石蛸の一個15貫（56 kg）以上のものに周囲5，6本の縄を付し，男人夫5，6人にて縄を持ち石蛸を上下させて締め固める（利根川では女人夫8人で作業の写真あり*）。普通1か所4回以上締め固めるには立一坪につき平均1人を要す。

(9) 築堤における余盛り

余盛りの必要な原因は，地盤の圧密沈下と堤体そのものの収縮によるものとがある。余盛りの割合は表-6.3のごとし。

表-6.3 余盛りの基準 [19]

築堤の高さ（尺）	余盛りの百分率
10 以下	5
10 以上 20 以下	4
20 以上 30 以下	3
30 以上 40 以下	2.5

(10) 切り取り掘削により生じる各種土石容積の増加率

土石は掘削または切取りすると元の位置にあった容積より増加する。堤防築堤等に入用の土石を購入あるいは運搬するときはこの増加量の分は入用土石の容積に見込みで算用する。その増加率は表-6.4のごとし。ただし，浚渫土砂の場合は浚渫前より2.7〜3.2割減少する。これは流出に起因する。

●第６章● 産業構造の変化とその対応

表-6.4 土の増加率 [19]

材　　　　名	増加百分率	材　　　　名	増加百分率
砂および石灰	9	硬　　　　土	40
含粘土通常土	25	分解する岩石	50
通　常　　土	20	白　聖　　岩	72
砂　質　耕　土	9	堅　　　　岩	80〜90
含粘土砂質耕土	10	硬　粘　　土	45
泥　　　　土	10.4	軟　　　　泥	50

（11）堤防馬踏の弧形

　堤防の馬踏は，通常，道路のように弧形とする。馬踏の中央の高は，通例，1/20 の横断勾配とする。その容積は馬踏幅×中央高の 2/3 倍として算定する。

（12）土羽およびその材料

　（芝張り工法，芝の値段，法尻付近に水に浸されている箇所は萱根土を用いることなどの解説）

（13）堤防の維持

　堤防法面には芝草が繁茂するようにする。樹木の植え付けは問題がある。堤防に牛馬を放飼することは甚だ良好である（踏み固め。虫類を駆除する）が，豚および鶏の放飼は大害がある（穴を穿つ）。堤防に割れ目あるいは穴を発見したら，その深さを見定めて粘土を補充する。洪水により堤防に付着した塵芥はこれを掃除するを要す（放置すると腐敗し芝草を枯死させる）。堤防法面には人馬の通行を許さない。必要あるときは洪水による堤防破壊の原因とならないように踏切道（坂路*）を川上より川下に降りる方向に設置する。

6.4.2　岡崎文吉『治水』における堤防技術内容

　岡崎文吉［明治 24 年（1891）札幌農学校卒, 石狩川治水計画の立案を行う］が著した『治水』から堤防技術について抜き書きする。

　堤防技術についての内容は，第二編 一般の河工，第六章 治水工事，第二

節 断面矯正工事，一 堤防工事 に記載されている（**表-6.5**）。長崎の『河工学』の堤防工事の記載内容と共通点が多いが，記載がより詳細である。以下，要点を述べる。

表-6.5 「治水」堤防工事の目次[20]

一 堤防工事	三一四
甲 堤防築設前ト其後ニ於ケル最大流量ニ變化ナキ場合ニ築堤ノ爲メニ生ズル水面上昇ト堤間距離トノ関係ヲ願ハス公式	三一四
乙 堤防築設後ニ之レガ爲メ最大流量ニ變化ヲ來ス場合ニ於ケル堤間距離ノ決定方法及ビ洪水ノ高サニ及ボス堤防ノ影響	三四四
丙 堤防ノ位置決定	三六五
丁 堤防ノ構造	三六九
戊 堤防ノ築造	三九一
己 堤防ノ維持	四〇八
庚 堤防ノ防禦	四一一
辛 破堤ノ修理復舊	四二〇

(1) 甲

堤防築造後において洪水流量の変化がない場合における堤防築造による水位上昇量の評価法について詳しく記述している。原理は，断面分割法を用いた等流計算である。

(2) 乙

堤防築造後において洪水貯留量の変化等による洪水流量の変化が生じる場合の堤間距離および水位上昇量の評価法について，仏国コモアー氏の論説を紹介し，最後に岡崎の案出した方法（第5章 河川氾濫に関する理論及び其応用）を使用すべきとした。

(3) 丙　堤防の位置決定

- 堤防はなるべく洪水の流向に並行させる。
- 堤防と河岸との間の堤外地はなるべく広く存置させ土取場に当てる。ほかの土取場と並行して一貫した二条の相当の幅員を有する素地を残すことを原則とする（土取りによる水深増による法尻付近および河岸付近の流速を増加させないように[*]）。そうすることができない場合には，少なくとも将来河岸が決壊しても堤防の破壊が生じない幅を残す。
- 堤防は急激なる屈曲を避け，なるべく左右並行させ，その間隔も急変することを避け，河流・流氷・木・波浪のため堤防に悪影響を与えないようにする。

●第6章●産業構造の変化とその対応

- 堤防はなるべく地盤の高い堅固な箇所を選定し，低地・沼沢等を避け，建設費の低減を図り，築堤後の堤防の透水・滑動，陥没等の生じることを予防する。
- 局部的な凹地，旧廃川敷，特に砂地盤であるものはなるべく堤外地とする。
- 大樹の根部は築堤に先立ち除去するのに多額の費用を要するので，大木の密樹林を避ける。
- 特別の事情がない限り，相対する堤外地は，河流の湾曲の甚しい部分の外は，なるべく相等しくする。
- 特別の事情がない限り，迂曲（現在，迂曲とは1蛇行長内に3個以上の深掘れ部の存在する蛇行形態と解釈されているが，ここでは単に蛇行河道であると解釈する*）する在来流路に並行して堤防の位置を定め，洪水の表流が（大洪水時，表流が堤防法線に対応した流れとなるので*）在来の流路を横過して其の流路の埋没のおそれがないようにする。
- 迂曲する在来流路の凹岸（外湾*）に堤防をやや接近させ，同時に凸岸をやや退却させて，洪水の表流路がなるべく直線に近くなるようにし，流氷・木の停滞する傾向を軽減する。
- 堤防がやむを得ず強度の湾曲を有する箇所は，湾曲のために生じる抵抗を軽減するために堤間幅を若干広くする。
- 在来流路が甚だしく湾曲し半島状を呈する箇所においては，堤防が甚だしく半島の先端に接近し河流の激衝を受けないよう，かつ，堤防長の増大を避けるため，堤防は半島先端のやや内方に止める（堤防法線を在来流路より曲がりの少ないものとする意*）。

　　ただし，退却の程度が甚だしい堤防が直線に近くなるときは，洪水の表流が河岸を越流する際に其の流勢を助長し自然的に曲流路の首部の切断を招くか，甚だしく土砂・石礫を沈殿することがあるので，堤防の退却程度は相当の限度にとめる。

- 河岸の一方に接近して重要な密居地または高台がある場合は，単に対岸の堤防のみを退却させ，必要な川幅を確保し，両岸に重要な地物が存在しこれを堤内地としなければならない場合は，堤間の川幅以外に別に放

182

水路を設けて洪水を疎通する。
- 本流の堤防と支流の堤防が相結合する箇所においては流下物の沈殿を避けるため、なるべく鋭角に接合するよう堤防の位置を選定する。

以上は堤防の位置選定に当たって考慮するべき主要な点であるが、堤防設置地方の特殊の事情を寸借して之を決定する。またある項目を遵守すると他の項目と適合しないこともあり、実施に当たっては現地に合う中庸をとる。

支川と本川との合流点付近の堤防間幅の算定は、本川が最高水位に達した場合に支流の最大流量が疎通するようにする。

(4) 丁　堤防の構造

① 堤防の一般的横断形状

堤防の一般的横断形状として図-6.6 を示している。堤防の各部の名称は長崎の『河工学』と差異があり、ec, df を犬走り（現在、犬走りは堤防法尻に設置する小小段（側帯）を言う。ここで言う犬走りは河川保全区域の概念に近い[*]）とし、ge を外溝、df を内溝と称している（翻訳語である[*]）。外溝、内溝は之を設けないのを普通とする。

② 堤防の大きさの決定

- 水圧（土圧を含むものとして解釈する[*]）による堤防決壊の原因としては、長崎に言う「堤防決壊の予防法」に記された4つの要因を挙げている。なお、堤防本体の滑動に加えて転動が付加されているが、之による破壊は急勾配である石壁または良質の粘土で築造された堤防においてのみ起こるもので、普通の緩勾配の土堤ではこの心配はいらないとしている。

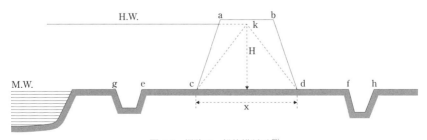

図-6.6　堤防の一般的横断形[20]

滑動に対しては，土の比重 1.5 とし，堤体と地盤間の摩擦係数 0.5 とし，$x > 4H$ とすれば滑動に対して安全であるとし，さらに堤体が等辺三角形であるとして法面上の水重量を算入すれば $x > 2H$ となるとしている（堤内および地盤の内部間隙水圧による浮力を考えると正しくない*）。また，軟弱地盤では f（摩擦係数*）が小さいので堤防法勾配を緩やかにする。

軟弱地盤での堤防の沈下に対しては堤敷幅を広め，法面勾配を緩くする（地盤強度増加工法についての記述はない*）。

漏水に対しては，砂または腐食土の場合は堤防内法（裏法*）に噴水が生じ，崩壊することがある。堤防幅を大きく法面を緩くし，滑落・崩壊の傾向を防遏する。すなわち堤防と地盤との接着および堤土の各層間における接着に十分注意を払う（粘土を用いた鋼土に関する記述はない*）。

軟弱地盤で地盤土砂の押し抜きのおそれがある場合については，長崎と同様な記述である。

・河水の流勢および流氷・木の衝撃・激流を受ける位置にある堤防は外法（表法*）を緩くするか，相当の堅固なる被覆を加える。一般に中流または下流の部分では草土の被覆を用いれば長時間の洪水でなければ洪水の流勢に耐え得るが，流氷・木の衝撃力に耐えないので特殊の施設（護岸*）を要する。

・波浪は，洪水時に風向に対する解放距離（フェッチ*）が最大である箇所において最も強くなる。波浪が強いところでは抵抗力を有する粗朶工，搔柵工等を施工するか，完全に石工を施す（わが国の河川堤防における波浪対策の実施例は，高潮区間における海からの侵入波浪対策，渡良瀬遊水地に見る波浪対策がある*）。

・寒地の河川に固有である流氷・流雪は，一般に河流横断面の不規則なる箇所に停滞し，一種の氷堤を形成し，河流の全部を閉塞し，その上流の水位が上昇し堤防を越流し，その破壊力は大である（堤防を破壊する*）。故に堤防の一部を予定して（あらかじめ*）越流堤とする場合は，極めて緩なる内法とするか，膠泥（セメント*）をもって積み上げた石工を

用い且つ堤趾（法尻*）に水叩きを施工する。

・蟻族，鼠族等は，堤防を掘穿して穴をつくり内法に噴泉を生じさせ破堤の原因となる。平素，十分なる注意を払い（監視*）未然に（対応して修理して*）破堤を防ぐ。

・堤防に対して生じる危険をなるべく軽減しようとすれば，単にその位置および堤体の構造を正常に定めるほか堤外地地面の高さをなるべく均一にする。すなわち，堤外地の深き長き凹所は適当な間隔に土堤・掻柵・その他の構造物によりこれを締め切り貫流の勢力を削ぎ，一面に広く低地はこれにヤナギまたはアシを植え流下物を捕捉して沈澱を助長する。河岸に沿って完全なる護岸工事の施工後は，高地は耕作地としこれを利用し，中間に位する地面はこれを牧草地とすることを妨げるものでない。

・堤防の破壊要因は上述のごとく多岐にわたるが故に，堤防の大きさを決定するには水位・風向・流向に対する堤防の位置，地盤の性質堤体を造成する土質，堤外地の幅員および高度を考慮する。

・堤防天端幅は単に水圧の関係より見れば土質に従い通例6尺以上とすれば足りるが，数日または数旬継続する洪水を防御するとき，浸透水またはほかの原因による貯留水による堤内地浸水幅が広い場合は，堤防のために必要な材料を運搬収集は主として堤防上において行わざるを得ないが故に（水防活動をイメージしている*），その幅を2間以上とする。

　天端を一般の運輸交通の便に供する公道と兼用する場合は2間半以上とする。小河川の単純なる堤防では3尺以上で足りる。堤防を道路と兼用する場合においては，雨水排除のため堤頂を円形または一方にのみ傾斜（堤内地側を高くする*）させ，流氷の襲来に際し危害を軽減に供することがある。

③ 堤防の高さの決定

　堤防の高さは乙で記した方法により算出した水位を標準としてこれを決定すべきであるが，氷堤の生じる場合の水位の増高は適当に決することは困難である。オランダ，ライン川では氷堤なき場合は最大洪水位上0.8 m，南または南西の流向風（向きの風*）に対向する箇所は1.0 mとし，これに加えて堤防と河岸との間が少ない，またはない場合は，さらに0.2 mを追加する

のを理想とする。実際には標準値を遵守しえない部分が多数ある。

　北ドイツの大河において氷堤が生じない場合は最高水面上 0.6 m 定めているが，流水または波浪の起こること希なるところ，決して氷堤が起こらないところは 0.3 m に止め得る。これに反し重要なる地点に接近し特別に危害を予防する必要がある箇所は，最高水位上 0.9 m から 1.2 m とし，氷堤により懸案箇所の越流しないよう，ほかの適当なところにおいて越流させることを図る。また激浪を受けるか，もしくは河岸に（堤防が*）直接する箇所においてはほかの箇所より約 0.3 m 加える必要がある。氷堤によって生じる水面上昇に対する高さの堤防を築造すると堤防の大きさが大となりこれに伴う工費額が莫大となるので，上記の範囲にとどめ，氷堤のため水位上昇した場合は応急的に簡易なる嵩置し，または堰板を挿入して対処するのが得策である。

　山間部では堤頂をなるべく最高水位上 1.2 m 位上とし，起こりやすき河底の急変に伴う水位の上昇に備えるものとする。

④ 堤防外側法腹勾配の決定

　堤防外側法腹（表法*）勾配は，法腹に作用する外力に抵抗する被覆工の種類，堤防を造成する土質および基礎地盤の性質により決定すべきものである。

　大河川の草生堤防においては 2 割 5 分から 4 割，平均で 3 割，小河川では 2 割から 3 割，平均 2 割 5 分とするのが普通である。4 割より緩である勾配は砂堤・その他土質劣る等である築堤の場合においてのみ採用される。草生の状態極めて良好なるを希望する場合には，小堤といえども 2 割より急なる勾配を歓迎することはできない。急流河川において（流水の*）破壊力激裂であり石材の法腹工を必要とする場合においては 1 割 5 分から 2 割の勾配を採用することを妨げない。また，十分に堅固なるコンクリート法腹工を施す場合には 1 割内外することがある。

⑤ 堤防内側法腹勾配の決定

　堤防内側法腹（裏法*）勾配は草生の繁茂を図り，且つ長時間継続する洪水により飽和状態に近づき下部が崩壊滑落するのを予防するために 2 割とするのが普通である（裏法のほうが表法より急としている*）。1 割 5 分より急勾配は，土質良好で家畜の蹂躙を許さない場合に採用しえる。2 割 5 分から

4割の緩勾配は，砂質その他劣等の土質で浸透飽和しやすい，堤防に接し堤
内側に凹地存在があり補強が必要である，堤下地盤の軟弱である，堤内水面
の波浪を直接受ける，時として越流の害を受けるおそれのある場合おいての
み採用する。

⑥ 堤の内外における犬走りの必要

　堤防の内外を問わず堤防に直接設置する若干の幅の地面は買収するか，そ
の使用方法を制限し，耕作を絶対に禁止して単に草生として堤防を保護する。
この犬走りの幅は一定の法則がないが，通例6尺から30尺とする。土砂ま
たは草土の取り場に供することを禁じるのみならず，車の通行を禁じる（車
輪により草生地を破壊することを防ぐため*）。外側犬走りは普通盛土を行
わないが，旧川跡の凹地等に築堤する場合は付近の地面の平均高に均し盛立
て，川心に向かって20分の1の下り勾配として雨水を排除する。

　内側犬走りは，普通，外側犬走りより重要でないが，ワイゼル川下流では
透水防御のため特に幅15mとしている。氷堤による越流に備えるのは特別
の場合である。築堤が砂土で浸透飽和しやすい，または，堤内に深き凹所が
存在する場合には，犬走りは一層重要であり1mから2mの厚さを有する
小段を堤防に付加する。

⑦ 堤内外の小溝

　堤防に沿って溝を設けることは堤防内外を問わず一般に有害無益である。
堤外の溝は洪水に際し水流を助長し，堤内の溝は浸透水を誘致する傾向にあ
るからである（堤防法尻付近の浸潤線を低下させる機能があり，一概に否定
的に捕らえるものでない*）。築堤に必要な土取場は，やむを得ない場合を
除き堤外に求め，この場合には堤防から遠ざけ，かつ，掘削により生じる凹
地は連続させず，ところどころに土堤を残存して，洪水の貫流するのを防ぐ。

　堤内側に設けた犬走りを道路と兼用する場合には，路面の保持上その内側
に湿（水*）抜溝を必要とするので，なるべくその溝を浅いものとする。地
方の実況により大堤防に沿って運河を堤内に，運河その他の水路を存置する
ことを必要とする場合には，少なくとの60尺内外の犬走りを残し堤防の安
全を図る。

●第 6 章●産業構造の変化とその対応

⑧ 溢流堤

　溢流堤を盛んに用いているオランダ国において溢流堤が用いられるようになった経緯について述べている。治水戦略の問題であり，省略する。

　溢流堤の高さは，その目的に応じて決定する。単に不十分なる洪水流過能力を有する水路の能力を（洪水流量を低下させることにより*）補充する場合には，溢流堤の高さおよび長さは懸案流過能力の補充分量に従い決定する。高さはなるべく高くし長さは大にして越流の厚さを減じ破壊力を軽微とする。

　目的が低地の増嵩改良（氾濫堆積物による地表面の上昇*）にある場合は，溢流口の高さはなるべく低下させ，支障なき季節において毎年溢流を誘導し，支障ある時期においては臨時に嵩置きまたは堰板を挿入する等の方法をとり被害を予防する。

　堤防の内側法腹の勾配が 15 分の 1 から 20 分の 1 のように緩い場合，良好なる草生状態であり短時間の越流に抵抗するが，越流の期間長く越流の落差大きく越流の流水層厚くなるに従い，到底その破壊を免れないので，むしろ急勾配とし相当の落差ごとに階段を設けた石張工とするか，階段を設けず急勾配の完全なる石工を施す。後者は石工法腹は凹形とし下部に近づくに従って湾曲の半径を増加させ徐々に水平にする。いずれの場合にも相当の幅を有する堅固なる水叩き施さねばならない。水辱池を設けることにより越流水の破壊力を緩和できる。

　溢流堤は内側法腹に対する堅固なる被覆工を必要とするのみならず堤頂および外側法腹に相当なる被覆工を要する。

（5）戊　堤防の築造

① 基礎地盤の加工

　堤防の基礎となる地盤加工の主目的は，地盤と堤防との接合を密着させて浸透を防ぐことにある。天然の草土を除去し，竹木は根とともにこれを取り去り，溝底および低窪地を排除した後に全面に鋤（すき：手に持って土を掘り起こす農具*），犁（くわ：家畜に引かせて土を掘り起こす農具*）により地盤面を撹拌無数の小凸凹面を付与する。軟弱なる地盤において堤防の両法を緩くして堤底を拡大して下部の堅層に達する陥没とならないようにする場

合は，草土をそのままは保存するのが常である。堤腹を広くして堤体過重の負担を軽くするのみならず，馬踏の直下に生じる最大圧力により左右の押し出される軟泥が堤防の両側押し上げられるのを防止し得るからである（草土をそのままは保存することによりせん断力の増加となると解釈しているのであろうか。なぜ草土を保存するのか説明がない[*]）。ただし，軟弱なる地盤を貫通して堤体を接着する方法をとると工費がかかるが安全である。

砂質の地盤上に築堤する場合は浸透水を防ぐため，3尺から6尺に厚さを有する粘質の心土をなるべく深く挿入することにより，その目的を達するが工費の関係でこれをできない場合もある。しかし，下層の粘土層の上に海綿状の透水性腐植土が存在する場合には万難を排して良質の心土を粘土層に直接することを要する。

② 築堤に使用する土質

堤防の築造に使用する土は，多くの場合河岸に近くに存在する沖積層中に普通に存在する壚土すなわち粘土と砂との混合物で草木の根・草土・木片等の夾雑物を含有しないものである。セルトン氏の研究によれば，有害なる堤土の収縮を生じないためには少なくとも15％の砂を含み，反対に分子間の凝集力を失わないためには45％を超えてはならない故に15％から18％が適当である。

腐食土は，水密でなく，またその含有滋養分は鼠族を誘引し，植物質が多量であると分解を招く。泥炭土は，軟弱にして且つその比重が軽く，大堤の築造に対して使用に耐えない。

砂のみで築造せざるを得ない場合は，堤防の天端幅を拡張するより，むしろ両法勾配を緩くして浸透距離を長くする。

粘土の堤心を砂堤内に挿入するに当たり，粘土と堤体を形成する砂との分離を予防するには心土と築堤を同時にその高さを同じとし薄層して徐々に盛立てる。

砂堤の勾配は，その質に従い4割から5割とするべきである。粘土の堤心を挿入するしないにかかわらず，外法腹には1尺から3尺の厚さの粘土層を被覆し，その上に草土を張れば，単に浸透に対するだけではなく，流勢および波浪の破壊力に対して保護となる。

●第６章●産業構造の変化とその対応

③ 堤土の盛立て法

（長崎の記述と同様な記述後*）このような層の傾斜に関する各種の注意は，土質のよいものを使用する場合は必ずしも緊要なものではない。良土の凝集力十分であり，個々の層の自然的分離する憂いがないからである。

④ 築堤の沈下収縮および余盛り

（築堤施工後，堤体が沈下収縮する４つの理由について解説し*），普通の場合には10分の1から10分の3の割り増しを見込み，地盤の軟弱な場合には10分の5から1倍の割り増しを見込む。

⑤ 堤土の締固め

堤土の各層の締固めは，わが国の旧慣である石蛸または千本づきによる方法も失われていないが，土運びに使用する馬蹄および車輪により踏みつけられるに任せると堤土は自然に凝結するものである。手押し車や木道および鉄道による台車で堤土を運搬する場合には，やむを得ず普通に使用する二人用蛸つきを採用するか，または特に転圧器および牛馬を使用する。

⑥ 法面の被覆

芝張り，石工，石張について施工法，施工時期について解説している。

⑦ 築堤の時期

省略

（6）己　堤防の維持

堤防の維持上の煩わしさを最も軽微にするには，堤防それ自身の保護以外に

・堤外地に十分なる幅員を取り，表流をなるべき微弱にする。

・縦工，横工等の水制護岸工事を施工して，激流の堤防に接近するのを避ける。

・堤外地に存在する深い溝形のため急流を誘引するのを避けるためにところどころに土堤で遮断する。

・できれば堤外地に傾斜をつけて，河岸より堤防に向かい漸次に上昇させる。

・河岸の凹所を埋め立て，高すぎるところを切り取り，堤外地の低すぎる

ところにはヤナギ樹を植栽する。

ことにより，その目的を達することができる。

　堤防自体の直接保護は，主として抵抗力に富む張芝によりこれを実現し得る。芝が十分に発育するためには芝に混成する雑草苅棘等を毎年二回除き，且つ芝根の発育の障害となるすべての原因を除去すべきである。すなわち喬木，灌木を問わず堤防またはその直下に接近させないようにする。樹下の雨滴は芝を害し，陰影は乾燥を妨げ，樹根は動物を誘因し，加えて強風に際して堤土を緩め漏水を誘導するもととなり，堤防破壊の原因となる。

　堤防より相当な間隔を置いて植栽した楊柳その他の樹木は流水の激烈なる襲来に際して有効である。

　堤防内方法腹勾配が1割5分より急でない場合，堤頂および法腹の芝上に放牧を許すと，芝の刈取りよりも却って草土を密結せしめ抵抗力を増進し，また鼠穴を踏みつぶし得るが，放牧は9月下旬を限ってこれを中止し，冬季以前に芝の回復を図る。新堤または霖雨後における古堤においては，単に小牛および羊類を許し，馬・老牛は柔軟なる芝を害するおそれがあるので禁止する，豚および家禽も禁止する。

　甚しい熱さや氷結または強風により生じた大亀裂は，これを掘り起こし新たに乾燥した細粒の良土で充填し，よく突き固め雨水が入るのを防ぐ。鼠穴および洪水で生じた漏水穴も同様に処理する。鼠塚はこれを均し，また外方法上では馬引き用の重き鉄製転子を転がして鼠穴を転圧し，鼠族を退治する。洪水時に流下して芝上に沈滞する雑草竹木等の漂流物は腐敗して芝を害するので，遅滞なくこれを除去する。洪水時に生じた大穴はその底を幾分掘り起こし，あらたに埋め込む土砂と馴染ませよく接合させ，十分に突き固める。

　法腹の頻繁なる踏み荒しは甚しく堤防を痛めるので，人家の付近には特に階段を設け，または梯子を備え通行に便とする。

　堤頂を道路に兼用する場合は，たびたび車の轍を埋め均し雨水を完全に排除する。相当の期間において堤頂両端の沈下を補うために耳芝を補足し，堤頂の高さを維持するために路面を被覆する砂石を補充する必要がある。

　（以下，堤防の嵩上げ，腹付けに関する記述，省略）

●第6章●産業構造の変化とその対応

（7）庚　堤防の防御

（水防工法および堤防被災後の処理法についての記述，省略）

　以上，岡崎の堤防に関する記載内容について述べた。岡崎は石狩川という原始河川に近い，また北海道という寒冷地で内地と植生，地盤（泥炭の存在）および風土の異なる地で開拓の第一線にいたのであり，その立場から欧米文献の中から必要情報を抽出した書である。氷結，泥炭という言葉の多用の一方で内地河川の情報の記述は極めて少ない。

6.4.3　君島八郎『河海工学』における堤防技術内容

　『河海工学』の著者君島八郎は，明治34年（1901）東京帝国大学，土木工学科を卒業し，直ちに大学院を終え，講師，助教授を経て，明治41年（1908）から3年間 英独仏米に留学し，明治44年（1911）九州帝国大学創立とともに工科大学教授として赴任した。大正3年（1914）にすでに，大測量学を書き，その中の第八章で河川測量について記している。

　『河海工学』は第一編 気象，第二編 地下水，第三編 地表水，第四編 河工，第五編 海工の五編からなり，その第四編 河工は大正10年（1921）に出版されたものである。

　君島は帝国大学教授であり，現場の技術的実践の経験はない，第四編 河工の序で次のようにいっている。

　「抑モ前編ニ述ベタ気象学ハ之ヲ経トシ，地下水及地表水ハ之ヲ緯トシテ，徹頭徹尾科学的根柢ノ上ニ河工渠工及海工ヲ述ベヨウト試ミタガ，先ズ出来上ツタ本書ヲ見レバ尚未ダ要諦ニ触レナイデ，所謂虎ヲ画イテ成ラズ反テ猫ニ類スルノ観アルヲ免レナイノハ著者ノ窃カニ忸怩タル所デアル。是レ今日ノ科学ノ程度デハ未ダ解明セラレナイモノモ多多アツテ，殊ニ河工ノ如キ複雑ナルモノニハ到底一々科学的批判ヲ加ヘルコトガ困難ナル為デモ有ラウケレドモ，尚ホ将来ノ研究ト識者ノ高教ニ俟ツベキモノガ少クナイ。（原文旧字体）」

　この序に示されるように，君島は河川工学を自身の実践の根拠とするためというより知識，学問としてとらえている。

君島は本書を書くために多くの書籍を参考にしているが，その大部分は欧米の論文，書籍である。日本人が書いた河川技術書としては，長崎敏音の『河工学』，内務省土木局の『土木工要録』，岡崎文吉の『治水』，佐藤信有の『堤防溝洫志』を挙げている。

第6章　高水工　第一節　堤防の内容を見ると岡崎の記述とほぼ同内容のことを記しているが，北海道を除く内地の学生，技術者を対象として書かれており，寒冷地特有の現象および技術問題についての記述がない。

6.4.4　ま と め

この時代は日本の産業革命の時代であり，先進欧米諸国に追いつくため欧米の先進科学技術を学ぶと同時にそれを実際に応用，産業化した時代であった。技術についていえば，徒弟的・技能的技術から，力学・化学・数学といった近代科学をバックとした普遍的技術（装置・計測の規格化）への転換であり，技術の科学化の時代であったと言える。

このことは種々の分野で科学・技術書が発刊されていることに見ることができる。しかしながら河工の分野，特に堤防，護岸・水制工の分野では，欧米においても，個々の河川の特性の違いや，河道の変化，河岸の変化を支配する要因の多さと，現象の複雑さのために，その現象を要素論的に分解分析し得ず，経験の総括を通した工法の提示がなされている段階であった。それゆえ，この分野の教科書は欧米河川での実践例の紹介にとどまっており，それを自身の経験から批判的に取り入れるという段階にまで至っていない。また，先駆者による欧米からの技術導入のため，学的集団を通した用語の統一という行為がなされておらず，例えば長崎，岡崎，君島の著書における水制工の名称は，**表-6.6** に示すように異なっている。

このような用語の不統一ばかりでなく，ある用語に含まれるべき量的定義も一致しないところがあった。例えば大正15年（1926）に発表した眞田秀吉（明治31年帝国大学土木工学科卒，内務省技師となり，淀川，利根川の改修に当たる）の論文によると，低水位の定義について次のように記している[22]。

「淀川にては，年中の観測水位を，2尺迄は5寸毎に，2尺以上6尺迄は1尺毎に，12尺迄は2尺毎に，18尺迄は3尺毎に区分集計し，其区分中度数

● 第 6 章 ● 産業構造の変化とその対応

表-6.6　水制の名称の違い

著者 ＼ 工種	横　工*	縦　工*		床固工*
長　崎	水　制	平行工	混成工	
岡　崎	横　工	縦　工 （導水工）	縦横混合工	床固工 越流横工
君　島	横　刎	縦　刎 （護岸工） （導流工）	合成工	潜　堤 水中横刎

注）＊は今日使用されている名称

の最多なる水位を平均し之を常水位と定め，最多水位及其以下の水位を合計し度数にて除したるものを，其年の平均低水位と定め，累年平均低水位は，濁逸の定め方に同じ，（改修後水位の変動甚しく，右の区分法にては，不公平を来すに至れるが故に，十四年一月以降は，水位の集計区分を，総て20糎毎とすることに改めたり）木曽川にては，水位を5寸毎に区分集計し，度数の最も多き区分の水位及其以下を集め，平均したるものを，其年の平均低水位とす，常水位及累年平均低水位等は淀川と同算法とす，利根川，江戸川等東京附近のものは，水位1米迄は10糎毎に，3米迄は20糎毎に，3米以上は50糎毎に区分其回数を録し，10年間之を集め，朝夕2回観測なれば7300余回となる，之を2分し，低き半分の3650余回を摘出し，水位区分毎に各其水位を乗じ，（其水位とは70糎80糎間の区間なれば75糎を平均水位と見るが如し）之等を合計し，右の3650余回にて除し，之を平均低水位と定む，常水位は之を作らず，信濃川にては，観測水位を合計し，10箇年間の総平均数を求め，其平均数以下の水位を，平均したるものを平均低水位とし，常水位は10か年間の最多度数の水位とす，北上川にては，年中の総平均水位以下総ての水位の平均数を，平均低水位とし，常水位は年中の最多水位以下総ての水位の平均を取れり，土木局の者は，北上川に定むる所の如し，但し常水位を定めず。右の土木局以外のものは，相当古き歴史を有するものなれども，大して川の性状に差ありと認め難きものは，何れか，合理的にして計算簡便なるものに，夫々一定するの要ありと考ふるものなり，（原文旧字体）」

　第一次および，第二期治水計画の策定による直轄で改修すべき河川の増大，

中小河川の改修に対する補助金の支給の始まりは，財政投資の合理化のため，河川改修計画の考え方の統一化，また河川改修計画に必要な調査整理手法の統一，技術概念用語の確定，河川工法の標準化を求めていたのである。これは大正10年（1921），内務省土木局第二技術課による河川測量規定の制定や，内務省土木局での河川改修計画策定の一元的管理の強化の動きに見ることができる（⇒注1）。

　大正時代に書かれた河川工学書の記述内容は，著者自身が書籍，文献，実践経験を通して得た知見を自己の言葉（学的共通概念の固まっていない言葉）で記したものであり，まだ技術内容が標準化，統一化されていないところがある。先駆者の書いた専門書と言えよう。

6.5　大正期から昭和初期の堤防築造の実態

　この時代の堤防築造の実態を，治水史，工事史，報告書により覗く。

6.5.1　淀川改修増補工事の工法 [23]

　淀川改修増補工事は，大正6年（1917）10月の大塚破堤をもたらした出水を契機として大正7年から昭和8年（1933）まで続けられた治水工事である。工法的には淀川堤防断面の拡大強化を主体とし，護岸，浚渫，沈床設置を行った。堤防断面定規は，**図-6.7**，**図-6.8** のようである。また，護岸には，鉄矢板，鉄線蛇籠を新たに使用している。施工された護岸工法の一例を**図-6.9**，**図-6.10** に示す。

　土木工事では，ガット式，バケット式，ポンプ式の浚渫船および曳船を投入して，大正9年から昭和7年までに，580 000 m³ の土砂を浚渫または運搬

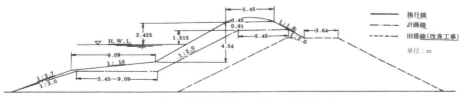

図-6.7　淀川改修増補堤防断面定規図（表腹付）[23]

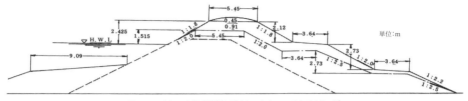

図-6.8　淀川改修増補堤防断面定規図（裏腹付）[23]

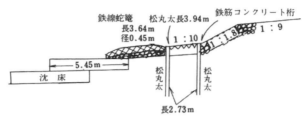

図-6.9　横大路護岸［大正13年（1924）］[23]

した。同期間の掘削機および機関車は1 100 000 m³の土砂を掘削または運搬している（図-6.11）。

機関車は，在来の20トン型機関車に加えて，3トン型，4.5トン型，5トン型機関車を使用している。これら小型機関車は小回りが利いて便利であった。

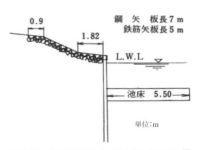

図-6.10　北長柄護岸［昭和2年（1927）］[23]

これら土工機械の土工量および移動状況は，表-6.7，表-6.8のとおりである。

6.5.2　利根川第三期工事の工法 [24]

利根川第三期工事は，明治42年（1909）に着工し，昭和5年（1930）に竣工した。全工区は田中・栗橋・尾島の3工区からなる。各工区の分担区域は，田中工区が取手区から境町まで，栗橋工区が境町から富永村まで，尾島工区が富永村から芝根村までとなっていた。

6.5 大正期から昭和初期の堤防築造の実態

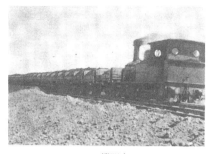

20 t 機関車

土砂積卸ろし作業状況

プリストマン式浚渫船

短梯 120 m³ 掘削機

ポンプ式浚渫船作業

図-6.11 淀川の土工機械 [23]

197

●第６章●産業構造の変化とその対応

表-6.7　浚渫船成績累計表［大正 9 年（1920）〜昭和 7 年（1932）度］[23]

船　種　別	バケット式 浚渫船 （第5） 10 時間 600 m² 掘	ガット式 （第1 第2） 10 時間 180 m² 掘	ポンプ式 浚渫船 （第8） 10 時間 300 m² 掘	ポンプ式浚渫船直接放流（第8） 10 時間 300 m² 掘	バケット式 浚渫船引船付（第5） 10 時間 600 m² 掘	ガット式 引船付 （第2） 10 時間 180 m² 掘	曳　船 （長良川丸） 8 馬力
延　総　日　数	3 231	2 435	811	2 415	177	31	456
延　就　業　日　数	1 494	1 073	289	920	96	17	124
延操業日数（操業10時間ヲ1日トス）	1 198	964	250	834	96	19	129
延運転日数（純運転10時間ヲ1日トス）	834	718	128	364	59	14	88
土　量　（m³）	253 015	72 473	52 665	146 822	29 074	1 837	30 911
浚渫船1隻1日平均土量　総日数ニ対シ	78		65	61	164	59	68
浚渫船1隻1日平均土量　就業日数ニ対シ	169		182	160	303	108	249
浚渫船1隻1日平均土量　純運転日数ニ対シ	211		411	403	493	131	351
就業 1 日各浚渫船使用*	46 2		(17 253)		(1 174)	(63)	(1 237)
土運船およびその容積*	46 2		59 7	61 2	12 2	3 7	9 9
土運船 1 隻平均積載土量	18 3		3 1	2 9	24 7	29 2	24 9
各浚渫船1平均1か月取扱土量	2 343		1 948	1 824	4 928	1 837	2 034
平　均　運　搬　距　離	189		38	27	470	125	366

注）＊：この行，意味不明

表-6.8　機械種別土工量成績累計表［大正 9 年（1920）〜昭和 7 年（1932）度］[23]

機　械　種　別	短梯掘鑿機 120 m² 掘	機関車 （掘鑿機付） 20 t 型	機関車（手積） 20 t 型	機関車（手積） 5 t 型	ガソリン機関車（手積） 4.5 t 型	ガソリン機関車（手積） 3 t 型
延　　日　　数	9 050	13 431	3 426	15 390	153	5 903
延　就　業　日　数	4 739	5 880	1 220	8 885	88	2 133
延操業日数（操業10時間ヲ1日トス）	5 213	6 704	1 268	9 734	95	2 266
延運転日数（純運転時間10時間ヲ1日トス）	4 876	6 259	1 184	9 191	95	2 159
土　　量　（m³）	3 964 206	3 964 206	613 085	2 218 810	15 942	283 002
機械1台1日平均土量　総日数ニ対シ	438	301	179	144	104	48
機械1台1日平均土量　操業日数ニ対シ	760	591	484	227	167	133
機械1台1日平均土量　純運転日数ニ対シ	813	633	518	241	167	131
列　車　延　回　数	65 891	65 891	11 210	188 855	992	45 106
土　運　車　延　台　数	1 901 654	1 901 654	301 175	3 937 472	24 662	513 541
就業 1 日平均列車回数	13 9	11 2	9 2	21 2	11 2	6 3
平均 1 列車牽引土運車台数	28 9	28 9	26 9	20 8	24 86	21 1
土運車 1 台平均積載土量	2 08	2 08	2 03	56	64	55
機械1台平均1か月取扱土量	1 314	903	537	432	318	1 437
平　均　運　搬　距　離　（m）		4 384	5 470	2 520	1 060	862

198

6.5 大正期から昭和初期の堤防築造の実態

　第三期改修工事起工から竣工までに買収した用地の面積は，合計 3 494.62 ha に達した。浚渫および築堤工事は大正 10 年（1921）度にほぼ完了し，その後は護岸水制工事に主力を投入し，昭和 2 年（1927）度には護岸水制工事のほとんどが完了した。この間，大正 12 年 9 月 1 日の関東大震災および大正 14 年 8 月の出水によって多大の被害が生じたが，全体の工事は予定どおり竣工となった。

　改修区域の浚渫土量は，4 600 万 m^3，築堤土量は 2 800 万 m^3 とその量が膨大であったため，施工に当たっては大型機械を大量に投入した。使用した主な土工機械は，掘削機（能力 10 時間 1 200 m^3 掘り）16 台（図-6.12），20 トン機関車 17 台，浚渫船（10 時間 600 m^3 掘り以下）7 隻，曳船 2 隻，監督船 8 隻，木造工業船 214 隻，30 kg 軌条 15 km，15 kg 軌条 53 km，6 kg 軌条 85 km，土運車（3 m^3）760 台，土運車（0.6 m^3）2 330 台などであった（図-6.13，図-6.14）。

　起工以来の竣工高は，築堤延長 190 km（内左岸 92.8 km，右岸 97.2 km），土量 28 117 641 m^3，浚渫土量 46 100 466 m^3，護岸水制延長 109 474 m，特殊工事 4 か所，付帯工事 73 か所（うち，直轄施工 68 か所，管理者施工 5 か所）であった。

　蒸気機関車による土運搬と撒き

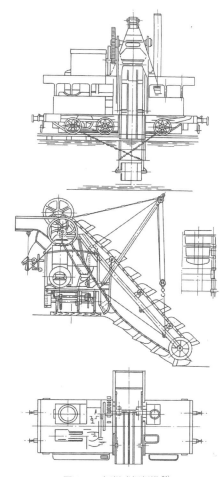

図-6.12　短梯式掘削機[24]

● 第 6 章 ● 産業構造の変化とその対応

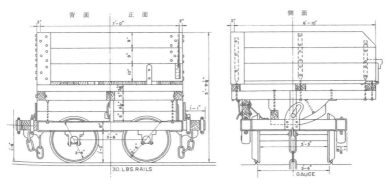

図-6.13　土運車（片側ダンプ式）[24]

出しの様子を写したものが**図-6.15**, **図-6.16** である[25]。既往技術書に標準として記述された厚さ 5 寸から 1 尺ごとに盛土締固めを行っておらず, 高撒きである。築堤に当たっては, 工事費や工期の制約により, **6.4** で記した技術書どおりの締固め工法は取れなかったと言えよう。これは淀川の蒸気機関車による土運搬と撒き出しによる築堤でも場合も同様であったろう（機関車による土運搬そのものが締固め機能を持つと考えられていたようである[*]）。

　なお, 佐原から取手間の改修工事である利根川第二期改修工事での機械浚渫工事は, 総計で土量約 1 510 万 m³, 工費約 158 万円であり, 浚渫土砂は, 直接堤防敷にポンプで排出して築堤に利用するか, 小舟で運搬して築堤の下埋めなどに利用した。

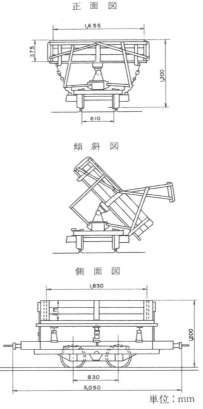

図-6.14　1 m³ 積み土運車（両側ダンプ式）[24]

200

また，時にはいったん堤外地に排出して堆積させ，その後に運搬して利用することもあった。一方，工事に直接使用できない土砂は，高水敷の凹地の埋立てや，廃川敷あるいは堤内地に排出，または運搬して低湿地などの埋立てに用いた。

図-6.15　大正4年新郷村新久田（現・古河市）機械運搬（利根川上流事務所提供）[25]

6.5.3　武庫川改修工事の工法[26]

武庫川は，流域面積32方里余（493 km²），流路延長17里（66.7 km）の兵庫県下を流れる県管理河川である。当時，大阪，神戸市の発展により改修が望まれた。山地から抜け出た平坦部においても勾配が1/250から1/650の急流の河川であり，花

図-6.16　蒸気機関車による土運搬［群馬県尾島町（埼玉県深谷市）前小屋］（利根川上流事務所提供）[25]

崗岩地帯からのマサ土の流出土砂量が多く，天井川を呈している。

大正9年（1920）から大正12年，第一期工事として河口から東海道線鉄道橋までの1里11町（5 153 m），引き続き昭和2年（1927）までの第二期工事としてその上流2里（7 848 m）を改修した。

第一期工事区間の計画流量は毎秒5万9 000尺（1 641 m³）とし，河床勾配は1/600と定めた。堤間幅は150間以上を保ち，常水路幅は65間から100間の複断面とし，高水敷幅は少なくとも15間以上とし在来の松樹は存置して堤防に対する水衝の緩和とする。常水路河岸勾配は4割から6割とした。

堤防は，馬踏3間，法面勾配は表2割，裏2割から3割，堤頂は計画高水位上6尺した。堤身は砂また砂利混じり砂（堤外掘削土砂）を使用し，法面

201

●第6章●産業構造の変化とその対応

には良質の真土をもって覆った。その厚さは表法 2.4 尺，天端 1.2 尺，裏法 1.2 尺から 0.6 尺とした。表法の計画高水位上 1 尺以下は張り芝とし，外は筋芝とした。ただし河口付近の波浪を受ける区間は張石または蘆根土（よしねど，木曽川明治改修における河口部の揖斐川導流堤の土手部の両法および馬踏は厚さ 5 寸の 2 枚重ねで葭根土張りとしている[27]。塩分のあるところでも生育するヨシによる根および茎葉による侵食防止を期待しているのである[*]）をもって保護した。また裏法面の一部透水の多い箇所には柳柵および栗石張を施し，堤内堤脚には必要に応じて割石（海岸に近く石材を得やすいところは石垣で延長 14 471 間余，平均高 2.5 尺）またはコンクリート擁壁（数多くの小穴を穿ち浸透水の排除を図る。延長 867 間余，平均高さ約 4.5 尺）で法留工を施し，堤脚の崩壊を防止した。

護岸は高水敷崩壊を防止する目的で縦横両工法（護岸工および水制により常水路の形成，維持を図る[*]）により高水敷を適宜施工し，床固工（床止工[*]）を河床低下による護岸・橋梁の維持のため，また水利（用水取水[*]）に支障を及ぼさないように，2 か所設置した。

土工は失業者救済の目的のため掘削は全部人力を使用し，運搬は一合積土運搬車およびモッコを用い，一部土運搬車に電力を補助した以外は人力によった。土工量は合計 137 529 坪余（802 069 m³）に達し，就業人夫は 229 682 人であった。

第二期工事区間の河道は，下流区間に比べ勾配が急で川幅が広く乱流している区間である。制水堤を設け流路の統一を図り，現在堤を修理して氾濫を防ぐこととした。

本区間の計画勾配は，鉄道橋より 2 里 1 町（7.96 km）までを 1/500，それより 2 里 31 町（11.23 km）までを 1/360，これより上流は 1/250 と 3 区分した。

計画断面は複断面とし，仁川合流点下流（勾配 1/500 区間）は，常水路平均幅 80 間，法勾配 5 割とし，高水敷は左右 15 間以上とし堤防の安全を期した。それより上流は常水路幅を 100 間の単断面とし，両側から制水堤を設け，将来流水の作用により河状を整えさせることにした。

堤防の馬踏は複断面部 3 間，単断面部 4 間とし，両法は 2 割勾配以上とし

6.5 大正期から昭和初期の堤防築造の実態

た。高さは計画高水位上複断面部6尺,単断面部4尺とした。単断面部の馬踏を4間としたのは将来必要に応じて嵩上げする場合に備えるものである。制水堤は馬踏1.5間,両法勾配3割以上とし高さは計画高水位と一致させた。頭部(先端部*)は現場打ち鉄筋コンクリートまたは袋詰コンクリート張とし,その周りは鉄筋コンクリート板単床または鉄網蛇籠により保護し,体部は土羽工を施し,120間から180間ごとに上向させ,左右岸相対させて30個設けた。その平均長さは74間である。

床固工は,第一期工事の目的に倣い8か所設置した。既存水利施設の改築(水利組合を成立させ既存6樋門の合併を伴う樋門の改築を含む),水路の付替え,道路,橋梁の改築を行った。

全川築堤および制水堤に要する土工量は160 000立坪(933 120 m³)であり,すべて人力を用いた。

図-6.17に3か所の横断面を示す。1/1(1里1町)の横断面は,第一期工

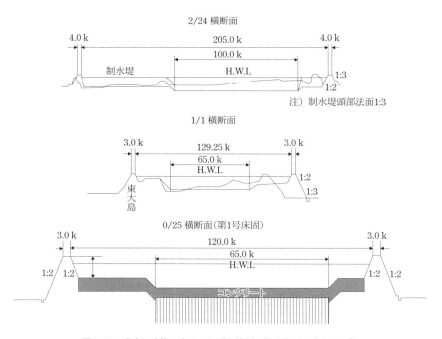

図-6.17 武庫川改修工事の3か所の横断面簡略化(図中kは間*)

● 第 6 章 ● 産業構造の変化とその対応

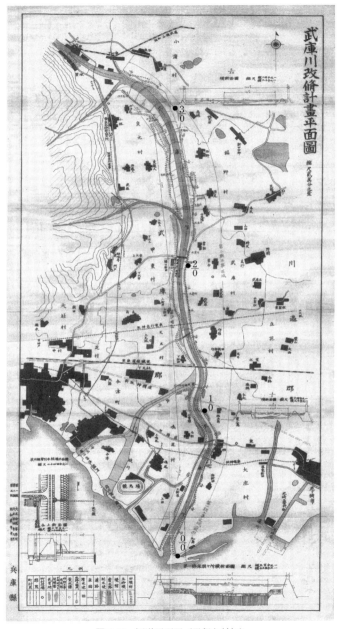

図-6.18　河道平面図（里程を付加）

事区間が天井川区間であり，堤防外法尻に浸透水排水の水路が設置されている。2/24（2里24町）の横断図に制水堤の形状が示されている。1/20（1里20町）に設置された第1号床固の構造様式が示されている。**図-6.18**には河道平面図を示す。

6.5.4 ま と め

　この時代，改修河川の増加により堤防築造事例が増加した。欧米の堤防築造に関する経験則の多くはわが国の堤防築造に当たって取り入れられたが，わが国との沖積地の発達過程，気候風土，労働力の量・質の差異は，新たな取り組みを生み出す要因となった。

- 淀川，利根川では，掘削・浚渫・築堤の土工量が多く，早くから輸入機械による機械化施工が実施された。築堤における土砂の撒出量がモッコによる人力と機関車に引かれた土運搬車からの撒出量の差異は，築堤に当たっての撒き出し厚さ（教科書では15〜30cm程度）であるが，築堤時の土運搬車からの撒き出しの写真を見ると高撒きとなっている。作業効率向上・労務費の削減の要請から，やむを得なかったのであろう。

　　一方で，兵庫県の事業である武庫川では土工を人力によっている。その目的は景気後退に伴う失業者救済である。

- 武庫川の改修工事に見るように，堤防の築造は，河道の常水路幅の設定，堤防防護施設である高水敷幅，護岸・水制，床止工，利水秩序の維持のための床固工の設置，樋門の改良設置と相互に関係している。治水と利水計画は密接に関連する一体の計画である。県管理の河川では利水と治水はまだ分離（分業化）していないのである。

- 築堤に必要な土は，運搬費の増加を抑えるために，築堤部の近くの堤外地の掘削土砂を主体とせざるを得ず，堤防築堤土のふさわしくない砂や砂利を用いざるを得なかった。

- 武庫川，淀川では，良質土で法面を被覆している。また天井川である武庫川では，堤内裏法尻からの浸透水を集める集水路および法尻保護工を設置し，浸透による堤防の被災を防いでいる。伏流水を集める湧水池が存在し用水として利用されている。

205

●第6章●産業構造の変化とその対応

- 武庫川の第二期改修工事では，常水路（低水路）維持のため大規模な横堤である制水堤（両岸相対に30か所）および床固工（8か所）を設置している。勾配1/250の扇状地河川において移動床である部分の幅を積極的に狭める計画である。常水路幅の設定の考え方がいかなるものか不明であるが，同様な計画・工事が笛吹川支川日川（明治44年〜大正18年度の19か年施工）[28]，揖斐川支川牧田川（昭和6〜18年施工）[27]でなされている。流路幅を狭め河床に働く掃流力を大きくし，堆積性の河道を侵食性の河道の変える意図と判断される。流出土砂の多い河川における河川河道制御工法として，今日言う砂防河川工法である流路工法の考え方が取り入られているのである。

《注》

注1）昭和50年（1975）常願寺川の改修に関わった河川技術者の座談話会が行われた。昭和の初めから10年代ごろと推定される時期の土木局と土木出張所の関係について次のように発言している[29]。

　司会　そうすると，本宮堰堤と横江堰堤を最初に提案された方は富永（正義*）さんですか。

　鷲尾（蟄龍*）（大正8年東京帝国大学土木工学科卒*）　富永さん－それで，そのときにはぼくはまだ富士川の砂防に行っていた。あれだけ土砂の激しい富士川で，砂防堰堤がどれだけの作用をするもんかわからんけれども，とにかく一応の押さえどころとして非常におもしろい案だから，大いに賛成してそのまま計画を立てられた。それから手取川が－昭和5，6年に計画したんだから，はじめにそんな計画を立てられたのは昭和5,6年ころだろうね。そうしてそれが9年の大洪水をきっかけに工事がはじまった。

　河北　昔は今みたいにこっちからワアワア騒いで予算獲得なんかしなくて，土木局がとにかく順々にプロジェクトチームを作って，1カ月なら1カ月泊まり込みで測量をして帰ったんですよ。それで第一技術課でもってむかで（自在定規か*）を一生懸命測量した3千分のこんなものすごい厚いケント巻紙の上へ，ああでもないこうでもないと書いて河川改修計画ができて，それで総予算を出して何か年計画ということで。だからむしろ直轄の現場の方は予算がつくなんてことは夢にも思わなかった。夢というか他人事だったですね。

　司会　そのときは土木出張所でのプランニングはやってなかったですか。

　鷲尾　やれないんだ。

　河北　だから与えられた予算を執行するのが，当時の土木出張所の仕事だったんです。予算が多いとか，少ないとかいうのはとんでもない。「何を差出口をきくか」という感じだったな。

河川の改修計画の調査は土木局の技術課において測量実施し設計することになっていたのである。

《引用文献》

1) 山本三郎（1987）：河川法全面改正に至る近代河川事業に関する歴史的研究，（財）国土開発技術研究センター，pp.44-71

2) 山本弘文ほか（1980）：近代日本経済史，有斐閣，pp.85-147

3) 西川　喬（1969）：治水長期計画の歴史，水利科学研究所，pp.27-46

4) 武井　篤（1961）：わが国における治水の技術と制度の関連に関する研究，7章，京都大学学位請求論文

5) 河川行政研究会（1995）：日本の河川，建設広報協議会，pp.376-377

6) 今村奈良臣ほか（1977）：土地改良百年史，平凡社，pp.122-170

7) 中川吉造（1929）：第二期河川以下の小河川の改修計画に就て，水利と土木，第2巻第7号，pp.4-24

8) 沢本守幸（1981）：公共投資100年の歩み，pp.119-139

9) 土木史編集委員会編（1965）：日本土木史　大正元年から昭和15年，土木学会，pp.1077-1103

10) 物部長穂（1926）：わが国における河川水量の調節ならびに貯水量について（文献3），pp.65-69に所載）

11) 物部長穂（1928）：貯水による治水乃利水に就て，水利と土木，第1巻1号，pp.55-60

12) 岡部三郎（1920）：信濃川改修堰堤工事設計報告書，土木学会誌，第6巻第1号，pp.155-205

13) 富永正義（1965）：荒川上流改修検討の問題点（上）および（下），河川，1960年7月号および8月号，pp.14-26およびpp.20-26

14) 建設省土木研究所編（1972）：土木研究所50年史，建設省土木究所，p.3

15) 物部長穂，青木楠男，伊藤令二（1930）：北上川降開式転動堰模型試験，土木試験所報告，第15号

16) 物部長穂（1917）：河川ニ於ケル不定流ニ就テ，土木学会誌，第3巻第3号，pp.651-717

17) 物部長穂（1917）：再ビ河川ニ於ケル不定流ニ就テ，土木学会誌，第3巻第6号，pp.1577-1609

18) 中山秀三郎（1924）：自成水路内の砂の運動に関する模型実験報告，土木学会誌，第10巻第2号，pp.269-296（東京帝国大学工学部紀要第十三冊第六号の抄訳）

19) 長崎敏音（1912）：河工学，東京大倉書店

20) 岡崎文吉（1915）：治水，丸善書店

21) 君島八郎（1921）：河海工学第三編河工，丸善書店

22) 眞田秀吉（1926）：獨逸の河川に就て，土木学会誌，第12巻第6号，pp.1239-1242

23) 淀川百年史編集委員会（1974）：淀川百年史，建設省近畿地方建設局，pp.535-550，pp.1196-1201

●第 6 章●産業構造の変化とその対応

24）利根川百年史編集委員会（1987）：利根川百年史，建設省関東地方建設局，pp.587-661

25）千葉県関宿城博物館（2000）：企画展　利根川改修 100 年

26）兵庫県（1927）：武庫川改修工事概要

27）木曽川三川治水百年の歩み編集委員会（1995）：木曽川三川治水百年の歩み，建設省中部地方建設局，pp.201-202，pp.292-296

28）蒲孚（1922）：日川砂防工事，土木学会誌，第 8 巻第 5 号，pp.561-576

29）五十年史編集委員会（1975）：護天崖，北陸地方建設局立山砂防工事事務所，pp.155-158

第7章
技術者の自覚と技術の法令化
―昭和恐慌から敗戦まで―

7.1　昭和恐慌から敗戦までの治水の動きと技術界

　昭和4年（1929）10月24日，ニューヨーク株式市場での株式の大暴落（暗黒の月曜日）に端を発した恐慌は，またたくまに世界に広がり世界大恐慌となった。その影響は，昭和5年（1930）春，日本にも波及し「昭和恐慌」と呼ばれる大不況となり，農村や都市で深刻な社会政治的危機となった。失業者の増大に対して失業救済事業（⇒注1）の強化を行ったが十分なものではなかった。このようななかで翌年4月に成立した若槻内閣は，浜口内閣の政策を受け継ぎ，金輸出解禁（昭和5年1月11日実施），産業合理化，財政緊縮，行政整理の方針で臨んだ。軍縮促進のワシントン体制下で対米英協調の外交を取りつつ，米英資本の強力を得ながら，インフレ体質の日本経済の建て直しを図るものである[1]。次年度予算に対して1億2千万円に上る行政整理案を示し，内務省直轄工事の大部分を地方に移管し，内務省土木技術者を整理しようとした[2]。

　昭和6年（1931）9月18日に始まった満州事変，9月21日英国の金本位制停止は，井上財政の破綻を決定づけるものであり，この案は受け入れられるものとならず，12月犬養内閣の発足（12月13日）とともに即日金輸出再禁となり，景気対策失業対策に対する手段として土木事業，時局匡救事業などの積極的な財政支出を伴う「高橋財政」が始まる。

209

●第 7 章●技術者の自覚と技術の法令化

7.1.1　時局匡救事業と災害復旧工事

　昭和 7 年（1932）5・15 事件によって犬養内閣は倒れ，斉藤実首相による
いわゆる挙国一致内閣が成立した。6 月第 62 国会の農村救済決議を受けて，
8 月の第 63 臨時国会で農村救済のための諸法律案とともに，時局匡救のた
めの追加予算案が成立した。事業費は総額 8 億円余（そのうち，国の負担が
6 億 2 千万円），昭和 7 年度 2 億 6 千万円，昭和 8 年度 3 億 4 千万円，昭和 9
年度 2 億円であった。

　治水関係では，直轄改修の新規改修および既定工事の繰上げ・追加，なら
びに府県施工砂防工事費の追加を行い，さらに中小河川改良費補助の制度を
新設し，府県施工中小河川の改修費に対して半額を国庫補助とすることにし
た。

　昭和 7 年には，66 河川に中小河川改良費が補助され，翌年には新規に 35
河川を採択し，昭和 5 年以来実施の 3 河川と合わせて，105 河川に事業を実
施した[3]～[5]。

　ここに昭和 5 年から始まった中小河川改修に対する国庫補助が，農村救済
という目的のために拡大したのである。

　昭和 6 年（1931），明治 44 年（1911）の「府県災害土木費国庫補助ニ関ス
ル件」を大正 8 年（1919）改正したものを再度改正した。改正後の勅令「災
害土木費国庫補助規定」によると，「国庫は府県災害土木費が地租費の 1/7
を超過するときは，次の区分で補助することができる」とし，その補助割合
は以下のようであった。

・超過額中地租額の　　1/2 以下は 4/10 以内
・　　　　〃　　　　　1/2 ～ 3 倍までは 5/10 以内
・　　　　〃　　　　　3 倍～ 5 倍までは 6/10 以内
・　　　　〃　　　　　5 倍～ 7 倍までは 7/10 以内
・　　　　〃　　　　　7 倍を超過する部分は 8/10 以内

　その後，これは昭和 16 年に地租額の 2/7 を超過するものに対して，一律
2/3 を補助することに改正された[3]。

210

7.1.2 第三次治水計画

大正 10 年（1921）決定した第二次治水計画は，その後，

① 未着手河川が相当あったこと

② 河川開発（水力発電，水道用水等）により水力発電施設をはじめ水道用水等の施設が増大し，既得水利利用者や漁業者，木材業者などの河川利用者の間に権利関係の紛争が生じたこと

③ 農業，水道，道路などの流域開発活動との調整の必要なことが増加したこと

④ 直轄河川上流の河川，中小河川の荒廃が甚だしく対策が必要となっていたこと

があり[3]，ここに，昭和 6 年（1931）に河川委員会の設置が閣議決定され，その予算措置もされたが，河川単独ではなく道路・港湾等を含め総合的検討を要するということで，本委員会の単独設置は廃案となった。また，さきの時局匡救土木事業で中小河川等については，予算措置が図られたが，根本的な治水計画とはいい難いものであり，ここに昭和 8 年 6 月土木会議の設置に関する閣議決定を経て予算措置が講じられ，同年 8 月土木会議官制の制定をみることとなった。同年 10 月には，「第三次治水計画に関する件」を討議するために，河川部会が開催され，治水に関し次のような事項が決定された。

① 直轄河川については未着手 41 河川のうち，緊急に改修の必要な 24 河川を選び，今後 10 年内に着手し，15 か年以内に竣工させるものとした。

② 中小河川改修については，当時施工中の 97 河川を継続工事とし，その他の河川にも助成を行い，中小河川改修費総額を 15 か年で 2 億 4 648 万 6 000 円にし，その 2 分の 1 を補助するものとした。

③ 砂防計画については，府県の補助砂防が主体であったが，19 河川について直轄事業とし，補助砂防の国庫補助（時局匡救土木事業以前は 1/4）を 2/3 とした。

④ 第三次治水計画遂行に対して 15 か年内に国費 3 億 3 800 万円余を支出することとし，その財源は国家財政における普通財源に多くを期待できないので，もっぱら公債財源により所定年度内に事業の完成を図り，

●第7章●技術者の自覚と技術の法令化

　治水の目的を達成することを望むとした。

　本計画は，昭和9年（1934），10年と連続した大災害と昭和12年（1937）盧溝橋事件に始まる日中戦争によってすぐに破綻してしまう[3]。

7.1.3　水害防止協議会

　昭和9年（1934），10年の水害頻発に対し，土木会議に水害防備の方策に関して諮問され，昭和10年10月の土木会議は，「水害ノ防備策ノ確立ニ関スル件」と「治水事業ノ促進ノ関スル件」の決議を行った。この審議過程において10年10月水害防止協議会が設置されることになった。

　本協議会は特別小委員会（関係行政機関の連絡調整・法規改正・予算措置等）と4つの分科会からなっている。

・特別小委員会

　治水事業等の拡充促進と各種施設および行為に関する関係行政機関の連絡調整・法規改正および予算措置等

・第1分科会

　鉄道・道路・橋梁・鉄塔・電線路・建築物および不用土処分に関する事項

・第2分科会

　農林省所管に関する事項として取排水施設・林業開墾・流木・河口船溜等の協議

・第3分科会

　河川堰堤規則と水害防止協議会の設置を決めたときの土木会議による河川統制に関する決議に基づく「堰堤」の討議

・第4分科会

　治水上重要な関係を持つ鉱山に関する事項

　ここに，各分科会の決定事項を協議会の決定事項とし，河川に関する各省の連絡機関としての「河川協議会設置規程」を付帯事項として可決した[3]。

　河川に関する協議内容については，**7.2**において記す。

7.1.4 河水統制事業

大正末期から総合的河川開発を図るものとして，利水調査の予算要求はあったが，農林・逓信両省からの要求もあり大蔵省ではその一本化を求めていた。

このような状況下にあって，先の水害防止協議会の設置を決めたときの土木会議では，「水害ノ防備策ノ確立ニ関スル件」の一項目として，「河水統制ノ調査並ニ施行」に関する提言を行っている。

昭和12年には内閣に河水調査協議会を置くことを条件に3省に調査費が認められ，64水系を調査の対象として各省で分担して水利調査を実施することとなった。

河水統制と同様な多目的事業は，県の計画をもとにすでに実施の段階に入ってはいたが，制度の確立が未定であり県単独で実施されたり電力会社との共同事業等であったり統一されていなかった。

昭和15年度には，河水統制補助事業として共同施設費の1/4を補助とする制度が発足し，直轄事業としては直轄河川改修の一環として多目的ダムの建設などを実施することとなった[3]。

河水統制事業として手の付けられたのは，25事業に及んだが，戦争のため竣工したのは8事業，敗戦時継続中のもの8事業，事業を廃止し発電単目的として引き継いだもの1事業であった[6]。

7.1.5 戦時統制経済と河川事業費

昭和7年（1932）満州国建国，翌8年3月国際連盟脱退，11年（1936）2月2.26事件，11月日独防共協定調印，12年7月日中戦争の開始，9月臨時軍事費特別会計，13年4月国家総動員法公布，電力国家管理法公布，14年4月米穀配給統制令公布，5月ノモンハン事件，7月国民徴用令公布，日米通商航海条約廃棄，10月価格等統制令，15年9月北部仏印へ進駐，10月大政翼賛会発会式，16年4月日ソ中立条約調印，12月対米英宣戦布告と打ち続く戦線の拡大と戦争に向けての経済統制が進む。なお，「消防組規則」は，14年「警防団令」として再編され，消防・水防の外に防空の任務が付け加

●第7章●技術者の自覚と技術の法令化

えられた。

　昭和16年（1941）9月，日本は戦時体制に入り，内務省官制が改訂され，土木局，計画局が廃止され，国土局，防空局が設置された。国土局は総務課，計画課，河川課，道路課，港湾課の5課となり，土木局の第一，第二，第三

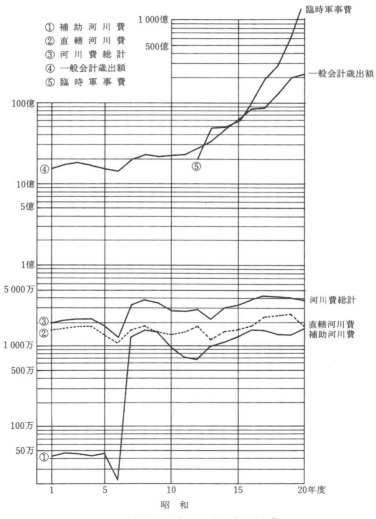

図-7.1 国の歳出額と河川費の比較[3]

技術課に集まっていた技術官は，それぞれの課に分属され事務と技術の一体化が図られた。

戦時統制経済体制は 2.26 事件を契機に一気に進み，公債増発による軍拡財政が強行されたのである。

図-7.1 は昭和元年から 20 年の国の歳出額と河川費の比較を示したものである[3]。また，**図-7.2** は昭和 9 ～ 11 年の物価指数を 100 とした内務省所管土木工事費（治水事業）の物価指数の年度変化を示したものである。昭和 12 年（1937）以降の軍需インフレによって物価が上昇したので，この戦争期には，河川に対する投資が実質的に急減し，河川が荒廃していったのである。

戦争末期には建設用資材が不足し，竹を鉄筋の代用とするようなことも試みられ，国民を動員する水防・防空体制の強化が叫ばれた。

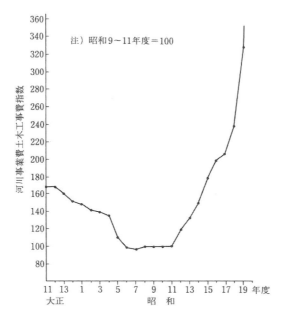

図-7.2　大正 11 年（1922）～昭和 19 年（1944）度の河川事業費土木工事費指数（昭和 9 ～ 11 年度＝ 100）（建設省建設経済局調査情報課，河川便覧平成 6 年度）

7.1.6　河川関係技術維誌の発刊と技術者運動

　昭和3年（1928）7月，内務省土木局の後援の下で月刊誌『水利と土木』が発刊された。発刊の目的は巻頭言によれば

　「此等多岐に亘る水利土木に関する行政竝技術に関する専門的知識の国民化を図ることは普通の今日に於て最時宜に適ふものと謂はねばなりませぬ。蓋し現代に於ける我国の政治竝政治思想の幼稚なる今日尚帝国議会は職業政治家の空漠なる政治原則の抽象論に終始して居る始末であって，我々国民の実生活に直接する具体的政策問題は兎角軽視せられつつあり，心ある国民の総てが衷心遺憾とする所であります。

依てここに国民の経済生活の充実に密接の関係を有する水利と土木に関し新時代の為政家，斯道の大家，真面白なる行政官，真摯なる学者研究家の論策，研究を披露し又中央竝地方に於ける斯界の実状動静を紹介して以て聊か土木界竝国民生活の向上に貢献したいと考へまして『水利と土木』を発行することにしたのであります。（原文旧字体）」

であった。執筆者は，主に内務省土木局および府県の土木水利行政を担当する事務官および技術官であり，内容は土木水利行政，工事報告，土木水利に関する調査研究，土木水利行政関係者の人事情報等であった。本誌は「土木就中河川水利等に関する知識及技術の国民化を企図」するのみならず，河川に関わる官庁土木技術者の技術情報の交換の場となった。

　昭和5年（1930）には土木協会が創設され，会長中川吉造（当時内務技監）のもとに官庁土木技術者が相集まって，会員の融和，懇親を図り，人格の向上と技術の研鑽とに砕き，地位の向上に向かつて努力し，機関誌『土木』を発刊した。これは会員間の技術情報の交換の場ともなり，河川技術に関する論文も発表された。このように内務省および道府県庁に在職する土木技術者が集結した主要因として，文官と技術官の待遇の差別がある。

　明治20年（1887），文官試験試補および見習規則が公布され，これによって帝国大学法科大学を卒業した者は，そのまま高等文官となれることが定められ，法科大学が高級官僚の特権的供給源となっていた。明治26年（1893）には官史任用制度に修正が加えられ，文官任用令と文官試験規則が出され，

法科大学卒業生は文官高等試験を受けて任用されることになった。文官試験合格者の特権と地位は高いものであった。一方で帝国大学工科大学，農科大学，医科大学などを卒業して官僚になった技術官は，任用と昇進について傍系的な別枠が用意され，高等文官試験合格者と比べ，その地位，権限も低いものであった[7]。

このような差別待遇に対して，大正期には技術者の地位向上運動が起こっていた。例えば，大正 6 年（1917）12 月工学界の重鎮である工学会の会長古市公威は，帝国大学工科大学卒業者である 21 名と時の寺内正毅内閣に対して文官任用令改正の建議をなし，技術官の地位向上を望んだが受け入れられなかった。大正 9 年（1920）には，後に企画院次長となる宮本武之輔（大正 6 年東京帝国大学土木工学卒）は，土木技術者を中心として日本工人倶楽部を結成し，技術界の覚醒，技術界の団結，技術者の社会的機会均等のために活動を始めていた。この日本工人倶楽部は昭和 10 年（1935）会名を日本技術協会と変更した。この協会は昭和 13 年（1838）4 月の国家総動員法における技術者の動員，組織化に主導的な役割を演じ，国家革新の最前線を担った[8]。

土木技術者の境遇改善が官庁技術者の総意だったのである。土木協会は昭和 16 年（1941），土木倶楽部，昭和土木工学士会の内務省系土木技術者団体と合同して新団体を結成し，機関紙『土木』の発刊はここで終了した。この昭和 16 年 5 月第二次近衛内閣のもとで科学技術新体制確立要綱が閣議決定され，「高度国防国家完成ノ根幹タル科学技術ノ国家総力戦体制ヲ確立シ科学ノ画期的振興ト技術ノ躍進的発達」を図り，もって「大東亜共栄圏資源ニ基ク科学技術ノ日本的性格ノ完成ヲ期ス」ことを目的とした。この要綱に応じ，昭和 17 年（1942）2 月，技術院が設置され，12 月には科学技術審議会が設置され，戦時体制に応える科学技術研究機関の統合整備や科学技術者の動員を通して研究課題の効率的執行を図ろうとした[9],[10]。昭和 18 年（1943）8 月には「科学研究の緊急整備方策要綱」が閣議決定され，研究機関は戦争遂行の目的に総動員され，研究目的もこれに応じる課題に集中された。内務省土木試験所においてもダムの耐爆性能の研究や南方でのマラリア対策のためボウフラの発生する川の水をフラッシュする方法の研窮等がなされた[11]。

●第 7 章●技術者の自覚と技術の法令化

また，多くの技官が軍務に戦地に動員されていった。

　大正期中ごろから昭和の初めごろの土木系技術者の自覚的運動は，こうして国家総動員体制の中に取り込まれていった。この総動員体制は技術官僚の力なしにはなされなかったものであり，国家運営における技術官僚の相対的位置関係の上昇であり，この流れにある意味で主体的に飛び込んでいったのである。

7.1.7　水理模型実験，水理学，土質工学，機械化

　昭和に入ると，流水を制御する構造物が大型化し，構造物が河道および流水に及ぼす影響が大きくなり，構造物の流水制御機能および河道への影響を適確に評価することが求められた。内務省土木試験所での河川構造物関係の実験としては，北上川降開式転動堰模型実験 [12]，荒川岩淵水門に関する水理実験 [13]，利根川田中遊水地越流堤の水理実験 [14]，江戸川河水統制水門に関わる実験 [15], [16]，利根川河口処理に関わる模型実験 [17]，神崎川分流に関する模型実験 [18]，鴨川の床止め工のための実験 [19]，などが次々行われた。このような水理実験を通して相似律に関する知見と実験手法が蓄積されていった。また，種々の河川水理現象に関する実験や理論的研究も行われた。それらを担ったのが，青木楠男（大正 7 年東京帝大土木工学科卒），安藝皎一（大正 15 年東京帝大土木工学科卒），伊藤剛（昭和 4 年東京帝大土木工学科卒），本間仁（昭和 5 年東京帝大土木工学科卒），横田周平（昭和 10 年東京帝大土木工学科卒），佐藤清一（昭和 13 年北海道帝大土木工学科卒）ら，戦後の河川工学，水理学を担った人材であった。

　大学では，このころ水理学の講義が行われ，また，大学教官たちが水理学的観点に立った研究論文を発表するようになった。ここに水理学を共通基盤とする研究集団が生まれ，河川工学の主流パラダイムとなっていく。

　水理施設（樋門，樋管，水門）の設計に当たっては，従来，煉瓦・石材およびそれらと鉄筋コンクリートの合成工法から鉄筋コンクリート（RC）構造が全面的に採用されだし，水圧や土圧 [クーロン（Coulomb：1736-1806）の土圧論（1773 年にクーロンが発表したもので，土を剛体と考え，平面のすべり面に沿って楔状に土が抜け出すときに構造物に作用する土力を求める

もの）やテルツァギ（Terzaghi：1883-1963）の土圧論］を考慮した力学的設計，またダルシー則を用いた浸透量や間隙水圧の評価，昭和2年（1927）の信濃川大河津分水路の可動堰の破壊後の復旧工事を契機にレーンのクリープ比（⇒ **10.3.5**）やブライの係数を用いた堰や頭首工の浸透流による基礎の浸透破壊に対する安定性の検討が始められていたが[20]，堤防については土質力学的評価の進展は十分なものとは言えず，技術的には従来型の経験則によるものであったと言える。

　また，土工の機械化については，失業者救済として人力の使用が重用され，機械力の使用が排撃され，また農村救済策として土木事業が分散小予算化されたこともあり，停滞してしまった。河水統制事業による大ダムの建設では輸入機械による機械化施工がなされたが，戦時経済のなかで機械輸入ができず，さらに国産化が進まず，資材および技術動員の軍事優先のもと発展の芽はつぶれてしまう。戦時下，横田周平（昭和10年東京帝国大学土木科卒，内務省土木試験所，荒川，入間川河川改修工事に従務）著『国土計画と技術』[21]（商工行政社，昭和19年刊）に書かれた官庁河川技術者の技術論（⇒注2）にその危機意識（わが国における土木技術の跛行的性格に対する焦燥感と克服意識）が現れている。

7.2　河川技術の法令化と標準化

　河川改修工事は，河道の平面形状，縦断形，横断形を計画に合わせて作り上げていくものであり，これによって堤内地の土地利用や氾濫頻度が規制される。逆に改修計画の立案者は流域の条件に規制されたなかで計画を立案することを強いられる。限られた財を最適配分するという観点からも改修計画の内容は制約される。改修計画の技術は内務省土木局が国の仕事としてこれを行う限り，一種の法令化，標準化の方向に向かわざるを得ない。

　明治・大正期を通して欧米技術を学んだ先導的河川技術者が実施した技術内容が，内務省土木局に集中，統制され技術の標準化が進んだのが，この時期だった。水害防止協議会の決定事項と内務省の河川技術者が書いた河川工学書などにより，この動きを見てみよう。

●第 7 章●技術者の自覚と技術の法令化

7.2.1　水害防止協議会決定事項

　水害防止協議会は，内務省 21，農林省 23，鉄道省 22，逓信省 12，商工省 3，宮内省 1 の合計 82 名の関係各省の技術官で構成される大協議会であり，昭和 10 年（1935）10 月の土木会議の決議事項の技術的基礎要件を各省の利害を調整しつつ固めるものであった。決議内容のうち，堤防に関わるものを取り出すと

水害防止協議会決定事項[22]

　近年全国各地ニ頻発スル水害ノ実状ヲ観ルニ，其ノ原因一ニシテ足ラスト雖モ，要ハ水源山地，渓流及河川ニ於ケル治水的施設不充分ナルニ加フルニ，国民多ク治水ニ関スル管理ト認識トヲ欠キ，此等施設ノ維持管理ヲ等閑ニ付ルトコロ極メテ大ナリ。仍テ水害ノ防止軽減ヲ期センカタメニハ，治水事業其ノ他水害防止上必要ナル各種事業ヲ拡充促進スルハ勿論，水源山地，渓流及河川ノ全般ニ亘ル各種施設及行為ニ関シテハ，関係各官庁間ノ緊密ナル連絡ニ因リ，下記各項ノ実現ニ努ムルノ要アリ。依ツテ直チニ実行シ得ヘキモノハ関係各省ヨリ管下各関係官庁ニ通牒シテ，之カ徹底ヲ図リ，法規ノ改正又ハ予算ノ成立ヲ必要トスルモノニ就テノ，関係各省ニ於テ速カニ之カ実現ヲ計ルヲ以テ喫緊ノ要務ト認ム。

　［一］一般に関する事項

　　（三）既改修河川ニ就テハ堤防，護岸共他ノ工作物ヲ維持完全ナラシムルハ勿論，土砂ノ流出堆積ニヨル河床ノ上昇ニ関シテハ浚渫其ノ他適当ナル河積維持ノ方策ヲ構スルコト

　　（十三）灌漑用取水堰堤ニシテ治水上著シク支障アリト認メラルルモノハ適当ノ補助ヲ与ヘテ之カ改造ヲ促進スルコト

　　（十五）河川工事其ノ他河川ニ設クル工事ノ計画及其ノ実施ニ当リテハ，治水及利水上ノ影響並既存ノ工作物，沿岸漁業等ニ就テ充分ニ考慮スルコト

　　（十六）治水ニ関係アル事業ノ計画並之カ実施ニ就テハ，関係各官庁間ノ連絡協調ヲ一層緊密ナラシムルコト

　［三］橋梁ニ関スル事項

220

（九）橋台ハ有堤河川ニ在リテハ高水法線ヨリ（堤外側ヘ*）突出セシメス，無堤河川ニ在リテハ治水上支障ナキ様其ノ位置ヲ決定スルコト

（十）径間中央ノ桁下高ハ下記標準ヲ下ラサルコト

最大流量	径間中央ノ桁下高
毎秒　100 m³ 以上	高水位上　　1 m
毎秒　300 m³ 未満	
毎秒　300 m³ 以上	高水位上　　1.2 m
毎秒　2 000 m³ 未満	
毎秒　2 000 m³ 以上	高水位上　　1.5 m

　（注）前項ノ高水位トハ改修河川又ハ改修計画定マレル河川ニ在リテハ其ノ計画高水位ヲ謂ヒ，一定ノ改修計画ナキ河川ニ在リテハ既往ノ最大洪水位ヲ謂フ。橋梁ニ相当縦断勾配アルカ其ノ特別ノ理由アル場合ニハ，橋梁ノ主要径間ニ非サル径間部分ニ於テハ，其ノ桁下高ヲ両端径間ノ中央ノ桁下高カ下記標準ヲ下ラサル範囲迄之ヲ逓減スルコトヲ得

最大流量	両端径間中央ノ桁下高
毎秒　2 000 m³ 未満	高水位上　　0.8 m
毎秒　2 000 m³ 以上	高水位上　　1.2 m

水面勾配極メテ急ナル河川，流量極メテ大ナル河川又ハ土砂ノ流出多大ニシテ河床上昇ノ虞アル河川ニ在リテハ，前二項ノ標準ヲ相当高ムルモノトス

　（注）前項ノ流量極メテ大ナル河川トハ，毎秒七千立方米以上ノモノヲ謂フ第一項及第二項ノ標準ハ下記各号ノ場合ニハ之ヲ相当低下スルコトヲ得

　　（i）洪水時ニ於ケル流速緩ナル河川

　　（ii）用悪水路

　　（iii）其ノ他架橋ニ関シ已ムヲ得サル場合

（十一）橋脚ノ天端高ハ高水位上三十糎ヲ下ラサルコト。但シ橋梁ノ主要径間ノ中央ノ桁下高カ前号第一項ノ標準ニ三十糎ヲ加ヘタルモノヨリ大ナル場合ニ限リ，最低橋脚天端ヲ高水位ニ低下スルコト得。前号第

●第7章●技術者の自覚と技術の法令化

四項ノ場合ニツキ亦同シ

［五］建築物ニ関スル事項

（一）特殊ノ場合ノ外堤防又ハ河岸ニ接近シテ建築物，溝渠又ハ井戸ヲ設ケサレコト

［六］不用土砂処分ニ関スノレ事項

（一）不用土砂ハ之ヲ河川又ハ河川ニ流出スル虞アル場所ニ放棄セサルコト。但シ已ムヲ得ス之等ノ場所ニ放棄スレ場合ニ於テハ治水上支障ナキ様土留堰堤，土留工等ヲ設クルコト

［七］取水及排水ノ設備ニ関スル事項

（一）取水及排水ノ設備ハ出来得ル限リ之ヲ統一シ成ルヘク其ノ箇所数ヲ減スルコト

（二）下流平地部ニ築造スル取水堰堤ハ治水上ノ影響ヲ十分考慮シ且比較的高キモノハ成ルヘク可動堰ト為スコト

（三）堤防ニ設クル樋門，樋管等ハ破堤ノ原因ト為ラサル様最モ堅固ナル構造ト為シ特ニ縦断ノ方向ニ対シテハ充分ナル耐力ヲ与フルコト

（六）堤防ニ接近シテ水路ヲ設クル場合ニハ之ニ十分堅固ナル護岸ヲ施スコト

［八］林業ニ関スル事項

（四）河岸ニ於ケル植林ハ治水上支障アル場合ニハ之ヲ行ハサルコト

［十二］堤防，低水路ニ関スル事項

（一）堤防ハ其ノ材料ニ適応セル滲潤線ヲ予定シ必要ナル断面積ヲ有セシムルコト

［十六］鉱山（砂鉱ヲ含ム），採石ニ関スル事項

（三）河川敷，堤防敷及河川付近地内ニ於ケル坑内採掘跡及不用坑道ハ陥落防止及水密ニ関シ適当ナル方法ヲ講スルコト

　河川流域で行われる開発行為による河川・堤防に害的側面が目に見えるようになり，開発サイドによる外部不経済を内部化すること，逆に開発サイドが洪水によって被害が生じないよう対応することが必要とされ，総合調整ルールが取り決められたのである。また，増大する河川構造物，許可工作物に対する標準仕様が行政行為の恣意性排除のため取り決められたのである。

222

しかしながら基準は十分な量的規定となっておらず，これについては戦後に持ち込された。

7.2.2 内務技師による河川工学書の出版

昭和の時代に入ると第一次および第二次治水計画の経験を踏まえた河川工学書が出現する。これらの計画・改修工事を担った内務技師が，内務省土木局の河川改修方式，技術を普遍化し拡げるために河川工学として体系を持った教科書を書きはじめる。内務省土木局の考えている河川技術体系の標準化が進み，その普及が求められたのである。

昭和8年（1933）内務技師として河川改修を担ってきた福田次吉（明治42年東京帝国大学土木工学科卒）が，常磐書房から『河川工学』[23]を出版した。昭和11年（1936）には宮本武之輔が修教社から『治水工学』[24]を出版した。この本は宮本が東京帝国大学の土木工学料の教授併任であったので学生の教科書として使われた。さらに昭和17年（1942）岩波出版から土木局技術課で多くの河川改修計画に携わった富永正義が『河川』[25]を出版した。

目次より三書の章立て構成を示すと表-7.1のようである。三書の著書名は異なるが，その内容は似ており，河川の地形，水文，水理に関する基礎的知見を示し，高水工事，低水工事，河口改良工事の基本的考え方，さらにこれらの工事に必要である河川構造物の設計法や事例を示すという構成となっている。主に福田の著書より堤防の技術に関するものを抜き出し，かつ宮本，富永が福田と異なった考えを示したものについて書き加えることとする。

（1）高水工事の分類
富永は高水工事は施工の原理より，これを3つに大別することできるとし，

① 水源工事（砂防工事）	堰堤
	山腹工事
② 洪水疏通力を増加せしむる工事	堤防
（河道工事）	掘鑿及び浚渫
	捷水路
	附替

223

●第7章● 技術者の自覚と技術の法令化

表-7.1　3著書の目次構成，章立て

福田次吉『河川工学』	宮本武之輔『治水工学』		富永正義『河川』
1　水流の成因	第1編 総論	1　河川	1　総　説
2　流　域		2　流域	2　河水の成因
3　流　路		3　流路	3　流出量
4　河川の縦断形及横断形		4　断面	4　流域及流路
5　水　位	第2編 気象	1　気象	5　河川の水理
6　流　量		2　気圧	6　河川調査
7　流水量		3　風	7　流　水
8　流　速	第3編 水文	1　降雨	8　高水工事
9　河川調査及改修		2　蒸発及び滲透	⑨　堤　防
10　洪　水		3　地表水及び地下水	10　堤防と関係ある工作物
11　高水工事		4　水位	11　護岸水制
⑫　堤　防	第4編 水理	1　水流	12　低水工事
13　護岸及水制		2　流速	13　河口改良工事
14　低水工事		3　流量	14　洪　堰
15　河口改良工事		4　洪水	15　閘　門
16　閘　門		5　河川涵養	16　最近に於ける我国河川工事の趨勢
17　堰	第5編 高水工事	1　総説	
18　水門その他		2　砂防工事	
19　内務省直轄河川改修工事		3　洪水調節	
		4　新川開鑿	
		⑤　堤防	
		6　護岸	
		7　水制及び床固	
	第6編 低水工事	1　総説	
		2　堰堤	
		3　閘門	
		4　水門其の他	
		5　河口改良	
	第7編 河川改修及び維持	1　河川改修	
		2　維持及び管理	

③ 流量調節工事　　　　　　　　洪水調節池

遊水池

溢流堤（越流堤＊）

とした。福田は，①を除いたものを高水工事としている。

(2) 堤防の種類

本堤，副堤，霞堤，輪中堤，横堤，背割堤，廃堤を挙げ，説明している。

(3) 堤防断面の部分名称

堤防断面図として**図-7.3**を提示し，その部分名称を以下のように示した。

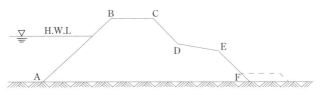

図-7.3 堤防断面[23)]

BC：天端幅（単に天端）・場踏　AB：表法・外法　CD・EF：裏法・内法
DE：裏小段　B・C：法肩　A・F：法尻　AF：堤敷幅

表に小段を設ける場合は表小段という。点線のごとく堤防法尻に沿って在来地盤よりわずかに高い平場を犬走りという。

ここに，今日使用されている名称が提示され，一般化された。

(4) 堤防の断面を定める主要素

堤防断面形状を定める主要要素として①水圧（土圧，地盤の支持力・沈下，浸透による法崩れに関する記述を含む）②水流（流水による法面侵食）③波浪 ④溢流 ⑤動物および植物，を挙げている。記述の内容は，**6.3**で記した長崎，岡崎，君島の内容を超えていない。なお，波浪については，渡良瀬遊水地の囲繞堤の設計施工の検討に当たって必要技術情報であったこともあり，波浪を算定するスティブンソン（Stevenson）の式

$$h = 0.45 f^{1/2} + (0.75 - 0.3 f^{1/4})$$

が紹介され，渡良瀬遊水地では $h = 1.1$ m と評価している。ここで，h は波高（m），f は対岸距離（海里 = 1 852 m）である。

●第 7 章●技術者の自覚と技術の法令化

（5）計画横断面の決定

　低水路の幅員および水深を定めるには，在来の横断面のある区間の平均の
幅員および水深を計算したものを参考として採用すればよい。（低水工事の
ように*）ある水深が必要となるときには水深を定め低水流量を流過せしめ
るような幅員を定める。高水敷の高さは平均低水位上 1 m 内外とするのが
普通である。ある断面における計画高水位，低水路の大きさ，高水敷の高さ
が定まれば，計画洪水流量に対して必要な河幅を計算しうるとしている。

　この計算に必要な流速公式とはクッター（Kutter）式（⇒注 3）が最も用
いられるとし，その他フォルヒハイマー（Forchheimer）式とマニング
（Manning）式を示している（⇒注 4）。クッター式の n の標準値としては，
低水路 $n = 0.025 \sim 0.035$（富永は $0.020 \sim 0.035$），高水敷 $n = 0.027 \sim 0.040$
（富永は $0.030 \sim 0.050$），低水路と高水敷を区別しないときは $n = 0.025 \sim$
0.035 であるとし，非常に鈍流あるいは転石のある急流では n を大きく取る
としている（鈍流において n を大きくする根拠不明，高水敷上の遅い流れ
のことか*）。

　高水敷の高さを平均低水位上 1 m としているが，これは低水工事におけ
る航路用水制の頂面高に倣ったものと考えられる。しかしながら実際の河川
の河岸の高さが平均低水位上 1 m 程度となるのはセグメント 3（⇒第 2 章
注 4）しかなく，大部分の河川はこれよりも高い。この基準は適切とはいえ
ないものである。

　富永は，計画横断面の測定に当たっては，高水敷と低水路に断面を分け，
おのおのの流過流量の和が計画高水流量より小さい場合の対処として，高水
敷の幅を広くする（堤間幅を広くするの意と考える*），高水敷を掘削する 2
方法を示している。

（6）堤防線の選定

　堤防線（堤防の表肩を基準とするが，堤防天端の中心をもって表すことも
ある）の選定について以下のように述べている。

　① 両岸堤防間の河積は最大流量を流過せしむるように河幅を定める，河
　　幅が過小なるときは，洪水のつど堤防の脅威を感ずる。

② 新しく堤防を築設する場合には両岸の堤防はなるべく流路より等距離にあるを可とす。ただし小河川にては数多の小さく屈曲があるから，これを実施すると困難である。
③ 両岸の堤防はなるべく並行せしめ，急に湾曲しないようにする，すなわち低水路が著しく曲流していて

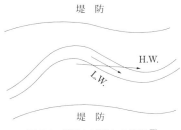

図-7.4 堤防と流路との位置 [23]

もこの湾曲に倣はず，**図-7.4** のごとく洪水の際の水流の方向に倣って堤防をつくり，水流が堤防に激突せざるようにする。この方法にては堤防は凹岸にては湾曲の頂点に近づけ，凸岸にては湾曲の頂結より後退せしめるのである。
④ 地形上やむをえず堤防線を急に湾曲せねばならぬ箇所では，堤防間の距離を幾分拡大するを可とす。
⑤ 法先には充分の堤外地を残して，流水のため侵食せられないようにする，これを注意しないときは堤防が危険となることがある。なお相当幅員の堤外地あるときは築堤新設の際のみならず，将来の維持のため築堤土を採取することができて有利である。
⑥ 地形上やむをえず凹岸の堤防法尻が低水路内に入るようなところでは，少し堤防線を後退せしめて堤防の安全性を図る。
⑦ 河積の関係にて在来の旧堤を除去せねばならぬときは別なれども，必要なる河幅以上の箇所に旧堤あるときは，差し支えなき限り新堤を設けず，旧堤を利用して築堤用地買収面積を少なくする。
⑧ 河川の上流部の勾配急なる箇所にては，堤防を連続せしめず適当の箇所にて霞堤とするときは堤防も安全となり，かつ多少洪水流量を調節し，従来の洪水位を高むこともわずかに止まる，なお全部を堤防で囲むよりも（内水の*）排水上良好である。
⑨ 堤防はなるべく堅固なる不浸透性の地盤の箇所に設けたい。地盤が軟弱なるところまたは沼沢地につくるときには堤体の沈下を来し，新設および維持費を増大するからかかる箇所はなるべく堤外地とするよう

●第7章●技術者の自覚と技術の法令化

にする。

⑩ 時としては大なる部落または大切なる建築物等を堤内に入れるために
やむをえず堤防線を少しく変位することもある。

⑪ 幹川と支川との合流点においては，堤防はなるべく鋭角に合せしめて，
水流を衝突せしめず，土砂の堆積を避けねばならぬ。なお両川の洪水
の流下を円滑にするため，高さを低くしたる長き分流堤（導流堤*）を
設けるのがよい。

このようにわが国の改修工事の経験を踏まえた実践的な指針が示されてお
り，経験の蓄積が感じられる。

（7）堤防の余裕高

余裕高として相当の箇所にては 1.5 m，重要なる箇所では 1.8 m，小河川
では 0.9 〜 1.2 m とし，稀に 0.6 m とすることもあるとしている。堤防築堤
時の余盛りは築堤高の 1/8 〜 1/12 とし軟弱の場合はこれを増すとしている。

富永は余裕高の標準として**表-7.2** を示し，計画高水流量の大小で余裕高を
変化させるものとした。昭和 10 年代に余裕高の標準値に変化があったので
ある。

なお，富永は余裕高に見込まれるべき量として次のことを挙げている。

① 将来計画高水流量を超過する洪水に対する余裕

流量が n ％越えれば水位は約 $2/3n$ ％増加するとしている（この関係は
マニングの流速公式より求められるものである*）。

② 将来の土砂堆積に対する対策

利根川の佐原下流では年約 3 cm の堆積があることを示している。

表-7.2 『河川』（富永正義著）による余裕高 [25]

計 画 高 水 流 量	天端余裕高
300 m³/s 未満	1.0 m
300 m³/s 以上 2 000 m³/s 未満	1.2 m
2 000 m³/s 以上	1.5 m
流量極めて大なる河川 水面勾配極めて急なる河川	2.0 m

③ 河幅の広い場合，特に遊水地における波浪

④ 河道湾曲部の水位上昇量

（8）堤防天端幅

普通の河川では 6 〜 7 m，重要なものは 8 m あまり，小河川で 3 〜 5 m と
している。天端は道路と兼用することがあること，水防上の必要からも十分
の幅があるのがよいとしている。

宮本は普通 4 〜 8 m で，特殊の場合 10 〜 15 m のものがあり，小河川で
は 3 m 内外としている。富永は，天端幅は堤防の安定からは大きな幅員を
要しないが，越水，掘削土砂の処分および運搬嵩置，道路，水防のため相当
の幅を与えることが必要だとし，内務省直轄河川工事では 4 〜 10 m，流量
の極めて大きい河川または勾配の極めて大なる河川では 8 m 以上とするが，
普通の大河川においては 6 〜 7 m でよいとしている。

三著者の天端幅の標準値はほぼ一致している。必要天端幅の考え方につい
ての富永の 5 つの視点，① 越水対策，② 土砂処分対策，③ 道路機能確保，
④ 水防活動，⑤ 浸透対策は，堤防にどのような機能を期待し，また堤防の
どの部分でその機能を担うかを考える場合，今日でも無視し得ないものであ
る。

（9）堤防法勾配

福田，宮本は，土質が不良で，高さが高く，洪水継続時間が長く，護岸が
施されていない場合は，そうでない場合より緩くする。一般に表法は 1:2 〜 1:3,
特別の場合は 1:4 〜 1:6 とし，裏法は 1:1.5 〜 1:2.5 が普通で，特殊の場合 1:3
〜 1:5 と記しており，表法のほうが裏法より勾配が緩としている。

一方，富永は，表法は 1:2 が最も普通に行われており，裏法は直轄河川改
修工事では 1:2 および 1:3，府県施工の中小河川改修工事では 1:1.5 から 1:1.2
のものが多いとして，裏法のほうが緩いとしている。浸透対策を考えると富
永の方に合理性がある。

堤防法勾配の力学的，水理学的根拠性について福田は，① 水圧に対しては，
計画高水時における堤防に働く水圧に対して堤防が在来地盤上を滑動しない

●第7章●技術者の自覚と技術の法令化

条件より，堤体が計画高水位を頂点とする二等辺三角形とし，堤体と地盤間の摩擦係数を 0.5 とすれば，堤敷幅 x を堤防高 h の四倍，すなわち法勾配を 2 割以上とすれば安全であり，天端幅があることを考えると通常は水圧による滑動に対して安全な堤防構造となっている。② 洪水水の浸透による裏法からの漏水による堤防の崩れ防止については，浸透水の湿潤線（飽和している浸透水の不飽和面との境界*）の評価法である Schoklitsch の式 [表法は垂直，地盤は不透水層，浸透水はダルシー則（地下水の流速 v は浸透係数 k に動水勾配 I との積，すなわち $v = k \cdot I$）に従うとし，さらに堤体内に浸透した湿潤線は浸透量が最大となるような位置を取るものとする*] について説明し，裏法面における湿潤線の高さ h，湿潤面に高さ評価する式を紹介し，堤防の断面形状を水理学的，力学的設計根拠に基づいて評価しようとしている。

　富永も，福田と同様な記述をしているが，飽和状態での土砂の安息角の考え方に基づいて表法勾配の評価を加えている。裏法における湿潤線の高さ h 以下は飽和湿潤状態となるので，h より相当高いところに適当な幅の裏小段を設けるか，裏法を緩くし浸潤線の低下を図るとしている（⇒注 5）。

　福田は，高さ 5 m 以上の堤防には裏法に小段を設けるのがよいとしている。小段幅は 3 ～ 4 m で天端より 2 ～ 4 m 低いところに作る。小段を設けるとき，小段より上の法は小段下の法よりやや急にしても堤防安定上支障はなく（上部法面には湿潤線がでないと解釈したものと考える*），こうすることにより工費を幾分節約できる。堤防高の高い場合は，暴風時に天端を通行することが困難であるので，比較的高いところに小段を設け，そこを通行すれば便利である。特に水防に際して，小段の上を諸材料の運搬に供し天端に運べば便利であるとした。

　小段の役割を湿潤線の緩和による裏法崩壊の防止，工費の削減，水防作業の支援の 3 つを挙げたと言える。

　表法についても，法先の地盤高が計画高水位以下 5 m 以上ある場合には，保護として小段を設けるほうが安全であるとし，幅は 4 ～ 9 m で川のほうに 1/10 の勾配を付すとしている。

230

(10) 法面の保護

富永は，法面の保護工は，普通は土場付と芝付であるが，急流河川では洪水時水流が堤防に平行に流れず直角に激突してくることがあり，計画高水位または天端まで張石を行う必要がある。遊水地等において，川幅が数キロに達する場合は，表法を 2.5 ～ 3 割とし，かつ波力を弱めるため表法または表小段に柳枝を植える，としている。

福田は，河川の上流部で堤体が砂礫からなる場合は，厚さ 20 ～ 30 cm の厚さの良質の土にて覆うと芝の生育のみならず水の浸透を軽減するとしている。

(11) 堤防の施工

・築堤土

築堤土として好ましい材料としては，**6.3** の記述と同様なことが記されているが，現実には，工事施工付近にある土砂・砂礫を使用せざるを得ず，富永は対応策を以下のように記している。

湿潤線を裏法内に入れるため，堤防断面を大きくするとともに，裏法をできる限り緩くする。砂・砂利を用いるときは，真土を被覆する。その厚さは表法で 1.5 ～ 2 m，裏方 1 m，天端 0.5 m とする。砂を築堤土とする場合は表法 2 割以上，裏法 2 ～ 3 割とする。

・築堤地盤

築堤をなす地盤は草木，その根等は取り除き，地盤を掻き起こし新旧土の密着を図るとしている。富永は，必ずしも平坦とする必要はなく，むしろ堤体の滑動に対して凹凸があったほうがよい。傾斜地に築堤するときは堤体の滑動を防ぐため地盤を階段状にする。軟弱な地盤では，支持力確保のため泥土を砂に置き換えて下敷きにするとしている。

・掘削・運搬

富永は築堤土を得る土取場は高

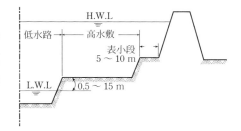

図-7.5 高水敷の掘削と表小段[23)]

水敷に求めるのが常であるが、これができないときは堤内地の高台等をこれに当て、土砂だけを購入する。高水敷から築堤土を掘削する場合には、**図-7.5** のように堤防の表法には幅 5〜10 m の平場を表小段として存置する。高水敷の掘削高は L.W.L. 上 0.5〜1.5 m の高さとする。

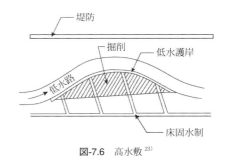

図-7.6 高水敷[23]

図-7.6 のごとく湾曲部を掘削する場合は、湾曲部（掘削部*）が侵掘（侵食掘削*）され、低水路が移行するので、低水護岸と床止め水制を施工してこれを防ぐ。

人力・馬力による掘削・運搬等の小土工には、ドコービル（フランス、ドコービル社の狭軌 600 mm の軌道*）でトロッコで運搬する。運搬距離は人力 400 m、馬力 1 000 m を最大とする。大土工には掘削機、機関車が用いられる。掘削機にはバケット式、ドラグライン式、タワー式等がある。主に用いられたバケット式の掘削能力は 1 時間当たり、60〜120 m³ である。機関車の重量は、4〜20 トンで土砂の規模により適当なものを使用する。

掘削機および機関車の動力は蒸気機関が多かったが、利根川では 1927 年（昭和 2）にディーゼル機関車が輸入されてからは、ディーゼル機関が用いられるようになった。

・築立て

福田は、築堤に当たっては 20〜30 cm の層に捨て土してこれを突き固める。各層を堤防の中心から両方に傾斜するようにすると雨水の排除に便利である。ただし、大きな堤防では到底各層を突き固めることが困難であるから、盛土後相当の期間放置して自然に固まるのを待つ、と記している。

富永によると、土砂の撒き出しの高さは、土工に用いる機械により異なり、ドコービルによる土運搬車（鍋トロ）では 0.8〜1.0 m、小型機関車では 1.2〜1.5 m、大型機関車では 2.0〜2.7 m である（運搬車の大きさ容積が異なり、一回の撒き出し量が異なることによる*）。機関車により撒き出した場合は突き固めを要しないが（その重さと軌道の移動により締め固まる*）、その

他の場合は突き固めを行なうのが原則である。ただし、築堤工事において突き固めを行うことが極めて困難な場合の築堤土は事情の許す限りこれを放置し、土砂が十分落ち着いた後、規定断面に仕立てる。

・堤防拡幅

裏法、表法、表裏に拡築の3方法があり、裏法は撒き出した土砂が洪水により流出するおそれがないから最も普通に用いられる。表法は用地費を節約できるが、撒き出した土砂が流出するおそれがある。両法の拡幅は両者の得失を持つが、旧堤の法面を全部掃除しなければならず工事がやっかいである。

・堤防の沈下と余盛り

堤防を盛土すると築堤地盤の沈下および築堤土の収縮により堤体が沈下する。通常、築堤高の10～15%を余盛りする。

（12）堤防の維持

福田の『河川工学』では堤防の維持管理について以下の記述をしている。

- 法面の雑草は、毎年少なくとも2回から3回刈り取り、芝の生育を全うさせる。
- 堤防および堤防に接して樹木類を植えない。
- 法面には人馬等により踏み荒らされないようにする。そのため人家に近い箇所には階段または坂路を設ける。
- 洪水により塵芥、木材等が法面に付着するものは、直ちに取り除く。
- モグラ等を駆除することに努め、（モグラ塚*）等のための法面等が高くなっているのを発見した場合は、よく搗（突*）き固める。
- 築堤土の乾燥収縮のため堤防に亀裂が生じたときは、之を掘り起こし良土を入れ搗き固める。
- 天端または小段等に車の通行のため轍跡ができると雨が溜まるため、直ちにこれを埋めて搗き固め、なるべく砂利を散布する。法肩が崩れたときには補修する。
- 上記の軽小の維持工事のみならず、古く作られた堤防はこれを拡築する必要が生じる、これは河床上昇のため高水水位が暫時高まり、一面堤体の縮小することも原因であるが、沿岸土地の発展に伴い堤防安全

●第7章●技術者の自覚と技術の法令化

度を大ならしむ要望が起こるからでもある。
- 水行の変動のため流水が堤脚に接するときは，護岸または水制工事を施工して，堤体の安全を図る。
- 河身が堤防に近づかないように注意する。なお堤外地は河岸より堤脚に向かって漸次上り勾配にすれば堤防によい。
- 樋管，樋門，水門等は堤防の重大なる影響があるから，十分なる維持修繕をなさねばならない。

なお，維持管理に関係し，その保全上の注意について記述し，
- 堤防に接して用水路を設ける場合，あるいは電柱を建てる場合は，堤防法尻から水路の深さの3倍以上，電柱の根入れの3倍以上離す。

としている。地盤下の仮想の堤防法面があるとし，その堤体面に影響を与えない距離としているのである。これは，数値が異なるが戦後にも伝えられ，いわゆる2Hルール（法勾配2割と仮定，Hは根入れ高あるいは掘削深）と言われ，工作物を堤脚付近に設置する場合のルールとした。

富永は維持管理について以下のことを記している。
- 堤防の高さは縦横断測量により時々調べ，沈下した箇所は直ちに嵩上げする。
- 洪水時に漏水または浸透した箇所は裏小段を拡築する。
- 人，馬車の通行のため坂路および階段を設け，法面の通行を禁じる。坂路は下流向きとする。坂路の勾配は1/10以下とし，道路にするときは1/15以下とする。
- 天端を道路に兼用する場合は，敷砂利を施す。
- 堤防は植樹を禁じる。
- 堤防に沿って建柱または各種管路の埋設を避ける。

前時代の維持管理論と両者の維持管理論との差異は大きくないが，直轄堤防築造後の維持管理に関する経験事例（車の通行に起因する堤防の維持対策，堤防横過構造物周辺の維持修繕の強調，流路及び流水の変化にたいする対応）の付加がなされている。

　以上内務技師が著した河川工学書より堤防に関する技術部分について触れ

た。内容を見ると福田，宮本，富永ともほぼ同様であるが，富永の本が福田，宮本より 6 ～ 11 年後に書かれたこともあって，よりコンパクトでわかりやすく，また説明がより合理的となっている。

　大正期に書かれた河川工学書との大きな違いは，改修工事，河川構造物の事例として使用される図面がほとんどわが国のものとなり，技術内容も欧米技術を一度わが国の経験というフィルターを通して書かれており，河川工学が 1 つの体系として日本化されたと結論づけられよう。しかしながら，その記述の根拠は経験を通した一般化にあり，力学的根拠を持つ理論に基づいたものではなかった。これは欧州での技術界でも同様であった。

《注》
注 1）失業救済事業は大正 14 年（1925）六大都市に冬期のみ実施したのが初めてであり，事業費中の労力費の半分を国庫補助した。昭和 4 年（1929）11 月以降，この事業の範囲を拡大し，冬期限り六大都市という制限をはずし，一年中通じる事業とした。昭和 5 年度（1930）の事業費は約 5 400 万円，平均 1 日就業人員 3 万人で要救済者の 1/4 にすぎなかった [26]。翌 6 年度は 4 800 万であった。昭和 7 年（1932）には第 62 議会で 5 370 万円の産業振興土木事業が執行された [5]。
注 2）日中戦争の泥沼化，対英米戦争の開始は，国内生産力の増加が求められ，生産力増加の制約条件の危機突破として「科学技術新体制」が唱えられ，技術論がブームになった。横田周平の技術論は同書の第一章に掲げられている。その目次を示す。
　　第一章　技術論　国土計画を国家的技術活動の計画的部分と見なす準備として
　　　第一節　技術の概念
　　　　一，人間と環境と技術
　　　　二，技術の定義
　　　第二節　技術の構成
　　　　一，技術の実践的部面
　　　　二，技術の計画的側面
　　　第三節　技術の累積的性質
　　　　一，蒸気機関の場合に就いて
　　　　二，技術を体系として把握すること，コンクリート技術の場合に就いて
　　　第四節　技術の於ける計画的活動
　　　　一，計画の概念
　　　　二，技術に於ける計画的活動
　　　第五節　計画に於ける科学的法則の役割に就いて
　　　第六節　生産技術と建設技術
　　横田の技術の定義は，「個人或はその組織された社会が或る目的を達成せんと意欲し，

●第7章●技術者の自覚と技術の法令化

之を行動に移す場合意欲から目的達成に至る過程に於ける主体的行動と客体的手段との統一された体系を技術と謂う」である。技術官僚として，技術の計画的側面，技術の累積的性質を強調せざるを得ないのである。

注3）明治10年（1877），スイスの技師エミル・オスカー・ガンギエとウィルヘム・ルドルフ・クッターは，すべての種類の水路の流量評価に応用できる流速公式を生みだそうと試み，ミシシッピー川の緩流河川での観測に基づくハンフリートとアボット式（1861），バザーン式を検討し，新たに

$$V = \frac{23 + 1/n + \dfrac{0.00155}{I}}{1 + \left(23 + \dfrac{0.00155}{I}\right)\dfrac{n}{\sqrt{R}}} \cdot \sqrt{RI} \quad \text{m－秒単位}$$

を発表した。ここでは I は勾配，R は径深である。この公式は直ちに受け入れられ，直ぐに多くの言語に翻訳された。粗度係数としては当初6種類の値しか示さなかったが，その後実験が加わり，多くの潤辺の性質に対する n の値が求められ，広く使われるようになった[27),28)]。

わが国では，二見鏡三郎（明治12年東京大学理学部卒）が，明治25年（1867）工学会誌にクッター式を紹介し[29)]，R（径深），I（河床勾配），n の値の変化によって流速 V がどう変化するかの河流速度表を示している。また，二見は明治27年（1869）12月には工学会誌156巻に論説および報告として「越前国九頭竜川改修計画私見」[29)] を発表し，洪水流量の評価にクッター公式を使用している。n としては0.025（河流の横断形，勾配，流心の方向が略一様で岩石や水草のない場合の標準値）を用いている。この値を用いたのは実験より大略適していると認めたからであるとしているが，洪水のときには流速を測定していない。低水量についてはタコメートルなど（流速計の一種*）を用いて流量を測っているので，低水流量観測資料より n を逆算し，その n の値が0.025程度であったので，洪水に対しても適していると判断したのだろう。

注4）フォルヒハイマーの式とマニングの式を以下に示す。
フォルヒハイマー式は $V = 1/n \cdot R^{0.7} I^{0.5}$
n はクッター式と同じ値を使用する[30)]。
マニング式は $V = 1/n \cdot R^{2/3} I^{1/2}$
n はクッター式と同じ値を使用する[31)]。

注5）定常浸透流であるので地盤が不透水層であれば裏勾配を緩くしても，裏法の湿潤面の高さ h は低くなるが裏法面から漏水が生じる。その高さは透水係数 k によらない。なお，漏水が即堤防の法崩れとなるものではない。

堤形状設計には，堤内地の地下水位，降雨，洪水継続時間，地盤の層序構造に応じた透水係数・土質強度を与件とした評価が必要なのである（⇒ **10.3**）。

《引用文献》

1) 山本弘文ほか（1980）：近代日本経済史，有斐閣，pp.149-162
2) 大淀昇一（1989）：宮本武之輔と科学技術行政，東海大学出版会，pp.172-173
3) 武井　篤（1961）：わが国における治水の技術と制度の関連に関する研究，第8章，京都大学学位請求論文
4) 山本三郎（1993）：河川法全面改正に至る近代河川事業に関する歴史的研究，国土開発技術研究センター
5) 松浦茂樹（1996）：昭和前期の公共土木行政時局匡救事業と土木会議を中心に，土木史研究，No.16，pp.17-31
6) 西川　喬（1969）：治水長期計画の歴史，水利科学研究所，pp.75-79
7) 前掲書2），pp.2-5
8) 前掲書2），pp.97-104
9) 前掲書2），pp.422-451
10) 日本土木史編集委員会（1965）：日本土木史　大正元年から昭和15年，土木学会，pp.4-7
11) 建設省土木研究所（1972）：土木研究所50年史，p.5
12) 物部長穂，青木楠男（1930）：北上川降開式転動堰模型試験，土木試験所報告，第15号
13) 青木楠男，伊藤令二（1931）：岩淵水門に関する水理実験，土木試験所報告，第20号
14) 本間　仁（1934）：田中調節池溢流堤に関する水理実験，土木試験所報告，第26号
15) 青木楠男，横田周平（1937）：江戸川河水統制下流洗掘に関する水理実験，土木試験所報告，第40号
16) 横田周平（1937）：江戸川河水統制水門下流洗掘に関する水理実験，土木試験所報告，第40号
17) 松尾春男（1938）：利根川河口の防波堤，導流堤，航路浚渫の消長に関する模型実験，土木試験所報告，第41号
18) 松尾春男，柄沢郡治（1938）：神崎川分流に関する模型実験，土木試験所報告，第43号
19) 安藝皎一，佐藤清一（1940）：急流河川の床止堰堤下流部の洗掘に関する模型実験，土木試験所報告，第49号
20) 西村　潔（1990）：私の昭和史，（有）北原技術事務所編集
21) 横田周平（1944）：国土計画と技術，商工行政社，pp.1-41
22) 前掲書6），pp.54-60
23) 福田次吉（1933）：河川工学，常磐書房
24) 宮本武之輔（1936）：治水工学，修教社
25) 富永正義（1942）：河川，岩波書店
26) 中川吉造（1931）：失業救済と土木事業について，土木学会誌，第17巻第2号
27) H・ラウス，S・インス 著，高橋 裕，鈴木高明 訳（1974）：水理学史，鹿島出版会
28) アシット・K・ビワス 著，高橋 裕，早川正子 訳（1979）：水の文化史，文一総合出版社，pp.333-348

●第 7 章●技術者の自覚と技術の法令化

29) 二見鏡三郎（1894）：越後国九頭竜川改修計画私見，工学会誌，Vol.156，pp.669-702

30) Forchheimer, P.（1914）：Hydaulik, 1st edition, Leipzig and Berlin.

31) Manning, R.（1889）：Flow of Water in Open Channels and Pipes, Transactions of Institution of Civil Engineers of Ireland, Vol.20.

第8章
戦後制度改革と内務省技術の総括
─敗戦から昭和30年代中ごろまで─

8.1 治水利水制度の改革と治水事業の動き

8.1.1 敗戦直後の大水害とその対応

　昭和20年（1945）8月6日広島に原子爆弾の投下，8日ソビエト連邦対日宣戦布告，9日長崎に原子爆弾投下，14日ポツダム宣言受諾回答，15日天皇の終戦の詔書放送と続き，戦争は敗戦の形で終わった。敗戦直後の国土は，戦時中における河川事業の停滞，乱伐による森林の荒廃，戦災などにより極度に疲弊した状態にあった。これに追い打ちを掛けたのは，同年9月の枕崎台風（死者・行方不明3 128人），翌21年12月南海地震（同1 624人），22年9月カスリーン台風（同1 624人）（**図-8.1**），23年6月の福井地震（同3 769人）などの自然災害であり，敗戦による国の疲弊にさらに拍車をかけるかけることとなった。

　昭和8年（1933）に樹立された第三次治水長期計画は，連合軍総指令部の方針により打ち切られ，その後，単年度事業として国の治水予算が定められた。内務省国土局は，この混乱期に昭和23年度予算要求の基礎として，河川改修5箇年計画の検討を行っている。この計画は予算要求資料として作成されたものであり，正式に機関決定されたものでないが，その当時の治水の課題が読み取れる。

　その要旨は，わが国の食糧生産条件，すなわち，わが国の耕地面積590万町歩（田約300万町歩，畑地約290万町歩）のうち，178万町歩が水害の危検性を持ち，しかも河川，湖沼の沿岸地区は，おおむね肥沃の地であって反

●第8章● 戦後制度改革と内務省技術の総括

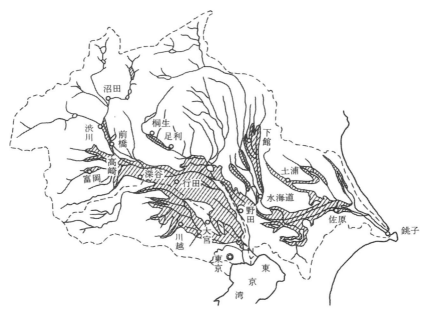

図-8.1　カスリーン台風の洪水浸水区域図［昭和22年（1947）9月］
　　　　（建設省関東地方建設局，利根川百年史）

収も大である土地である。その土地が近年の洪水によって大被害（昭和20年浸水面積85万3000町歩，流失埋没面積17万2000町歩）を受けており，水害の食糧面に及ぼす影響が第一の課題である。この水害の原因は，近年の山林の乱伐，開墾のため山地が荒廃し，生産土砂量の増大による河道河床の年々の上昇，加えて戦時中の維持修繕の不十分による河川工作物の頽廃弱体化したためである。したがって水源山地の涵養を図るとともに，災害復旧工事を迅速に行って以上の災害を防止し，かつ積極的に改修工事を施工して災害の減少に努力し，耕地ならびに農作物の確保に万全の処置を取ることが急務である，とするものであった[1]。

　当時，天候不順も重なり，また外地からの引上げ者による人口増加などにより極端な食糧不足の状態にあった。これに対処するには治水事業が急務であるとしたのである。

　事業費の必要根拠性に対しては，粗い評価であるが治水投資による水害被

害面積の減少，流失面積の減少を求め，収益を評価し，さらに元利償還の考え方により14年目より増益となるという投資回収的な考え方を提示している。

昭和23年にも同様な治水5箇年計画を，また昭和24年には「治水十箇年計画」を作成し，直轄河川94河川，中小河川約1300河川，総事業費約3760億円に上る治水事業の提案を行ったが，正式の政府決定に至らなかった[1]。

8.1.2　河川行政組織の改革

日本政府は，ポツダム宣言を受諾し，宣言の条項を忠実に実行する義務を負うことになった。戦後の改革が始まったのである。

昭和20年（1945），財閥解体，選挙法改正（婦人参政権），第1次農地改革，21年11月3日，日本国憲法公布と矢継早に改革が進む。

昭和20年11月，戦後の復興の事務を処理するため戦災復興院が設立され，戦災地における市街地計画，住宅の建設および供給，土地物件の処理ならびに戦災者の生活安定に関する事項等を所掌することになったが，内務省国土局の所掌事務には変更はなかった。

昭和22年（1947）12月31日，内務省は解体され戦災復興院と内務省国土局による建設行政の二元化は統合され，翌年1月1日，建設院が設置され河川行政は水政局が担うことになった[2]。内務省土木試験所は建設院第一技術研究所と名称を変えた。同年7月10日，総理府の1外局であった建設院は建設省に昇格し，建設院水政局は建設省河川局となった（⇒注1）。河川局は監理課，治水課，利水課，砂防課，防災課の5課で構成された。その後，監理課は水政課を経て河川総務課と水政課に分かれ，また利水課は開発課となった。建設院第一技術研究所は建設省設置に伴って建設省土木研究所と名称を変えた。

8.1.3　経済安定本部と単年度予算主義

敗戦直後の日本経済は，災害の頻発，物資の不足，激しいインフレーションによって危機的状態であった。これに対するために政府は昭和21年（1946）

241

●第8章●戦後制度改革と内務省技術の総括

2月「経済危機緊急対策」を発表し，これを中央政府が強力にかつ一方的に遂行することが求められ，GHQ（連合軍総指令部）の承認を得て，経済計画，物資の統制を行う経済安定本部が発足した。内閣総理大臣が総裁である強力な官庁であった。ここには民間の有識者が登用され，また各省の俊秀が集まり，経済計画の策定，公共事業の認証を行い，日本経済復興の舵取りに当たった。公共投資は経済安定本部による強力な統制を受け，治水予算はこれまでの継続予算制度から単年度予算と大きく変わった。

　経済安定本部は，昭和24年（1949）5月，物資増産を第一とする圏内経済中心主義から貿易促進を主とする国際通商中心政策への転換によって商工省が通商産業省へ機構替えしたことによって権限が縮小され，さらに対日平和条約・日米安全保障条約の発効の約3か月後，昭和27年（1952）7月31日，廃止され，経済審議庁として再発足した。これは昭和30年（1955），経済企画庁に引き継がれた。

　この経済安定本部の仕事のなかで注目されることは，河川に関わる調査研究がなされたことである。昭和22年（1947）12月，経済計画樹立のため資源の有効で総合的な利用に関わる基礎資料を収集，分析するため調査委員会が本部内に設置され，水，土地，エネルギー，地下資源に関する4つの専門部会が置かれた。経済復興のための国内資源の状況，開発可能性に関する早急な調査が求められたのである。会長は総務長官，副会長内田俊一，事務局長安藝皎一であった。これはその後，総理府資源調査会，科学技術庁（昭和31年発足）資源調査会と事務が引き継がれていった。ここでは水害地形に関する調査や水資源に関する調査が，官学民の専門家の協力によってなされ，治山・治水計画，水害地形に関する調査，防災計画などに関わる多くの優れた報告書が作成された。

8.1.4　水防法の制定

　明治27年（1874）制定の「消防組規則」は，昭和14年（1939）高まる戦争の足音のなかで「警防団令」として防空の任務が付け加えられていた。戦後は防空の必要がなくなったこと，また地方自治制度の確立を求める占領政策もあって，昭和22年（1947）「消防団令」に改革された。また昭和22年

には「消防組織法」，翌年「消防法」が制定され自治消防の考えをより明確にした。

　水防については，「水利組合法」と「消防組織法」に由来する二元化した法体系のため水防行政の一元化が求められ，昭和24年（1949）「水防法」が制定された。同時に消防法は改正され水防についての適用がなくなり，消防組織法に消防団が水防業務を兼ねることができる内容にとどまることになった。ここに水害予防組合法による水害予防組合と水防法による水防管理団体（市町村あるいは水防事務組合）の2つの組織が併存することになった。なお，昭和24年（1949），「土地改良法」の施行により，灌漑排水事業は土地改良区により行われることになり，水利組合法は水害予防組合にのみ適用される法律となり，名称が水害予防組合法に改称された[3]。

　水防法の骨子は，① 水防の一義的な責任を水防管理団体が負うこと，② 都道府県および指定水防管理団体は水防計画を策定すること，③ 水防に要する費用は水防管理団体または都道府県の負担としたこと，である。

　水防法は昭和30，33年に大幅改正された。この改正により，① 災害補償の規定を明確にする，② 水防資材には予算措置で対応する，③ 水害予防組合から水防事務組合へ積極的に移行する，こととなった。

　水防管理団体の事務費は，関係市町村の一般財源から支出され，水害予防組合のように組合員に賦課するものではない。その後水害予防組合は，地域構造の変化により組合費の徴収が難しくなったこと，水防事務組合では組合員への賦課がないことより，水防事務組合への衣替え，あるいは解体され，市町村の水防管理に徐々に移行していった。

　明治の初期から中期にかけて治水費の受益者の直接負担が減少したように，水防費用も，受益者から直接費用を賦課する方式から税によって負担する形となっていったのである。旧来の農村共同体の解体という流れの一つの現れであった。

8.1.5　災害復旧制度の改革

　昭和24年（1949）5月，「災害土木費国庫補助ニ関スル件」の改定が行われ，「都道府県災害土木費国庫負担に関する法律」となり，「国庫は政令の定むる

●第8章●戦後制度改革と内務省技術の総括

ところにより都道府県災害土木費の三分の二を負担する。」と規定し，補助
を負担と改めた[4]。

　同年5月，日本の税制の全般的な見直しのためシャウプ税制使節団が来日
し，9月「日本税制報告書」を発表した。ここでは国税制度の改革と合わせ
て地方財政と国家財政との関係について勧告を行い，これと関連して災害復
旧制度についても勧告がなされ，「天災は予知できず，緊急に莫大な費用を
要し，罹災地方団体の財政を破綻させるおそれがある。したがって，災害復
旧の問題は，中央政府だけが満足に処理できるものである。それ故，災害復
旧事業はすべて政府に移管するか，または依然として地方公共団体の所管と
するならば，全額国の負担として行われるべきである。」とした。

　この勧告に基づき，昭和25年度に限り災害の復旧に要する費用は，全額
国が負担することとする特別法「昭和25年度における災害復旧事業費国庫
負担の特例に関する法律」が制定され，15万円以上の災害復旧事業費に対
しては全額国庫負担とし，原形復旧を超過する事業費に対しては2/3を国が
負担するとした。

　昭和26年（1931）2月，この勧告の趣旨を考慮して，災害復旧に対する
対策要綱を閣議決定し，3月には「公共土木施設災害復旧事業費国庫負担法」
が国会で可決された[5]。

　この法律においては，地方財力の尺度を旧制度の地租に代えて「標準税収
入」とした。すなわち地方公共団体ごとにその年の1月1日から12月31日
までに発生した公共土木施設の災害について，主務大臣が決定したその地方
団体の災害復旧事業費の総額の，その地方公共団体のその年の4月1日から
始まる年度の標準税収入に対する割合に応じて，超過累進率によって算定し
た額の災害復旧費の総額に対する割合を国が負担するものとした。

　超過累進率の割合は，

二分の一までの額	三分の二
二分の一を超え二倍までの額	四分の三
二倍を超える額	四分の四

である。なお，北海道については，この負担率の最低を五分の四とする特例
が定められた[4]。

244

8.1　治水利水制度の改革と治水事業の動き

その後，この国庫負担法は昭和27年（1932）と昭和30年（1935）の2回にわたって改訂され，「連年災害における国家負担率の特例」制度などが加えられ，地方公共団体に対する国の負担率を大きくした。

また，昭和28年（1953）の西日本の大水害，昭和34年（1959）の伊勢湾台風による被害に対しては特例法が制定され，公共土木施設に係る災害復旧事業費の国庫負担割合は災害復旧事業費の総額が標準税収入の

二分の一までの額	十分の八
二分の一を超え一倍までの額	十分の九
一倍を超える額	十分の十

とした。なお，これが適用される地域については，災害復旧事業と標準税収入との比によって指定される方式であった。このように激甚な災害には，そのつど特例立法が制定され財政措置が取られたが，昭和36年（1961）制定された「災害対策基本法」の主旨に基づき，激甚災害に対処するための特別の財政援助等に関する「激甚災害特別財政援助法」が制定され，激甚災害時における国庫負担法に基づく国庫補助率の嵩上げが，制度化された[5]。

このように災害復旧費用に対する国の負担は増加および制度化され，災害復旧事業の迅速かつ適切な遂行が保証されるようになったのである。

しかしながら，災害復旧事業費が河川構造物の老朽化による維持修繕費の肩代わり的役割を演じることになり，河川構造物の維持修繕システムや維持費用の確保に対する対応がおろそかになる一要因となり，河川管理の方式に弊害をもたらすこととともなった。「災害待ち」という言葉がこれをよく表している。

8.1.6　河水統制事業から河川総合開発事業へ

内務省が行っていた河水統制事業は，昭和22年（1947）末の内務省の解体により，経済安定本部において河川総合開発協議会が設けられ，全国24河川で予備的調査が続けられた。昭和25年（1950）にはアメリカのT.V.A.の成功を参考として，国土の総合的開発の必要性に対する世論も高まり，「国土総合開発法」が制定された。治山治水と電源開発，地下資源の開発，工業立地条件の整備を図ろうとするものであり，北上川特定地域など19地域が

245

●第8章●戦後制度改革と内務省技術の総括

指定された。その中核をなす事業は，わが国に唯一残された未開発資源である河川の総合開発であり，多目的ダムの建設であった。

昭和27年（1952）には経済復興の隘路となった電力不足に対処するため「電源開発促進法」が制定された。昭和30年代に入ると日本経済は急成長の時代に入り31年（1956）には神武景気に沸いた。32年，33年と国際収支の悪化によって景気が悪くなべ底景気といわれたが，34年からは民間設備投資が急増し36年まで続く岩戸景気となった。この間，日本の産業構造も変化し，都市化が急激に始まった。このような状況に対して産業基盤の整備拡充が強く要請され，都市用水，工業用水の需要も著しく伸び，多目的ダムの建設が急がれた。多目的ダムの計画，建設および管理について合理的な制度の確立にせまられ，すでに昭和32年（1957）「特定多目的ダム法」および「特定多目的ダム建設工事特別会計法」（後に昭和35年の「治水特別会計法」の制定により吸収された）が制定されていたが，水系を一貫した総合的な水資源の開発利用計画，建設を総合的一体的に行うことが求められ，昭和36年（1961）「水資源開発促進法」および「水資源開発公団法」が制定され，国の財政投融資資金を集中的に利用できる水資源開発体制が確立された。

このような多目的ダムの急増は，ダム貯水池における洪水調節能力の合理的な評価，ダム貯水池へ流入する洪水ハイドロの確率統計的評価の確立を強く求める要因となり，河川改修計画においても計画高水流量設定に当たり，降雨から洪水流出高を評価することや，降雨の統計的解析を取り入れることが迫られた。

一方で，ダムの建設の増大は，ダムによる貯水池上流の堆砂による洪水時の水位上昇，下流放流水の水温低下，濁水問題などを顕在化させることになり，これらの変化予測手法および対応技術の開発が求められた。

8.1.7　大水害の発生とその対応

昭和28年（1953）6月北部九州を中心として西日本一帯を襲った梅雨前線による集中豪雨は，筑後川，遠賀川，白川，嘉瀬川，松浦川，矢部川等に大水害をもたらし，7月には和歌山地方の集中豪雨，9月の13号台風よる東海地方の災害と続き，昭和28年度は戦後最大の災害被害額となった。

246

8.1 治水利水制度の改革と治水事業の動き

　西日本水害に対して，抜本的な治水対策を確立するため，7月28日の閣議決定に基づき治山治水対策協議会が設置され，10月26日に治山治水対策要綱が決定された．要綱のなかの治山治水事業と諸施策は，国土保全に関して戦後初めて正式に政府から公表された画期的なものであったが，投資規模が10年で総額1兆8650億円（当時の年間治山治水事業費の40倍以上）と

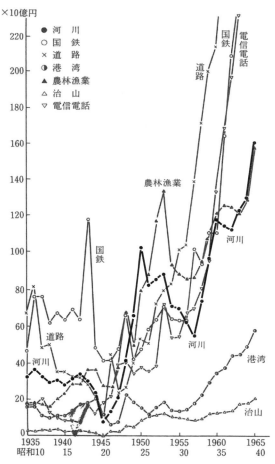

図-8.2 政府固定資本形成［昭和10年（1935）～40年（1965）度．昭和35年（1960）度価格］［経済企画庁総合開発局，政府固定資本形成および政府資本ストック推計，昭和41（1966）］

大きすぎたため閣議決定されなかった[2]。

　昭和28年7月の朝鮮戦争休戦協定により，特需景気も過ぎて財政事情の引き締め方向にあると同時に，図-8.2に見るように日本経済の復興のための産業基盤整備（道路，鉄道，通信，港湾など）分野への予算配分に重点が移っていったこと，また食料自給率の向上があったこと，さらに全国的な災害が少なかったこともあって，治山，治水投資は昭和30年代の初期まで減少した。

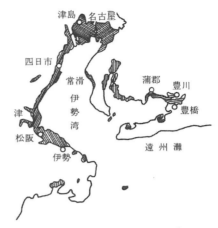

図-8.3　伊勢湾沿岸の浸水状況[6]

　昭和33年（1958）9月，台風22号（狩野川台風）は関東，東北地方を襲った。狩野川では上流部で降った集中豪雨により記録的な大洪水となり，各地で山崩れや堤防が決壊し，伊豆半島の死者行方不明者は合わせて970名にも昇った。翌年9月には台風15号（伊勢湾台風）は紀伊半島に上陸し，伊勢湾を通って新潟で日本海に抜けた。この台風は，5000名に余る生命を奪い，罹災者は188万人にも及ぶ大被害を与えた（図-8.3）。被害を大きくしたのは，強風により伊勢湾に高潮が発生し，海岸堤防，河川堤防を破り海水が低平地に進入したことが大きかった。

　このような激甚な災害が発生し，また広域的な大災害であったため，これに対処するには，総合性，計画性を持った恒久的な防災対策の確立が不可欠であるとの声が上り，昭和36年（1961）に「災害対策基本法」が制定され，翌年7月施行された。この法律は，総合的な防災計画，防災組織，災害の予防および応急対策，災害復旧に関する指針，財政金融等に関する基本的な事項を定めたものであり，これによって国および地方を通じた防災制度・体制が確立された。

　この「災害対策基本法」が河川改修計画の技術に直接的な影響を及ぼしたところは少ないが，防災対策の総合化・計画化の必要性や構造物対応のみな

8.1　治水利水制度の改革と治水事業の動き

らず非構造的な対応の必要性を多くの人々に認識させた。

　総理府資源調査会水害地形小委員会では，水害と地形との関係，水害に及ぼす社会的側面の調査を伊勢湾台風による災害以前から進めており，濃尾平野での水害地形分類図の作成が大矢雅彦を中心に進められ，昭和31年（1956）には完成していた[7]。伊勢湾台風による水害状況とこの水害地形分類図との対応性の良さより，水害地形分類図の価値が実証され，その後国土地理院において土地条件図の作成が予算化され，土地利用計画や防災計画などの立案に基礎的情報として利用されることになった。

　さらに伊勢湾台風後，科学技術庁資源調査会では，この災害を自然的，社会的側面から総合的な調査を行い，「伊勢湾台風災害調査報告」（科学技術庁資源調査会報告第17号）として取りまとめ，

①　経済発展に伴い，都市化の傾向は必然であり，今後各地域の開発に当たっては，防災に関する事項を土地利用のあり方と関連させて総合的に考慮すべきこと，

②　高潮の実態について今後大いに研究を要すること，

③　防災措置として海岸，河川堤防の建設はその基幹であるが，単一の施設による防災体制では完全に防災効果を発揮できないことがあり，万一の場合も考えて，種々の方式を組み合わせて実施するとこが適切であること，

などを強調し，防災計画が効果的に遂行されるよう現行の諸制度を検討し，その改善を図ることが必要であるとした[6]。

　河川改修計画においても，万一の場合を考えた河川改修論，河川構造物の設計論，土地利用計画と治水安全度の対応性をどのように考えるべきかという課題が提起されたと言える。

　この問題に河川技術者として真摯に対応し，意見表明したのは当時土木研究所水文研究室長であった木村俊晃であった。木村は「狩野川洪水の検討」[8]という論文を書き，異常洪水にいかに対処するかについて，技術者としての見解を表明した。

　その内容は，狩野川災害の分析を行い，流過可能洪水流量（堤防の余裕高分を流過断面として評価する）を越える洪水流量に対して堤防は無力で破堤

249

●第8章●戦後制度改革と内務省技術の総括

してしまうことより，河川行政ないし河川計画は何らかの形で超過洪水に対する対策を含んでいるべきであるとし，その対策のあり方について論じたものである。論文の中には，今日いうところの総合治水対策，氾濫原管理，耐越水堤防，氾濫水の誘導などの概念が早くも示されており，また超過確率洪水に対する堤防余裕高の持つ意味の分析，余裕高の再定義，流過可能洪水群の超過確率，起りうる最大洪水の推定，超過洪水時における現象の予測などの検討が河川計画として必要なこと，新しい計画概念を示したことなど，先駆的な，貴重な提言であったと言える。

しかしながら，その後の経済成長は治水投資額の増大をもたらし，河川改修規模の増大（計画高水流量の増大，すなわち計画規模の増大）となり，一方で地域間の利害の調整，超過洪水時の越流地点の認知，堤内地の土地利用の調整・規制を含む超過洪水対策は，社会的に受け入れることが難しいこともあり，この課題についての検討は進まなかった。

河川技術上の課題としては，海岸および風浪・高潮進入区間の河川堤防や護岸の構造設計条件，構造設計方法などに関して水理，構造，土質，材料に多くの解明すべき諸課題が残された。建設省土木研究所では，高潮に関する研究および昭和35年（1960）の発生したチリ地震津波災害によって津波研究の重要性に鑑み，これらの研究を行い得る大型の水理実験施設，大型河川海岸模型実験施設を持つ鹿島水理試験所を茨城県神栖村に昭和36年（1961）4月開所し，高潮計画水位，津波高の評価，海岸・河川堤防の構造設計論の確立を図った[9]。

ここでは多摩川，鶴見川，江戸川，淀川の高潮計画および対策に関わる水理実験が行われ，対策に生かされた。土木研究所鹿島水理試験所および赤羽支所海岸研究室の研究成果は細井正延（昭和18年京都帝大土木学科卒，昭和33年から39年まで海岸および河川研究に当たった）により『海岸・河口堤防の設計』として昭和39年（1964）山海堂から出版された[10]。高潮計画および高潮に対する土木構造物の設計概念は，ほぼこの時代に固まり，以降は数値計算法を用いた高潮高や波浪の打ち上げ高の評価法のような外力評価技術の進歩があったが，計画概念は平成19年（2007）の耐震機能規定の制定までほぼそのまま踏襲された［⇒ **10.3.2**（3）］。

250

8.1.8 治水事業五箇年計画の始まりと治水特別会計

昭和 32 年（1957）12 月，完全雇用とそのための極大成長を目標とする新長期経済計画が閣議決定された。戦争直後から経済復興計画をはじめ，いくつかの長期計画が策定されてきたが，これは閣議で決定され正式の政府の経済計画となった鳩山内閣の「経済自立五箇年計画」（昭和 30 年 12 月閣議決定）に継ぐ政府の経済計画であった。

建設省はこれに合わせて財政的裏付けを持つ長期計画の確立の制定を熱心に政府内に働きかけたが，関係各省の意見がまとまらず結論をみるに至らなかった。昭和 34 年 4 月には閣議了解に基づく治山治水関係閣僚懇談会の設置が決められ，関係各省間の協議が続けられたが結論を得ず，投資規模の決定は予算折衝に委ねられた。翌年の年明けに行われた最終予算閣議において各省間の了解がつき，

① 治水事業については，前期五箇年計画 4 000 億円，後期五箇年計画 5 200 億円，計 9 200 億円とする。

② 上記計画には，いずれも災害関連事業，地方単独事業を含む。

③ 海岸事業については，今回は長期計画を定めない。

となった。投資規模の決定に伴い，この計画を法律に基づく正式の決定とするため，「治山治水緊急措置法」が 3 月 31 日に制定された。この法律の第三条によって法定計画として治水事業五箇年計画の作成と閣議の決定が求められた。昭和 35 年 12 月「治水事業十箇年計画」が閣議決定され，この十箇年計画の前期五箇年計画が，「治山治水緊急措置法」による治水事業五箇年計画として位置づけられた[1),4)]。この昭和 35 年度から昭和 39 年度の前期五箇年計画は第 1 次治水事業五箇年計画といわれ，その後 2 次，3 次と計画の策定と閣議決定がなされていった。

さらに「治山治水緊急措置法」の制定に伴い，計画に基づく治水事業に関する経理を明確にするため「治水特別会計法」が同時に制定され，同年から「治水特別会計」が設置された。これによって戦後の単年度予算制度により難しかった財政的に裏付けされた中期的計画の策定が可能となった。

昭和 35 年（1960）には政府の経済計画として，10 年で所得を倍増とする

●第8章●戦後制度改革と内務省技術の総括

「国民所得倍増計画」が発表された。昭和40年（1965）末から5年間続いた"いざなぎ景気"期間の年平均実質成長率は11.6％に達し計画の7.8％を上回るものであった。治水事業費もまた五箇年計画を上回る勢いで伸びた。

　河川を取りまく社会環境が大きく変わったのである。

8.2　堤防施工の機械化と請負施工

　戦前において河川工事で使用された土工施工機械は，スチームエンジン機関車，ドラッグライン，エスキカベータ，ディーゼルエンジンの機関車［昭和2年（1927）ドイツから輸入］[11]，トラック，土運搬船，浚渫船等で，ディーゼル機関の使用がようやく昭和10年代の後半ごろ普及し始めたにすぎなかった[2]。

　戦後，米軍の払い下げ機械に刺激され建設工事の施工法に大きな変革をもたらし，ディーゼル機関の機関車，ブルドーザ，パワーシャベル，ダンプトラック，ベルトコンベアなどが使われだした。昭和23年（1948）には，建設機械整備費が予算化され，さらに建設省に建設機械課が設置され，また出先機関にも機械課および建設機械整備事務所，土木研究所に技術員養成所（昭和28年沼津支所と改名）が設置・設立され，本格的な土工の機械化が始まった。建設工事を早急に興して経済復興を図るため，建設工事の機械化が求められ，そのために必要な高額の機械の購入と投資を行い，しかもその機械を各所で融通して使用するシステムを造った[12),13)]。

　民間の建設業界においても，戦後の連合国軍のための飛行場建設などにおいて，米軍の払い下げ機械によって機械化工事を始め，これによって機械化施工を習熟し，機械化の必要性を認識したのである。

　昭和25年（1950）ごろから，河川総合開発事業として多目的ダムの建設が始まり，土木工事の機械化が一段と進み，機械の大型化，国産化も進んだ。

　しかしながら，ダム建設のはなばなしさに比べ河川工事においては，建設工事箇所の細分化と失業対策としての労働者の吸収という社会政策のため，機械化はあまり進まなかった[2]。機械化が進みだしたのは，日本経済の成長により労働力不足が見られるようになった昭和30年代後半ごろからであっ

252

た。これには昭和30年代後半における建設省直営工事の民間へ請負化の移行が大きな刺激となった。

利根川での堤防施工法の実態について『利根川100年史』[11]より見てみる。

大土工の工事には戦前からのラダーエキスカベータが用いられていた。その後，パワーショベル，ドラグライン，バックホウ等が登場して機械化施工が盛んになり，例えば江戸川では昭和28年には機械掘削が人力掘削を上回った。また，昭和30年代半ばには，それまで主力であったラダーエキスカベータが次第に姿を消し，これに代わってドラグライン，バックホウ等が主力をなすようになった。土運搬は機関車運搬が主で一部では人力や牛馬によっていた。昭和20年代半ばにはダンプトラックの国産化が始まって暫時導入されていったが，本格的に河川工事に使用されるようになったのは，施工体制が請負化に移行した昭和30年代後半からであった[11]。

一方，昭和30年代には掘削と運搬を同時に行うキャリオールスクレーパやモータースクレーパが登場し，30年には江戸川の三輪野江築堤で河川工事としては初めてキャリオールスクレーパが使用され，35年には江戸川の二川村（現・関宿町）地先の築堤や渡良瀬遊水地の工事にスクレープドーザが使用された[11]。

築堤工事では，そのほとんどの工事で浚渫土あるいは高水敷掘削土が利用され，堤防の締固めは，当初は土羽打ちにより法面を締め固める程度であったが，ブルドーザが普及するに従って次第にブルドーザによる締固めへと移行していった[11]（**図-8.4**）。

浚渫については，昭和20年ごろは利根川下流で蒸気機関によるバケット浚渫船「印旛号」や，ポンプ浚渫船「多摩号」が使用されていたが，23年に1 000馬力電動式ポンプ浚渫船「下総号」「常陸号」，270馬力「利根号」が投入され，本格的な浚渫が開始された。また，利根川上流では昭和26年から200馬力浚渫船「思号」が稼働していたが，27年には「常陸号」（このとき「渡良瀬号」と改称された）が利根川下流から移管され，さらに同年に500馬力浚渫船「第1利根号」，29年に「第2利根号」が新造購入され，最盛期には4隻が稼働していた。このほか，常陸利根川では，民船の「津田丸」「住吉丸」等により実施された[11]。

●第8章●戦後制度改革と内務省技術の総括

20tディーゼル機関車

建設省型いすゞ4tダンプカー

渡良瀬遊水地で稼動するキャリオールスクレーパ

キャタピラー社製15tブルドーザ

パワーショベルと土運車の組合せ作業

ディーゼルラダーエキスカベータ

負圧吸泥ヘドロ浚渫船（蛟龍）

浚渫船による浚渫状況

図-8.4　土工機械の例[11]

254

一方,戦前の工事は直営施工であったが,戦後になって請負施工が導入されるようになった。関東地方建設局管内における土木請負工事は,昭和21年9月10日に間組と契約した利根川下流管内の小貝川筋北小文間堤防増補工事が初めてであるが,これは築堤用土の掘削,運搬に要する労力を提供するというもので,本格的な請負工事としては,21年11月1日に阪神築港と契約した利根川下流管内の小貝川機械浚渫工事が初めてである。その後,昭和22年9月のカスリーン台風による利根川右岸東村新川通地先の堤防決壊箇所の復旧工事でも一部が請負施工されたのをはじめ次第に請負化へと移行していったが,本格的に請負化へ移行するようになったのは30年代後半からである。その推移を江戸川を例にとって見てみると,昭和39年度に34.4%であった直営率(江戸川改修事業の本工事費のうち直営費の占める割合)は,43年度には20.5%となり,45年度には1.4%と低下している[11]。

それは,**図-8.5**に示す関東地方整備局が保有する建設機械機種別保有台数の推移に見ることができる。

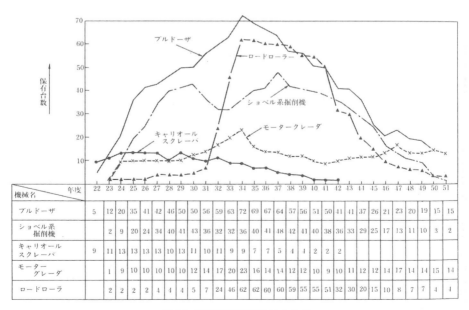

図-8.5　建設機械機種別保有台数[11]

●第8章●戦後制度改革と内務省技術の総括

施工の機械化と請負工事への移行は，堤防施工法および施工管理の標準化・マニュアル化を求める大きな要因となった。

8.3　堤防技術と土質工学

6.4 および **7.2.2** で記した堤防技術の内容を見ると，欧米，特にドイツの堤防技術に関する翻訳を通したヨーロッパの堤防の築造・構造形式は近代力学による量（数学）的評価基準となっておらず，経験主義的なものであった。堤防という土で築造する構造物の変形の力学的形式化が，19世紀後半に進んだ連続体の力学（流体力学），弾性体の力学（構造力学）のように進んでいなかったのである。土という弾塑性体（土，水，空気）という3相を持つ材料の実態が経験的にも量的に記述するのが難しかったのである。わずかにダルシー則による飽和状態における堤防の浸透水の水面形の評価式や堤体全体の力学的安定性（堤体と地盤の間のすべり安定性）の記述にその片鱗が見える程度である。

戦後，連合国の占領体制にあったわが国では，米軍のための兵舎の建設，軍用飛行場の建設を通して，米国の機械化施工技術や土質工学に触れた。朝鮮戦争の勃発による特需景気，昭和28年（1953）の休戦協定による特需景気は過ぎたが，戦災復興のための産業基盤整備（道路，鉄道，通信，港湾など）が進んだ。この建設のためには，土質力学的技術が必要であり，また，土質技術者を必要とした。

昭和24年（1949），土木学会内に日本土質基礎工学委員会が，正会員122名で発足している。この組織は昭和29年（1954）に『土と基礎』を機関誌とする土質工学会（正会員2 061名）と名称変更した。会員数はわが国の経済成長の比例し増加し，昭和35年（1960）には7 000人を超えている。学会は昭和31年（1956）に『土質試験法解説』，39年に『土質試験法』，『土質調査法』，『土のサンプリング指針』を発刊し，試験法の標準化，統一化を図るという必要な重要な仕事を行っている。

しかし，大学の研究者による堤防の土質工学的調査研究は，研究しやすい浸透流の解析的研究を除けば少なかった。河川技術は公共材を供給する官庁

256

技術として閉じていたという歴史的経緯があり，また昭和40年ぐらいまで直営工事時代であり，堤防に関する情報は建設省の内部情報として蓄積されたが外部にでることが少なく，また河川技術を担ってきたという自負心もあり，学的世界と協調して研究する気運は薄かった。土・岩に関する技術情報は，工事の請負化が進んでいた道路や建築分野からの需要が強く，河川土工に比べ先行的に進んだのである。

　河川堤防に関する土質工学的研究は，建設省土木研究所において昭和25年（1950）ごろ，砂防研究室の福岡正巳を中心に始められた。昭和26年（1951）に「河川堤防堤体材料の理想的粒度曲線について」[14]（粒度分布の異なる土を作成し，突き固め試験を実施し，含水比と乾燥密度，圧縮強度，透水係数の関係を調べ，堤体材料として望ましい理想的粒度分布を示す），27年「軟弱地帯における河川堤防の沈下に関する研究」[15]（利根川の堤防沈下実態の計測と圧密理論による解析），29年「本邦の直轄河川堤防の現状調査報告」[16]（直轄河川堤防の天端幅，のり勾配の統計的分析），30年「ベイン剪断試験，貫入試験による軟弱地盤の調査について」[17]，31年「築堤の法面の安定計算に用いる安全率のとり方について」[18]等の研究報告がなされている。

　建設省では内部技術者の技術開発を進めるために，昭和22年（1947）から直轄技術研究会を毎年開催した。昭和29年（1954）直轄技術研究会として「堤防の漏水対策工法」[19]，30年奥田秋夫が「漏水地帯における築堤の調査」[20]，昭和31年（1956）淀川工事事務所から「築堤土質及び築堤地盤の研究」[21]，京都工事事務所から「築堤土質および築堤地盤の研究　木津川漏水について」[22]，33年土木研究所の山村和也が「洪水時における法面崩壊と透水地盤の関する調査報告」[23]，35年土木研究所および近畿地方建設局から「淀川堤防破壊実験」[24]，淀川工事事務所の植田孝夫が「淀川堤防破壊実験報告」[25]，江戸川工事事務所から「堤防たん水実験について」[26]，利根川上流河川事務所から「利根川たん水実験報告書」[27]が報告された。

　統一された土質試験法による堤防土質の物性値の把握を通した堤防の強度判定，堤防漏水対策が技術課題と強く認識され，直轄技術研究会の技術テーマとして研究されたのである。

●第8章●戦後制度改革と内務省技術の総括

なお，31年（1956）に京都大学防災研究所の赤井浩一が「浸透水流による盛土裏法面の局部破壊について」[28]で，ほぼ均一砂（d_{60}：1.2 mm 程度）を用いた堤高35 cmの盛土の浸透破壊実験を行い，破壊に対する限界動水勾配を与える理論式により，実際の破壊現象を説明している。

8.4　河川砂防技術基準の発刊とその堤防技術

昭和31年（1956）8月建設技監米田正文は，河川砂防および海岸の分野における基準書の作成を命じた。これを受けて河川局河川計画課が事務局となり，河川局各課，各地方建設局，土木研究所の組織を動員し分担執筆した。何回かの打ち合わせ意見調整を行い，ようやく昭和33年5月最終稿が完成し，11月20日，社団法人 日本河川協会から『建設省河川砂防技術基準』[29]として発刊された。

序文に米田は次のように記している。

「河川に関する技術は，わが国において，最も早くより発達したにもかかわらず，これに関する技術基準がほとんどなかったといっても過言でないと思う。そのため新進の学究者は先輩のたどった道を繰返すことが多かった。成功の場合でも失敗の場合でも，これは改めるべきである。新進者は少なくとも先輩の築き上げた技術の水準を基礎として，それよりの進歩に努めなければならない。かくて技術は段階的に進歩をするものである。この段階を示すのがこの技術基準である。すなわち，今日の段階における建設省の河川に関する技術水準はこの基準書に示すとおりであるが，来年の技術水準はこの基準書よりもさらに進歩すべきものであって，できれば毎年この基準書は改訂を加えてゆくべき性格のものである。かようにすることによって建設省の技術基準は毎年進歩し，しかもその進歩の跡が明らかになり，新進者の研究を促進することになる。かくて河川に関する技術は秩序よく，能率的に，加速度的に前進するであろうと思う。これが私のこの技術基準書を制定しようとした動機であるが，この基準が将来の河川技術の基礎となってけんらんたる技術の殿堂が築かれることを固く信じている。」

ようやく戦後の混乱期も終わり，多目的ダムの建設などの公共投資が増大

する時期に当たり，また戦前，戦後の河川計画に関わる知見の増大により河川計画論と技術の標準化が求められたのである。これはその後の経済成長による公共投資の増大，直営工事から民間請負工事への移行という流れの中での河川技術者の役割の変化を考えると非常にタイミングのよい時期の仕事だったと言えよう。明治以降の内務省・建設省の直営工事の諸技術を体系立てたものであり，その技術水準を示すものと言える。

この河川砂防技術基準は，河川技術が公式に制度化されたという意味で重要な意義を持っていた。税金を使って多くの河川を改修，管理していくためには，個別の経験を総括する技術の標準化が必要であった。なお，技術の標準化は技術の法令化であり，意識的かつ制度的改訂システムがないと，技術の停滞をもたらす。米田の序文の願い「…できれば毎年この基準書は改訂を加えてゆくべき性格のものである。かようにすることによって建設省の技術基準は毎年進歩し，しかもその進歩の跡が明らかになり，新進者の研究を促進することになる。…」は，満たされたとは言えなかった。河川計画のように計画の空間対象域が大きく関係者の利害が複雑にからまる技術体系は，一度システムとして合意が形成されるとそれを変えるには，大きな外的，内的な力とエネルギーが必要であり，そこで停滞しがちなのである。

ここでは，「建設省河川砂防技術基準」を基に昭和33年5月時点の堤防技術を覗いてみる。

8.4.1　堤防の高さ，配置形を決定する河道計画

河道形状を定める河道計画（第2編第5章）は，計画項目としては，計画高水位，河道の縦断形，河道の横断形，河道の線形，堤防の余裕高，護岸，水制，床固め工の8つが挙げられている。従来の河川改修計画の内容から計画高水流量の計画を除いたものとなっている。計画高水流量は，「第2章　基本高水および計画洪水流量」で規定される構成である。上記8項目のうち，護岸，水制，床固め工は，計画された河道の縦横断形を維持，制御するための基本的な河川構造物であり，それらの配置，工種，標準工法を定めるものであり，個々の構造物の具体的な設計論を示すものでない。計画の妥当性や評価を行うためには，計画を実体化する工事の費用が必要とされる。そのた

め概略の河川構造物の量と質の見積もりが求められ，河道計画の中に護岸，水制，床固め工の計画を入れる必要があったのである。

なお，「計画高水流量は基本高水を合理的に河道および洪水調節ダムに分配して，各地点の基準となる高水流量を決定し，それを計画高水流量という。」とされ，「基本高水は既往洪水を検討し，最大の既往洪水，事業の経済効果，ならびに計画対象地域の重要度を総合的に考慮して決定する。」とした。治水安全度は基本高水の年超過確率で表わされ，計画対象地域の重要度はダメージポテンシャル等によって判定するものとした（被害の実態および民生安定なども考慮）。重要度は A, B, C 級の 3 区分とし，A 級は基本高水のピーク流量の年超過確率が 1/80 ～ 1/100，B 級が 1/50 ～ 1/80，C 級が 1/10 ～ 1/50 とした。

（1）流過能力の計算

「流過能力の計算は，普通等流計算を行うものとし，平均流速公式はマニング（Manning）公式を主として使用する。」また，「流速公式に使用する粗度係数は，計画高水流量を決定する際の既往洪水の解析との関係を重視し，計算地点の河状，他河川の例などを考慮して決定する」とされた。

河道の流過能力の評価は電子計算機がまだ普及していないという計算手段の制約もあって，等流計算で評価するのが一般的であったことが上述の記述に表れているが，解説において局部的な狭さく部があるような場合には不等流計算を行わなければならないとしていた。

粗度係数は，「既往洪水の解析との関係を重視し」と記されている。これは，実測流量，河積，水位を用いて逆算して求めた粗度を重視するという意と考える。逆算粗度と教科書に書かれている潤辺の表面状態を基にした粗度の標準値が一致しない事例が多く，逆算粗度を重視して断面流過能力を評価することを原則としたのである。

また，粗度としては取扱いの繁雑なクッター（Kutter）公式より，マニング公式の粗度を使用することが原則となった。クッター公式の使用を禁止したものではないが，以降クッター公式は使われなくなった。

（2）計画高水位

「計画高水位は計画高水流量，河道縦断形，横断形と関連し，試算的に決定されるべきであるが，一般的には既往最高水位以下にとることが望ましい。」とされた。従来の考え方を踏襲した。

本川の背水区間内の支川の計画高水位は，「支川の計画高水流量に対応する本川の水位，本川の計画高水位に対応する支川の洪水流量を算定し，おのおのの組合せによる支川の2組の高水位を求め，各地点ごとに両者のうち高い方をとるが，著しい折線が生ずれば緩和曲線を入れて補正して計画高水位とする。」とされた。この記述に従って支川の計画高水位を定めるには，支川の計画高水流量時の本川水位，本川が計画高水位のときの支川流量を決めなければならない。しかしながら，これを論理的，合理的に決めようとすると多くの技術的課題が残されていた。計画者の総合的判断に委ねられるところのある規定であったと言える。本川と支川の洪水ピークの時刻が大きく異なる場合は，支川の計画高水流量時の本川水位は支川の等流水位相当し，本川の計画高水位に対応する支川の洪水流量は零とし本川水位が支川に水平に入るとし，両者のうち大きいほうを支川の計画高水位とするというような方法がとられた。

河口の計画高水位については，「流過断面計算に使用する河口の計画高水位は，普通平均満潮位以下にならないように，かつ既往の大洪水の河口水位の最高を考慮して決定する。ただし，河口付近の築堤計画には異常高潮を考慮した既往最高水位または付近の海岸堤防の計画潮位を考慮するものとする。」とされた。河道計画上は，洪水と高潮は同時に起こる可能性が少ないので，異常高潮による水位上昇は考慮外とし，異常高潮に対しては別途築堤高を設定する計画で対処することとしたのである。なお，河口部には河口砂州が存在したり，洪水時河床低下が生じたりして，計画高水流量時の水位を的確に求めることは技術的に非常に難しい。また，小河川では高潮と洪水が同時に生じる可能性もある。ここでは当時の技術水準で割り切ったのである。

（3）河道の縦断形

「河道の縦断形は主として河床の安定を考慮して計画河床勾配を決定し，

●第8章●戦後制度改革と内務省技術の総括

これに基づいて工事費，効果および将来の維持を勘案して計画河床の高さを決定する。」とされた。

解説において，「実際の計画では河床勾配と河床の高さは相互に関連するのみならず横断形とも関係があるので試算的に決定するほかない。河床勾配は普通現在の河床勾配にならって求める。これは将来の維持上最も安全であり，一般に工費も少ないからである。しかしながら河道計画によって現在の河状を意識的に変更する時はこの限りではない。」と記している。さらに河床の高さについては，「計画河床勾配が求められた場合，実際上は工事費と効果および維持上の考慮から試算的に求められる」としている。

（4）河道の横断形

横断面形状は，「計画高水流量を流下する河積の横断面は普通複断面とする。」とされた。ただし，「解説において高水流量がきわめて小さい小河川，湖などの水源が流域にあって平水流量の大きい場合（湖などによる貯留効果によって最大流量と最小流量の比があまり大きくならない場合の意と考える*）は単断面でもさしつかえない。」とした。また「荒廃した急流河川では明確に低水路と高水敷を分けることが難しく，計画上も完全な複断面にすることは不適当な場合がある（低水路河岸および高水敷の維持が難しいという意と考える*）。このような河川は特別の取り扱いとして河道の線形と合わせて横断形を考慮しなければならない。」とした。

河幅（堤間幅）については**表-8.1**の標準値を示している。

この標準値は「既往の統計上の実績から標準を示したものであるから，……実際たてようとする計画の河幅が平均化した標準と比べて広いか，狭いかを

表-8.1　河幅（堤間幅）の標準値

計画高水流量 （m³/s）	河幅 （m）	計画高水流量 （m³/s）	河幅 （m）
300	40 〜 60	1 300	120 〜 170
500	60 〜 80	2 000	160 〜 220
800	80 〜 110	3 000	220 〜 300
1 000	90 〜 120	5 000	350 〜 450

知って河積や維持上の問題を検討すべきであると考える。」と解説している。

低水路の幅員と高水敷の高さについては，「低水路の幅員および高水敷の高さは高水流量に対する疎通能力と維持上の限度とを勘案して決定する。」とされた。

具体的には「現在の河状で比較的安定している箇所などを参考にして工事費などを勘案し縦断形，河幅などとともに試算的に決定するのがよい。低水路の幅員と高水敷の高さを一応仮定する基準としては毎年2〜3回起こる洪水がほぼ低水路のみで流れるようにする」と記している。

なお，毎年2〜3回起こる洪水を低水路満杯とする基準はデルタを流れる河川の低水路満杯流量では実態に近いことがあるが，自然堤防帯を流れる河川ではより大きい低水路満杯流量となっているところが多い。また扇状地河川では洪水時の高水敷の流速が大きくなり，高水敷の維持が難しい。この規定には疑問を感じる。

(5) 河道の線形

低水法線と高水法線については，「低水法線，高水法線は工事費および将来の維持を考えて，できるだけなめらかにすることが望ましい。」とされた。解説において計画上考慮する事項として次の5項目を挙げている。

① 直線部もしくはこれに近い曲線部では左右岸の法線を平行にするのが普通であるが，曲線部では曲りの内側の法線は後退して低水路幅を広くしてわん（湾*）曲部の水衡を緩和するのが望ましい。

② 急流河川では屈曲部の水衡をさけるために直線に近いほうが望ましいが，緩流河川ではある程度のわん曲が水路の維持上必要であるから，現在の河状にさからってあまり直線に近くすることについては慎重に考えなければならない。

③ 現在の流路の線形をよく調査して，地形および地質上現在の曲りを利用するほうが工費その他の点で有利なときは，必ずしもみかけの線形にとらわれずこれにならったほうがよい。

④ 高水法線について計画上注意すべき事項は一般には低水法線に平行であることが望ましいが，低水法線と違って，局部的なおうとつ（凹凸*）

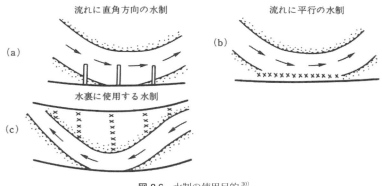

図-8.6 水制の使用目的[30]

は狭い河幅の河川の急激なとつ部を除いてあまり問題にする必要はない。このことは旧堤利用の際などには特に注意を要する。

⑤ 低水路が上記の②，③の

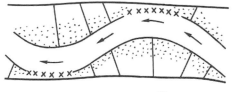

図-8.7 水制の理想形[30]

ような理由でわん曲していても，高水法線は必ずしもこれにかかわらず地形に応じて適当ななめらかな曲線とするほうがよい場合がある。

「捷水路」および「常水路の固定」は，保留とされ基準化されなかった。常水路の定義が記されていないが，低水路の位置の固定の意であると考える。

なお戦後，北陸の急流河川の改修に当たった橋本規明（昭和2年京都帝国大学土木工学科卒）のいう常願寺川改修で考えていた常水路の固定は，「扇状地河川の常である単断面河道を複断面にするもので，緩流河川のように低水路と高水敷をはっきり区別するというものではなく，全河道の中に一部に整然とした流路があり平水および小洪水は主としてその流路を通り，大洪水においては流心がその流路と大体一致するような断面を維持するものであった[30]。**図-8.6**，**図-8.7**のような長い水制で常水路を維持する計画である。現実には，**図-8.7**のような長い水制で扇状地河川の常水路を維持するのは困難である。

表-8.2 計画高水流量に対する堤防余裕高の標準

計画高水流量（m³/s）	余裕高
200 以下	0.6 m 以上
200 ～ 500	0.8 m 以上
500 ～ 2 000	1.0 m 以上
2 000 ～ 5 000	1.2 m 以上
5 000 以上	1.5 m 以上

（6）堤防余裕高

堤防余裕高については，**表-8.2** の標準値を示している。

普通の堤防計画を行う河川について，計画高水流量に対する堤防余裕高の標準は次のようである。

解説において余裕高を必要とする主な理由として，次の2つを挙げている。

① 計画高水流量および計画高水位の決定はいかに慎重に行っても，洪水が降水という自然現象に起因するものであり，かつ計算の仮定とか方法が完全なものでないから，河積には余裕を必要とする。

② 河川の河状は変化する場合が多い。計画にはもちろんこれらを考慮しなければならないが，長年月の間には予想以上の堆積を起すこともあり，これに対する余裕を必要とする。

「したがって余裕高は，計画に対する安全率（現象を記述するに当たっての不確実性に対する安全率であって計画の余裕ではない*）であって，原則として堤防は越流させてはならないという前提になっているから，もし越流させることを考慮するような特殊な河川計画には，これらの基準はすべてあてはまらない」とした。

さらに，堤防余裕高を実際に決めるには，上記の計画高水流量に関わる問題のほかに次の3点について注意すると記されている。

① その河川改修の経済効果が大きければ，安全率を大きくとる必要があるので，余裕高を大きくする。

② 流出土砂が多く，河積の減少の可能性の多い河川は大きくする。

③ 遊水地のように，河幅が特に広い堤防においては，風による水位の上昇および波浪を考慮して余裕高を大きくする。

●第8章●戦後制度改革と内務省技術の総括

(7) 護岸，水制，床固め工

護岸，水制については，計画の構想，計画箇所の選定，工種の選定，標準工法の選定が基準の項目であり，床固め工は，計画の構想，計画箇所，標準工法の選定が基準の項目である。内容については省略する。

以上，昭和33年（1958）の「河川砂防技術基準」に見る河道計画を見た。河道計画の技術については，次のような変化があった。

① 治水安全度を基本高水の年超過確率で表わし，実資料を用いた統計的手法の導入

② マニング公式の使用と逆算粗度の重視

③ 河幅，堤防余裕高の標準値の提示

④ 堤防余裕高の必要性の根拠の提示（現在の余裕高の定義と異なり，計画に対する安全率としている[*]）（⇒ **9.3**）。

⑤ 河道の線形に関する標準的考え方の提示

また，戦後において研究が進んだ土砂水理に関する研究の成果[31] は，この技術基準に反映されなかった。土砂水理に関する研究成果（流砂量式，河床変動計算等）を一定の精度を持つものとして定量化技術として受け入れるには，まだ成果に対する信頼感がなかったのである。

8.4.2 建設省河川砂防技術基準にみる堤防技術

建設省河川砂防技術基準における堤防技術に関係する編，章，節は，「第1編　調査　第7章　土質」「第2編　計画　第5章　河道計画」「第3編設計施工　第1章　河道改修　第1～3節」「同　第4章　材料試験」「第4編　第1章　河川維持」である。このうち，河道計画については8.4.1で記した。残りの項目について概要を記す。

(1) 土質調査

土質調査に関しては詳細な記述がなされている。戦後，導入された土質力学の工学化，技術化が進み，日本工業規格（JIS）による土質調査法の標準化，規格化がなされた成果が取り入れられている。下記メモに建設省河川砂防技術基準に記載された土質調査に関する項目の目次を示す。内容は教科書的であ

り，また，JIS 規定のあるものはそれに預ける記載となっている。内容は省略する。

メモ　建設省河川砂防基準に見る堤防土質調査の目次

第1編　調査

第7章　土質

　第1節　河川堤防

　　1.1　計画線軟弱地盤調査

　　　1.1.1　予備調査

　　　1.1.2　野外調査

　　　（1）ベーン試験

　　　（2）載荷試験

　　　1.1.3　試料採取

　　　1.1.4　実験室試験

　　　1.1.5　施工に行う試験

　　　1.1.6　施工後に行う試験

　　1.2　計画線，透水性地盤調査

　　　1.2.1　予備調査

　　　1.2.2　野外調査

　　　1.2.3　試料採取

　　　1.2.4　実験室試験

　　　1.2.5　施工後に行う試験

　　1.3　堤体材料調査

　　　1.3.1　予備調査

　　　1.3.2　試料採取

　　　1.3.3　実験室調査

　　　1.3.4　模型実験

　　　1.3.5　施工管理のための試験

　　1.4　既設堤防軟弱地盤調査

　　　1.4.1　予備調査

1.4.2　野外調査

1.4.3　試料採取

1.4.4　実験室試験

1.5　既設堤防透水性地盤調査

1.5.1　予備調査

1.5.2　野外調査

1.5.3　試料採取

1.5.4　実験室試験

1.6　既設堤防堤体ならびに基礎地盤調査

1.6.1　予備調査

1.6.2　野外調査

1.6.3　試料採取

1.6.4　実験室試験

第3編　設計施工

第4章　材料試験

第1節　土

1.1　試料採取法

1.1.1　オーガボーリング

1.1.2　乱さない資料の採取法

1.1.3　その他の試験採取法

1.1.4　ボーリングなど実施中の観察事項

1.1.5　試料の取扱い方

1.2　貫入試験

1.2.1　標準貫入試験

1.2.2　円すい貫入試験

1.3　載荷試験

1.4　ベーン試験

1.5　土の粒度および物理試験のための試料調整

1.6　土粒子の比重試験

1.7 土の含水試験

1.8 土の粒度試験

1.9 土の液性限界，塑性限界，収縮常数試験

1.10 土の遠心含水等量試験

1.11 土の現場含水等量試験

1.12 土の突き固め試験

1.13 土の密度試験

1.14 土の可溶性成分試験

1.15 土の有機物含有試験

（1）予備操作

（2）実験操作

1.16 土の吸水膨張試験

1.17 土のスレーキング試験

1.18 土の圧密試験

（1）全圧密沈下量の算定法

（2）圧密沈下に要する時間の算定法

1.19 土の一軸圧縮試験

1.20 土の直接せん断

（1）急速せん断

（2）圧密急速せん断

（3）圧密緩速せん断

1.21 土の三軸圧縮試験

1.22 土の透水試験

（2）堤防の設計施工

堤防の設計施工については，「第3編 設計施工 第1章 河道改修 第1節 築堤 第2節 掘削 第3節 しゅんせつ」に関連技術が記載されている。記事内容は，戦後の直轄施工において新たに導入されたブルドーザ等の機械化施工の経験を通した施工合理化を狙った標準化である。戦前からの内務省工事を含めた建設省直営（官営）技術の集体成と言えるものである。

●第8章●戦後制度改革と内務省技術の総括

目次に沿って，その技術内容を概説しよう。

第1節　築堤

1.1　築堤材料

1.1.1　材料の性質

> 　築堤材料としては主として土砂を使用するが，その性質は一般に空隙が少なく，密度が大で浸透性が小さく粘着力が大きくかつ，内部摩擦係数の大きいものが望ましい。

　解説において，法崩れなどに対して十分安定なこと，掘削，運搬，撒き出し，締固め等の施工が容易なこと，乾燥によりひび割れが生じないこと，草根・木皮などの有機物含有量が少ないこと，粗粒物の形状と粒度配合が適切であって水分を含んだ場合の内部摩擦係数が大きいこと，を挙げている。

　これらの記述は従来と同様であるが，内部摩擦係数という戦後の土質工学の発展普及による新たな技術用語が取り入れられ，また細部については，建設省土木研究所報告第86-1号（福岡正巳「河川堤防堤体材料の理想的粒度曲線について」1953）参照としており，戦後の築堤土質に関する調査研究成果を取り入れている。

1.1.2　材料の経済性

> 　築堤材料は運搬距離，運搬法などを考慮しできるだけ安価のものを選定する。

　解説において，土取場および運搬路に要する補償費，掘削の難易，運搬路設置に要する経費，運搬距離の遠近，土取場と築堤箇所の高低差，掘削運搬機種の選択，を考慮して総合的に検討し，最も安価なものを裁量する，としている。

　機械化施工における経済合理性を追求しているのである。

270

1.2 設計計算

1.2.1 堤防断面

① 断面決定に際して考慮すべき事項

> 堤防断面は洪水流を安全に流下させ得るように材料の性質，基礎地盤の状態，流水の状態，堤高などを考慮して定めなければならない。

　解説において，堤防断面は堤体土質，堤高，洪水継続時間，流水および波浪による侵食作用，基礎地盤の状態，堤内地の状況などによって決定するが，原則として次の諸条件を満たすように努めるとした。

- 湿潤線が裏法面の内側に納まる。
- 表，裏法面は材料の種類において十分安定を保ち得る勾配である。
- 基礎地盤に生ずるせん断応力がその土砂のせん断強さを超えないよう法面勾配とする。
- 堤体または基礎地盤内を通った浸透水の流速，あるいは圧力が堤体または基礎地盤を構成する粒子を流出しない程度小さくする。

なお細部については建設省土木研究所報告第 92-79 号（福岡正巳「堤防法面の安定性計算に用いる安全率の取りかた」1956）を参照としている。

　上記諸条件を照査するための土質試験法，現場試験法を通した土質物性値の把握，浸潤線の評価，堤防の安定性評価法（円弧すべりに対する安全率の評価法）などの試験法について記している。評価法は欧米からの導入がなされたと言う技術状況を反映したものである。しかし，これは新規堤防に関する記述であり，既存堤防の補強に関する記述ではない。既存堤防では築堤履歴により築堤材料，施工法が異なり，築堤材料および基礎地盤材料の物性値の把握が困難，不確定であり，戦後の土質力学的研究成果をそのまま適用できなかった。

　また，上記方法においても，堤防設計のための洪水継続時間，洪水波形，前期降雨，初期湿潤状況，堤内地下水位などの設定の標準化がなされていない，浸透流解析手法が十分な解析精度を持たない，土間隙における水の飽和度による土質定数の変化の未解明，等の問題が残されており，本規定による

堤防断面の力学的決定法は十分に技術化されたとは言えなかった。また，堤防の土質力学的安全率を具体的に評価法との関連でいかなる値を取るべきかという工学的技術判断がなされておらず，従来の経験的堤防断面設定法（定規断面方式）を取らざるを得なかった。

② 余裕高

　8.4.1（6） を参照

③ 余盛り

　余盛りの大体の標準は，真土，粘土の場合堤防高の 1/10 ～ 1/20，砂利，砂の場合 1/20 ～ 1/40 である。

④ 天端幅

　「堤体の安定，築堤作業における土運搬，水防作業などを考慮し，堤防の重要度に応じて天端幅を定める。また天端は排水を良好にするため円弧あるいは横断勾配を付する。」とし，現在行われている標準は直轄河川で 4 ～ 8 m，中小河川で 3 ～ 5 m 程度であるとしている。

⑤ 法勾配

　「堤防の法勾配は堤防および基礎地盤の土質ならびに浸透水による影響などを考慮して十分安定であるように決定する。」としている。

　解説において，「堤防の法勾配は，築堤材料，基礎，地盤，水位，施工法，実例などを考慮して定め，土質力学的安定性計算により検定を行うことが好ましい。」とされ，土質力学的安定計算は，補助手段と位置づけられている。技術的信頼性がまだ足りないのである。

⑥ 小段，犬走り

　「堤防法面の決壊崩落および漏水を防止，基礎の安定，ならびに水防などのために要すれば小段犬走りをもうける。」としている。解説内容は，前時代の記述を踏襲している。

　参考として，次の 2 項が付加されている。

　・築堤材料は主として経済的理由により堤防附近地より採取するため適性用土を求めることは困難であるのでその地区ごとの土質の欠点を補う断面構造としなければならない。

　　急流河川で粗粒物資を用いて築堤する場合，細粒径の成分の流出を

防止するため，裏法に石積などを施し，排水路を設けて浸透水を導く場合が多い。この場合，断面形状の維持，芝の育成のため 0.5 ～ 1.5 m 厚の水密土で被覆する。

浚渫土を用いる場合は，透水係数が非常に大きい。この場合，川面側に水密土を適当な厚さに締め固めて堤体内の水圧の低下を図り，堤裏脚部の不透水地盤上に石積みあるいは水抜工を施工し，排水路を設置して浸潤線の低下とパイピングを考慮した堤防断面形状とする。
・堤防法線からやむを得ず軟弱地盤に施工する場合は，軟弱地盤工法を採用する。工法については後記する。

1.2.2 土量計算

> 土量計算を行うには築堤予定地の横断測量（平坦部においては横断間隔は 50 m 程度とする）により横断図を作成し，これに記入した堤防施工定規の断面積を用いて土量を算出する。

解説において，算出された土量に対して必要な掘削土量の評価法を記している。掘削による容積の変化，盛土工事中の圧縮，数年後の圧縮による容積

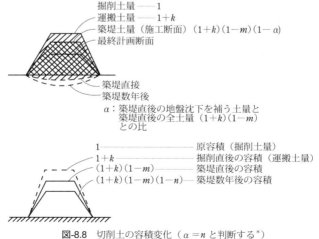

図-8.8 切削土の容積変化（$\alpha = n$ と判断する[*]）

●第8章●戦後制度改革と内務省技術の総括

表-8.3 切盛土量増減率

掘削前の状態	$1 + k$	$1 - m$	$1 - n$		$1 - S$		
			A	B	A	B	
締 ま っ た 砂 利	1.40	0.72	0.94	0.88	0.05	0.11	
粘土と砂利の混合したもの	1.35	0.73	0.94	0.89	0.07	0.12	
粒土と砂と砂利の混合したもの	1.30	0.75	0.94	0.88	0.08	0.14	
砂および砂利の混合したもの	1.25	0.80	0.95	0.89	0.05	0.11	
腐 植 土	1.25	0.80	0.94	0.87	0.10	0.17	入念につきたてを行った場合 $1 - S$ が 0.3 になることがある
砂 ま た は 砂 利	1.15	0.90	0.97	0.95	(-)0.01	0.02	

ただし前記資料は盛土高中位で運搬のため圧縮を受け工事中多少の降雨に会う場合で，Aは完成後降雨の少ない場合，Bは完成後降雨の多い場合を示す。

変化（**図-8.8**）を評価して，掘削土量を算出するもので，参考としてフライの式

$$S = (1 + k)(1 - m)(1 - n)$$

を示している。ここで，S は掘削前の掘削土の単位容積に対する最後の縮小率，k は掘削後の容積の増加量の掘削前の原容積に対する比，m は盛土工事中の圧縮量の掘削直後の容積に対する比，n は数年後の圧縮量の完成直後の容積に対する比である。土量計算に求められた土量を $1/S$ 倍することによって掘削土量が算定される。なお掘削後の運搬土量は掘削容積に $(1 + k)$ を掛けることにより求まる。

表-8.3 に切り盛土量増減率を示す。

1.3 築堤工法

1.3.1 施工計画

　築堤工事施工にあたって考慮しなければならないことは

（1）築堤土質の良否

（2）労務の獲得の難易

（3）土運搬，つきたてに要する機種の選択

（4）土砂運搬線の配線方法

8.4 河川砂防技術基準の発刊とその堤防技術

 (5) 施工時期による制約

 (6) 施工順序，方法

 (7) 土工の規模

 (8) 経済性

 (9) 次工事あるいは他工事との関係

などであってこれらを詳細に検討して工程表を作成し，工事の計画的実施を計らなければならない。

1.3.2 準備工

 築堤盛土に先立って必ず堤防敷の掃じならびに基礎地盤のかき起し（傾斜池においては段切り）を施工しなければならない。

1.3.3 土運搬

 土運搬は 1.3.1 の各項の検討の上，その方式を決定し，盛土にあたっては水平な層状にまきだすものとする。

 解説において，撒き出しの厚さは人力運搬 0.3 m，軽機関車運搬 0.5 m，大型機関車運搬 1.5 m としており，前時代の撒き出し実態を踏襲している。ダンプトラックによる撒き出しについての記述はない。

1.3.4 つきたて

 築堤のつきたてに際しては築堤材料の物理的性質を知り最適含水比に近い状態でできるだけ大きい密度を得るよう層状につきたてなければならない。

 参考として，従来工法の石蛸よりブルドーザによる転圧のほうが乾燥密度が大きいこと，川表の法面仕上げについても，法勾配 1:2 以上の急な場合は

275

●第8章●戦後制度改革と内務省技術の総括

従来の土羽棒によるもの以外は適当な方法がないが，緩い場合はできるだけ機械（キャリオールスクレーパ）によるのが好ましいとしている。

1.3.5　のり覆工

堤防のり面には降雨または流水に耐えるようにのり覆工を施工しなければならない。

1.3.6　堤防坂路

堤防の表のりに坂路を設ける場合はのりに沿って下流に向けるものとする。

1.3.7　のり留工

基礎地盤不良のためあるいは堤内側が田または水路または沼地等のためのり面の安定保持が困難な場合には適当なのり留工を施工する。

力ぐいを1〜3列に0.6〜1.0 m間隔程度に打つ工法が紹介されている。この工法はいわゆる軟弱地盤と言われる程に地盤の悪くない箇所にも施工されるものとしている。

1.3.8　軟弱地盤工法

軟弱地盤に築堤する場合は基礎地盤の土質調査を行い支持力および施工後の沈下量を推定し，断面構造，施工法等を十分検討の上決定しなければならない。また施工中あるいは施工後においても沈下量，圧密度，間隙水圧の変化について調査し，その変化に対処して処置することが望ましい。

解説において軟弱地盤工法が紹介されている。

① 範囲が狭く軟弱地盤の浅い場合

・ 軟弱部分を取り除き良質土と入れ変える。

・ 盛土を続行し側方にふくれ出し部分を除去し沈下を促進させる。

・ 力くい等ののり留工を施工する。

② 軟弱地盤が比較的深い場合

・ 地盤内に盲暗きょ，敷そだ工，のり先石垣，水路等を設け圧密による間隙水の拡散を計る工法を併用する。

・ サンドパイル工法を施工する。

サンドパイル工法について説明し，細部については建設所土木研究所報告第87号（福岡正巳，1954），第91号（谷藤正三，福岡正巳，稲田倍穂，1955）参照としている。新技術を紹介しているのである。

1.3.9 漏水防止工法

> 漏水防止工法を施工する場合には，その原因の調査（堤防土質，基礎地盤，漏水状況など）を綿密に行い，その結果に基づいて適当な工法を選択する。

解説において，工法について紹介し，単独あるいは組み合わせて施工するとしている。

① 築堤工事の際に行うもの

　イ，堤体に対して行うもの

・ 堤防断面を十分にとる。

・表のりを，コンクリート，粘土等の水密性材料で被覆する。

　ロ，基礎に対して行うもの（基礎に透水層が含まれる場合はあらかじめこれを調査）

・ 層が薄い場合には一定幅だけ良質の堤体用土で置き換える。

・ 矢板，粘土，刃金（鋼土のことか，堤防表法からの浸透を防ぐために法面に張るあるいは堤体中央部にコアーとして入れた不透水性の土*）

等によって締切りを行う。
・堤防断面を増大する。
・裏のり先に盲暗きょを設ける。
・ブランケット（高水敷に粘性土を敷き均す工法*）を設ける。
② 築堤工事後に行うもの
　イ，堤体に対して行うもの
・小段の設置を行い堤防断面の増大を図る。
・表のりを，コンクリート，粘土等の水密性材料で被覆する。
・裏のりに特殊の空石張りを施工する。
　ロ，基礎に対して行うもの
・粘土，刃金工等を行い透水層をしゃ断する。
・矢板打工，コンクリート壁，遮水壁を施工する。
・力ぐい打ちを行う。
・裏のり先に盲暗きょを設ける。
・堤内地の埋立てを行う。
・グラウティングを行い，透水層を遮断する。
・表法先が洗掘され透水層が露出しないようの水制を設ける。
・ブランケットを設ける。

　「第2節　掘削」は，「施工計画」「調査」「土量計算」「施工法の選定」「準備工」「掘削および運搬工」「岩盤掘削工法」が，「第3節　浚渫」は浚渫に関する「基本調査」「施工計画」「ポンプ式しゅんせつ船」が記載されているが，堤防築堤用土の採取工法に関わる記述であり，堤防構造および築堤工法を直接な関係性が薄いので省略する。

（3）堤防の維持

　堤防の維持に関しては，「第4編　維持管理　第1章　河川維持　第2節　河川維持　2.1　堤防の維持」に記載されている。記述内容は，定性的なもので「・・・なければならない。」で閉じ，維持し，修理し，更新し，埋め戻さ，補充し，注意し，処理し，等の言葉が前置されるものである。規定

は定性的なものであり，量的な記述となっていない。解説を含めて技術的な
ものを抜き出そう。

・芝の手入れ

　雑草は芝より繁殖生育力が強く芝の発育を阻害するため，年2回以上雑草
の種子ができる前に根引また刈り取ることが好ましい。洪水後のゴミは取り
除く。

・てんばの維持

　てんばは横断面でかまぼこ型になっているのが正常のものである。凹凸，
くぼみ，わだちが刻まれると，雨水の排水が悪く堤体が浸潤になるので，形
状の維持に努める。

・のり面の維持

　のり面の凹部，縦じわは，切り返しを行い十分に締め固める。

・堤体ひび割れの処理

　堤体のてんば，のり面にひび割れが生じた場合，雨水または流水が浸透し
堤防を緩め，あるいは破堤の原因となるので，良好な地盤まで掘り起こし段
切りを行い新たな良土を入れ十分締め固める。

・漏水の防止

　漏水の起こりやすい場所は，もぐら・野ねずみ等の発生しやすいごみ捨て
場，堤体が絶えずジメジメしているところ，堤内の地盤が河床に比し低く湿
潤しているところ，堤体がやせているところ，堤防の原地盤が透水層である
ところ，堤敷が旧河道または旧破堤箇所であったところ，ひ（樋*）門・ひ（樋*）
管の在るところ，を挙げている。

　漏水の原因が容易に除去できるものについてはすみやかに補修する。

・もぐら穴の処置

　良土を補充し十分突固める。冬期に積雪の多い地方では野ねずみなどの食
物が欠乏し芝の根を食べるために堤体に侵入することが多く，融雪後には穴
の発見が容易であるので，この時期に野ねずみの駆除を講ずれば相当の効果
がある。

・坂路，階段の設置

　人家の密集地帯などで人車が堤防を横過のためのり面を荒らすので，坂路，

279

階段を設置する。

・ひ門，ひ管などの接続部の維持

堤体内の構造物は常に堤防の弱点を形成する。特にひ門，ひ管などは堤防決壊の原因とならないようその維持に注意する。

メモ　堤防の除草の請負化

戦前においては，堤防および堤外地の草本類は，河川周辺農民の採草地であり，肥料，飼料，資材として有用材であり，慣行として集落で利用されていた。

『利根川百年史』（建設省関東地方建設局，1984）の座談会記録によると，「戦前は，農村地帯では地元地先の農民が堆肥用の草として刈ってくれていた。区長さんの所に草が伸びすぎたのだけれど，何とかならないかと言うと，何とかなった。ただし町場では刈ってくれないので義理人夫を出して刈らせた。半分位金を払った。利根川では金を払わなかった。利根川下流では集落単位に割り振って決めていた。戦後 1960 年代から，このような方法が難しくなった。最初に請負化したのは淀川でした。」と記されている。請負化が進んだのは，1960 年代後半からと推察される。

（4）ま　と　め

戦前の改修計画および河川構造物の設計手法は，明治以降の近代化に伴う西洋力学思想の導入を受けたものであるが，流量，河床勾配，流速公式，粗度係数の関数関係を媒介とした洪水水位の算定を通した堤防高の設定，コンクリート構造物の力学的設計法等を除けば，堤防断面形状，護岸水制，根固め工等の多くの河川構造物の設計は，長年の経験による場の特性値による定形化された形状である工種を選び，形状規定により建設・設置するものであった。

戦後，被占領下，近代土質工学が主として米国から導入された。1950 年代後半になって，英国やスカンジナビヤ諸国を中心に土質工学の画期的な進展がなされ，それらを取り入れた土質構造物の設計等がなされるようになっ

た。それには JIS 土質試験法の標準化の進展，機械化施工による施工管理の高度化があった。建設省土木研究所においても河川堤防の調査研究がなされ，堤防の実態調査，堤防設計法の提案，堤防の施工法，軟弱地盤対策工法，漏水防止工法の研究がなされた。これらの技術情報，研究成果は，建設省砂防技術基準の堤防に関わる基準の中に取り入れられたが，堤体断面の力学的安定性計算手法は，安定性の照査の一つとして使われたが標準断面方式を超えるものとはならなかった。

　堤体内における土質層序構造とその物性値の把握手法，湿潤水の挙動，非飽和土と土質強度の関係などの検討しなければならない課題も多く，また電子計算機が普及されておらず数値計算という手段が取り得ないという計算技術の段階は，堤防の施工経験や洪水による堤体の反応現象に関する情報の集積という経験則を重視せざるを得なかったと言えよう。

　それ故，設置された堤防の維持管理に当たっても，定量的な規定，たとえば構造物の変形量を計測し，その変形量に応じて維持・補修方針を規定するような体系とはなり得ず，構造物の変形・破損程度を判断材料とした現場担当者の経験に基づいた直接観察を基にした判断による維持管理対策がとられた。

《注》

注1）建設省の初代事務次官は，建設院技監岩沢忠泰が技監兼務で就任した。技術官僚が省の最高ポストに座るのは，明治以来初めてであった。河川局長，道路局長も技術官僚であり，技術官僚の長年の願い，運動が敗戦直後の混乱期，変革期のなかで実現したのである。

　以降，事務次官は技官と文官が交互に就任するのが慣例となり，河川局長，道路局長は技術官僚のポストとなった。

《引用文献》

1) 西川　喬（1969）：治水長期計画の歴史，水利科学研究所，pp.80-194
2) 武井　篤（1961）：わが国における治水の技術と制度の関連に関する研究，第 9 章，京都大学学位請求論文
3) 山本晃一（1986）：水防体制の変遷，地質と調査，1986 年第 4 号，pp.2-13
4) 山本三郎（1993）：河川法全面改正に至る近代河川事業に関する歴史的研究，国土開発技術研究センター，pp.150-158

●第8章●戦後制度改革と内務省技術の総括

5) 建設省編（1995）：日本の河川，建設広報協議会，pp.376-378
6) 科学技術庁資源調査会（1960）：伊勢湾台風災害調査報告，科学技術庁資源調査会報告，第17号
7) 大矢雅彦（1956）：木曽川下流濃尾平野水害地形分類図，水害地域に関する調査研究，第1部，付図，総理府資源調査会
8) 木村俊晃（1961）：狩野川洪水の検討－異常洪水に如何に対処するか－，土木研究所報告第106号，pp.63-81
9) 鹿島試験所史編集委員会（1994）：鹿島試験所史，建設省土木研究所河川部，pp.1-2
10) 細井正延（1964）：海岸・河口堤防の設計，山海堂
11) 利根川百年史編集委員会（1987）：利根川百年史，建設省関東地方建設局，pp.990-993
12) 日本土木史編集委員会（1973）：日本土木史　昭和16年～昭和40年，土木学会，pp.193-199
13) 50年史編集委員会（1972）：土木研究所50年史，建設省土木研究所，pp.5-6
14) 福岡正巳（1953）：河川堤体材料の理想的粒土曲線について，土木研究所報告，第86号
15) 福岡正巳（1954）：軟弱地盤地帯における河川堤防の沈下に関する研究，土木研究所報告第87号
16) 福岡正巳，小崎謙吉，高橋一男（1954）：本邦の直轄河川堤防の現況調査報告，土木研究所報告，第88号
17) 谷藤正三，福岡正巳，稲田倍穂（1955）：ベイン剪断試験，貫入試験による軟弱地盤調査について，土木研究所報告，第91号
18) 福岡正巳（1956）：築堤法面の安定計算に用いる安全率のとり方について，土木研究所報告，第92号
19) 建設省直轄技術研究会（1954）：堤防の漏水対策工法，建設省直轄工事第8回技術研究会報告書
20) 奥田秋夫（1955）：漏水地帯における築堤の調査，建設省直轄工事第9回技術研究会報告書
21) 淀川工事事務所（1956）：築堤土質及び築堤地盤の研究，建設省直轄工事第10回技術研究会報告書
22) 京都工事事務所（1956）：築堤土質及び築堤地盤の研究，木津川漏水について，建設省直轄工事第10回技術研究会報告書
23) 山村和也（1958）：洪水時におけるノリ面崩壊と透水地盤に関する調査報告，建設省直轄工事第12回技術研究会報告書
24) 土木研究所，近畿地方建設局（1960）：淀川堤防破壊実験，建設省直轄工事第14回技術研究会報告書
25) 植田孝夫（1960）：淀川堤防破壊実験報告，建設省直轄工事第14回技術研究会報告書
26) 江戸川工事事務所（1960）：堤防たん水実験，建設省直轄工事第14回技術研究会報告書
27) 利根川上流工事事務所（1960）：利根川たん水実験報告書，建設省直轄工事第14回技術研究会報告書

引用文献

28) 赤井浩一（1956）：浸透流による盛土裏法面の局部破壊について，土木学会論文集，第36号

29) 建設省河川局（1958）：建設省河川砂防技術基準，社団法人 日本河川協会

30) 橋本規明（1966）：新河川工法，森北出版，pp.257-261

31) 佐藤清一，吉川秀夫，芦田和男（1959）：河川における土砂流送に関する研究，土木研究所資料，第101号

第 9 章
社会・経済構造の変化に対する対応
―高度経済成長から昭和の終わりごろまで―

9.1 社会経済状況と治水

　昭和 31 年（1956）の経済白書は「もはや『戦後』でない。われわれは異なった事態に直面している。」と書いた。この「もはや戦後ではない」というコピーが多くの人の心にアピールしたのは，人々に未来に対する明るい希望を与え，日本人の自信に訴えかけるものであったことによろう。事実，戦中から続く戦後復興のための統制経済は終わり，その後の日本人の生活と社会意識を根本的に変えてしまう経済成長とそれに伴う社会構造の激変の始まりだったのである。

　昭和 30 年代以降の国民総生産の経年変化を図-9.1 に，治水事業費の変化

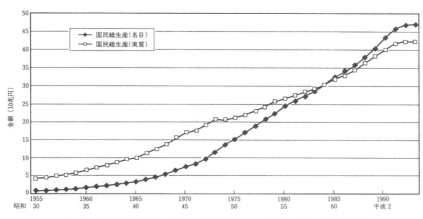

図-9.1　国民総生産の経年変化［実質は昭和 59 年（1984）物価指数基準］

●第9章●社会・経済構造の変化に対する対応

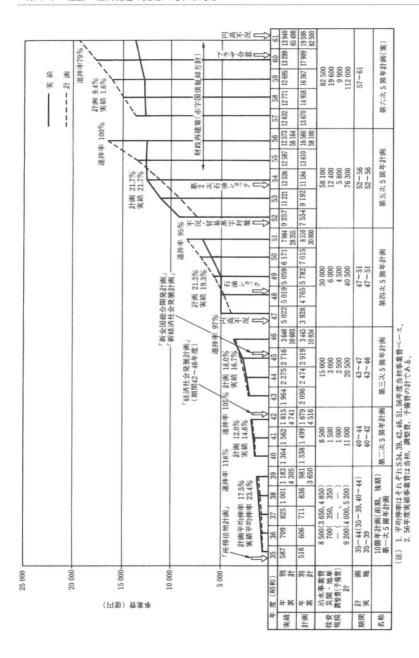

図-9.2 治水事業5箇年計画の推移

および治水事業5箇年計画の推移を**図-9.2**示す。

昭和35年（1960）の「国民所得倍増計画」，昭和37年の「全国総合開発計画」は，もっぱら工業重視による大規模な拠点開発が大きな役割を担い，この過程で予想を上回る高度成長が続き，産業，人口の大都市集中は継続した。地域社会の変動は計画をはるかに超え，地方に過疎化に伴う疲弊をもたらすと同時に，大都市圏の過密による弊害がみられるようになり，新たな経済計画が求められた。

昭和40年（1965）1月に発足した政府の「中期経済計画」は翌年1月早くも廃止され，同年5月より「均衡がとれ充実した経済社会への発展を図るための長期経済計画」の作成作業が開始された[1]。

建設省も，これからの日本経済の基礎をなす国土建設の基本的方向付けを行う作業を始め，昭和41年（1966）8月「国土建設の長期構想」として発表した。これは昭和60年（1985）における経済社会の水準を想定し，これにふさわしい国土の姿を描いたものである。建設省関係の投資額は約100兆円で，そのうち治水・水資源関係の投資額は約20兆円とされた。この計画は原単位方式などのマクロな積算方式によったため，翌年に改めて全国的に均衡のとれた基準に基づいて積み上げ作業を行い，これを「治水全体計画」としてまとめた[2]。

「治水全体計画」の策定に当たっては，次のような基本方針を取った。計画規模としては，重要水系（103水系）については年超過確率1/100〜1/200（100〜200年確率洪水の相当*），その他の水系については1/50以上とし，計画対象区域としては，被害を受ける耕地が10 ha以上，浸水家屋が10戸以上，または道路等の公共施設が被害を受ける区域とし，砂防計画についても洪水処理計画に準じた基準とした[2]。従来の「治水水系計画」に比べ計画対象規模が大きくなり，この計画規模がその後の「工事実施基本計画」の治水計画規模の基準となったという意味で，重要な変更と言える。当然投資規模も大きくなり，「治水全体計画」の全事業量は昭和41年度以降約52兆円（41年度価格）となった。この全体計画のうち昭和60年までに約23兆円を投資する計画とした。

昭和40年（1965）末から5年間続いた"いざなぎ景気"期間の年平均実

●第9章●社会・経済構造の変化に対する対応

質経済成長率は 11.6％に達し，30 年代後半を上回る超高度経済成長期であった。この過程でわが国の GDP（国民総生産）は米国に次ぐ第2位を占めたが，産業・人口の大都市集中が続き，一方で地方の過疎化が進行し，集落の生産活動，生活維持が困難な地区も生じるようになった。

日本経済の急成長は，技術革新や産業合理化を伴う生産性の上昇，太平洋ベルト地帯への重化学工業の集中的な立地，設備投資による需要拡大，大量消費時代への突入による需要拡大などに支えられたものであるが，民間部門の投資拡大に対して公共基盤整備，特に人々の生活に関わる部門の投資が追いつかず種々の問題を生じさせることになり，30 年代後半からの 40 年代にかけて都市問題，交通問題，公害問題と化し，その解決に向けての社会基盤整備の要求が強くなる。また，河川流域の土地利用，産業構造，交通形態，物質循環形態が大きく変わり，人々の地域意識や生活意識も大きく変化したのである。

昭和 44 年（1969）には「新全国総合開発計画」が 45 年には「新経済社会発展計画」が策定，改訂され，国の上位計画が変更された。新全総は昭和 60 年を目標とする計画であり，そこでは① 人間と自然の調和を図り，国民の自然への渇望に応ずるための自然を恒久的に保存，保護する。② 従来の国土利用が東海道から山陽道沿いの地域に偏在し，地域格差意識を拡大させているため，開発可能性を全国土に拡大し均衡化する。③ 地域の特性に応じて，地域が独自の開発整備を推進する。④ 都市，農村を通じて安全快適な環境条件を整備，保全する，ことが目標とされた。この目標を達成させるための戦略手段としては① 国土全域にその効果が及ぶ交通通信の新ネットワークの形成（高速鉄道，高速道路，新情報網等），② 産業開発としての大規模な工業基地，農業基地，流通基地，観光基地の建設整備，③ 自然的歴史的環境の保全，国土保全，水資源開発，住宅都市環境の整備などが挙げられた[1]。

昭和 42 年（1967）には「公害対策基本法」が，45 年（1970）には「水質汚濁防止法」が成立し，公害に対する対策が本格化し，公防防止設備に対する投資が進んだのもこのころであった。また，昭和 44 年には都市の秩序ある発展を図る新「都市計画法」が成立している。

昭和 46 年（1971）8 月 16 日，ニクソン米大統領による緊急的経済政策が

288

断行された。一律 10％の輸入課徴金設定とドルの交換停止を対外経済政策とするもので，各国に対ドル・レートの切り上げを迫るものであった。わが国も対ドル・レートの固定（1 ドル＝ 360 円）から変動為替レートに 8 月 28 日より移行し，円高の局面を迎えた。円高による打撃はそれほどでもなかったが，不況による税収不足に対する国債 7 900 億円の増発，減税 1 650 億円の補正予算が組まれ，昭和 47 年度の一般会計は前年度比 21.8％増，財政投融資 31.6％増の積極策が取られた。昭和 47 年 7 月，田中内閣が成立した。田中首相は『日本列島改造論』を出版し，昭和 48 年予算の編成に当たって大胆な列島改造予算を主導した。ちょうど国際収支の黒字により国内にドルが流れ込み，また金融の大幅緩和により過剰な円資金が生じた時期でもあり，企業は土地投機に走り，地価は暴騰し，さらに世界的なインフレの進行により輸入物価が上昇したこと，積極財政を反映して物不足が生じ，種々の物価が上昇するというインフレ状態に落ち入っていた。これに追い打ちを掛けたのが，昭和 48 年（1973）10 月の石油危機で石油価格は 4 倍以上に急激な上昇を示し，以降 3 年間，経済は停滞したのである。物価上昇に対して財政・金融面からの引き締め政策が取られ不況色が強まったが，物価上昇に見合う賃上げ要求が労働側から激しくなされ，49 年，50 年の 2 年間は大幅な賃上げが実現し，不況下のインフレといった状況に陥った。景気は 51 年ごろから回復したが，その延びは大きくなく 55 年ごろまで約 5％前後の実質経済成長率にとどまった[3]。

　昭和 54 年（1979）1 月，イラン革命によって国王はエジプトに亡命し，これをきっかけに第 2 次オイルショックが生じる。昭和 53 年（1978）1 バレル当たり 12 〜 13 ドルであった石油価格は 54 年（1979）9 月には 37 ドルにも達した。これによって日本経済は 3 年にわたる不況に陥り，景気の回復の見られたのは 58 年（1983）に入ってからであった。

　オイルショック後のインフレによる物価上昇による投資効率の悪化や日本経済の成長率の鈍化により，高度成長から安定成長への対応が求められ，かつ国民意識が成長より居住環境の改善を求めるという安定志向に変化した。すでに昭和 52 年（1977）11 月に策定された「第三次全国総合計画」の基本目標は（昭和 75 年を展望しつつ，おおむね昭和 60 年を目標）においては「人

●第９章●社会・経済構造の変化に対する対応

間居住の総合的環境の整備が唱えられ，① 限られた国土資源を前提とし，② 地域特性，歴史的・伝統的文化を尊重する，③ 人間と自然の調和を目指す，ものとされ，開発方式として大都市集中抑制，地方振興型の人口の定住構想に沿い，人口の定住性を確保することにより，過密過疎問題を解消し，均衡ある国土利用を実施する，とされていた。

第５次治水事業５箇年計画（昭和52 〜 56 年）では都市河川対策が重点課題として取り上げられ，昭和54 年（1979）に「総合治水対策特定河川事業」が制度化され，治水設備の整備が都市化に追いつかない都市河川に重点的に投資された。昭和59 年（1984）に 9 河川が指定され，昭和63 年までに17 河川となった。

この２度のオイルショックは，財政の国債依存度を増し昭和54 年度には39.6％にも達した。ここに財政再建策が政府，大蔵省の大きな課題となり，昭和60 年に赤字国債脱却を目指し，財政の引き締め政策が行われ，55 年度より一般歳出（一般会計予算のうち国債費，地方交付税交付金などを除いた政策的経費）の増加率は大幅に低下し，58 年度（1983）から62 年度（1987）にかけての 5 年間はゼロないし若干のマイナスが続いたのである [3]。

このように，治水事業５箇年計画の推移にみるように河川を取りまく社会経済環境は大きく変わり，それに応じて治水事業の目標と対応も大きく動いたのである。

9.2　河川法の大改正と河川管理施設の構造の基準化

明治29 年（1896）制定された河川法は，当時の社会経済状況，国家統治形態，河川に関わる技術水準に合わせて制定されたものであり，治水に重点が置かれたものであった。発電事業や農工業用水の利水事業の伸展に伴って，水利用に関わる各省庁の争いも生じ，利水に対する統制がとれた制度が求められ，河川法の改正の必要が指摘され，戦前においても幾度か改正の試みも行われたが成功しなかった。

戦後，河川行政を所管することになった建設省は，昭和24 年（1949）には早くも改正案の立案に着手し，毎年のように河川法改訂案を作成し，関係

290

各省との折衝を行ったが合意するには至らなかった。

旧河川法の問題点としては，次のようなことが挙げられていた[2]。

① 新憲法の制定に伴って国の行政制度に大幅な変革が加えられ，このため従来の制度を前提とした河川の管理制度に法制上の検討を加え整備を図る必要が生じたこと。すなわち従来の都道府県知事による河川の分断管理について再検討の必要が生じたこと（旧河川法における知事は，国の機関としての知事であった。新憲法によって知事は選挙によって選ばれ，地元の利害の代表者としての立場が強くなり，河川管理における知事の二面性が懸念された）。

② 憲法で保障する国民の権利義務を具現するための適切な河川管理方式を確立する必要が生じたこと。

③ 社会経済の進展に伴う沿岸流域の開発状況，各種用水の需要の増大等に対応するため，従来の区間主義の河川管理体系を改め，水系を一貫とした管理体系とする必要が高まったこと。

④ 利水事業の進展に伴い，新たな水利使用と既存の水利使用の調整など利水関係規定の整備を行う必要が高まったこと。

⑤ 大規模なダムが多数築造されるようになったにもかかわらず，ダムの設置，管理に関する規定が十分でなく，その設置，管理の万全を期すため，所用の規定の整備を図る必要が生じていること。

昭和37年（1962）8月，相模川の相模ダムの放流による水死事故が発生し，前述のような河川法の不備が国会で強く指摘され，河川法の改正の機運が高まり，利水事業所管官庁との困難な調整を経て，昭和38年（1963）5月24日，新河川法案の閣議決定が行われ，国会に提出されたが審議未了となり，ようやく昭和39年（1964），第46回通常国会で成立し，同年7月10日，法律第167号として交付され，翌年4月1日から施行された。

新河川法の主な改正点は以下のようであった[2]。

① 従来の適用河川，準用河川の制度を廃止し，河川を水系別に区分し，一級河川は国土保全上または国民経済上特に重要な水系に係る河川を，二級河川はそれ以外の水系に係る河川で公共の利害に重要な関係があるものを，それぞれ指定するものとした。

② 河川区域については，河川の現状に即して一定の要件に該当する区域は法律上当然に河川区域となり，その他の区域は河川管理者の指定によって定まるものとするとともに，旧河川法では「私権ノ目的トナルコトヲ得ス」としていた河川区域内の土地も私権の対象となりうるものとした（ただし，流水については旧河川法同様に私権の目的とならない）。

③ 河川の管理は，一級河川については建設大臣，二級河川については都道府県知事が行うものとした。ただし，一級河川の管理については，建設大臣は一定の区間を定め，都道府県知事にその管理の一部を行わせることができることとし，また，水系に係る管理の総合的管理を確保するため，水系ごとに工事実施基本計画を策定するものとした。

④ 水利使用を許可する際の水利調整の規定を整備した。

⑤ 一定規模以上のダムについては，防災上の見地からその設置および操作について必要な規定を設けた。

⑥ 一級水系または二級水系以外の水系に属する河川で市町村長が指定したものについて準用河川の制度を設けた。

⑦ 一級河川の指定，水利調整，その他河川に関する重要事項を調査審議するため，建設省に河川審議会を設置するとともに，都道府県に条例で都道府県河川審議会を設置することができるものとした。

⑧ その他河川に関わる調査，工事のための他人の土地への立入り手続，河川予定地における行為規制に伴う損失の補償などについて必要な規定を整備した。

工事，維持管理の負担については，第六十，六十一，六十二条に規定され，一級河川の改良工事についての負担は国が 2/3，都道府県が 1/3［非指定区間（大臣管理），指定区間（知事委任管理）とも同一］，二級河川の改良工事では国の補助は 1/2 となった。その他の管理に必要な費用の都道府県の負担については，1 級河川の非指定区間は 1/2，指定区間は 1/1 とされた。ただし，指定区間の修繕費については予算の範囲内において，その 1/3 以内を国が補助することができるとした。二級河川は 1/1 が都道府県の負担とされた。

ここに，戦後の行政体制の変革に対応し，河川を取りまく社会・経済条件

の変化に対応した新しい河川法が制定され，社会の要求に答えたのである。

河川管理の物的要素である"河川管理施設等の構造の基準"については，河川法第十三条に次のように規定された。

河川管理施設又は第二十六条の許可を受けて設置される工作物は，水位，流量，地形，地質その他の河川の状況及び自重，水圧その他の予想される荷重を考慮した安全な構造のものでなければならない。

河川管理施設又は第二十六条の許可を受けて設置される工作物のうち，ダム，堤防その他の主要なるものの構造について河川管理上必要とされる技術的基準は，政令で定める。

ここに「河川管理施設等構造令」の制定が急務とされた。

なお，第二十六条は"工作物の新築等の許可"の条で，河川区域内の土地において工作物を新築し，改築し，又は除去しようとする者は建設省令で定めるところにより，河川管理者の許可を受けなければならないとされた。

この構造令の検討は昭和40年から始まり，第1次案が43年（1968）4月に作成され，その後さらに検討が加えられ，第8次案の解説が昭和48年（1973）『解説・河川管理施設等構造令（案）』[4] として縄田照美によって書かれ，山海堂から出版された。構造令そのものは，昭和47年（1972）に相次いで発生した，由良川にある美和ダムの事故，加治川の水害，昭和49年（1974）の多摩川宿河原堰に関わる水害などが後押しとなって，昭和51年（1976）7月ようやく制定され，同年10月より施行された。ここに，治水計画と密接な関係にあるダム，堤防，床止め，堰，水門及び樋門，揚水機場，排水機場および取水塔，橋，伏せ越しの構造の一般的技術基準が定められたのである。この構造令の解説は，昭和53年（1978）河川管理施設等構造令研究会編『解説・河川管理施設等構造令』[5] として山海堂から出版された。

9.3　河川技術の担い手の変化と堤防技術

昭和30年代から40年代は，わが国の産業構造が大きく変わり，第1次産業から第2次および3次産業への労働人口の大移動があった。これは河川技術を支える組織やその担い手を大きく変えていった。

●第9章●社会・経済構造の変化に対する対応

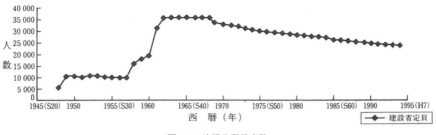

図-9.3　建設省職員定数

　第2次産業の興隆はそれを担う技術者を必要とする。土木系高級技術者の養成も例外ではなく，昭和28年（1953）1,675人であった学生定員は，昭和50年（1975）には6,744人と約4倍に増加した[6]。学生教育に当たる教官も当然増大し，河川に関わる大学研究者の数が増えたのである。

　次に，河川行政および河川事業の発注官庁の建設省の定員の変化を見てみよう。

　図-9.3に示すように，昭和33年（1958）より昭和37年（1962）にかけて定員が増大しているが，これは業務量の増大に対処したものでなく，昭和34年（1959），それまで現場での雇いであった多くの現場職員を国家公務員に定員化したもので，その多くは行政職2種職員となり，主に現業的仕事に携わった。

　当時，建設省直営工事は急減し，民間請負工事に移行し，昭和45年（1970）には，ほとんどなくなっていた。農村からの労働力の調達が難しくなり，社会資本投資量の増大による建設業者の増大と土工の機械化が急速に進み，直営工事は終焉してしまった。施工技術の担い手および開発主体は民間となったのである。

　昭和43年（1968）以降は国家公務員の総定員を削減するという政府方針のもと，着実に定員が減少している。上級技術系職員である上級甲種および1種（昭和61年以降）の入省員数を見ると，図-9.4のようであり，この間あまり増加せず，50〜60人程度であった。

　図-9.2でみたようにこの間，河川事業費は拡大し，この執行に当たる事務量も当然増大したが，事務の合理化だけではこれに対処し得ず，これを担う

294

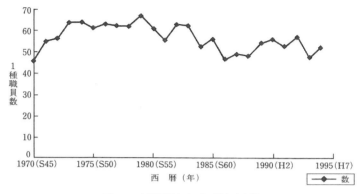

図-9.4 上級甲級および1種入省者数

組織が必要となり，これを民間部門に発注という形で引き受けさせた。すなわち土木建設系民間コンサルタント会社や地質・測量会社がこれを受注という形で担うこととなった。当初は発注者の手伝い的仕事が多かったが，徐々に高度な技術的判断を含む仕事を手掛けるようになった。**図-9.5** は建設コンサルタント協会（昭和38年発足）会員（法人）数および建設コンサルタント業として建設省に登録された業者数の推移を示したものであり，**図-9.6** は建設省および関係機関の発注実績額と会員各社の総営業収入の推移を示したものである[7]。

建設省は，昭和47年より総合技術開発プロジェクト（通称総プロ）を開始した。高度経済成長のなか，土木技術の開発の担い手が，建設会社，建設機械製造会社，土木・建設材料製造会社が技術開発を担う面が増え，その新技術の現場での適応条件確認や設計体系や利用応用が急がれる緊急性が高い課題について，建設省の付置研究機関が中核となり大学・民間・協会等と密接な連携を保ちながら研究開発を実施するものであった。土木研究所では，さらに産官学の研究交流の促進が求められ，昭和55年（1980）には共同研究，部外研究員（受入および招聘）制度を整えた。共同研究では，民間単独で技術開発を実施するにはリスクが大きい研究を実施した。これは昭和62年に官民連帯共同研究として引き継がれた[8]。

河川堤防と関連するものでは，新地盤改良技術の開発（軟弱地盤対策），

●第 9 章●社会・経済構造の変化に対する対応

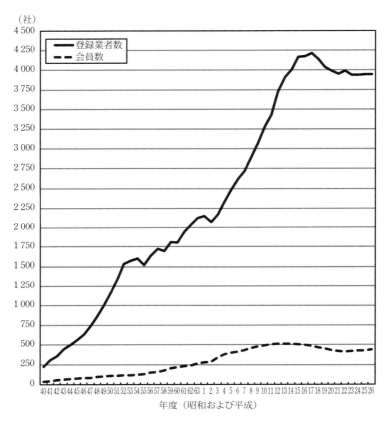

図-9.5　建設コンサルタント協会会員数および登録業者数の推移（文献 7 に付加）

震災構造物の復旧技術の開発，建設事業への新材料・新材料利用技術の開発，耐震地盤改良工法に関する共同研究，ジオテキスタイルの材料特性・設計法に関する共同研究等が実施されている．工法開発，材料開発の主導権は，民間の商品開発部門に移って行ったのである．

　昭和 48 年（1973）7 月 1 日，財団法人 国土開発技術研究センターが設立された．これは同年 6 月 30 日の建設大臣の諮問機関である「建設省技術開発会議」の建議を受けて，わが国の建設行政の重要な支えとなり，民間事業にとっても不可欠の建設技術の一層の発展を図るために建設省の支援と民間

9.3 河川技術の担い手の変化と堤防技術

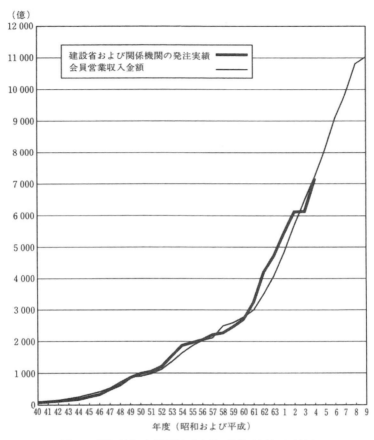

図-9.6 発注実績，会員営業収入金額の推移（文献7に付加）

各種団体の寄付金により建設大臣の許可を受けて設立されたものである。ここでは，河川，道路，都市，地域に関する調査・研究を主に受託によって行うことになった。

　財団は，河川に関する基礎的な研究業務を自ら行うというものでないが，河川行政に必要な既存技術情報の整理，編集，河川に関連する技術の手引・マニュアル作成など，従来であれば建設行政の中で行われていた総合化業務をサポートするようになった。財団には建設省などの行政組織から出向者が派遣され，業務の遂行の円滑化を進めると同時に，情報収集・編集の効率化

のため大学，建設省土木研究所の研究者，技術官からなる委員会，研究会などを組織し，民間コンサルタントへの業務委託により業務の効率化が図られた。ここに昭和40年代以前にはなかった新しい技術組織が生まれ，従来であれば建設省の技術行政の一部であったものを担うようになった。ただし，昭和51年（1976）に作成された河川砂防技術基準（案）計画編，調査編の作成の実質的担い手は，本省，全地方建設局，土木研究所，国土地理院の技官，研究官であり，執筆者は70名であった。昭和60年（1985）に作成された設計編も同様であった。

　昭和51年（1976），河川管理施設等構造令の制定，同年の河川砂防技術基準（案）計画編，調査編の策定，昭和60年の設計編の策定により，堤防技術の基準がほぼ固まった。調査編の「はしがき」において栂野廉行が記した「できる限り頻繁に，この技術基準の見直しが行われるよう切望する次第である。」[9]の願いは，その後，基準（案）は法令的役割を演じ，画一的に基準に従って調査，計画，設計がなされるようになり満たされたとは言えなかった。

　昭和54年（1979）の第二次石油ショックまで続く河川事業量の増大，新たな河川に関わる課題（都市問題，環境問題，地域格差）の出現にもかかわらず，これに見合う官庁職員の増大が見られず，実際の河川に関わる調査，計画，設計業務の多くを民間コンサルタントが担うようになり，官民含めて河川技術者の寄りどころが，構造令，技術基準となっていったのである。さらに昭和40年代後半からの治水裁判において河川技術に関わる問題が論点となり（⇒注1），さらに会計検査への対応から，官庁河川技術者が技術的に保守的になり，新しい技術の採用や基準（案）の改革にためらうところが生じたのである（技術が法令的規範に縛られる）。

　河道計画においては，計画高水流量を流下するに足りる計画高水位，計画河床高，計画横断形（基本は複断面の台形断面），低水路の水路幅および高水敷の高さが設定され，河川の横断形状は，堤防形状を含めて定規断面と言われ，この定規断面が河川工作物の設計条件，維持管理の規定要因となり，河道が変化するという本質，すなわち時間軸を持つ対象であることを軽視する傾向となった。計画河床高以下に掘れた断面積を無効断面とする，護岸基

礎高は計画河床高を基に設定する，などである。

堤防についても，堤体内に異物を入れないという土堤原則主義が主張され，複合材料を用いた堤防の検討を遅らすことになった。

9.4　堤防に関する研究開発の動き

昭和 39 年（1964）の河川法改正，昭和 51 年（1976）の河川管理施設等構造令の制定，同年の河川砂防技術基準（案）計画編，調査編の改訂という堤防に関わる法令や基準の策定された時期，堤防の関する研究が，建設省土木研究所で実施されている。これらの新たな研究成果は，河川砂防技術基準（案）計画編，調査編における堤防に関わる基準の中に十分に取り入られたとは言えなかったが，現場における河川土工，軟弱地盤対策，漏水対策の計画・施工に取り入られていった（⇒ **9.6**）。

なお昭和 42 年（1967）羽越災害（荒川, 加治川の破堤），昭和 49 年（1974）の多摩川狛江における堰周辺の高水敷侵食の拡大による越水なき破堤，昭和 51 年（1976）の長良川の安八町での越水なき破堤が生じ，堤防研究を進める要因となったが，住民の一部が国家賠償を求め裁判となり国が被告の裁判中ということもあり，堤防被災関連情報が建設省河川局の内部で閉じてしまう要因ともなった（もともと河川技術は内務省時代の直轄技術体系を土台としており官僚技術として内部で閉じていた）。これが制度的にも大きく変わったのは，平成 9 年（1997）の河川法の改正，平成 11 年の「行政機関の保有する情報の公開に関する法律の施行」とインターネット社会の到来以降と言える。

昭和 30 年代後半から昭和の終わりまでの堤防に関する研究内容を概説する。昭和 35 年（1960）土木研究所千葉支所の開設と同時に土質研究室が設置され，土の基本的性質，河川構造物，軟弱地盤対策，道路法面対策，土質改良等の工学的研究が進められた。昭和 48 年（1973）には土質研究室から分かれて動土質研究室が設置され，土の動的性質に関する研究を担うことになった[8]。また，河川研究室では堤防の基本形状を規定する河道計画に関する研究，堤防の法面保護に関連する河岸侵食・局所洗掘の研究，護岸・根固

●第9章●社会・経済構造の変化に対する対応

め工に関する研究，堤防越水破堤現象および耐越水堤防の研究が進められた。

9.4.1　昭和35年から45年ごろまで

　昭和30年代前半において淀川，江戸川，利根川での現地湛水実験結果[10]〜[12]，土木研究所千葉支所構内の盛土試験棟で大型模型堤防の雨水による破壊実験[13]を踏まえた湛水・降雨による浸透現象および堤体の破損現象の実体把握や浸透流の理論解析法などの研究がなされ，また浸透対策工の検討がなされた。

　昭和39年（1964）の新潟地震において地盤の液状化現象が注目され，地盤の静的安定性の検討に加え動的安定性の研究の必要性が認識され，土木研究所に各種動的試験機が整備され，また大型振動台を用いた大型実験などが開始され，土の動的性質に関する研究が進められた。

　昭和42年（1967）羽越災害が契機となり，堤防の越流に対する補強工法の検討がなされ，法面の下に高分子材料の糸で織った布を敷設し耐越水効果を調査研究している[15]。また渡良瀬遊水地の越流堤の構造設計に関する検討を昭和40〜41年に実施し，堤体内空気の排気管，表面侵食の防止工の提案を行い[16]，現地に施工された。

　軟弱地盤対策に関しては，昭和43〜45年にかけて建設省技術研究会の指定課題「軟弱地盤対策に関する研究」が実施され，試験盛土による軟弱地盤処理工法の効果判定調査と盛土の破壊箇所調査がなされた[17],[18]。

　これらの調査研究を主導した山村和也土質研究室長は，昭和46年（1971）土木研究所資料第688号に「河川堤防の土質工学的研究」[19]として取りまとめている。

　「第1章　序論」に続いて，「第2章　堤防破壊形態に関する研究」において堤防の破壊形態の分類を行い，昭和22年から昭和44年までの直轄河川における堤防破堤事例183件の内，越流を原因とするものが82％，洗掘によるものが11％，漏水および法面崩壊によるものが5％，その他2％であること，各破壊現象の説明および要因を説明している。ここで重要なのは，降雨による法すべりであり，洪水水の浸透に加え降雨量が堤防設計の条件の一つとして認知させたことである。また地震による堤防破壊を堤防技術としてどう対

300

処するかの課題を提示した。「第3章　築堤土質の実態に関する研究」では，堤防土質に求められる質，堤防土質の分類，その質の実態調査を通して，また道路土工指針での基準などを参照し，堤防土工における品質管理に用いる締固め度，飽和度，空気間隙率について提案し，堤防の締固め度として最大乾燥密度の80％以上とすることを提案している（⇒**図-10.23**）。「第4章　築堤材料の締固めならびに剪断強度の関する研究」では，礫混じり土の締固め度と透水係数，せん断強度の関係について実験を通して明らかにしている。「第5章　堤防地盤漏水に関する研究」では，現地実験や大型模型実験による堤防地盤漏水現象の実態，簡単な地層条件の場合の定常流状態における水頭圧力および漏水量の解析解を求めている。また非定常状態の浸透流を数値計算で求めている。「第6章　基礎地盤の漏水対策に関する研究」では，漏水対策工の種類とその特徴，止水壁およびブランケット工法による浸透防止効果の浸透解析よる評価法を提示し，止水壁工法は透水層のほとんどを締め切らないと効果がないことを示した。「第7章　堤体への浸透と安定性に関する研究」では，雨水および洪水時の堤体浸透流の実態および浸潤線の評価法（降雨の浸透現象には不飽和浸透流を考慮する必要があるが，外水による浸透には毛管水頭を無視できるとしている），浸透による法面の安定性の低下は土の粘着力の低下によること，不飽和土の含水量と土のせん断強さを見いだすことにより降雨時の法すべり現象を説明できることを示した。「第8章　越水堤防の構造設計に関する検討」は，渡良瀬遊水地越水堤防の設計の考え方を示した。「第9章　堤防の補強工法に関する研究」では，河川堤防の安全度を堤防の強度 R と作用する破壊力 S が確率分布を持つものとして評価する方法の提案（確率分布が不明であり実際には評価し得ない[*]），コスト・ベネフィット分析による安全水準の考え方，さらに高分子材料の糸で織った布を敷設することによる耐越水効果について記している。

　山村の報告は当時の堤防技術開発前線の総括であり，この成果は昭和51年の「河川土工指針（案）」（⇒ **9.6**）に生かされた。

9.4.2　昭和45年から54年（筑波移転）ごろまで

　昭和45年から55年まで土質研究室では不飽和土の性質および飽和―不飽

●第9章●社会・経済構造の変化に対する対応

和浸透流に関する研究が重点的になされた。実物大盛土を用いて浸透流実験を行い，洪水波形や洪水継続時間，堤体材料，地盤条件が堤体の安定性に及ぼす影響度合いを明らかにし，また，有限要素法を用いた飽和─不飽和浸透流の数値解析の適用性について検討し，堤防浸透流の数値解析手法の実用化を促した[8), 20)]。

　昭和46年（1971）から49年にかけて地震時の堤体安定性の検討のため科学技術庁国立防災科学技術センターの大型振動台を用いた大型模型堤防の振動実験を行い，振動時の挙動を明らかにし，堤体に作用する過剰間隙水圧を評価し，円弧すべり計算法と震度法とを組み合わせた安定解析の方法によって堤防の安定性を検討した[21)]。また，地震による堤体内の加速度の分布が堤体の安定性に大きな影響を及ぼすことが明らかとなり，堤体内の加速度の分布を有限要素法による振動応答解析の適用性についての検討を行った。昭和48年には，土質研究室から分かれた動土質研究室において，土の動的性質に関する基礎的研究，盛土構造物の耐震設計法および耐震対策等を研究するようになった。河川堤防については，矢板護岸の耐震模型実験（昭和51年），擁壁式特殊堤の耐震模型実験（昭和53年），液状化地盤上の盛土の耐震模型実験（昭和55～57年），粘土地盤上の盛土の耐震模型実験（昭和58～59年）を行い，耐震性能の効果に関する検討を実施した[8)]。これと連動し，財団法人 国土開発技術研究センターが事務局となった「河川堤防震災対策調査研究会」（昭和51～52年度）において，地震による堤防災害事例の収集（被災形状，沈下量，土質条件などの周辺情報を含む）分析がなされ，被災予測手法の検討がなされた。

　昭和51年長良川破堤を契機として堤防補強法の検討が始まった。昭和52年から長雨，長洪水に対して耐えるような既設堤防の補強工法として堤防表面を良質土もしくは安定処理土で被覆する方法等の研究を始めた。また堤防越水時の事例調査より堤防天端の強度が強い場合に破堤までの時間が長くなることなどが明らかになり，耐越水堤防の研究が河川研究室において始められた。小規模堤防モデルを用いた堤防法面に働く掃流力の分布，土質・締固め度の差異による耐越水性の差異，中規模模型堤防を用いた芝生の耐越水性能の検討がなされ，その後の耐越水堤防の構造設計検討に引き継がれていっ

た。

　流水による護岸の破壊による堤防侵食を防ぐため，昭和 48 年（1973）か
ら 52 年度（1977）において護岸基礎部の根固め工として多量に用いられて
いたコンクリート異形ブロックの設計法の研究がなされた。そこでは，水理
実験，現地調査，根固めブロックの被災アンケート調査し，その研究成果を
55 年にまとめている [22]。そこでは異形ブロック単体の移動限界流速および
ブロックをかみ合わせた場合の移動限界流速を 4 種のブロックについて評価
し得るようにし，根固めブロックに関するする技術指針について提案してい
る。

9.4.3　昭和 54 年から昭和の終わりまで

　昭和 54 年 3 月，建設省土木研究所は，筑波地区に統合され，新しい研究
施設を用いた研究が始まることとなった。この時期，昭和 53 年（1978）宮
城沖地震のよる堤防被害，昭和 56 年（1981）小貝川破堤（樋管周り漏水が
起因），昭和 58 年（1983）日本海中部地震，昭和 61 年（1986）小貝川堤防
破堤が起こり現地調査され，破堤原因や復旧対策工法の検討，さらに堤防を
横過する構造物（樋管，樋門）周りの樋管空洞調査がなされ，堤防浸透破壊
現象，越流破壊現象，地震による堤防破壊現象と破壊外力との関係，堤防強
化法の検討が進んだ。

　関東地方建設局は，昭和 51 年より長雨，洪水湛水に対する補強工法（被
覆土の改良工法）の検討のため，災害事例の分析，さらに昭和 56 年度より
対策工の現地施工実験を江戸川，荒川上流等で行った。土木研究所土質研究
室でも，昭和 55 年から 59 年にかけて大型盛土を作成し，降雨や湛水による
浸透現象把握，長雨・長洪水に対して耐えるように既設堤防を良質土で被覆
した堤防補強強化，止水シートの効果を数値計算，大型盛土を用いて実験に
より検討した [24)～26)]。

　昭和 58 年（1983）から昭和 60 年に建設省河川局は「漏水に関するワーキ
ンググループ」を組織化し，漏水対策工の検討を実施した。昭和 60 年 3 月
関東地方建設局および財団法人 国土開発技術研究センターと連名で当時の
検討成果を「河川堤防強化マニュアル（案）　浸透対策編」[23)] として取りま

●第9章●社会・経済構造の変化に対する対応

とめている。このマニュアルは，昭和58年の土木研究所での大型盛土降雨浸透実験の研究成果や各地方事務所での現地実験（筑後川，淀川，常呂川）の検討結果を踏まえた河川堤防浸透破壊防止対策のわかりやすい解説書と言えるものであるが，内部資料にとどまり公開されなかった。

　関東地方建設局は，昭和60年から江戸川の旧堤防に試験堤防を施工し，湛水，降雨による湿潤面の時間変化の観測や，土質特性の変化等の観測を実施し，浸透現象の理論解析の実用性の検証，平成元年からは浸透対策工法（ドレーン工）の効果検証がなされ，その後の堤防設計指針の根拠性を保証するものとなった。

　土木研究所河川研究室では，昭和54年（1979）から昭和57年度において実物大堤防を用いて越流による破壊過程に関する水理実験，天端アスファルト保護工・連接ブロック空石・防水シートを裏法面保護工とした越水に対する堤防侵食防止効果に関する水理実験を行い[27),28)]，翌57年，「越水堤防調査中間報告書」[29)]として取りまとめ，保護工開発の基礎資料とした。翌57年から58年において前年度までの知見を基に耐越水堤防の開発を試み，大型水理実験で試験を実施し，その成果を昭和59年（1984）に「越水堤防調査　―資料編（Ⅱ）―」[30)]，「越水堤防調査最終報告書　―解説編―」[31)]に取りまとめている。また，同年，総合治水研究室では「越水堤防調査最終報告書　―越流水の水理特性と越水堤防の導入に伴う問題点の検討―」[32)]をまとめた。その成果である越水堤防導入のための指針を図-9.7に示す。

　この研究成果は，河川局で取り上げられ，土堤表面に保護工を設置することにより越水や浸透などのよる破壊に対して抵抗力を強化した堤防をアーマレビー（鎧をかぶった堤防の意味）と呼び，堤防高に余裕がなく，かつ種々の条件により堤防の拡幅・嵩上げが当面難しい区間に対して堤防が完成断面になるまでの間，堤防を補強し洪水被害を軽減させるものとした。まず加古川堤防が取り上げられ，土木研究所の河川研究室と土質研究室の共同で開発設計に当たった[33)]。設計案に基づいた大型盛土を用いた越水実験および浸透実験が昭和60年および61年度に実施され，設計の妥当性を検証した。検討設計された加古川堤防の質的強化対策工法（素案）を図-9.8に示す。アーマレビーは加古川堤防をはじめとし，御船川，江の川に施工された。

304

9.4 堤防に関する研究開発の動き

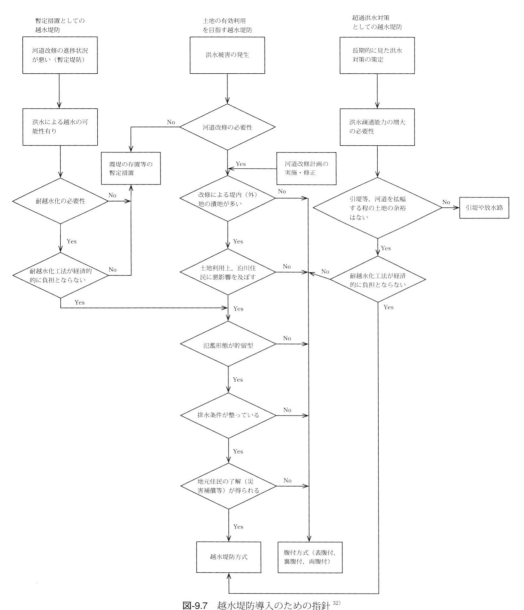

図-9.7 越水堤防導入のための指針 [32]

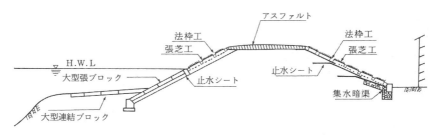

図-9.8 加古川堤防の質的強化対策工法(素案)[33]

堤防表法面の洪水流による侵食対策(護岸の合理的設計法の開発)については,昭和62年(1987)から翌年度にかけて河川局治水課の主導のもと国土開発技術研究センターに「護岸・根固め工設計指針検討委員会」(委員長:吉川秀夫 早稲田大学教授)が設けられ,護岸・根固め工の力学設計法の開発に当たった。そこでは,土木研究所河川研究室で実施した風洞実験装置と三分力検出器・四分力検出器を用いた護岸ブロックの揚力,抗力,回転モーメントの測定がなされ,護岸の力学設計に必要なブロックの物理定数(抗力係数,揚力係数,粗度係数等)が提示された[34]。理論的にはこれらの物理定数が提示されれば護岸の力学設計法を提示することができるが,測定装置が普及されておらず,形状の差異がある種々の民間のブロックを誰の費用で,誰が測定し,その測定結果を認証するのかという検定システムが確立されておらず,理論の提示に終わってしまった。また実用技術としてブロックの安全率の考え方など未決の問題が残され実用化されなかった。この解決は平成の10年代まで持ち越された。

堤防芝の耐侵食性については,昭和62年(1987),福岡捷二ほかが,現場侵食試験により芝の根の層厚と堤防近傍流速および流水に曝される時間との関係を図-9.9に示した[35]。この研究は,堤防芝の耐侵食性の評価,その後の植生護岸の研究の端緒となるものであった。

昭和56年(1981),小貝川の高須樋管周辺からの漏水を起因として堤防が破堤した。この破堤は樋管・樋門周辺からの漏水破堤の原因解明,漏水対策工法,樋門・樋官構造の改良のきっかけとなった。同年,建設省の委託により国土開発技術センターにおいて「河川構造物対策小委員会」(昭和56～

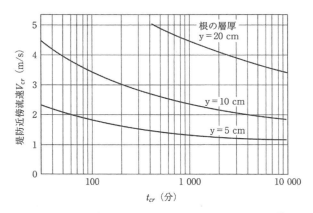

図-9.9 現場侵食試験結果から得られた耐侵食強度推定図[35]

60年），「河川構造物の軟弱地盤対策工法検討委員会」（昭和61～63年，委員長：吉川秀夫　早稲田大学教授）が設置され，構造物回りの漏水事例の収集・漏水過程検討，樋門回りの漏水の点検手法，応急対策工法の検討がなされた（⇒注2）。

　沖積軟弱層に築造された堤防を横切る樋管等の構造物は，安定した洪積地盤等に支持された基礎杭によって支えられる構造形式や摩擦杭を取ったものが多く，樋管周辺地盤は地盤沈下や盛土荷重等により沈下し，樋管が相対的に浮き上がり構造物周辺に空洞化を発生させる原因とされ，急ぎ昭和58年から樋門周辺の空洞化に関する点検を実施し，必要なものに対して空洞化対策を平成2年（1990）にかけて実施した。また樋管が周辺地盤の沈下に追随し得る構造形式の開発および設計法の検討が昭和の末から始まった。その成果は平成の時代に待たなければならない。

　堤防の耐震対策については，土木研究所耐震研究室が，液状化地盤上の盛土の耐震模型実験（昭和55～57年度），引き続き粘土地盤上の耐震模型実験（58～59年度）を行い，堤体の地震時の挙動，盛土の耐震設計法・耐震対策に関する研究を行っている。昭和56～60年度には関連研究室と共同で総合技術開発プロジェクト「震災復旧技術の開発」を実施し，その成果を『土木構造物の震災復旧技術マニュアル（案）』に，昭和60年～平成元年には民間会社との共同研究により「耐震地盤改良マニュアル（案）」としてまとめ

●第9章●社会・経済構造の変化に対する対応

ている。

（財）国土開発技術開発センターでは，河川局治水課，土木研究所関連研究室（河川部，機械施工部，地震防災部）と連携し「河川堤防耐震対策検討委員会」（昭和56～59年度）を設置し，地震による堤防被災事例の収集分析，日本海中部地震（昭和58年5月26日）の被災実態の調査や復旧工法の検討を通して，堤防設計における地震力の設定法，地震時堤体安全率の算出法（地震による慣性力のみを考慮した場合の安全率と過剰間隙水圧のみを考慮した場合の安全率），地震動による堤防被害の予測手法，耐震対策工法の改良・設計法の検討がなされた。さらに建設省治水課，土木研究所，関東・北陸・中部地方の関連工事事務所の委員・幹事の参画のもとで「地震対策堤防強化計画調査委員会」（昭和63～平成2年度）が設置され，既往の研究成果を取りまとめ，課題の抽出，検討を行い，モデル河川を対象「地震対策堤防強化計画」を策定することにより，各河川に適用を考慮した「地震対策堤防強化計画策定マニュアル（案）」を平成3年（1991）に策定した（⇒注3）。さらに「地震後の河川管理施設調査・復旧マニュアル（案）」も策定された。ここに堤防の耐震対策の技術的方針がほぼ定まったのである。

9.5　河川砂防技術基準（案）にみる堤防技術

9.5.1　河川砂防技術基準（案）の発刊

昭和51年（1976）6月に『河川砂防技術基準（案）調査編・計画編』[9]が出版された。これは昭和33年（1958）に制定された「河川砂防技術基準」の改訂であり，調査，計画，設計，施工，維持管理の5編から成る基準の策定を目指し，昭和47年（1972）から始まった検討作業のうち，成案を得た調査および計画編を当面に付し試行期間を置くことにして出版したものである。なお同案は，河川管理施設等構造令および同施行規則ならびに公共測量作業規定が制定されたことに伴い翌年一部再改訂され，さらに建設省公共測量作業規定が改正されたことに伴い，昭和61年度，調査編が一部改訂されている。

この策定に当たっては「河川砂防基準改訂委員会」（委員長：吉川秀夫

308

9.5 河川砂防技術基準（案）にみる堤防技術

東京工業大学教授）を設け，さらにその下部組織として改訂幹事会を設け，改訂委員会の作業と建設省内の基準制定作業を円滑化させる役割を担わせた。この基準策定作業に参加した機関は，建設本省，国土地理院，土木研究所，全地方建設局にわたった。この改訂に当たっては，必要に応じ大学，研究機関等の指導を得，かつ工学的観点のみでなく，行政的観点などについても細かい検討が行われた[9]。昭和60年，ようやく設計編が出版されたが，施工編，維持管理編は策定されなかった。

以下にこの基準による堤防の考え方と旧河川砂防技術基準（以下においては旧基準という）との相違点，さらに改められた要因について検討しよう。

9.5.2 堤防の高さ，配置形を決定する河道計画

（1）治水計画の計画規模

「計画の規模は一般には計画降雨の降雨量の年超過確率で評価するものとし，その決定に当たっては，河川の重要度を重視するとともに，既往洪水による被害の実態，経済効果等を総合的に考慮して定めるものとする。」

「河川の重要度は1級河川の主要区間においてはA級～B級，1級河川のその他の区間および2級河川，都市河川はC級，一般河川は重要度に応じてD級あるいはE級が採用されている例が多い。」

「特に著しい被害を被った地域にあっては，この既往洪水を無視して計画の規模を定めることは一般に好ましくない。したがってこのような場合においては，その被害の実態等に応じて民政安定上，この実績洪水規模の再度洪水が防止されるよう定めるのが通例である。しかしながら，この場合においても上下流，本支川のバランスが保持されるよう配置する必要がある。」としている。河川の重要度（A～E級）と計画の規模の関係は，**表-9.1** に示された。

昭和31年（1956）の旧基準に比べ計画規模が大き

表-9.1 河川の重要度と計画の規模[9]

河川の重要度	河川の規模 （計画降雨の降雨量の超過確率年）＊
A級	200以上
B級	100～200
C級	50～100
D級	10～50
E級	10以下

注）＊は年超過確率の逆数

309

●第９章●社会・経済構造の変化に対する対応

くなった。国民総生産量の増大がこれをもたらしたと言えよう。

（2）河道計画の策定手順

「河道計画は次の手順によって進める。

1. 河道の計画高水流量を設定する。
2. 改修を必要とする理由に応じ計画区間を設定する。
3. 計画の法線を設定する。
4. 河道の縦断形を設定する。
5. 河道の横断形を設定する。
6. 改修効果の検討を行う。

2. 以下の各段階において見直しを行い，計画全体が均斉のとれた計画となるまで必要な修正を繰り返すものとする。」とされた。

（3）流過能力の計算

「流過能力の計算は，河道の状況に応じて等流又は不等流計算を行うものとする」とされ，「平均流速公式は，一般に Manning 公式を用いる。」とされた。

旧基準では等流計算としていたものを電子計算機の利用が一般化し不等流計算が容易にできるようになったため，これを付加したのである。

「Manning 公式の粗度係数は，既往洪水の解析を重視して定める。」とされ旧基準と変わらないが，「既往洪水の資料が少ない場合や資料の精度が悪い場合で，河道の流過能力を算定する場合には」，**表-9.2** の値を用いることができるとした。

一般に中小河川では資料がない場合や改修計画によって河状が一変してしまうことが多いので，このような場合は**表-9.2** の値を用いて流過能力を評価するものとした。河道を５つに分類し，それに対応した粗度係数を示した。計画論として割り切ったのである。

表-9.2　粗度係数の標準値[9]

一般河道	$0.030 \sim 0.035$
急流河川および 河幅が広く水深の浅い河川	$0.040 \sim 0.050$
暫定素掘河道	0.035
三面張水路	0.025
河川トンネル	0.023

9.5 河川砂防技術基準（案）にみる堤防技術

（4）河道の平面形

　河道のルート選定に当たっては，「現河道沿いを中心として，必要があれば新川開削を組み込んだルートと比較検討し，最良の河道改修ルートを選定するもの」とされた。

　解説において河道ルートの選定，特に新川開削を組み込んだルートを検討する場合は，「地形，地質上の合理性，現在ならびに将来の土地利用に対する配慮，行政区域，用排水路系統，地下水位への影響，改修事業費，改修後の維持管理等を勘案して最良のルートを選定する」とし，考慮すべき事項を示している。

　「法線は沿岸の土地利用状況，洪水時の流況，現況の河道，将来の河道の維持，工事費等を検討し，できるだけなめらかになるように定めるもの」とし，解説において次の4点の考慮事項を挙げている。

1. 現況河道が十分な河幅（堤防間幅*）がある区間でも一般に遊水効果があることを考慮してできるだけその川幅を確保することが望ましい。

2. 洪水時における流水の方向，水衝りの位置を検討して，流水ができるだけ抵抗なく流下できるように定める。一般に急流河川では直線に近い形状とする場合が多い。また，中小河川では，極端なSカーブを避け，全体として平滑な形状とする。大河川では水衝部を固定し，水裏の護岸が省略できること，河川そのものが蛇行する性格を有することなどから，緩やかな曲線で計画することが多い。

3. 水衝部となる位置は現状の河道，背後の地形・地質の状況，土地利用状況等を考慮して定めるものとする。人家の連たん区域や旧川の締切箇所などは努めて避けるものとする。

4. 曲線部では，曲がりの内側の法線は後退させて河幅を広くして水衝を緩和するのが望ましい。なお，低水路法線については，堤防法線が直線もしくはこれに近い曲線の場合では左右岸の法線を平行にするのが普通である。一般には河道の維持，河川の利用等を検討して定めるが，必ずしも堤防法線と平行であるとは限らない。また，堤防にできるだけ近づけないよう配慮する必要がある。

　その他，以下のような原則が記されている。

311

●第９章●社会・経済構造の変化に対する対応

① 支川の合流点の形状は，原則として本川となめらかに合流する形状と
する。ただし，支川の計画高水流量が本川に比して極めて小さく，本
川に対する合流の影響が小さい場合はこの限りでない。
② 急流河川では，背後地の状況および上下流の河状に応じてできるだけ
霞堤を設ける。
③ 河道の上流端では，上流域からの流出が河道内へ十分に安全に流入で
きるように，背後地盤高の十分高い地点（例，道路，山等）へ山付け
するように法線を設定する。

（5）新川の開削

新川の開削には捷水路（ショートカット）と放水路の２種類があることと，
その定義を記し，その設定に当たっての配慮事項を解説している。

（6）計画高水位

計画高水位の基本的な考え方は，旧基準の方針とほとんど変わらず，「計
画高水位は，計画高水流量，河道の縦断形，横断形と関連して定めるが，沿
川の地盤高を上回る高さを極力小さくするものとし，できれば既往洪水の最
高水位以下にとることが望ましい。特に，計画の規模の小さい河川で，下流
河道の条件を考慮しても十分に水面勾配がとれる場合には，計画高水位を地
盤高程度に設定するものとする。」とした。なお，小河川の掘込河道におい
て計画高水位を地盤高程度とするのは，過度の掘込みはそこの流過能力を増
大させ，下流の有堤河道へ計画以上の流量が流れ込み堤防が危険となり，水
系全体の安全度からみて好ましくないからであるとしている。

本川の背水区間内における支川の計画高水位の考え方は，基本的には旧基
準と変わっていない。

河道の屈曲区間において，「屈曲による水位上昇が無視できない場合は，
水位上昇を考慮して計画高水位を定める」とされた。

（7）縦断形計画

「計画河床勾配は，計画河床高と関連させて河床の維持，工事費を考慮し

て定めるが，一般には現況の平均河床勾配を重視して定める。一般の河川では上流から下流へ向かつて急から緩となるように漸変させる。」とされた。解説も含めてほぼ旧基準の考え方を踏襲しているが解説に「河床勾配が急変すると河床が安定しないことが多いので，一般には河床勾配変曲点の上下流の勾配の比を 2 程度以下に抑えるのが望ましい」という記述が付加されている。なお実際の河川におけるセグメント 1（⇒第 2 章　注 4）からセグメント 2 へ移行点では，勾配の変化の比は 2 を超えている河川がほとんどであり，このような地点に無理に緩い勾配の区間を設定する必要はないと考える。

「計画河床高は，計画河床勾配，計画横断形と関連させて堤内地盤高を考慮して定めるが，地下水位，用水の取水位，既設の重要構造物の敷高などにも配慮するもの」とされた。

その解説に次のように述べている。

1. 計画高水位はできるだけ堤内地盤高に近づけるべきこと。
2. 重要構造物の敷高，用水の取水位，支川であれば合流点の本川計画河床高，岩盤露出地点河床高，周辺地下水位等に十分配慮すること。
3. 堤防の安全性から緩流河川では平均流速 2 ～ 3 m/s，急流河川で 4 m/s 程度になる水深を求め，計画の目安とする。

なお，必要に応じ河床の状況等を考慮して，河床を安定させるように床止めを設けるものとする。この場合，位置方向については河道の平面形状を配慮するものとする。

ところで 3. の規定を厳格に守ろうとすると，急流河川では，川幅を拡げたり，あるいは計画河床勾配を緩くするため床止め群を設置したりする計画を取らざるを得ず，河状を大きく変えることになり，流速を河道設計の基準とする必然性はない。流速が速くても河道を制御することができればよいと考える。

（8）横断形計画

「河道の計画横断形は一般に複断面とする。ただし，急流河川や計画高水流量の小さい河川では河道の状況，維持の難易等を考慮して定めるものとする。」とされた。

313

●第９章●社会・経済構造の変化に対する対応

旧基準の考え方と変わりはない。また，川幅（堤間幅*）の目安も旧基準を踏襲している。

「低水路の幅および高水敷の高さは，河道の維持，高水敷への冠水頻度及び高水敷の利用を考慮して定める。」とされ，具体的には，中小河川や新たに設ける河道では高水敷上の設計流速は２m/s程度としているものが多いとし，やむをえず高水敷上の設計流速が大きくなる場合には護床工等を施設する。低水路の幅は一般に現状を重視して定め，高水敷の高さは冠水頻度年１～３回となるように流過能力を試算して定める場合が多いが，近年，河川の高水敷の利用への要望が強いこと，河川環境が河川の重要な機能として積極的に評価されていることなどから，これを配慮して定める。」としている。

高水敷の冠水頻度は年１～３回となるように設定するとしており，旧基準の年２～３回と少し異なる。高水敷の機能の変化を配慮して冠水頻度を定めるとした最後の文章は，冠水頻度を小さくする方向で定めるとの意である。

屈曲部の横断形については，「屈曲の状況，上下流の河道の状況に応じて，河幅の拡大等の必要な処置をとるものとする。」とし，解説で有効河幅の10～20％程度拡大する等の処置を取るとしている（⇒注4）。

（9）河口部の河道計画

河口部の河道計画に関する内容を示す。

「河口部の計画高水位の決定は，その適否が河口改良計画及び上流の河道計画の適否に大きな影響を及ぼすので，慎重に行わねばならない。」とされ，その解説において，河口部の計画高水位の決定に当たって最も重要なことは，不等流計算出発地点の水位を決定することにあり，一般には次のように行われることが多いと事例の紹介を行っている。

1. その地点のすぐ近くに観測資料がある場合は（1），（2）の大きいほうの値に所要の損失水頭を考慮したものをとるか（3）をとる。
（1）朔望平均満潮位
（2）既往洪水（確率1/10以上の規模）のピーク時の潮位のうち最高の潮位
（3）既往洪水のピーク水位を確率処理して得られる水位

2. 河口付近の河道部の背後地が特に重要な地域である場合には，朔望平均満潮位＋改修規模相当の偏差の潮位についても検討しておく必要がある。河口部のすぐ近くに観測値がない場合には，外海のできるだけ河口部に近い観測値を用いる。この場合にはこの潮位に河口部における損失水頭を加える必要がある。」

また，河口部の縦横断計画については，

「河口部の縦断形，横断形の決定は，河川及び海の両方の条件を十分考慮し，以下の事項に留意したうえで慎重に決定するものとする。

1. 計画高水流量の処理に十分なものであること。
2. 将来の維持が容易なものであること。
3. 低水時において河口付近の利水に支障を与えないものであること。」

と記されている。

その解説において，

- 川幅の決定法については明確な基準がなく，流域変更や平水，低水流量などの大幅な計画変更がない限り，現状を尊重すべきである。
- 河口を現状より広げる場合には河口維持が問題となる。
- 計画河床高は砂州フラッシュ能力の評価によって定められ，毎年発生する程度の中小洪水によって定まる河口断面が一つの基準値と考えることができる。

と記されている。

この基準をみると断定的な記述がなく事例紹介に終わっており，また河口出発水位に関する解説も，どこを不等流計算の出発水位とするのか，河口より先の不等流計算上の横断断面形状をいかにするのか，所要の損失水頭とは何か明確にされておらず，適確な評価ができないものとなっている。このような記述となったのは河口部の計画論を固めるための河口部の洪水時の挙動，波による砂州形成，河口導流堤の設置が及ぼす河口部の地形や洪水時の水理現象の変化，潮位と洪水時の関係などについての調査研究が十分でなく，基準策定時に明確化されておらず，計画論に組み込むことができなかったのである。

なお，河口部の計画河床高についての記述は，平常時の河床高でなく，洪

●第9章●社会・経済構造の変化に対する対応

水時に生じるだろう河床高を計画対象とする意図が見えるのに注意しておく必要がある。この考えを進めていけば計画洪水ハイドロの流下によって河口部の地形（河床高，川幅など）がどのように変わり，水位がどのようになるか適確に予測し，それを取り入れて計画を立ててもよいということになる。この場合には河口利用の面から平常時の河床高，川幅，計画洪水ハイドロ流下に伴って生じる最大水位時の河床高，川幅という2つの計画値が必要となる。

（10）ま と め

　河川砂防技術基準（案）における河道計画の考え方は，昭和40年代の初めから中ごろにおいて，建設省河川局が中心になって進めた「新河道計画」[36] および「河川管理施設等構造令」の策定作業[37] での検討結果を踏まえて打ち出されたものである。

　40年代前半の高度経済成長時代の付けとも言える公害問題や都市問題の顕在化による経済成長第一主義への反発，オイルショックによる経済停滞という社会経済環境の変化は，縄田照美（当時河川局治水課長補佐）の示した新河道計画（雑誌『河川』に昭和44年3月から47年4月にかけて河川工学短期入門講座として20回にわたり，河川局の治水計画，河道計画，河川構造物計画の考え方を示したもの）の持つ積極性と割切り［河道センターライン方式（低水路法線を高水法線の2等分線とする），河道掘削方式による流下断面の増加等］[37] のトーンダウンとなり，昭和33年（1958）以降の河川に関わる水理・水文研究の成果を取り入れた旧基準の引き継ぎという性格のものとなったと言える。

　河道計画の技術に関わる主な改訂点としては，学術上の発展の著しい水文統計および流出計算に関する事項を整理し，計画高水の設定に関して新しい考え方を導入したこと，計画規模をわが国の経済力の増大に合わせ大きくしたこと，新川の開削に関して記述したこと，河口部の河道計画について記述したこと，などが挙げられる。

　また，河川計画の考え方として，実行されたかは別として総合河川計画，個別計画（洪水防御計画，砂防計画，環境保全計画），施設計画という階層

316

9.5 河川砂防技術基準（案）にみる堤防技術

構造化し，河川計画を流域計画として位置づけようとしたこと，環境計画に
関わる記述，規定が加わったこととなども特記に値する。

昭和50年代初めという時代状況，学術研究の水準を反映した技術基準で
あったと言える。その後，この基準は河川技術の指針として30年弱も生き
続けた。

9.5.3 土質調査

堤防に関する土質調査は，「調査編　第15章　土質地質調査，第2節　河
川堤防の土質，第6節　土のボーリング及びサンプリング，第7節　土の現
場試験」に記載されている。

土質工学会の「土質試験法」やスウェーデン式サウンディング試験やオラ
ンダ式二重管コーン試験，現場せん断試験，土の判別分類のための試験など
の新しい試験法が加わり，さらに当時地盤沈下問題に対処するための地盤沈
下の調査が付加された。一方で，昭和33年の基準にあった施工中および，
施工後に行う試験が削除された。

「建設省河川砂防技術基準（案）調査編　第15章　土質地質調査」に記載
された土質調査に関わる項目の目次を下記に示す。

建設省河川砂防基準（案）調査編　第15章　土質地質調査　の目次

第1節　総説

　1.1　総説

　1.2　調査の手順

　　1.2.1　調査の手順

　　1.2.2　予備調査

　　1.2.3　現地調査

　　1.2.4　本調査

第2節　河川堤防の土質調査

　2.1　河川堤防の土質調査の方針

　2.2　予備調査及び現地踏査

　2.3　本調査（第1次）

317

2.3.1 本調査（第1次）

2.3.2 軟弱地盤の判定

2.3.3 透水性地盤の判定

2.4 軟弱地盤調査

2.4.1 軟弱地盤調査の方針

2.4.2 サウンディング試験

2.4.3 試料採取

2.4.4 土質試験

2.4.5 データ整理

2.5 透水性地盤調査

2.5.1 透水性地盤調査の方針

2.5.2 試料採取

2.5.3 原位置試験

2.5.4 土質試験

2.5.5 試験施工

2.5.6 データ整理

2.6 堤体材料選定のための調査

2.6.1 堤体材料選定のための調査の方針

2.6.2 予備調査及び現地調査

2.6.3 本調査

2.6.4 データ整理

2.7 既設堤防の調査

2.7.1 既設堤防の調査の方針

2.7.2 堤体漏水調査

2.7.3 堤防地盤漏水調査

2.7.4 軟弱堤防調査

2.7.5 模型実験

2.8 地盤沈下

2.8.1 調査方針

2.8.2 調査方法

9.5 河川砂防技術基準（案）にみる堤防技術

2.8.2.1　測定点の配置

2.8.2.2　観測施設の構造

2.8.3　観測の頻度

第6節土のボーリング及びサンプリング

6.1　ボーリング

6.1.1　ボーリング調査の方法

6.1.2　ボーリング調査

6.1.3　データ整理

6.2　サンプリング

6.2.1　サンプリングの方法

6.2.2　サンプリング

6.2.3　データ整理

第7節　土の現場試験

7.1　サウンディング

7.1.1　サウンディングの方法

7.1.2　標準貫入試験

〔参考 15.2〕修正 N 値

7.1.3　動的円錐貫入試験

7.1.4　静的円錐貫入試験

7.1.5　スウェーデン式サウンディング試験

7.1.6　ベーン試験

7.2　載荷試験

7.2.1　載荷試験の方法

7.2.2　地盤の平坂載荷試験

7.2.3　杭の鉛直載荷試験

7.2.4　杭の水平載荷試験

7.2.5　ボーリング孔内載荷試験

7.3　現場透水試験

7.4　現場における土の単位体積重量試験

7.5　土の締固め試験

●第9章●社会・経済構造の変化に対する対応

> 7.6　現場剪断試験
>
> 　7.6.1　現場剪断試験
>
> 　7.6.2　現場剪断試験の方法

9.5.4　堤防の計画

　堤防の計画は,「計画編　第9章　第6節　堤防の計画」に記載されている。以下に原書枠書き部はそのまま枠内に示す。なお,枠内の図番号は原書番号と異なる。

(1) 完成堤防の定義

> 　完成堤防とは,計画高水位に対して必要な高さと断面を有し,更に必要に応じ護岸（のり覆工,根固工等）等を施したものをいう。なお,堤防の天端高さと計画高水位との高さの差を余裕高という。

　解説において,「河川管理施設等構造令（以下構造令という）における堤防に関する基準は,堤内地盤より0.6 m以上のものについて定められており,この基準でも0.6 m未満の盛土はこの節を適用しないものとする。

　堤防の高さ及び断面については計画高水位を対象に築造されるが,一般に堤防は土砂でできているので越流や浸潤に対して十分な配慮が必要である。

　したがって,余裕高が必要であり,また浸潤等に耐える安定した断面が必要である。更に流勢に対して侵食による破壊を防ぐためには護岸（のり覆工に根固等を備えたもの）等が必要であり堤防の土羽部分は芝等で被覆する。」としている。

(2) 堤防の形態

> 1. 新堤防を築造する場合は軟弱地盤等基礎地盤の不安定な個所は極力避けるものとする。

9.5 河川砂防技術基準（案）にみる堤防技術

2. 旧堤拡築の場合はできるだけ裏腹付とするものとするが，堤防法線の
関連及び高水敷が広く河幅に余裕がある場合などは表腹付となっても
やむをえない。

（3）堤防の高さ

堤防の高さは，計画高水位に（4）で規定する値の余裕高を加算した高
さとする。

解説において，「堤防の設計に当たってはすべて計画高水位を基準に行われ，
浸透に対する安定の検討についても計画高水位を対象に行われる。」として
いる。

（4）余 裕 高

1. 堤防の余裕高は，計画高水流量に応じて**表-9.3** に掲げる値以上とする。
ただし，当該堤防に隣接する堤内の土地の地盤高が計画高水位より高
く，かつ地形の状況により治水上の支障がないと認められる区間に
あっては，この限りでない。

表-9.3 計画高水流量と余裕高

計画高水流量（単位 m³/s）		余俗高（m）
200 未満		0.6
200 以上	500 未満	0.8
500 以上	2 000 未満	1.0
2 000 以上	5 000 未満	1.2
5 000 以上	10 000 未満	1.5
10 000 以上		2.0

2. 支川の背水区間においては，堤防の高さが合流点における本川の堤防
の高さより低くならないよう堤防の高さを定めるものとする。
ただし，逆流防止施設を設ける場合においてはこの限りでない。

堤防の余裕高の基準は旧基準と変わらないが（ただし旧基準では計画流量

321

●第9章●社会・経済構造の変化に対する対応

10 000 m³/s 以上については規定がない），余裕高の概念規定が変わった。この余裕高は「河川管理施設等構造令」第二十条に規定されており，その令の解説書（解説・河川管理施設等構造令）[5]では余裕高について次のように記している。

「堤防は土堤が原則であるので，一般的には，越水に対して極めて弱い構造である。したがって，堤防は計画高水流量以下の流水を越流させないよう設けるべきものであり，洪水時の風浪，うねり，跳水等による一時的な水位上昇に対し，堤防の高さにしかるべき余裕をとる必要がある。また，堤防には，その他の洪水時の巡視や水防を実施する場合の安全の確保，流木等流下物への対応等種々の要素をカバーするためにもしかるべき余裕の高さが必要である。令第二十条第1項の規定は，それらの余裕（余裕高という）を計画高水位に加算すべき高さとして規定したものである。したがって当該値は，堤防の構造上必要とされる高さの余裕であり，計画上の余裕は含まないものである。過去の洪水経験からは予想できない現象は別として，計画上予想すべき河床変動による水位上昇，湾曲部の水位上昇，水理計算の誤差等については，計画高水位を決定するときに考察されるべきものである。」

ここでは，従来余裕高を必要とする理由として考えられてきた①計算水位の不確実性（計算の仮定・方法），②河状の変化　は否定された。

（5）天 端 幅

1. 堤防の天端幅は，堤防の高さと堤内地盤高との差が 0.6 m 未満である区間を除き，計画高水流量に応じ**表-9.4** に掲げる値以上とするものとする。
   ただし，堤内地盤高が計画高水位より高く，かつ地形の状況等により治水上の支障がないと認められる場合にあっては，計画高水流量にかかわらず3 m 以上とすることができる。
2. 支川の背水区間においては，堤防の天端幅が合流点における本川の堤防の天端幅より狭くならないよう定めるものとする。
   ただし，逆流防止施設を設ける場合，又は堤内地盤高が計画高水位よ

表-9.4　計画高水流量と天端幅

計画高水流量（単位 m³/s）	天端幅（m）
500 未満	3
500 以上　2 000 未満	4
2 000 以上　5 000 未満	5
5 000 以上　10 000 未満	6
10 000 以上	7

り高く，かつ，地形の状況等により治水上支障がないと認められる区間にあってはこの限りでない。

本文の規定は，構造令に定めるところによっている。

天端幅は，「本来的には個々の河川，個々の区間について重要度，堤体材料，洪水の継続時間等の特性に応じて定めるべきであるが，天端幅が区間によって異なることは堤防の断面の大きさが異なることと同じであり，地域住民に与える心理的影響も大きいので，常時の巡視用の通路あるいは洪水時の水防活動等河川管理用の必要幅も含めて，余裕高と同様に計画高水量に応じて段階的に定めたものである。しかし，天端幅についても，余裕高と同様に計画高水流量の変わる個所で天端幅を変えることは問題があるので，山付等の区切がつく所で変えるのが一般に行われている。」と解説している。

(6) 管理用通路

堤防には，河川の巡視，洪水時の水防活動などのために，次に定める構造の管理用通路を設けるものとする。

ただし，これに代わるべき適当な通路がある場合，堤防の全部若しくは主要な部分がコンクリート，鋼矢板若しくはこれらに準ずるものによる構造のものである場合又は堤防の高さと堤内地盤高との差が 0.6 m 未満の区間である場合にはこの限りでない。

1. 幅員は 3 m 以上で，堤防の天端幅以下

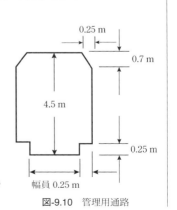

図-9.10　管理用通路

●第9章●社会・経済構造の変化に対する対応

　　の適切な値とすること。
　2. 建築限界は次の図に示すところによること。

　「管理用通路は，河川の巡視，洪水時の水防活動などのために必要であり，
堤防を設ける場合においては一般に堤防天端に設ける。堤防天端に管理用通
路を設ける場合に特に問題となるのは，兼用道路の場合であろう。兼用道路
が国道又は計画交通量が4 000台／日以上の都道府県道及び市町村道の場合
は，日常の河川巡視のほか，洪水時の水防活動などに支障があるので，兼用
道路とは別に3 m以上の管理用通路を設ける必要がある。計画交通量が
4 000台／日以下の都道府県道及び市町村道の場合で，河川管理上支障がな
いと判断される場合は必ずしもその必要はない。また，河川管理用の車両が
制約なしに通行できる措置が講ぜられている自転車歩行者専用道路は管理用
通路と兼ねることができる。」

（7）堤防の小段

　1. 堤防の安定を図るため必要がある場合においては，その中腹に小段を
　　設けるものとする。
　2. 小段は，川表にあっては堤防直高が6 m以上の場合には天端から3 m
　　ないし5 m下りるごとに，川裏にあっては堤防の直高が4 m以上の
　　場合には天端から2 mないし3 m下りるごとに設けることを標準と
　　するものとする。
　3. 小段の幅は3 m以上とすること。

　小段の幅員は最低1車線を確保すべきであるとして3 m以上とすると記
している。水防活動等において小段を運送路として活用することを考えてい
るのである。

（8）のり勾配

> 堤防ののり勾配は2割以上の緩やかな勾配とするものとする。ただし，コンクリートその他これに類するものでのり面を被覆する場合においては，この限りでない。

（9）高潮の影響を受ける区間の堤防

> 高潮の影響を受ける区間（計画高潮位が計画高水位より高い区間）の堤防高は，
> 1.（3）に規定する高さ
> 2.計画高潮位＋打上げ波高を考慮した高さ
> のどちらか高いほうの値とする。また，天端幅は堤防の構造及び当該堤防に連続する堤防の（5）に規定する天端幅を考慮して定めるものとする。

「高潮の影響区間の堤防は，越波を考慮して一般にコンクリート又はこれに類するもので三面張りとする。なお，堤脚に越波した水を集水する排水路を設けることが必要である。」としている。

（10）湖 岸 堤

> 湖岸の堤防の高さ及び天端幅は，（3），（4），（5）の規定にかかわらず次に定めるところによるものとする。
> 1.高さは，計画高水位，波の打上げ，風による吹寄せ等を考慮して定めること。
> 2.天端幅は，堤防の高さ，背後地の状況を考慮して3m以上の適切な値とするものとする。

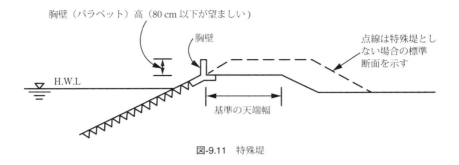

図-9.11　特殊堤

(11) 特 殊 堤

　　地形の状況その他特別の理由により (5), (6), (7), (8), (9) の規定を適用することが著しく困難な場合は，それらの規定にかかわらず次の特殊な構造とすることができる。
　　計画高水位（高潮の影響を受ける区間の堤防については,計画高潮位）以上の高さで，盛土部分の上部に胸壁を設ける構造とする。
　　ただし，更にこれにより難い場合は，コンクリート及び矢板等これに類するもので自立構造とする。

特殊堤および自立式特殊堤の事例を**図-9.11**，**図-9.12**に示す。

(12) 越流堤等

　　越流堤，導流堤，背割堤等特殊な目的のための堤防はその機能が十分発揮できるよう計画するものとする。

「越流堤，導流堤，背割堤等の高さ，長さ，幅等はその設置個所，目的等に応じて変わってくるのでケースバイケースで検討しなければならない。場合によっては模型実験等も行って慎重に決定することが必要である」としている。

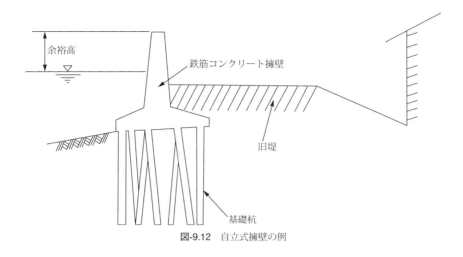

図-9.12 自立式擁壁の例

9.5.5 堤防の設計

堤防の設計は,「設計編 第1章 河川構造物の設計 第2節 堤防の設計」に記載されている。以下に記す。

(1) 堤防の設計

> 流水が河川外に流出することを防止するために設ける堤防は,計画高水位(高潮区間にあっては,計画高潮位,暫定堤防にあっては,河川管理施設等構造令第32条に定める水位)以下の水位の流水の通常の作用に対して安全な構造となるよう設計するものとする。

解説において以下の記述がなされている。
「広義の堤防としては,流水が河川外に流出することを防止する一般的な堤防及び霞堤のほかに,越流堤,囲繞堤,導流堤等があるが,本節では,流水が河川外へ流出することを防止する堤防(震堤を含む)を対象とする。
 堤防は盛土により築造することを原則としている。土堤防は,一般に工費が比較的低廉であること,構造物としての劣化現象が起きにくいこと,嵩上

●第9章●社会・経済構造の変化に対する対応

げ，拡幅，補修といった工事が容易であること，基礎地盤と一体となってなじみやすいこと等の優れた点をもっている反面，長時間の浸透水により強度が低下すること，流水により洗掘されやすいこと，越水に対して弱いこと等の欠点も有している。

河川管理施設等構造令による「流水」には，河川の流水の浸透水が含まれているので，流水の通常の作用とは，洗掘作用のほか，浸透作用も考える必要があり，土堤を原則とする堤防は，これらの作用に対して，必要に応じて保護される場合がある。

洗掘作用は一般的に局所的現象として発生する場合が多いため，河川の蛇行特性，河床変動特性等について検討のうえ，洗掘作用に対する堤防保護の必要性を判断しなければならない。

堤防保護の必要な箇所では，護岸，水制等の施設を施工するが護岸，水制等については，本編第3節及び計画編第9章第7節及び第9節を参照されたい。

現在の堤防は，そのほとんどが長い治水の歴史のなかで，過去の被災の状況に応じて嵩上げ，腹付け等の修繕補強工事を重ねてきた結果の姿であるので，通常経験しうる洪水の浸透作用に対しては，経験上安全であると考えられており，堤防の計画断面形は，一般的には，計画編第9章第6節に基づき，計画高水流量及び計画高水位を基準として，堤防の高さ，天端幅，のり勾配，小段，余裕を決定して定めればよい。

しかし，浸透水は，堤体と基礎地盤に対して作用し，その結果それぞれ土粒子の流出と堤体の強度低下等を惹起することがある。すなわち堤防又は基礎地盤の土質条件によっては，浸透作用に起因して，のり崩れ等堤防の損傷を生ずることがある。したがって，既往の洪水による漏水被害や状況を調査して，堤体の強度低下等が懸念される場合は，調査編第15章第2節に基づく土質調査又は透水性地盤調査等を実施のうえ，必要に応じて漏水対策を行う。

軟弱地盤においては，すべりに対する検討を行う場合がある。その場合は，調査編第15章第2節に基づく土質調査等を実施し，必要に応じてすべりに対する検討を行う。また，堤体の圧縮沈下，基礎地盤の圧密沈下等を加味し

た堤防余盛り高さを決定し，沈下後においても所定の計画断面形が確保されるようにしなければならない。

なお，地震による外力については，地震と洪水が，同時に発生する可能性が少なく，また地震によって，土堤が被害を受けても，復旧が比較的容易であること等の理由により，特別な場合を除き一般に考慮しない。」

（2）堤防の安定

> 地盤条件の特に悪い箇所に設ける堤防については，その安定について検討を行うものとする。

解説において以下の記述がされている。

「堤防は，一般に基礎地盤を選択できず，どのような地盤の上にも連続して造る必要があるため，地盤条件の悪い箇所で築造することもある。

地盤条件の悪い箇所に新堤を築造する場合や著しい堤防拡築をする場合には，堤防の安定性について検討する必要がある。

悪い地盤条件としては，透水性地盤と軟弱地盤がある。

1. 透水性地盤に堤防を築造する場合には，洪水時に河川水位が上昇すると基礎地盤を通じる浸透作用により，堤体もその悪影響を受ける場合があるので，その安定について検討する。

　透水性地盤には，表層が砂礫又は粗砂の地盤，不透水層の薄い表層の下に連続した砂礫層又は粗砂が存在する地盤のほか，過去に破堤した箇所で洗掘を受け砂礫が堆積している箇所や緩い砂質地盤等がある。

　一般的には浸透作用に対してはまず計画断面形で堤防を築造し，実際の洪水時の漏水等の現象を観察のうえ，必要に応じて漏水対策の補強工事を実施していくという方法をとっているが，調査編第15章第2節に基づいた調査結果から，あらかじめ漏水対策を実施しておくのが望ましい箇所に対しては，類似条件で実施されている補強工法を参考にして現場条件に適合した対策を講ずる。漏水対策工法には，透水層内に止水盤を設置する方法，表層にブランケットを設ける方法，堤防敷幅を拡幅す

●第9章●社会・経済構造の変化に対する対応

る方法，排水井，排水溝を設ける方法等がある。

2. 軟弱粘性土地盤や有機質上の軟弱地盤土に堤防を築造する場合等には常時のすべり及び沈下に対する検討を行う。

　　軟弱地盤には，合水比が高く，支持力の小さい沖積粘土地盤，有機質土の軟弱地盤のほかに，地震時に液状化し，支持力が低下しやすい緩い砂質地盤がある。沖積粘土地盤や有機質の軟弱地盤上において新堤を築造する場合や著しい堤防拡築をする場合には，一般に沖積粘土地盤では地盤の透水係数が小さいことや，有機質の軟弱地盤では含水比も高く，圧縮性が大きいために堤防施工中や堤防築造直後に間隙水圧が高まり，せん断強さが減少するため，すべり破壊の危険性が高くなるので注意を要する。すべりのおそれのある場合には調査編第15章第2節にもとづく調査を実施のうえ必要に応じて対策工法を検討する。

　　すべりに対する対策工法としては経験的に押え盛土工法，盛土制御工法，置換工法，サンドコンパクションパイル工法，固結工法等の工法がとられているが，それらのうち現場条件に合致する工法を採用する。軟弱粘性地盤上に堤防を築造する場合においては，地盤沈下量の検討をしておく。この地盤沈下には，長期にわたる圧密沈下と築堤直後の短期の即時沈下とがあり，両方の沈下量を加えたものが，通常の場合の軟弱性地盤の最終沈下量となる。これらのことを堤防の圧縮による沈下に加えて堤防築造の際の余盛りとして施工断面に配慮することが必要であるが，即時沈下量は，築堤速度や盛土荷重の大きさ等が関係し，複雑な挙動を示すことが多く，また築造前や築造中に地盤を著しく乱した場合には，即時沈下量は一般に増大する傾向にあること等から，基礎地盤の沈下に対しては，堤防築造後に逐次必要に応じて段階的に計画断面形を確保する方法がよい。

3. 軟弱地盤上の堤防については必要に応じて地震による外力に対する対策の必要性等について検討する。地震時の堤防の安定については，地震と洪水が同時に発生する可能性が少なく，また地震によって土堤が被害を受けても復旧が容易であること等の理由により地震による外力については一般には検討しない。しかし，地下水位の高い緩い砂質地盤や軟弱な

沖積層の悪い地盤上の堤防で，津波の影響が考えられる堤防又は0m
地帯の堤防等については，地震時の堤体の沈下やのり面等のき裂の発生
について既往地震時の堤防の被害状況等を調査して，対策の必要性等に
ついて検討する。」

（3）堤体の材料の選定

盛土による堤防の材料は，近隣において得られる土のなかから堤体材
料として適当なものを選定する。

解説において以下の記述がなされている。

「築堤工事の土工量は一般に膨大なため，遠方から土を運んでくると工費
が大幅に増大するので，堤体材料に用いる土は通常の場合，高水敷や低水路
の掘削土砂あるいは手近な土取場の土を使用する等，施工現場付近のものを
利用している。ただし，河川砂利の用途規制河川として指定されている河川
においては，その砂利は築堤の用途に供することはできない。また，堤体に
用いる材料として粒径の小さい材料を用いる場合は，浸透はしにくいが，浸
透した場合には強度の低下等が生じやすく，粒径の大きい材料を用いる場合
は，浸透はしやすいが，浸透により強度の低下等は生じにくいという基本的
性質を持っているので，このようなことを踏まえたうえで下記事項について
も検討し，堤体材料を得ることが難しい場合には，土質改良をしたり，2種
類以上の土の適当な組合せ等によっている場合がある。

（1）浸潤，乾燥等の環境変化に対して安定していること。

（2）腐食土等の高有機質分を含まないこと。

（3）施工時に締固めが容易であること。

近隣に類似の土を用いた堤防がある場合は，その堤防の洪水時の過去の挙
動を検討して選定するものとする。また，既設堤防を拡築する場合には，既
設堤防の堤体材料を検討のうえ，拡築材料を選定する必要がある。」

●第９章●社会・経済構造の変化に対する対応

（4）のり覆工

　　盛土による堤防ののり面には，流水，流木等に対して安全となるよう
のり覆工を設けるものとする。

　解説において以下の記述がなされている。
　「のり覆工として用いられている芝付工には，総芝，碁の目，千鳥，筋芝
等があり，芝付けの箇所等を考慮して選択するものとする。
　急流部，堤脚に低水路が接近している箇所，水衝部，その他必要な箇所に
は，表のり面に適当な護岸を設ける必要がある。」

（5）高潮の影響を受ける区間の堤防

　　高潮の影響を受ける区間の堤防ののり面，小段，天端は，必要に応じ
てコンクリートその他これに類するもので被覆するものとする。

　解説において以下の記述がなされている。
　「高潮の影響を受ける区間の堤防の設計は計画編第９章6.9［⇒ **9.5.4**（9）
*］従って行い，水圧，土圧，波圧に対しても安全な構造となるよう設計する。
また，断面形状等が上流の河川堤防となめらかに接続するよう配慮する。」

（6）湖 岸 堤

　　湖岸堤ののり面，小段，天端は，必要に応じてコンクリートその他こ
れに類するもので被覆するものとする。

　解説において以下の記述がなされている。
　「湖岸堤の設計は，計画編第９章6.10［⇒ **9.5.4**（10）*］　に従って行うが，
湖沼の風による吹寄せ高，波の打上げ高に関する検討に当たっては，過去の
風速，風向及び水位の実績をもとにして検討を行うものとする。」

332

9.5 河川砂防技術基準（案）にみる堤防技術

（7）特 殊 堤

> 特殊堤は，河川の特性，地形，地質等を考慮してその形式を選定するとともに，堤防としての機能と安全性を有するよう設計するものとする。

解説において以下の記述がなされている。

「代表的な特殊堤について次に示す。

1. 胸壁（パラペット）構造の特殊堤

胸壁構造の特殊堤は，土地利用の状況その他の特別な実情によりやむを得ないと認められる場合に，計画高水位（高潮区間においては，計画高潮位）以上の高さの土堤に胸壁を設けるものである。胸壁の高さは，極力低くするものとするが，高くする場合でも 1.0 m，できれば 80 cm 程度以下にとどめることが望ましい。

胸壁の高さが余り高くなると，視界をさえぎり，河川管理に支障を与えるとともに，景観，河川環境が損なわれることにもなりかねない。また，胸壁の高さが低いほど波圧等によるパラペットの倒壊等に対して構造的に安全度を増すことができる。

2. コンクリート擁壁構造の堤防

コンクリート擁壁構造の堤防は，胸壁構造の特殊堤によりがたい特別の事情がある場合に用いられる。コンクリート擁壁構造の堤防を用いる場合，洪水時，低水時及び地震時の荷重条件下において自立し，沈下，滑動，転倒等に対して安全な構造とするとともに，前面の洗掘に対しても安全なものとなるようにする。

また，矢板を用いる場合も同様とする。

なお，コンクリート擁壁構造の堤防にはL形式，重力式等がある。」

参考として，「越流堤」「導法堤」「背割堤」の構造形式，設計条件について記しているが，省略する。

333

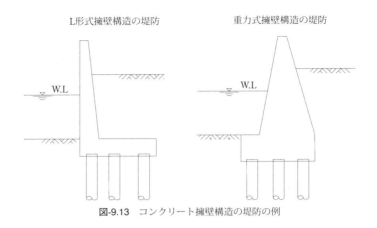

図-9.13 コンクリート擁壁構造の堤防の例

　以上，堤防の設計を記したが，定性的記述が多く，具体的に設計をするには困難が生じる．別途，堤防設計に必要な外力条件の設定，安全率の設定，安全性等の評価手法，工法の選択基準等が必要であった．

9.6　河川土工指針の検討とマニュアル化

　この時代，河川砂防基準として施工編，維持管理編は発刊されなかった．しかし，現実に堤防を管理し，また堤防を築堤するには，具体的施工法，構造形式，品質管理等を行わねばならず何らかの基準が必要であった．当時，堤防築堤は請負でなされており，具体的施工機械の開発，施工の合理化の主体は民間に移っていたが，発注者，積算者，施工管理者，検査官として官庁技術者は，公的責任を負っており，これらについての知見が必要であった．

　昭和51（1976）年3月，「河川土工指針（案）」[38] が社団法人 日本河川協会から発刊（非売品）されている．これは本省治水課の関与のもと，堤防土質の研究を行っていた建設省土木研究所の研究者である山村和也，久楽勝行，各地方建設局の工事課長を中心に協議，討論され編集されたものを，社団法人 日本河川協会の名で印刷されたものである．

　直営工事が終了し，現場で施工，監督業務のなかで培われた技術が伝えられなくなっていたこと，昭和31年（1956）「道路土工指針」が発刊され42年，

49年と改訂されていたこと，堤防工事発注において工法の選択・積算根拠が必要とされたことなどが，この指針化を促したと言えよう。民業機械化施工という当時の状況に応え，土木研究所での堤防の研究成果，直営機械化施工時代の技術経験を盛り込んだものとなっている。

なお，「河川砂防技術基準（案）計画編」が6月発刊，「河川管理施設等構造令」が7月に制定，10月に施行されている。本書の印刷のほうが少し前であった。

指針（案）は，全12章からなる。「第1章　調査」「第2章　設計」「第3章　施工計画」「第4章　施工法」「第5章　仮設及び準備跡片付」「第6章　仮締め切り」「第7章　軟弱地盤とその処理」「第8章　漏水対策」「第9章　法覆工及び堤脚保護工」「第11章　検査」「第12章　維持修繕」である。河川土工を主題とするものであり，堤防の調査・設計・維持管理を含むものであった。

以下，第2章，第3章，第4章，第7章，第8章，第9章，第12章のうち堤防に関する重要な技術内容に触れる。

（1）設計（第2章）

第2章は，「掘削および浚渫」「堤防」の2節からなる。堤防のみ概説する
1）堤防の安定

堤防の安定性については，

① 浸透水に対する安定

　　堤体土として砂質土を用いる場合，所定の断面より小さい断面の堤防，堤体前面の掘削が行われる場合，透水性地盤上の堤防では，流線網を描いて浸透水に対する堤体の安定性を検討するものとする。法尻付近に高い浸透圧が生じて堤防の土を流出させ安定の低下を評価するものであるが，このほかに浸透流による堤防強度の低下による法すべりに対する安定性の低下について，別途検討が考えられる（②の検討）。

　　浸透流に対する検討は8章で記述された方法，流線網は定常浸透流として求めるものとされた。

② すべりに対する安定

●第9章●社会・経済構造の変化に対する対応

　　　軟弱地盤上の堤防，特殊堤防，堤体材料として特に強度の低い土を用
　　いる場合，堤防の法尻付近の掘削を行う場合では，堤防のすべりに対す
　　る安定性計算を実施するものとする。安定計算は，計画高水位に対する
　　定常浸透状態，計画高水位より平水位に急低下した場合，降雨によるの
　　り面すべりに対して円弧すべり法により行うものとする。
　　　安定計算の式は7章で記載されたものとし，これに用いる土の強度定
　　数は，堤体材料を堤防施工時の条件（含水比および密度）で締め固めて
　　飽和させた圧密非排水三軸圧縮試験によって求めるとし，また安定計算
　　における間隙水圧は定常浸透流に対しては8章に記述された方法，水位
　　低下の場合は，土質工学会『土質工学ハンドブック』p.928に記述され
　　ているレィニュウス（Reinius）の方法あるいはキャサグランデ
　　（Casagrande）の方法による流線網を求めるとした。
　降雨による安定性の必要性が記述されたこと，土質工学的安定性の評価法
が提示されたことが特筆に値する。
2）堤防の土質
　堤体材料としての基本条件を満足する土として，以下のようなものが望ま
しい。
- 粒度分布のよい土：締固めが十分行われるためにいろいろの粒径が含ま
　れているのがよい。粗粒分は粒子のかみ合わせにより強度を発揮し，細
　粒分は透水係数を小さくするのに必要である。これらが適当に配合され
　ていることが堤体材料として好都合である。
- 最大寸法は20〜30cm：施工時の撒き厚の制限から決まるものであるが，
　撒き厚が30cm以上でレキの間の充填が十分に行われるのならば，もっ
　と大きい粒径の用いてもよい。
- 細粒分（0.074mm以下の粒子）が土質材料（75mm以下）の15%以上：
　不透水性を確保するための条件である。
- シルト分のあまり多くない土（シルト分の少ない土と判断する[*]）：降
　雨による侵食，浸透流による法面崩壊は水をある程度通しやすく，含水
　比の増加によりせん断抵抗の低下する土に起こった例が多い（シルト分
　に関する量的記述がなされていないので文意が明確でないが，シルト分

が少ない砂分の多い土のことではないかと推定する*）が，そのよう状態になるのはシルト分の影響が大きいと考えられる。

・細粒分（0.074 mm 以下）のあまり多くない土：細粒分が 50％以上のものには乾燥時にクラックの入る危険性のあることがアースダム材料について指摘されている。

堤体材料として適切でない土については，堤防は道路や他の盛土ほど材料の選択基準を厳密にしないでほとんど土を利用するので，上記の望ましいとされた条件に合致しないものが不適切と言うことにはならず，予想される事態（強度不足，漏水，軟弱化など）に対応する方策を講じて設計する。ただし高有機土は問題が多く捨土を考えるべきである。

不良材料に対する対策として，他の土と混合，乾燥による含水比の低下，添加材による土質改良，複合断面化を挙げている。

3）堤防の締固め規定

堤防の締固め規定は次のいずれかによる。

・最大乾燥密度（JIS A 1210 による）　80％以上
・飽和度　85 ～ 95％
・空気間隙率　10 ～ 2％

通常の土に対しては最大乾燥密度の規定によるが，高含水比の土ではこの規定では締固め管理できないので，飽和度，空気間隙率の規定による。既存の堤防の締固め土の平均値では 83％程度といわれており，道路盛土と比べやや低いが，堤体材料として厳密に規定していないこともあって，幾分低めの基準値としている。目標値をとしてもう少し高い締固めを想定して設計施工を行うことが望ましい。

あらかじめ試験転圧を実施した場合やすでに施工した現場での実績から判断して，上記締固め規定に合致する結果の得られている場合は，転圧機械の種類や転圧回数を規定して締固め度規定としてよい。

（2）施工計画（第 3 章）

第 3 章は，「概説」「締固め」「土量変化」「配土計画」「工程計画」「建設機械の選定」「作業能率の算定」の 8 節からなる。締固め規定以外は省略する。

1）締 固 め

　設計の締固めに関する記述より詳しく記述されおり，内容が異なる記述がある。以下に違いのある内容を記す。

・密度比較で規定する方法

　　設計の締固め規定の最大乾燥密度に対する現場における締固め後の乾燥密度の比が，「道路工事では一般に締固め度で90％とすることが多いが河川堤防の場合は85％以上と規定することが多い」との記述がある（設計の最大乾燥密度の80％以上と数値が異なる*）。

・飽和度または空気間隙率による方法

　　設計の締固め規定と同様である。

・強度特性によって規定する方法

　　設計の締固め規定では，難点があり適当でないとしたが，施工計画では，「安定した材料，すなわち水の浸水により膨張，強度低下の少ない材料の場合（岩塊,玉石,砂,砂質土）は強度特性で規定できる。」としている。「強度特性として何を測定するかについては一般的基準についてはまだ決まったものがないが，CBR値，K値，コーン指数などが用いられている。」としている。

・締固め機種，締固め回数により規定する方法

　　設計の締固め規定と同様である。

・簡単な施工法によって規定する方法

　　「敷均し時の土工機械の走行による締固めを期待して，まき出し厚を適当に定め，水平に敷き均して施工することのみを規定しておく方法も考えられる」としている。

（3）施工法（第4章）

　第4章は，「概説」「掘削と運搬」「築堤」「護岸工事における土工」「構造物施工における土工」「浚渫」からなる。ここでは，築堤土工に関わる技術内容についてのみ記す。

1）築　　　堤

① 概　　　説

338

9.6　河川土工指針の検討とマニュアル化

　　堤防の盛土は，一般的に河道を掘削した土を利用することが多い。河道掘
削土を利用する場合には必ずしも築堤土に最適な土質，含水状態のものが得
られない場合が多いので，掘削，運搬，盛土の工程の中で調整し，極力最適
な状態で盛土する。

　　耐透水性に重点が置かれるので堤体内には空洞性の空隙を作らないよう，
ち密な盛土とする。

　　一連の堤防のうち一部分に欠陥があり，それにより破堤すれば，長い一連
な築堤は効果を失うので，必要以上に締め固められた堤防があっても意味が
ないので，延長的にも，また断面的にも均一な強度と密度で施工されること
が重要である。

② 堤防材料の管理

・ 高含水土の処理

　　土取場において流水とか降雨によって含水率が高くなった場合は正常な含
水状態に戻るまで作業を中止すべきである。土取場における土の含水率が高
いが脱水しやすい土質の場合は，いったん築堤場所に近い場所に仮置きする
方法も行われる。

・ 不良土の棄却

　　腐食土とか高粘土質は，通常の工法では使用しないほうがよい。

・ シートなどによる被覆

　　築堤箇所に盛土され，敷き均された状態のまま降雨や降雪を受けると，締
固め不適な状態となって工程の支障となるので，表層をシートまたはビニー
ル等で被覆する。

③ 基礎地盤

　　施工途中においてすべりを生じるような脆弱な地盤は前もって良質の土砂
に置き換えるとか，排水溝を設けて地下水位を低下させ圧密させ強固な地盤
に改良する。

　　基礎地盤面にある雑草，雑草根，雑石，コンクリート塊等は，入念に除却
して盛土と基礎地盤の接着を十分に図る。

④ 築　　立

　　堤防は洪水時に漏水等を起こさないことが大切である。したがって，下層

339

●第9章●社会・経済構造の変化に対する対応

から上層にいたるまで均一に締め固めることが必要である。高撒きして表層部分だけ締め固めるようなことは絶対にしてはならない。盛土は薄い層ごとに敷き均して転圧して築立しなければならないが，一方において必要以上に締め固めると盛土量の増大を招くことになるので，配土上の留意が必要である。

・ブルドーザによる締固め

運搬した土は薄い層に敷き均して転圧して締め固める。敷均しの厚さおよび締固めの方法は，施工法，土質および要求される締固め土によって異なる。

ブルドーザ，スクレーパ等で運搬盛土する場合は，捨土そのものが敷均しであるが，全面を均一に締め固めるには，あらためて一定の厚さごとに転圧する必要がある。

転圧の方向は堤防法線に平行であることが好ましいが，平面積の大きい堤防では法線に直角に転圧することもある。

転圧には敷均しも兼ねてブルドーザが多く使用される。この場合には，敷均し中の効果を含めて転圧回数を規定している場合があるが，施工に当たっては敷均し完了後の転圧回数で管理するとよい。軽量で接地圧の小さいブルドーザの場合には敷均し厚を薄くして転圧する必要がある。

・タイヤローラによる締固め

土質が砂質等であり，転圧速度の大きいロードローラ，タイヤローラの機械の使用条件が整っている場合は，使用して効率的であるが，粒子が揃っている砂等ではローラがスリップして能率を落とすことがある。

・現場の締固め試験

一般的に締固め度は数値で規定しているが，小規模な工事や土質の良好な場合は，転圧機種，敷均し厚さ，転圧回数を定めて締固めを行っている例が多い。

締固め度が規定された場合は，各現場であらかじめ現場締固め試験を行い，機種別の締固め方式を定めることが好ましい。

なお，現場締固め試験の際にコーンペネトロメータの測定を併用し，測定数値を施工管理に活用するとよい。

・浚渫土を利用した場合

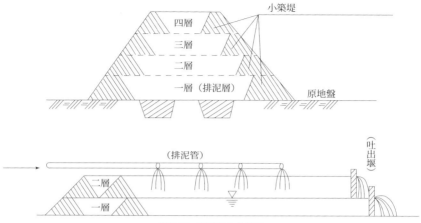

図-9.14 浚渫による築堤

浚渫土が比較的良好な砂の場合であり,築堤幅が広い(30 m 以上)場合にはポンプ浚渫船によって直接排泥することがある.

この場合排泥河床において細粒土が分離して1か所に集中堆積することを避けるため,図-9.14のように小築堤による周囲堤を築立して湛水池を作り,池の吐出口には木製の堰を設けて排水する.周囲堤は排泥の進行に従って逐次盛土(土質によっては板柵工とする)していく.この場合の排泥は排泥管の先端のみならず中間数か所から分枝して同時排泥することによって,粒子の分離を避けるとよい.十分脱水するのを待って仕上げを行い,被覆工を施工する.

浚渫箇所と築堤箇所との距離が遠い場合,築堤幅が狭い,浚渫土に細粒土が多い場合には,適切な位置に仮置土箇所を設けて排土する.仮置場からの運搬は通常の機械掘削による場合と再びポンプ船で浚渫排泥する場合がある.

仮置場ではできるだけ高く盛土することが脱水効果を速くすることになるが,反面土砂の分離が起こって盛土として不適格となる場合がある.しかし不良粒土を分離棄却したい場合には有効である.

・施工中の沈下

盛土に伴い基礎地盤は圧縮し,また圧密によって沈下する.底面積の広い場合には沈下量が所要土量に大きく影響するので,必要土量の管理のため,

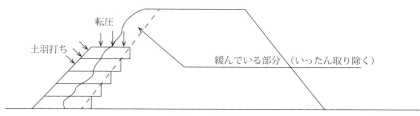

図-9.15 法面施工

あらかじめ基礎地盤内に沈下板を設けて沈下量の測定をする必要がある。(以下，沈下量の測定法に関する記述があるが省略*)。

・混合物の排除

　盛土として不適切な不良土，雑木根，雑石等は土取場でも排除するが，盛土箇所においても監視させてそのつど処理する必要がある。また，凍土，氷雪隗は春になって陥没を起こした例が少なくないので，これらの除却については入念に管理する。

⑤ 法面施工

　盛土の各層の端部（法面となる部分）の締固めは十分には行われないので，盛土が一応完成した後，**図-9.15**のように盛土端部の幅 50～100 cm の部分の土をいったん取り除き，厚さ 30 cm 程度の層ごとに人力または振動コンパクタ，小型振動ローラによって締め固めながら盛土して仕上げる。

　法面勾配が 1：2 より緩い場合は，ブルドーザ等によって法面を往復させながら直接締め固めることができる。

　堤防法面は芝張りを施すので，新面丁張に従い人力によって木製の板あるいは棒でたたいて安定させながら仕上げる。このことを「土羽打ち」という。

⑥ 段 切 り

　旧堤防に腹付け工を施工する場合は，旧堤との接着を図るため，**図-9.16**のように最小 50 cm 程度とした階段状に段切りする。水平部分は 2～5％の勾配をつける。

2）構造物施工に伴う土工

　構造物は杭打ち基礎等によって堅固な基礎状態になるが，構造物に接する埋戻し土は十分締め固まっても，その後において圧縮，圧密が進行するため，

9.6 河川土工指針の検討とマニュアル化

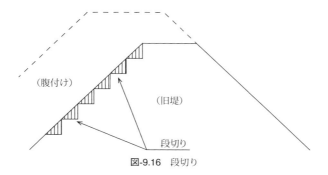

図-9.16 段切り

構造物と埋戻し土との沈下量の差によって構造物に沿って亀裂が発生することがあるので，プレローディング工法等によってこれらの弊害を防ぐことを考慮するとよい．

(4) 軟弱地盤とその処理（第7章）

第7章は，「概説」「軟弱地盤の調査法」「軟弱地盤における堤防の設計法」「軟弱地盤における対策工法」「施工管理法」の5節からなる．

概説において軟弱地盤で問題点として以下の3点を挙げている．

- 基礎地盤の支持力不足によるすべり破壊
- 基礎地盤の圧縮性が大きいために生じる過大な沈下
- 特に緩い地下水位の高い砂質地盤において地震時に生じる流動化

3点目は，いわゆる液状化による堤防の沈下，側方移動が生じるもので，大正12年（1923）の関東大震災でも生じていたが，堤防の問題点として対策検討は昭和39年（1964）の新潟地震による地盤災害を契機として検討が進んだ．軟弱地盤とは一概に言えない地盤であり外力も地震で，別の範疇に入る問題であった．

以下では堤防の設計法と対策工法に関してのみ概説する．

1) 軟弱地盤における堤防の設計法

① 設計の進め方

堤防の高さ，天端幅，小段段数，法勾配は，その河川の水理機能，洪水時の溢流・浸潤に対する安定性から定まるので（河川管理施設等構造令，河川

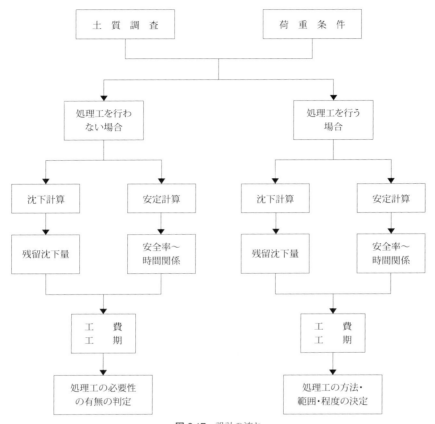

図-9.17 設計の流れ

砂防技術基準計画編による規定された堤防断面であるべきであるが，これらは本河川土工指針の後に制定された*)，ここでの設計は，そのような所定の断面の堤防が構造物として安定であるかどうかをチェックし，何らかの対策が必要であるかどうか，さらにどのような対策工法を取るか決定することである。設計の流れは図-9.17のようになる。

② 堤防の安定計算法

土堤の安定計算は，円弧すべり面法により，いくつかの円弧について最小安全率を求める。図-9.18 に示すようにすべり円の中心および半径を設定し，

9.6 河川土工指針の検討とマニュアル化

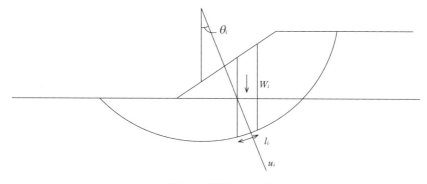

図-9.18 円弧すべり面法

この円弧内に含まれる土塊を適当な幅の鉛直細片に分割し,次式で安全率 F_S を計算する。

$$F_S = \sum \{c_i \cdot l_i + (W_i \cdot \cos\theta_i - u_i \cdot l_i)\tan\varphi_i\} / W_i \cdot \sin\theta_i \tag{9.1}$$

ここに W_i：分割片の全重量
    u_i：すべり面上の間隙水圧
    c_i：すべり面上の粘着力
    φ_i：すべり面上の内部摩擦角
    l_i：円弧の長さ
    θ_i：円弧中央における法線と鉛直線のなす角

円弧すべり面計算における強度定数は土質により以下のとおりである。

・粘性土・有機質土の場合

緩速施工または何らかの地盤処理を行う場合を除いて,非圧密非排水強度 c_u を用いる。

$$c = c_u = q_u / 2 \qquad \varphi = \varphi_u = 0 \tag{9.2}$$

ここに q_u：飽和土の一軸圧縮強さ

緩速施工や地盤処理により施工中の圧密による強度増加が期待できる場合あるいは築造後長期間経過した場合には,想定圧密度に対応する圧密非排水強度 c_{cu} を用いる。

●第９章●社会・経済構造の変化に対する対応

$$c = c_{cu} = c_0 + \Delta P \cdot m_i \cdot U \qquad\qquad \varphi = 0 \qquad\qquad (9.3)$$

ここに　　c_0：現地盤（非圧密非排水）強度（$= q_u/2$）

　　　　　ΔP：堤体過重による地盤内鉛直増加力，この値の推定にはオス
　　　　　　　ターベルグ（Osterberg）の図表が用いられる。

　　　　　U：（滑り面の土の*）圧密度

　　　　　m_i：強度増加率

なお，式（9.1）以下の式は平成 5 年（1993）発刊の『河川土工マニュアル』[39] の pp.90-94 と式形が異なる（⇒注 5）。訂正が必要と判断される。

・砂質土の場合

　排水強度 c_d を用いる。

$$\begin{array}{lll} \text{堤体について} & c = c_d & \varphi = \varphi_d \\ \text{地盤について} & c = c_d = 0 & \varphi = \varphi_d \end{array} \qquad (9.4)$$

・地震時の安定計算

　地震時の安定性を検討すべき方法は未だ確立されているとは言えないが，必要な場合は円弧すべり面法に静的震度法を適用（水平震度を外力に加える）し安全率を算定する。強度定数は常時と同じとする。地震について特に検討が必要であるのは，洪水時に地震により堤防の沈下が生じた場合や，堤内地が常時海面下にあるような低地の場合であるから，この場合の水位条件は計画高水位とし，間隙水圧はこの条件から定まる定常浸透状態について求めた値とする（⇒注 6）

　液状化の生じる可能性のある緩い地盤では，地震時に何らかの過剰間隙水圧が発生するものとして，上記と同じ方法により安全率を算定する（具体的な過剰間隙水圧の算定法については記述がない。参考文献に「日本道路協会耐震設計指針・同解説（昭和 47 年)」とあるので参照せよということであろう*)。

③ 堤防の沈下計算

　圧密沈下量の計算法が解説されている。省略する。

④ 軟弱地盤における対策工法

9.6 河川土工指針の検討とマニュアル化

　河川堤防を築堤する際に用いられる軟弱地盤の対策工法として次の工法が挙げられている。

・ 築堤方式で改良するもの

　A：緩速施工法

　B：押さえ盛土工法

　C：サンドマット工法

・ 軟弱層を除去置換するもの

　D：掘削置換工法

・ 軟弱層を改良するもの

　E：プレローディング工法

　F：バーチカルドレーン工法

　G：サンドコンパクション工法

　H：バイブロフローテーション工法

　I：生石灰杭工法

これらの対策工法の選定のための標準条件を**表-9.5**に示す。

以下工法の説明がなされている。省略する。

表-9.5　対策工法選定のための標準条件

対策工目的	軟弱地盤成層状態	適用工法
主として堤体の安定性のみが問題となる場合	軟弱層が浅い部分にあり，薄くて排水距離が短いため，盛土中の強度増加が十分期待できる場合	A, C（工期に余裕がある場合）
	軟弱層が深い部分まで存在し，厚くて排水距離が長いため，築堤中の強度増加がほとんど期待できない場合	B, D, F, G（工期に余裕がない場合）
剛性法覆工や構造物周辺のように主として施工後の残留不等沈下が問題となる場合	軟弱層が浅く薄い場合	D, E I（構造物周辺のように局部的な改良を行う場合）
	軟弱層が深く厚い場合	E, F, G I（構造物周辺のように局部的な改良を行う場合）
緩い砂質地盤で地震時の液状化が問題となる場合		G, H

347

●第９章●社会・経済構造の変化に対する対応

（5）漏水対策（第８章）

第８章は，「漏水対策の概要」「新設堤防の漏水対策工」「既設堤防の漏水対策工」「堤防地盤の漏水対策工」の４節からなる。

1）漏水対策の概要

堤体漏水を起こす原因として

・堤体断面が小さすぎる場合

・堤体に水みちができている場合

・堤体が粗粒物を多量に含む未風化の山土または砂礫で作られ，表法または中心部に止水壁のない場合

・堤体の締固めが不十分な場合

・地震など堤体にクラックの入った場合

を挙げている。

地盤漏水が起こる原因として

・透水性の大きい砂層または礫層上に築堤した場合

・旧河川を締め切り，河床の砂礫層上に築堤した場合

・破堤河床を締め切った場合

・堤防法先の高水敷の表土が流水により洗掘され，透水層が現れた場所

・堤防表法尻付近で土取りを行い，透水層を露出させたり，不透水性の表土の厚さを薄くした場合

・地盤沈下により河川水位と堤体地盤との差が大きくなった場合

を挙げている。

定性的記述であるが漏水の原因がほぼ網羅されている。堤体を横過する横断構造物周辺の漏水についての記述がない。

漏水対策は，次の手順で行うとしている。

1. 漏水箇所の詳細調査を行い，その調査結果に基づき漏水箇所の土質断面，外水位，内水位などを決定する。

2. 1の諸条件のもとで堤体ならびに地盤の流線網，浸透圧，漏水量，パイピングおよび堤体の安定性などについて検討する。

3. 2の検討結果に基づき新設堤防，既設堤防および堤防地盤に応じた漏水対策工を決定する。

348

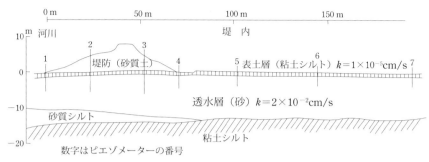

図-9.19 透水地盤の一例

4. 施工後，漏水対策工の効果判定のために現地調査を実施する。
① 漏水調査

漏水対策のため第二次本調査に従い，次に示す精密調査を実施する。
1. 既往の洪水記録，被害状況ならびに築堤土質に関する資料調査および聞き込み調査
2. 試料採取および室内土質調査
3. 原位置試験（現場透水試験および現場地下水位変動調査など）

② 漏水箇所の土質断面の作成

1/100の縮尺の土質縦断図ならびに横断図を作成する。土質断面図の作成に当たっては，ボーリング試験，サウンディング試験，土質試験それぞれの試験結果をまとめ，深さ方向に整理する。**図-9.19**に土質断面図の一例を示す。

③ 水位の決定

漏水対策を検討するうえでの外水位と堤体水位を決定する。
1. 外水位は計画高水位とする。
2. 内水位は現地地下水位変動調査の結果に基づき堤内地の年間の平均水位とする。

④ 洪水継続時間の決定

洪水継続時間は長いとして，定常流を考慮に入れて透水対策を検討することを原則とする。安全側過ぎると判断される場合は不定流として取り扱うものとする（判断基準は不記載[*]）。

●第9章●社会・経済構造の変化に対する対応

⑤ 堤体の流線網の求め方

　浸透水の流線網は必要に応じ次に示す方法により求める。

1. キャサグランデ（Casagrande）の半理論公式を用いて流線網を求める方法

2. 図解法により流線網を求める方法

3. 電気模型による実験から流線網を求める方法

4. 粘性流体模型から流線網を求める方法

5. 有限要素法を用いた浸透解析から流線網を求める方法

6. 大型模型実験から流線網を用いる方法

　流線網を求める方法は（上記のように*）種々の方法があるが，堤防が均一な場合は1および2を利用して流線網を求めることが可能である。1〜5の方法は，飽和浸透の基礎式がラプラス（Laplace）の方程式であることを前提とした方法である（不飽和浸透解析ではない*）。

⑥ 漏水地盤内の浸透圧の求める方法

　次に示すような方法により求めるものとする。

1. 理論解より浸透圧を求める方法

2. 電気模型による実験から浸透圧を求める方法

3. 有限要素法を用いた浸透解析から浸透圧を求める方法

　堤防および地盤条件が簡単な場合は，解析的方法により求めた理論解の事例 [19] が紹介されている。

⑦ 漏水量の求め方

流線網および浸透圧が求められれば各地点の漏水量 Q は

$$Q = k \cdot i \cdot A \tag{9.5}$$

で求められる。k は透水係数，i は動水勾配，A は透水断面積である。

⑧ 堤体の安定性の検討

　堤体の安定性は，式（9.1）の安定計算によって検討し，そのときの安全率は 1.25 以上とする。

⑨ クイックサンドに対する検討

　地盤漏水において，浸透水が堤防裏法付近の表層を突き破って土砂

350

を洗い流し，砂が噴き出すことがある。これをクイックサンドという。このような現象が生じる動水勾配を限界動水勾配 ic といい，これを求めて堤内地法尻付近の砂の噴き出し現象に対する検討を行う。

$$ic = h/z = (Gs-1)/(1+e) \qquad (9.6)$$

ここで，h：水頭差，z：浸透経路長，Gs：砂の比重，e：間隙比である。

限界動水勾配は大体1に等しいが，漏水対策としてはこの値が 0.5 程度を超えないよう処置することを原則とする。

なお，コンクリートダムなどでは，クイックサンドの危険性をクリープ比というものを用いているが，これはコンクリートなどの不透水性構造物に沿う浸透に対して検討したものであるので，堤防の場合にはクリープ比を用いた検討は行わないものとする。

⑩ 漏水対策工の選定

流線網，浸透圧，漏水量，堤防の安定性，クイックサンド等に対する検討結果から次に示すような現象が起こる危険性が認められた場合には，これらの危険性を除くことを目的に漏水対策工を施すものとする。

1. 漏水により堤体の安全性が損なわれる危険性がある場合
2. 地盤漏水により堤内側法尻付近に砂の噴き出しが起こる危険性がある場合
3. 2の噴き出し現象に至らないまでも，過度の地盤漏水により付近住民に甚だしい不安感を与えるおそれのある場合

漏水対策工は，後記する2）新設堤防，3）既設堤防，4）堤防地盤，に対する漏水対策工の中から，堤防および地盤条件に応じ選定する。

⑪ 漏水対策工の決定

選定した漏水対策工（2〜3種）について，次の項目について検討を加え，最も好ましい漏水対策工を決定する。

1. 漏水対策工の止水効果
2. 漏水対策工の施工性とその確実性
3. 漏水対策工の経済性

⑫ 漏水対策工の効果判定のための現地調査

●第9章●社会・経済構造の変化に対する対応

　　漏水対策工を施工した後に，その効果を確かめるために現地調査を
　行うことが好ましい。
　1. 実験的に求める方法
　　・締切堤を築造し，湛水させて浸透実験を行い，止水効果を判定す
　　　る方法
　　・ウェルポイントなどにより揚水試験を行い，止水効果を判定する
　　　方法
　2. 洪水時の観測による方法
　　・観測穴に水位計を設置し，洪水時の水位測定を行い，止水効果を
　　　判定する方法
2）新設堤防の漏水対策工
　堤体材料として透水性のよい砂，砂礫，礫混じり山土を使用する場合は，
均質堤防を避け，必要に応じて次に示すような漏水対策を考えた新設堤防を
築造する。
　① 築堤材料と築堤断面の決定
　　　川表側あるいは中心部を粘土質の材料でつくる。
　② 覆土，止水壁の施工
　　　法面を不透水性の土，コンクリートスラブ，アスファルトスラブ，石
　　張などの水密性の材料で覆うものである。
　　　不透水性の土は植生が繁茂するよう 30 cm 以上の厚さで被覆する必
　　要がある。コンクリートスラブは堤体変形すると空洞ができるので維持
　　管理に十分注意する。アスファルトスラブは薄いものでは数年間で風化
　　し，また雑草がこれを破って生えることから 30 〜 40 cm の厚さをもた
　　せるとか，その下に十分の厚さの粘土を張るなどの配慮が必要である。
3）既設堤防の漏水対策工
　既設堤防に漏水箇所が判明した場合は，必要に応じ次のような対策工を施
す。
　① 堤防断面の増大
　　　既設堤防に腹付けや小段を設けて浸透経路長を長くして漏水を防止
　　する。

② 止水壁の施工

　　止水壁には以下に示すものがある。

　・鋼矢板による方法

　・粘土壁による方法

　　矢板を利用した粘土置換工法，スラリトレンチ工法による方法がある。

　・薬液注入による方法

　・止水膜による方法

　　ビニール膜による方法である。

③ 法覆工の施工

　　不透水性の土，コンクリートスラブ，アスファルトスラブ，石張で覆うものである。

④ 裏法尻付近の補強

　　漏水箇所の裏法に空石積み，空石張りなどを施工して，排水を良好ならしめると同時に法面の保護を行う。

4）堤防地盤の漏水対策工

　堤防地盤の漏水対策には各種の工法があり，地盤条件，透水層の厚さ，広がりに応じて最も適切な工法を選択，施工するものとする。

① 止水壁を設置する方法

　　鋼矢板工，コンクリート矢板工，シートウォール工，粘土壁工，コンクリート壁工，薬剤注入工，止水膜工が紹介されている。

　　鋼矢板工については，土木研究所の山村和夫の研究成果[19]が取り入られており，浸透流量を50％抑えるには，止水壁は浸透層厚の80～90％を貫入させる必要がある。したがって浸透圧および漏水量の検討を行い（検討法が提示されている*），その効果を確かめてから施工する。

　　粘土壁やコンクリート壁はわが国で施工された例がない。スラリートレンチ工法は外国でフィルダムの止水対策として連続壁を作った例がある。砂地盤に溝を掘削し，これに掘削した土砂とベントナイトをセメントと混合したものを埋め戻して止水壁を作る試みがなされており，止水効果があり確実な工法であると報告されている。薬注などは作業が容易であるという利点を持つが，止水効果の面で不明な点が多い。

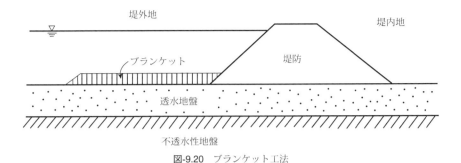

図-9.20 ブランケット工法

ビニール膜などによる止水工法は止水効果があるが,作業が非常に困難であり,耐久性についての検討も必要である。
② 堤防敷を拡幅する方法
③ ブランケットによる工法

図-9.20 のように堤外地に不透水性の土やアスファルトなどを用いて表面を被覆する方法である。ブランケットの効果についての評価法[19),20)] について記載している。
④ 押え盛土を設置する方法

裏法付近の砂の噴き出しを防止するために,裏法付近に押え盛土を設置するものである。限界動水勾配が0.5を超えないように設計する。表土が比較的薄い場合かまたはない場合に有効である

押さえ盛土は,透水性の材料と不透水性の材料を用いる場合があるが,一般に透水性の材料によって作られた排水のよい押さえ盛土が良好である。押え盛土の排水をよくするために押さえ盛土の底をフィルター材料と砂利で作り,なかに集水管を入れ,特別な排水構造とすることもある。**図-9.21** にその一例を示す。
⑤ 排水井戸,排水溝を施工する方法

透水層内の浸透水を特別に設計された井戸や溝から排水することにより,透水層内の水頭を減少させ,パイピングやクイックサンド現象を防止するものである。

排水井戸(リリーフウェル*)および排水溝の一例を**図-9.22**,図

9.6 河川土工指針の検討とマニュアル化

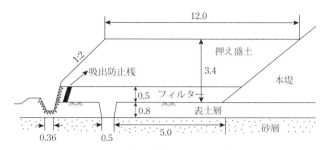

図-9.21 押え盛土略図（単位 m*）

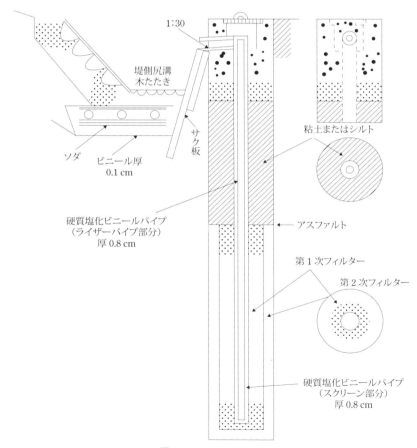

図-9.22 リリーフウェル

355

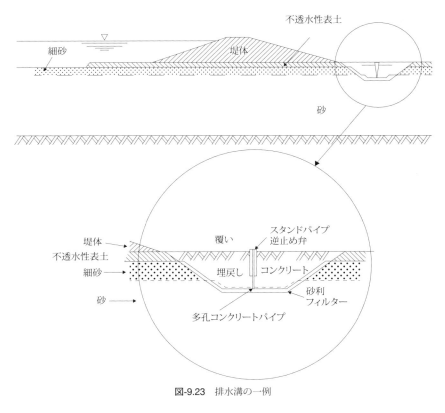

図-9.23 排水溝の一例

-9.23 に示す。

5) 堤防法先付近の補強

堤防法先の補強は，
- 堤防法先の高水敷の表土が流れによって洗掘され透水層が現れたとき
- 堤防表法先付近で土取りを行い，透水層を露出させたり，不透水性の表土を薄くしたとき
- 堤防裏法先付近で土取りを行い，透水層を露出させたり，表土を薄くしたとき

により漏水が誘発され，激化するのを防止するために行う。

補強工法としては，表法先付近に水制を設け，洗掘を防止すると同時に土砂を堆積させる工法と埋戻し工法がある。

9.6 河川土工指針の検討とマニュアル化

(6) 法覆工および堤脚保護工（第9章）

いわゆる堤防法面保護工である芝付工，法覆工，法留工，根固め工，堤脚保護工について工法の概要，機能，構造等について説明している。工法選択は，鋼矢板の設計を除き，経験主義的な設置対象場の分類に基づくもので，力学的合理性を持つものではない。省略する。

(7) 維持修繕（第12章）

第12章は，「概説」「天端および小段」「土羽」「堤体」「高水敷」「低水路」「護岸」「堤防側帯」「堤防坂路および管理用通路」「排水施設」「距離標・用地境界杭・表示板等」「樹木」の12節からなる。

ここでは，概説についてのみ取り上げる。

1) 概　　説

河川管理施設および敷地等が治水上の機能を発揮できるためには，維持修繕は常に洪水時における状態を仮定して行う必要がある。

しかし，洪水時における外力，例えば掃流力や浸透水のよる影響力は，普段の状態では想像もつかないほど飛躍的に増大し土構造物の安全性を問うが，そのうえ河状そのものが施設の構築後において変化し流況が激変している場合が多く，個々の場所において洪水の持つ破壊力を量的に適確に把握することはなかなか難しい。

これを支える堤防等の土構造物も，従来施工時の条件により現地材料をそのまま使用して構築したり，高水敷も現状のままほとんど手を加えず存置し均質性を欠いているのが実情である。また築造後堤防等が古くなり雨水や川水の浸透流や漏水により，微粒子が流出して空隙を生じたり，埋設樋管や兼用道路からの影響によって空洞やひび割れが起き，あるいはまた野鼠，モグラの巣窟となる塵芥が捨てられて土羽が痛んだり，堤防等の強度や耐久性が低下している場合も考えられる。

こうしたことから日常における維持修繕は極めて重要な役割を持つ。洪水時の水防活動も緊急時における最も重要な維持修繕作業として不可欠のものである。

維持修繕は大別して**図-9.24**に示すように常時におけるものと異常時すな

● 第 9 章 ● 社会・経済構造の変化に対する対応

図-9.24 維持修繕業務

わち洪水時または地震時におけるものに区別することができる。また，維持修繕はしばしば維持的なものと修繕的なものと区別して取り扱うことがある。

なお解説の［附記］において市町村が第一義的に事務を担う水防の問題点について以下のことを触れている。

- 地域の都市化が進み連帯感が薄れ，農村部では過疎化が進んで人出や水防施設が不足し，緊急時の水防体制がとりにくくなってきている。小型機械利用による省力化等について対策を考える必要がある。
- 危険箇所の状況や水防機材の備蓄状況については，水防団体は毎年出水期前の河川管理者の立ち会いを得て実地に点検または確認しておくことが望ましい。
- 予想される危険箇所については，水防緊急時において土取場，進入路等を確保し，その箇所に適した工法や作業について図上での演習を実施しておくとよい
- 従来使用してきた水防資材で市場で求められなくなっているものも多いので，省力化と合わせてこれに代わる資材や動力機械による新しい水防

工法を開発していく必要がある。

・ 現地において水防団を指揮する者の技術の低下が心配されているので，定期的な研修を行うことによって指揮者の質の向上と人員の確保に努める必要がある。

(8) まとめ

昭和 51 年（1976）3 月の日付のある「河川土工指針（案）」の内容を概説した。本書は，同年発刊された「建設省河川砂防技術基準（案）」計画編，調査編において欠けていた河川土工に関わるすべてが記述されていた。堤防・漏水対策工・軟弱地盤対策の設計，土構造物の維持修繕をも含むものであった。戦後の直轄工事における経験，その後の民間請負化に伴う積算根拠，施工管理，検査に関するノウハウ，および土質工学に関する学的成果，土木研究所における堤防に関する調査研究成果を取り入れた斬新的なものであったが，現場の堤防土工法とその施工管理の実態を知る工事担当技術者と最新の土質工学的知見を取り入れて力学的設計体系の構築を目指す研究者との同意了解が十分になされていないところも見える。

当時の社会状況，自然条件（地方ごとの自然地理条件）の差異，技術の分業化（工務課，調査課の意識差）を反映し，十分な調整が取れなかったと言えよう。記述文章も十分な校閲がなされず誤記や文章が練れていない箇所も見える。短い検討期間で作成されたものであろう。

法令，基準，指針は強制力のあるものであり，権力機関（国）が認証すれば，河川管理行為を縛るのである。「河川土工指針（案）」は，国（河川局）として正式に使用せよと通牒されなかったが，堤防工事にとって必要な技術情報であり，河川管理に携わる技術官の技術資料として使用された。本指針（案）は，平成時代の堤防技術論を先取りしていたのであり，技術史上見逃せないものであると言える。

9.7 昭和 60 年 3 月の「河川堤防強化マニュアル（案）」における浸透対策

昭和 60 年（1985）3 月，建設省関東地方建設局と財団法人 国土開発技術

●第9章●社会・経済構造の変化に対する対応

研究センターの共著で「河川堤防強化マニュアル（案）　浸透対策編」[40]が印刷されている。本報告は「河川堤防強化対策検討委員会」（委員長：久保吾郎　中央大学教授）を設置して検討・審議されたものである。

　内容は降雨・河川水の浸透による河川堤防の被害の発生機構を明らかにし，この被害に対する強化対策工の種類とその機能や，対策工の現地への適用などについて記したものである。河川管理施設等構造令の制定（昭和51年）から約10年間の堤防の浸透現象に関する室内大型水理実験・現地実物大実験，コンピュータを用いた浸透流解析，浸透による被災事例の分析，対策工法の試験施工実績をもとに取りまとめたものである。関東地方建設局と財団法人 国土開発技術研究センターの報告となっているが，堤防に関する土木研究所の研究成果や国内・海外を含めた堤防強化に関する文献調査および河川局の堤防強化対策検討と連動したものと言える。

　昭和51年（1976）時点と差異のある部分を抜き出そう。

・堤防の浸透による被害の原因として河川水の浸透のみならず雨水の浸透による法面被害が生じることにより堤防浸透被害の外力として降雨，河川水を堤防強化工法検討の設定外力とし，その外力を設定するルール化を図ろうとしている（対策工等の効果判定の外力条件に事例として降雨，洪水波形が示されている）。

　　図-9.25 に同報告による降雨・河川水の浸透による河川堤防の被害の発生過程を示す。

・浸透流解析法については，図式解析法（フローネット法），モデル試験（アナログ実験法），理論解法（定常浸透流解析：物部長穂，赤井浩一，山村和也等の研究），数値解法（非定常浸透流解析：差分法，有限要素法）を提示しているが，数値解法は非定常・不飽和浸透解析ができること，複雑な土層構造，外力条件や堤防形状の変更に柔軟に対処できること，またプログラムが開発され電算機の発達により容易に計算資源にアクセスできるようになったという状況により数値計算に優位性を与えている。事実，本報告における浸透流の計算はコンサルタントが実施し，その計算結果をもとに種々の判断がなされている。

・浸透対策工法の機能分類し表-9.6 のようにまとめ，その工法の具体的施

360

9.7 昭和60年3月の「河川堤防強化マニュアル（案）」における浸透対策

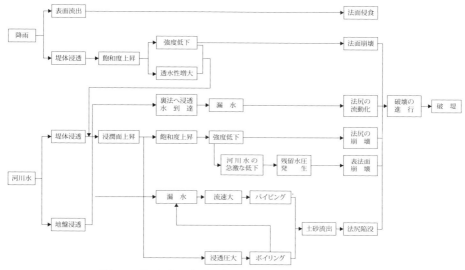

図-9.25 降雨，河川水の浸透による河川堤防の被害の発生過程

工事例，その効果の数値計算結果等を提示し，対策工の工法の考え方を示している．土材料と異なる材料を用いたドレーン工法が提示されているのが注目される．

・堤防強化対策工の現地適用箇所の抽出に当たっては，従来の具体的被害が顕在化した箇所から，被害が発生しやすいと予測される箇所（相対的弱点箇所）に対する対策を実施するという予防保全対策に移行しようとしている．相対的弱点箇所を抽出する手順（一次抽出）を**図-9.26**に，一次選定された弱点箇所に対する対策工の適用工法選定のための手順を**図-9.27〜9.30**に示す．なお，**図-9.27**中のB/Hは**図-9.28**に示す定義であり，一種の動水勾配を示すものである．B/Hの基準値は既往災害事例にもとに各河川ごとに判断するとしている．利根川上流左岸の例ではH/Bが0.1を超えているところで漏水が発生しているので，この値を基準として漏水の可能性のある区間と抽出するとしている．

対策工の決定に当たっては，弱点箇所のさらなる土質構成，ボーリング調査，サウンディング，水理特性調査，現場透水試験，土質強度

表-9.6　浸透に対する個別対策工法の機能別分類

対策工法		工法の目的	施工法の種類	強化方法の問題点	各種工法の問題点及び検討事項	各対策工のモデル
表のり浸透防止工法	表のり被覆工（良質土被覆工）	高水位時、堤体、表のりからの浸透を軽減する。	・良質土の被覆工法 ・安定処理土被覆工法	本工法は良質土や安定処理土のように透水性が小さく強度の大きい材料により表のりの止水化を図ることであり、今後施工方法や長期安定性の検討が必要である。本工法は高水時の洗掘や浸透防止の検討が必要である。	<良質土被覆工>築堤材料の中で難透水性で、比較的安定した強度を得る材料を選定し、充分な締め固めを行う必要がある。また侵食防止対策を行うことが望ましい。<安定処理土被覆工>現場で良質材料が得られない場合に本工法を行うものとし、添加剤の種類、施工法、溶出についての充分な検討を行う必要がある。	被覆土／堤体
裏のり浸透防止工法	裏のり護岸工	・高水位時、堤体裏のりからの浸透を軽減する。・表のり面の洗掘を防止し、土砂の流失を防止する。	・コンクリートブロック張工法 ・コンクリートのり枠張工法 ・連結ブロック張工法	護岸工全般に言えるが、裏込め材料の止水化を図り、河川水位上昇時浸透水の護岸からの流失を防止することが必要であり、裏込め材の安定処理水、シート工、遮水工等の対策を感じる必要がある。	<コンクリートブロック張工法>中流以下の低高水護岸に用い、ブロック目地の止水化を検討する必要がある。<コンクリートのり枠張工法>高潮区間堤防や波力を受ける箇所に用いる。裏込め材の止水化が必要である。<コンクリートブロック張工法>1割以下のきついのり面に用いられ、種積による止水対策<連続コンクリート張工法>小規模河川に用いられ、土砂吸出し防止及び止水対策が必要である。	護岸／堤体
堤体部の強化工法	裏のり尻補強工法	堤体内浸潤線上昇時に最も不安定となる裏のり尻部に浸透した堤体内の水を排除し、法尻付近の浸透水による洗掘ならびにへりを防止する。浸透水によるへりのり尻付近の砂の噴き出し現象を防止するため裏のり尻付近の堤内地盤に盛土する。	・押え盛土工法 ・ドレーン工法	裏のり先の用地確保が必要でありその規模に対しては、高水位、浸潤線の上昇や基礎地盤砂層の浸透水に対してで定な設計が必要である。	<押え盛土工法>下流水層からの浸透自圧に対する限界水頭勾配にこ0.5の設計とし、押え盛土材料は透水性の良い材料が良好で、強度のある方が良い。フィルター材の充分な検討が必要である。<ドレーン工法>押え盛土兼用ドレーンや水平ドレーン等を考えられ、堤体材料に伴うドレーンのフィルター材の選定には充分な注意を要する。	ドレーン兼用押え盛土／堤体／押え盛土

9.7 昭和60年3月の「河川堤防強化マニュアル（案）」における浸透対策

工法分類	工法名	目的・効果	工法	留意点	図
	全面被覆工法	・河川水および降雨による浸透水が堤体内に可能な限り入り込まないようにする。 ・全面被覆により浸潤線を低下させ、川表川裏のり面の浸食防止を行い、また川裏全面被覆土のせん断強度を増加させ破壊に対する安定性を増す。	・良質土被覆工法 ・表層部安定処理工法 ・アスファルト舗装工法 ・既製品敷設工法	長期的安定性を充分に考慮した選定が必要であり、堤防材料と一体となった動きをする被覆工が望ましい。また川表の部に対しては浸食防止工を併用することが望ましい。	〈良質土被覆工〉透水性や強度に対して問題のない材料を選定し、川表の部は浸食防止を行うことが望ましい。〈表層部安定処理工〉各堤防材料により添加剤、施工法、洗浄の検討を行い選定する。〈アスファルト舗装工〉堤体土砂に変形が生じた場合、被覆土下に空洞が生じ、破堤の原因となるため充分な維持管理が必要である。〈既製品敷設工〉敷設施工や将来の維持管理、個人性に問題がある。（被覆土・堤体・表腹付）
	断面拡大工法	・浸潤路長の延長により、浸水を減少させる。 ・平均のり勾配を大きくし、すべり破壊に対する安定性を増加させる。	・表腹付工法 ・裏腹付工法	裏のり先の用地が必要である。	〈表腹付工法〉盛土材料は難透水層がよい。〈裏腹付工法〉盛土材料は透水層がよい。（表腹付・堤体／裏腹付・堤体）
	ブランケット工法	・堤体近くでの河川水が直接透水層に浸透するのを防ぐため、浸透路長を長くし、裏のり尻付近の水圧を減少させる。	・良質土被覆工法 ・安定処理土被覆工法 ・既製品マット敷設工法 ・表層薬液注入処理工法	堤外地敷幅が少ないと施工が困難であり、浸透圧、漏れ流、クイックサンドに対する検討を行いブランケット規模を決定する必要がある。	〈良質土被覆工法〉難透水性の材料を選定し、亀裂等の浸食防止工を行うことが望ましい。〈安定処理土被覆工法〉乾湿のくり返しに対し後給出問題のない材料を選定する必要がある。〈既製品マット敷設工法〉耐久性、水圧に対する浮き上がりの問題がある。〈表層薬液および表層処理スラリートレンチ工法〉水中でも施工性が良い反面、止水効果の点では問題が多い。（ブランケット・堤体（透水層）・不透水層）
基礎地盤の強化工法	前面遮水壁工法	・堤体基礎地盤透水層を透水する水の堤体内への浸透を防止する。	・鋼矢板工法 ・コンクリート矢板工法 ・連続地中壁工法 ・薬液注入工法 ・スラリートレンチ工法	透水層全部分を締め切った場合の止水効果はよいが、透水層が薄い場合は浸透路長を長くし他の浸透工を併用することが望ましい。	〈鋼矢板工法〉透水性の良い地盤の場合鋼目からの浸透水対策が問題である。〈コンクリート矢板工〉鋼矢板以上に止水効果が高く、その対策が困難である。〈連続地中壁および薬液注入スラリートレンチ工〉堤防に使用された部分の問題がある。〈薬液注入工〉作業の信頼性、耐久性の点では不明な点が多い。（鋼矢板・堤体（透水層）・不透水層／止水板・堤体（透水層）・不透水層）
	裏のり尻部排水工法	・裏のり尻部の浸透水を排水し、裏のり尻部の安定を図る。	・裏のり尻承水路 ・リリーフウェル	裏のり地盤砂層を連続して分布し裏のり尻部に砂層の露出している場合は自効である。表層部に粘性土が厚く分布する場合は適さない。	〈承水路〉必ず基礎地盤砂層までつけることが重要であり、水路部に石積みなどに透水性が良い材料を選定する。〈リリーフウェル〉施工実績が少ないため、構造、ピッチ等の検討が必要。（承水路・堤体（透水層）・不透水層）

363

● 第 9 章 ● 社会・経済構造の変化に対する対応

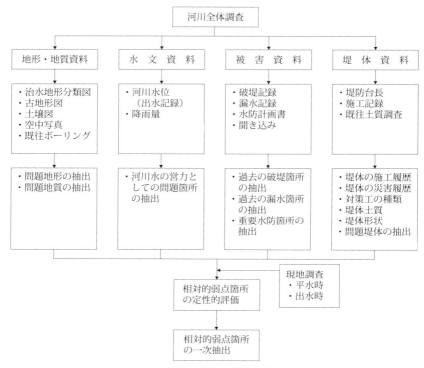

図-9.26 相対的弱点箇所一次抽出の調査の流れ図

試験を行い，浸透流解析，すべり安定解析，パイピングの発生の判定を実施して対策工法効果判定を行い，さらに**図-9.30**に対策工決定の手順に従って決めるものとした。

本マニュアル（案）は，パーソナルコンピュータが普及し始め，数値計算による浸透流解析が一般化する直前の時期に報告された。平成期に入ると数値計算による堤防の浸透流解析は道具的技術となってしまい，他の方法による浸透流解析や理論解を求めるという方法は行われなくなった。

9.7 昭和60年3月の「河川堤防強化マニュアル（案）」における浸透対策

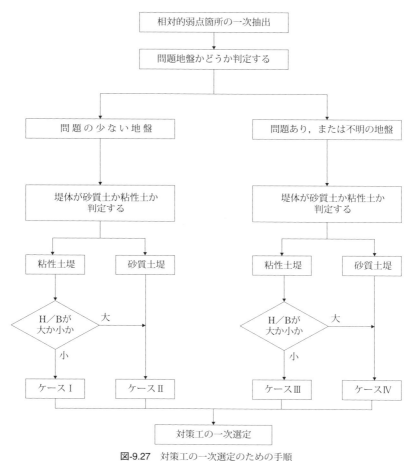

図-9.27 対策工の一次選定のための手順

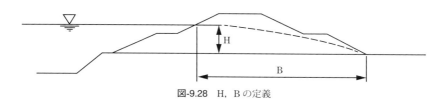

図-9.28 H，Bの定義

●第9章●社会・経済構造の変化に対する対応

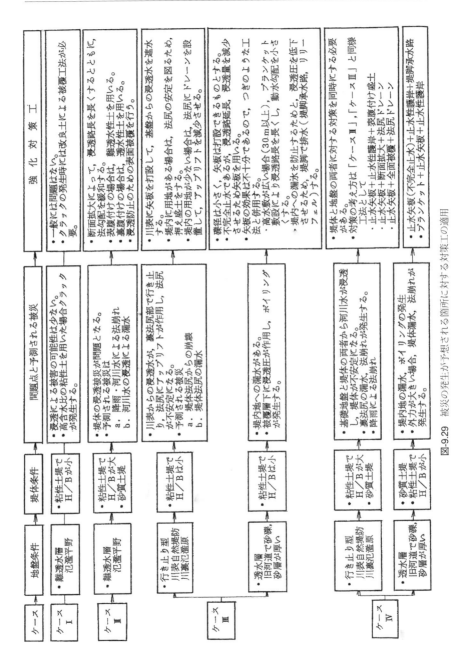

図-9.29 被災の発生が予想される箇所に対する対策工の適用

9.7 昭和60年3月の「河川堤防強化マニュアル（案）」における浸透対策

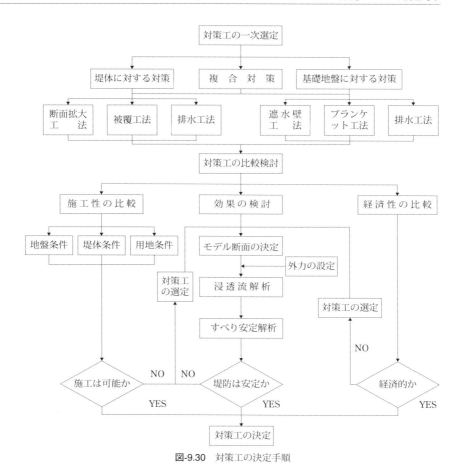

図-9.30 対策工の決定手順

●第9章●社会・経済構造の変化に対する対応

《注》

注1）河川管理者の管理の瑕疵

　　河川管理者の管理の瑕疵に関する法的判断が治水裁判を通して明確化された。大東水害訴訟最高裁判決（1984年）では，河川管理の瑕疵の有無を検討するに当たっては，「災害時における計画高水規模の流水の通常の作用により破壊が生じる危険を予測する事ができたかどうかを検討し，予測が可能な場合には，予測が可能になった時点を確定したうえで，その時点から災害時までの間に財政的，技術的及び社会的制約を考慮しても，なお改修，整備等の各措置を適切に講じていなかったことによって，当該箇所が同種・同規模の河川の管理の一般的水準及び社会的通年に照らして是認しうる安全性を欠いていたことになるかどうかを具体的に判断すべきである。」としている。

　　また，多摩川水害訴訟最高裁判決（1990年）では，「工事実施基本計画に準拠して新規の改修，整備の必要がないものとされた河川における河川管理の瑕疵の有無は，同計画に定める規模の洪水における流水の通常の作用から予測される災害の発生を防止するに足りる安全性を備えているかどうかによって判断すべきである。」とされた。本事案は，取水堰直下流の堰取付け護岸の欠陥から護岸が破損し，そこから堰を取り付けてあった高水敷に欠け込みが生じ拡大し，本堤防を侵食し堤内側の住宅19棟が流出したものである。判決の主旨より，堰取付け護岸は定期的な安全性の照査に基づき，「同計画に定める規模の洪水における流水の通常の作用から予測される災害の発生を防止するに足りる安全性を備えているかどうか」を判断し，安全性（その予見可能性および回避可能性がある）を欠いていれば，維持修繕が必要であることを示したと言えよう。なお，本判決は平成9年（1997）の河川法改定前の判決であり，本判決文の「災害時における計画高水規模の流水の通常の作用」は「災害時における河川整備計画における河川整備計画流量規模の流水の通常の作用」に読み替えるものと判断する。

注2）堤防盛土中を横過する樋門・樋管では，コンクリート構造物の変形を防ぐため，砂地盤・軟弱地盤では杭基礎が打たれるのが普通となっていた[41]。一方，盛土は地盤を含めて圧縮，圧密沈下により構造物と周迴堤防と不同沈下が生じ，漏水破堤する事例が見られ，重要な技術課題となった。これに対してはポンプによる排取水では，排取水管を堤防上部に配置（逆サイフォン形式），堤防の変形に追従する柔構造樋門の開発が急がれた。

　　昭和56年（1981）から61年にかけて河川構造物対策委員会において構造物回りの漏水事例の検討がなされ，引き続き昭和61年〜63年（財）国土開発技術研究センターに「河川構造物等の軟弱地盤対策工法検討委員会」（委員長：吉川秀夫　早稲田大学教授）が設置され，樋門周辺の変状や空洞化の実態把握や対策工について検討し，樋門の設計を支持杭から直接基礎を主体とする柔支持方式に転換するとした。

　　その後，技術活用パイロット事業（⇒第10章　注7）等の試験施工結果を踏まえ改良した結果等を基に，建設省土木研究所土質研究室長（三木博史）をはじめとする関連する研究室の協力のもとに柔構造樋門設計の検討が進められ，平成10年（2008），ようやく（財）国土開発技術研究センター編『柔構造樋門設計の手引き』[42]としてまとめられた。

　　昭和56年（1981）には小貝川高須樋管回りの漏水をきっかけとした破堤が，昭和

368

61 年（1986）には小貝川豊田樋管の漏水により破堤している。災害を通して技術課題が見え，技術開発のきっかけとなった好事例と言えよう。

注3）「地震対策堤防強化計画策定マニュアル（案）」は，その後の耐震対策の方向を規定したマニュアルであり，平成 7 年（1995）の「河川堤防耐震点検マニュアル」，平成 14 年（2002）の「河川堤防設計指針」の考え方に繋がるものであった（⇒ **10.2**，**10.3**）。

「地震対策堤防強化計画策定マニュアル（案）」の目次（章）を以下に示す。

Ⅰ．総論，Ⅱ．検討対象区間の設定，Ⅲ．現況把握のための調査，Ⅳ．地震力の設定，Ⅴ．被害想定，Ⅵ．対策必要度区分の設定，Ⅶ．地震対策工法の検討　である。

注4）この考えは，多くの技術書に書かれている。河川技術者にとって事明のことと考えられていたのである。しかし湾曲角の大きい湾曲部で急激に川幅を拡げると死水域が生じ湾曲部の拡幅の効果が生じないことがあること，また常流流れでは河積増大部は水位が平均的に上昇すること，流砂のある河川では拡幅部に土砂が堆積し，拡幅の効果が減少すること，洪水時の主流部の位置が変わってしまうことがあることより，湾曲部の拡幅を一般論とするのではなく，十分な水理検討の後に意思決定するべきであると考える。

注5）文献39）では式（9.1）は

$$F_S = \sum \left\{ c_i \cdot l_i + \left(W_i - u_i \cdot b_i \right) \cos\theta_i \cdot \tan\varphi_i \right\} / \sum W_i \cdot \sin\theta_i$$

ここで b_i は分割片スライスの幅である。

式（9.3）は

$$c_u = c_{uo} + m \cdot (p_o - p'_c + \Delta p) \cdot U$$

ただし　$p_o + \Delta p \leqq p'_c$ では　　$c_u = c_{uo}$

$p_o + \Delta p > p'c$ では　　$c_u = m \cdot p_t$

$$= m \cdot \{ p'_c + (p_o - p'_c + \Delta p) \cdot U \}$$

$$= c_{uo} + m \cdot (p_o - p'_c + \Delta p) \cdot U$$

ここで　c_{uo}：盛土前の原地盤における非排水粘着力（tf/m^2）

p_o：盛土前かぶり圧（tf/m^2）

p'_c：$p'_c = c_{uo}/m$（tf/m^2）

Δp：盛土荷重によってすべり面の土に生じる増加応力（tf/m^2）

U：すべり面の圧密度

となっている。

注6）この計画高水位を外力条件とするのは過剰設計であろう。洪水と地震の同時確率が生じるのは非常にまれである。これについては **10.3.2**（3）を参照。

《引用文献》

1）有沢広巳監修（1994）：昭和経済史　中，日本経済新聞社

2）河川行政研究会編（1995）：日本の河川，建設広報協議会，pp.46-65，pp.90-149，

pp.514-517

3) 三橋規宏，内田茂男（1994）：昭和経済史　下，日本経済新聞社

4) 縄田照美（1973）：解説・河川管理施設等構造令（案），山海堂

5) 河川管理施設等構造令研究会編（1978）：解説・河川管理施設等構造令，山海堂

6) 土木学会編，1985：土木技術の発展と社会資本に関する研究，総合研究開発機構

7) 創立三十周年記念誌編集専門委員会（1993）：創立三十周年記念誌，財団法人 建設コンサルタント協会

8) 建設省土木研究所（1992）：土木研究所70年史，建設省土木研究所

9) 社団法人 日本河川協会編（1976）：河川砂防技術基準（案）　調査編，計画編，山海堂

10) 土木研究所，近畿地方建設局（1960）：淀川堤防破壊実験，第14回建設省直轄工事技術研究会報告

11) 関東地建　江戸川工事事務所（1960）：堤防湛水実験について，第14回建設省直轄工事技術研究会報告

12) 利根川上流工事事務所（1960）：利根川堤防たん水実験報告，第14回建設省直轄工事技術研究会報告

13) 山村和也（1968）：降雨による盛土斜面の崩壊実験，第23回土木学会年次講演会概要，第3部，pp.161-162

14) 山村和也，久楽勝行（1970）：降雨時の斜面の安定性，第5回土質工学研究発表会講演集，pp.297-300

15) 山村和也，佐々木康，尾林一宇（1968）：土砂堤越流実験，土木技術資料10-1，pp.43-44

16) 山村和也（1971）：越流堤防の構造設計に関する研究，土木研究所報告，第142号

17) 土木研究所（1968）：軟弱地盤対策に関する研究，第22回建設省技術研究会報告書

18) 土木研究所（1969）：軟弱地盤対策に関する研究，第23回建設省技術研究会報告書

19) 山村和夫（1971）：河川堤防の土質工学的研究，土木研究所資料，第688号

20) 山村和也，久楽勝行（1974）：堤防の地盤漏水の研究，土木研究所報告，第145号

21) 久楽勝行，古賀康之，稲葉誠一，窪田　進（1975）：大型振動台による模型堤防の振動実験（第2報），土木技術資料17-1，pp.24-30

22) 須賀堯三，吉野文雄，山本晃一，徳永敏郎（1980）：河川護岸の根固ブロック工に関する調査報告書，土木研究所資料，第1568号

23) 建設省関東地方建設局，財団法人 国土開発技術研究センター（1980）：河川堤防強化マニュアル（案）（浸透対策編）

24) 山村和也（1980）：河川堤防の補強対策，土木技術資料22-8

25) 南雲貞夫，久楽勝行，丹羽　薫（1982）：堤防補強の効果に関する実験的研究，あすふぁるとにゅうざい，No.68

26) 久楽勝行，吉岡　淳，細谷正和，佐藤正博（1983）：堤防補強に関する調査，昭和58年度河川事業調査費報告

27) 吉野文雄，土屋照彦，須賀堯三（1980）：越流水による堤防法面の破壊特性，第24回水理講演会論文集

28) 須賀堯三，石川忠晴，葛西俊彦（1981）：大規模な越水破堤実験，土木技術資料 23-3
29) 須賀堯三，石川忠晴，葛西俊彦（1982）：越水堤防調査中間報告書　資料編，土木研究所資料，第 1761 号
30) 橋本　宏，藤田光一，加藤善明（1984）：越水堤防調査報告書－資料編（Ⅱ）－，土木研究所資料，第 2050 号
31) 橋本　宏，藤田光一，加藤善明（1984）：越水堤防調査最終報告書－解説編－，土木研究所資料，第 2074 号
32) 山本晃一，末次忠司，横山揚久（1984）：越水堤防調査最終報告書－越流水の水理特性と越水堤防の導入に伴う問題点の検討－，土木研究所資料，第 2081 号
33) 橋本　宏，福岡捷二，藤田光一，加賀谷均，久楽勝行，吉岡　淳，細谷正和（1988）：加古川堤防質的強化対策調査報告書，土木研究所資料，第 2661 号
34) 福岡捷二，藤田光一，森田克史（1988）：護岸法覆工の水理設計法に関する研究，土木研究所資料，第 2635 号
35) 福岡捷二，藤田光一，加藤善明，森田完史（1987）：堤防芝の耐侵食実験，土木技術資料 29-12
36) 縄田照美（1969）：河床低下－河道計画の再検討にのぞんで－，河川 44-6，pp.27-34
37) 縄田照美（1973）：解説・河川管理施設等構造令（案），山海堂
38) 社団法人 日本河川協会（1976）：河川土工指針（案）
39) 財団法人 国土開発技術研究センター（1993）：河川土工マニュアル，財団法人 国土開発技術研究センター
40) 建設省関東地方建設局，財団法人 国土開発技術研究センター（1985）：河川堤防強化マニュアル（浸透対策編）
41) 中島秀夫（2003）：河川堤防，技報堂出版，pp.201-205
42) 財団法人 国土開発技術研究センター編（1998）：柔構造樋門設計の手引き，山海堂

第10章
経験主義技術からの脱却と
その帰結
―平成時代の堤防技術―

10.1　社会の動きと河川事業の課題

　昭和54年（1979）1月，イラン革命により国王はエジプトに亡命した。これをきっかけに第2次オイルショックが生じた。2度のオイルショックは国の財政に大きな傷跡を残し，財政の国債依存度が増え，財政再建策が政府の大きな課題となった。昭和58年（1983）以来，拡大していた景気は，昭和60年（1985）9月ニューヨークのプラザホテルで開催された先進5か国の蔵相・中央銀行総裁での声明「ドル以外の主要通貨はドルに対して秩序立ってさらに上昇することが望ましい。」発表後の円の急昇による輸出の不振によって，昭和61年（1986）に入って景気は悪化した。翌62年には「緊急経済対策」として事業規模5兆円の財政出動を行い，年度内1兆円の所得税減税を先行実施させるという大型予算を組み，景気対策としての金融緩和を行い，翌年から平成3年（1991）のバブル景気（昭和62〜平成3）のきっかけとなった。その後バブル景気は崩壊し不況対策として補正予算が組まれたが不況を脱却できず赤字国債の増加となり，国債削減政策と景気対策のための経済構造改革が叫ばれた。行財政改革が政治のスローガンとなり，経済規制の緩和，郵政改革，国家統治機構の再編，資本の自由化，経済のグローバル化が進んだ。

　景気の上昇局面に入ったとき，第7次治水事業5箇年計画（昭和62〜66年度）が始まる。総額12兆5000億（調整費2兆3600億円を含む）の計画であった。

373

●第 10 章●経験主義技術からの脱却とその帰結

第 7 次 5 箇年計画では，長期構想（およそ 10 年後の目標）に基づき

（1）安全で，活力ある国土基盤の形成

（2）社会・経済の発展に向けての水資源開発

（3）うるおいとふれあいのある水辺環境の形成

を図ることを基本方針とした。この計画では，従来，河川・ダム・砂防等の事業の種別ごとに事業費を定めていたが，施策の総合化を図り，状況の推移に応じて機動的・弾力的に事業を推進するという観点から，**表-10-1** に示すごとく 3 施策ごとに事業実施の目標および事業の量を定めた[1]。

「安全で活力ある国土基盤の形成」では

① 大河川の氾濫による壊滅的被害の防止

② 都市の慢性的浸水被害の解消および土砂災害による被害の防止

③ 農山村の活力を促すための治水対策の推進

が掲げられた。ここで河川計画の考え方に新たな視点を導入するものとして，①の中に，「大都市に係る河川を中心に超過洪水に対しても破壊氾濫を防止

表 -10.1　第 7 次治水事業 5 箇年計画の整備内容

項　　目		目　　標	内　　容	整 備 見 込 み
安全で活力ある国土基盤の形成	大河川	氾濫による破壊的被害の防止	戦後最大洪水による氾濫を防止	昭和 61 年度末の整備率 57% を，昭和 66 年度末までの 5 個年間に 62% までに向上させる。
	中小河川	都市の慢性的浸水被害の解消と土砂災害による被害の防止　農山村の活力を促すための治水対策の推進	時間雨量 50 mm 相当（1/5 ～ 1/10 確率）の降雨による浸水被害および土砂害の防止	浸水対策については，　昭和 61 年度末の整備率 28% を，昭和 66 年度末までの 5 個年間に 32%〔35%〕までに向上させる。　土砂災害対策については，　昭和 61 年度末の整備率 17% を，昭和 66 年度末までの 5 個年間に 21%〔22%〕までに向上させる。
社会・経済の発展に向けての水資源開発		水需給バランスの達成および異常渇水対策の確立	昭和 75 年においておおむね水需給のバランスの達成	5 個年間に，新たに 960 万 m³／日の水資源開発を行う。
うるおいとふれあいのある水辺環境の形成		水辺の親水機能の強化等	河川空間の整備，水量の確保および水質の改善	5 個年間に，新たに約 1700 ha，約 80 河川の整備を行う。

注）〔　〕書きは，災害関連事業・地方単独事業等を含む整備率である。

するための堤防の質的強化（スーパー堤防整備等）を図る。」が提示された。

このスーパー堤防整備事業は，第7次治水5箇年計画の検討の中で構想され，昭和62年（1987）3月25日，河川審議会の答申「超過洪水対策及びその推進について」の中での提言「高規格堤防の整備」を受けて，取り入れられたものである。高規格堤防の基本形状を図-10.1に示す。

高規格堤防については，昭和62年度（1987）に「特定高規格堤防整備事業」が創設され，平成3年（1991）に河川法の一部が改正され，「高規格堤防特別区域の指定に関わる条」等が河川法に付加され，法的に位置づけられた[2]（⇒ **10.5**）。利根川，江戸川，荒川，多摩川，淀川，大和川の計798 kmがこの区域に指定された。

この5箇年計画で注目されることは，治水事業の目的に「うるおいとふれあいの水辺環境の形成」が謳われ，治水，利水とともに環境が3本目の柱として，しっかりと位置づけられたことである。これを実態化するために，河川（ダム・砂防を除く）に関わるものだけでも，昭和62年（1987）にふるさとの川モデル事業，マイタウン・マイリバー整備事業，昭和63年に桜づつみモデル事業（堤内側に計画堤防断面外に盛土し，堤防強化を図ると同時に桜を植栽し景観を改善する事業），ラブリバー制度，平成2年（1990）に多自然型川づくり事業，河川水辺の国勢調査，平成3年に魚がのぼりやすい川づくり推進モデル事業などの新規事業，制度を設けている。

なお，昭和62年，河川，ダム等に関する調査・試験・研究・啓蒙・普及

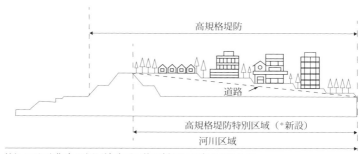

注）＊は平成3年の河川法改正に伴い新たに設定されたもの

図-10.1 高規格堤防の標準的形態

●第 10 章●経験主義技術からの脱却とその帰結

の助成等を行う「河川整備基金」が創設（⇒注 1）され，研究が十分でなかっ
た河川生態に関する調査・研究などに助成された。

この第 7 次 5 箇年計画の始まった年は，景気の底を離れ，経済成長の拡大
期に入った時期であった。その後平成 3 年（1991）5 月まで続く平成景気と
なり，株価や地価の暴騰といういわゆる「バブル」の発生となったのである。

この間，経常収支の黒字が続き，貿易収支の不均衡是正に対する米国から
の圧力が強く内需拡大が求められ，日米構造協議に関連して，平成 2 年
（1990），今後 10 年間（1991 〜 2000 年）に 430 兆円を公共事業に投資する
ことが閣議了解された。

この 430 兆円のうち，15 兆円は今後の内外情勢の変化・経済社会の変容
などに柔軟に対応するための弾力枠であった[3]。また，米国は，排他的取引
慣行，系列関係などの競争制限的な日本市場の自由化を求め，日本政府もこ
れに応えようとした。

懸案であった間接税については，竹下内閣のもとで，昭和 63 年（1988）
12 月 24 日，消費税 3％を含む消費税関連法案が参院で可決され，翌年 4 月
から実施された。

昭和 64 年（1989）1 月 7 日，昭和天皇が崩御し，元号が昭和から平成に
変わった。この年は世界的に激変の年であった。11 月にベルリンの壁が崩
壊した。戦後長く続いた東西の冷戦体制が崩れるという，また東ヨーロッパ
の社会主義体制の解体が始まる象徴的な事件であった。アジアでは，6 月，
中国で天安門事件が発生している。翌年には，イラク軍がクウェートに侵入
し，平成 3 年（1991）1 月 17 日に湾岸戦争に突入し，10 月 3 日には東西ド
イツの統一，12 月 26 日にはソビエト連邦は消滅し独立共和国からなる独立
国家共同体が誕生した。わが国ではバブル景気に沸き，大国意識が芽生える
なか，世界は大きく変わっていたのである。河川を取りまく社会環境も，ま
たこのころ大きく変わり始めていた。

昭和 63 年（1988）3 月 30 日，長良川河口堰本体建設工事が着手された（計
画高水流量を河道内で安全に処理するため河道浚渫を行い，洪水流下能力を
増大させ，これによって海からの塩水が上流に進入するのを防ぎ，また合わ
せて水資源開発を行うため，河口より約 6 km の地点に河口堰が計画された）。

376

折からの自然保護，地球環境問題の沸騰のなか，河口堰工事反対運動は自然保護運動のシンボルとなり，マスコミを通じて全国に伝えられ，全国的な関心事となった。

同年6月，カナダのトロントで開催された先進7か国サミットにおいて地球環境問題が初めて取り上げられ，サミットの一週間後には，カナダ政府の主催する地球環境問題に関する国際会議が開催され，フロンガス等によるオゾン層の破壊，二酸化炭素による地球温暖化，海水面上昇など刺激的な地球環境変化の予測結果などが報告され，わが国でもマスコミの話題となり，環境問題は国民的また政治的課題となったことが，この反対運動を後押した。

平成元年（1989），わが国はゼネコン汚職問題で沸き立った。金丸信・前自民党副総裁が3月に逮捕され，6月には石井亨仙台市長が，7月には竹内藤男茨城県知事が，9月には本間俊太郎宮城県知事がそれぞれ収賄容疑で逮捕された。マスコミに，政・官・業の鉄のトライアングル，談合，天の声，ヤミ献金などの言葉が踊り，公共土木工事の必要性に対する国民の疑念が広がり，河口堰はその批判対象のシンボルともなった。反対運動は衰えることなく，その後の政治課題となると同時に，河川に関わる情報公開問題など，河川行政の方向に大きな影響を与えることになった。なお，平成5年（1993）8月，自民党単独政権が終わり，細川連立内閣が発足している。戦後の自民・社会党の対立という政治構造も急速に変わり始めていた。

第7次5箇年計画は，日本電信電話株式会社の株式売り払い収入の活用による社会資本の整備の促進（⇒注2）などにより，62年度（1987）以降5年間で，達成率110%で終了した[1]。この計画は，円高による不況対策による当初計画を上回る投資から始まったが，その後の投資規模の伸び率は低いものであった。

平成4年度（1992）から始まる第8次治水事業5箇年計画は，平成4年2月21日に閣議了解を得，9月1日に閣議決定がなされた。災害関連事業および地方公共団体の行う単独事業も含めて総額17兆5000億円（調整費2兆5900億円を含む）の治水投資を5か年で行うことが計画された。この計画の目標は

① 安全な社会基盤の整備

377

●第 10 章●経験主義技術からの脱却とその帰結

② 水と緑豊かな生活環境の創造

③ 超過洪水，異常渇水等に備える危機管理施策の展開

とされ，**表-10.2** に示す内容であった。新たに危機管理施策が大きく取り上げられた。

　この計画は，平成 3 年（1991）12 月の河川審議会の建設大臣に対する答申「今後の河川整備はいかにあるべきか」を踏まえたものであった。「超過洪水，異常渇水等に備える危機管理施策」については，壊滅的被害を防ぐ超過洪水対策の推進として，高規格堤防の整備（⇒ **10.5**），水害に強いまちづくり，が提示され，「水と緑豊かな生活環境の創造」については，うるおいのある美しい水系環境の創造として，良好な水辺空間の創造，水辺拠点における環境の保全と整備，多自然型川づくりの積極的実施，河川美化の推進が謳われた。

　建設省では，平成 5 年（1993）より国道 16 号の地下空間（地下約 50 m，延長 6.3 km）を利用して，首都圏外郭放水路の建設に着手した。当面は古利根川，中川，倉松川から 200 m²/s を江戸川へ排水するもので，おおむね 10 か年で完成させる予定であった。この計画は，上述した答申の中の「住宅地供給に資する治水対策の推進」に相当するもので，首都圏東部の水害常習地域の排水を行い，良好な住宅・宅地の供給を図るというもので，土地利用の転換を目指す先行投資事業というユニークなものであり，また大深度地下トンネルと排水ポンプによる治水対策という新しい治水手段を持ち込んだものであった。

　なお，東京都では昭和 63 年（1988），環状七号線の地下空間（地下約 40 m）を利用して，環七地下河川の建設に着手していた。当面は「神田川，環七号線地下調節池」として，杉並区梅里 1 丁目から和泉 1 丁目まで 2 km 区間，内径 12.5 m，調節容量 24 万 m³ の調節池を建設した。また，大阪の寝屋川においても地下河川の建設に着手していた。

　平成不況は長く続き，回復のきざしは見えず，実質経済成長率は，バブル期の 4 ～ 6％から，平成 4 ～ 6 年（1992 ～ 1994）には 1％以下となった。平成 4 年度から毎年のように補正予算を，特に平成 7 年度（1995）は 2 度にわたる大型の補正予算を組み，公共投資による景気刺激策を取った。この年 1

10.1 社会の動きと河川事業の課題

表-10.2 第8次治水事業5箇年計画の整備内容

区　分	項　目	目　標	内　容	整備見込み
安全な社会基盤の形成	全河川	氾濫による被害の防止	時間雨量50mm相当の降雨による氾濫被害を防止する治水設備の整備	平成3年度末の氾濫防御率45％を，平成8年度末までに5か年間に53％までに向上させる。
	大河川	甚大な氾濫被害の防止	30〜40年に一度発生する規模の降雨による氾濫被害を防止する治水施設の整備	平成3年度末の氾濫防御率62％を，平成8年度末までの5か年間に69％までに向上させる。
	中小河川	慢性的な氾濫被害の解消	時間雨量50mm相当（5〜10年に一度発生する規模）の降雨による氾濫被害を防止する治水設備の整備	平成3年度末の氾濫防御率35％を，平成8年度末までの5か年間に43％まで向上させる。
	土砂災害	土砂災害による被害の防止	時間雨量50mm降雨による土砂災害を防止する治水設備の整備	平成3年度末の土砂災害対策整備率20％を，平成8年度末までの5か年間に27％までに向上させる。
水と緑豊かな生活環境の創造	豊かな生活を支える水資源確保	水需給バランスの達成	増大する水需要に対処するための水資源開発施設整備の推進	5か年間に新たに44億m^3/年の水資源開発を行う。
	うるおいのある美しい水系環境の創造	うるおいと豊かな自然環境のある水辺空間の創出 美しい水環境の形成	うるおいのある水辺空間の整備 河川，湖沼の水質の改善	うるおいのある水辺空間延長を平成3年度末の1000kmから平成8年度末までの5か年間で1900kmまで整備する。水質改善が進む河川延長を平成3年度末の230kmから平成8年度末までの5箇年間で870kmとする。水質の改善が進む湖沼面積を平成3年度末の200km²から平成8年度末までの5か年間で750km²とする。
超過洪水・異常渇水等に備える危機管理施策の展開	超過洪水対策	超過洪水による壊滅的被害の防止	高規格堤防の整備	高規格堤防整備の延長を平成3年度末の5kmから平成8年度末までの5か年間で60kmとする。
	異常渇水対策	異常渇水による都市機能の麻痺の回避	渇水対策容量に確保	異常渇水対策を引き続き4水系で実施する。
	火山噴火対策	火山噴火による人命，財産の被害の防止	火山噴火対策の展開	火山噴火対策面積を平成3年度末の5km²から平成8年度末までの5か年間で91km²とする。

379

● 第 10 章 ● 経験主義技術からの脱却とその帰結

月 17 日には神戸を直下型の地震が襲い，阪神地方，淡路島に大災害をもたらし 6 000 人を超える死者を出している。景気の回復のきざしが見え始めたのは，ようやく平成 8 年（1996）になってからであった。この間，**図-10.2** に見るように地価の下落，平成 5 年（1993）8 月まで続く円高とその後の円安，金融不安，民間資本の海外移転，株価の下落などがあった。

公共投資の増大にもかかわらず景気が回復せず，公共投資の経済波及効果の低下が言われ，またムダの多い公共投資が多いという批判がなされ，一方で国債発行残高の急増（平成 7 年度末で 230 兆円，国と地方を合わせた長期政府債務は 442 兆円で対 GDP 比は 89％）により国家財政の危機となり，「財政危機宣言」が平成 7 年（1995）出され，公共投資縮減，公共事業の効率的実施，コスト削減が強調された。

建設省では，吉野川の治水安全度の向上を主目的として，河口から 9 km にある吉野川第十堰（藩政時代に作られ補修されながら旧吉野川への分水機能を保持してきた）の可動堰化計画を立て建設着手を進めようとしていたが，平成 5 年（1993）ごろから住民の巨額な改築費に対する反対と吉野川の自然環境の保全を主目的とした反対運動が高まり，平成 8 年（2000）の徳島市で

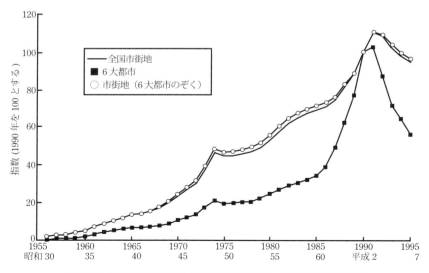

図-10.2 市街地価格の推移（日本不動産研究所，全国市街地価格指標）

の住民投票の結果（反対派が多数）を受け，結局，時の政権は河口堰化の見直しを図り改築はなされなかった。長良川河口堰反対運動に続く，バブル経済破綻後の当時の国民意識を強く反映するものであったと言える。

平成4年（1992），地球の砂漠化や都市化によって自然が減少してきているということで，「絶滅のおそれにある野生生物の種の保存に関わる法律」が制定された。国際的にも生物多様性条約の締結の動き，平成4年6月にブラジルで開催された地球サミットの合意（アジェンダ21）は，ますます自然生態系の保全・改善という課題を国民的なものとしていった。

平成5年（1993）には「環境基本法」が制定され，これを受けて建設省は「環境政策大綱」を定め，「健全で恵み豊かな環境を保全しながら，人と自然の触れ合いが保たれ，ゆとりとうるおいのある美しい環境を創造するとともに，地球環境問題を解決に貢献することが建設行政の本来の使命であるものと認識をすること，すなわち「環境」を建設行政に内部目的化する。」と宣言した。平成9年（1997）6月13日には「環境影響評価法」が制定され，2年を超えない範囲で政令の定める日から実施されることとなった。ダム事業や放水路等の大規模事業は，環境の観点からアセスメントを通して規制されることになった。

平成8年（1996）6月，河川審議会は「21世紀の社会を展望した今後の河川整備の基本方向について」について答申した。そこでは阪神・淡路大震災の後ということもあり，河川整備の基本施策として

① 信頼感のある安全で安心できる国土の形成（壊滅的な被害を回避する）
② 自然と調和した健康な暮らしと環境の創出（流域の水と緑の保全・復活する）
③ 個性あふれる活力ある地域社会の形成（個性を育む地域の元気を支援する）

が提唱された。

このようななか，平成9年度（1997）を初年度とする第9次治水5箇年計画は，これを受けて「健康で豊かな生活環境と美しい自然環境の調和した，安全で個性を育む活力ある社会」を実現するため，投資総額25.3兆円（案）が建設省によって策定された[4]。平成9年（1997）6月3日，政府は財政改

●第10章●経験主義技術からの脱却とその帰結

革の方針を閣議決定した。公業事業については，10年度予算は前年比7％減とした。10年間で630兆円を予定していた公共投資基本計画（1995～2004）は期間を3年間延長することとした。また，公共事業関係の長期計画も見直され，第9次治水5箇年計画は2年延長することによって投資規模の実質的な縮減を図ることになった。これに伴って第9次5箇年計画は7箇年計画となり，総投資額24兆円となった（平成10年1月30日閣議決定）。第9次治水事業7箇年計画の整備内容は**表-10.3**のごとくである。計画推進上の課題としては，

　① 河川管理の計画の客観性，透明性を高めるため計画作成過程を公開し，

表-10.3　第9次治水事業7箇年計画の整備内容

区　分	目　標	内　容	整備見込み
阪神・淡路大震災等の教訓をいかした安全な社会基盤の形成	氾濫による被害の防止	時間雨量50mm相当の降雨による氾濫被害を防止する治水施設の整備	当面の目標とする時間雨量50mm相当の降雨において，氾濫防御が必要な面積約38 000 km²に対し，平成8年度末の氾濫防御率約52％を，平成15年度末までの7か年間に59％まで向上させる（なお，氾濫防御の対象となる人口約6 300万人）
	土砂災害による被害の防止	時間雨量50mm相当の降雨による土砂災害を防止する治水施設の整備	当面の目標とする時間雨量50mm相当の降雨において，土砂災害防御が必要な人口約560万人のうち，平成8年度末の防御人口約210万人（約4割）を，平成15年度末までの7か年間に約270万人（約5割）まで向上させる
頻発する渇水の解消による安心できる生活の確保	頻発する渇水の解消	渇水頻発地域における渇水被害の解消	全国給水人口約12 000万人のうち，平成8年度末の安定給水人口約4 500万人（約4割）を，平成15年度末までの7か年間に約6 500万人（約5割）まで向上させる
地域からの要望の強いきれいな水と緑の水辺の創出	緑の水辺の創出水遊びのできる水辺の復活	うるおいのある水辺空間の整備河川，湖沼の水質の改善	うるおいのある水辺空間延長を平成8年度末の1 900 kmから平成15年度末までの7箇年間に約2 900 kmまで整備する 平成8年度末において水質が悪く水遊び等の水辺利用に適さない河川約3 700 km，約30湖沼のうち，平成15年度末までの7か年間に，特に汚濁の著しい河川約600 km，3湖沼について，水辺利用が可能な水質を達成する
個性豊かな活力ある地域づくりの支援	個性豊かな活力ある地域づくりの支援	水と緑の豊かな地域の交流拠点の整備	水と緑の豊かな地域の交流拠点を，平成8年度末約2 200か所から，平成15年末までの7か年間で約4 300か所まで整備する

382

地域住民等の意見を反映する手続きの導入を図る

② 事業効率の向上と事業執行の機動性をより高めるため，事業執行・採択方式の改善を図り，事業効果の早期発見を目指す

③ 今後の河川・渓流の整備は，生物の良好な生育環境と美しい自然景観の保全と創出を図るため「自然を活かした川」を目指す（河川・渓流約7 600 km）

④ コスト削減を目指した技術開発を推進することにより，予算の効率的執行を目指す

を挙げている[3]。

バブル景気崩壊後，問題となった公共事業批判（⇒注3），計画の策定プロセスに対する批判に応えるよう，事業の透明性と客観性の確保を図ろうとするものであった。資本の自由化・世界化・流動化，一方での地球環境という資源制約下のなかで，産業構造・金融・行政・財政の改革が求められ，その中で治水事業のあり方，計画論，計画策定方式，事業実施方式についての見直しと改革が求められたのである。

回復のきざしの見えていた日本経済は，平成9年度（1997）からの消費税の3％から5％のアップ，所得税減税の廃止による消費の落ち込み，金融不安，アジアの経済危機などにより再び不況に見まわれた。公共事業のコスト削減策が強く求められ，また既計画の公共事業の再評価や新規事業の費用・効果分析の必要性が強調され，その制度化に拍車がかかり，実行化されていった。右肩上りの経済成長を前提とした投資計画の時代は終ったのである。

平成9年（1997）6月4日，33年ぶりの抜本的改定となる河川法改定案が国会での審議の結果，可決を経て公布された。

主な改定点は，

① 河川法の目的に「河川環境の整備・保全」が位置づけられたこと

② 工事実施基本計画を「河川整備基本方針」と「河川整備計画」の2つに分け，前者の策定に際しては河川審議会の，後者の策定については住民の意見を聞く仕組みとしたこと

③ 渇水時における水利用の調整において「渇水のおそれのある段階」で調整にかかれる法的根拠がなされ，また河川管理者は当該協議が円滑

●第 10 章●経験主義技術からの脱却とその帰結

　　に行われるようにするため，必要な情報の提供に努めなければならな
　　いとしたこと
　④ 河畔林，湖畔林を河川管理施設として位置づけ，樹林帯区域を指定し，
　　公示することとしたこと
である。ここで「河川整備基本方針」は長期的な河川整備の方針を示すもの
であり，「河川整備計画」はその目標達成期間は概ね 20 ～ 30 年とされ，「河
川整備基本方針に沿って計画的に河川工事等の河川の整備を進める区間につ
いて，具体的な河川整備の計画を定めておかなければならない。」とした。

　同年 9 月に『河川砂防技術基準（案）同解説　計画編，設計編』が改訂さ
れた。これは国際単位系の移行が平成 8 年度末を持って実施されたこと，河
川法の改正，高規格堤防などの新たな施策や法令の変更に応じたものであっ
た。これにより，高規格堤防の浸透および侵食，ならびに地震に対する安全
性の照査に関する記述が加えられた。河川法大改正に対応する基準は 3 年後
を目途として抜本的技術基準の改定に向けて準備していると記している。同
様に昭和 51 年（1976）に制定された河川管理施設等構造令の解説書として
書かれた『解説・河川管理施設等構造令』[5] は，それ以来の法令の改訂（高
規格堤防の規定を含む）に合うように『改訂　解説・河川管理施設等構造令』[6]
として平成 11 年（1999）に山海堂から出版された。

　平成 12 年（2000）9 月，台風 14 号と秋雨前線による集中豪雨は，名古屋
市内の庄内川水系の新川左岸堤防を破堤させたほか，各地に災害をもたらし，
愛知県では床上・床下浸水が 5.8 万棟に達し被害規模が大きなものとなった。
この災害は，都市河川での河道拡幅の難しさや，沖積谷幅の狭い谷底平野に
おける連続堤防築造の困難性（生活基盤の喪失・堤防築造のコストに対する
便益の少なさ）を顕在化させ，同年 12 月，河川審議会計画部会は「流域で
の対応も含む効果的な治水のあり方」について答申した。そこでは堤防に関
わる具体的対策として「河川事業による輪中堤や宅地嵩上げの実施」が挙げ
られた。翌年，これを受け「水防災対策特定河川事業」が発足した。

　この事業は，洪水被害がたびたび生じているにもかかわらず，上下流バラ
ンスなどの理由から早期の治水対策が困難である河川の特定区間において，
一部区域の氾濫の許容を前提とし，住家を輪中堤の築造，宅地の嵩上げ，河

384

川沿いの小堤の設置等の方式で洪水による氾濫から防禦することなどにより，より効果的かつ効率的は治水対策を促進し，もって安全で豊かな地域づくりを資することを目的とするものである。なお氾濫を許容する区域については，新たな住家が立地しないように条例などで一定の規制をかけることにより，洪水に対する安全を確保するとした。この事業は平成18年（2006）「土地利用一体型水防災事業」として引き継がれた。

　平成13年（2001）1月，行政改革の一環として中央省庁再編統合がなされ，建設省は，運輸省，国土庁，北海道開発庁と統合され，国土交通省となった。河川局は水管理・国土保全局に統合された。また建設省土木研究所は，国土交通省の施設等機関として「国土技術政策総合研究所」と「独立行政法人土木研究所」に分割された。平成18年（2006）6月，公益法人制度改革関連3法が公布され，平成20年12月に本格施行され，5年以内の平成25年（2013）11月までに既存公益法人は新制度に移行しなければならないことになった（⇒注4）。この公益法人改革は，旧建設省の認可で設立された公益財団法人の業務形態を大きく変え，国からの随意契約方式による受託業務がほとんどなくなり，競争的環境に置かれることとなった。

　河川法の大改正を受け，また河川環境の保全・回復が河川行政の重要な課題とされ，従来の枠組みを超える河道計画が早急に求められた。これに応えるため建設省河川局を中心として「河道計画の手引き作成ワーキンググループ」が組織され，平成14年（2002）『河道計画検討の手引き』[7]が発刊された。平成17年（2005）には，「河川砂防技術基準同解説　計画編」が，平成23年（2011）には「河川砂防技術基準　維持管理編」が，翌24年には「河川砂防技術基準　調査編」が改定された。「維持管理編」は，平成9年の河川法の大幅な改正，平成時代の社会経済状況や河川管理組織体制の変化を受けたものであり，いままであいまいであった河川の維持管理の目的，維持管理計画，維持管理目標，河川の状態把握，河道の維持管理対策，施設の維持管理対策の指針を示したものである。ここに行政行為としての河川の維持管理の在り方が規定された。

　この間，平成20年（2008）のアメリカ発のリーマン・ショック後の平成21年（2009）8月自民・公明連立政権は，衆議院選挙で「コンクリートから

人へ」と唱える民主党に大敗し，政権が交代した。

政権交代に伴う政治的混乱のなか，平成23年（2011）3月11日午後2時46分ごろ，三陸沖を震源とするマグニチュード9.0の巨大地震が発生した。翌年5月16日現在で判明している被害者数は死者15 858人，行方不明者3 012人である。その内12 143人が溺死者であり津波による被災は甚大であった。この大災害は日本人の災害観に大きなインパクトを与えた。計画を超える災害外力にどう対処するかという課題である。河川技術界においても超過外力と言う概念が表に出て，河川区域を越える流域が技術の対象空間として公然化されるようになった。平成23年（2011）12月の「津波防災地域づくり法」の制定，平成26年（2014）の「水循環基本法」の制定は，その流れと言える。財政の制約，高齢化社会の到来という現実下，治水計画規模を超える超過洪水（豪雨対策）に対する対応方針や対策が現実的課題となり，氾濫にいかに対応するかハード・ソフトな対応策が模索され，河川区域内に閉じない流域という空間を繰り入れた計画論への転換の動きが見えるようになった。なお，平成23年3月，橋本徹 大阪府知事の直轄河川（指定区間外の1級河川）の河川維持管理費用の県負担（負担割合1/2）に対する批判に対して，政権は熟慮なしに堤防の除草を含む地先の受益の多い河川管理施設の維持管理に対する負担を廃止してしまった。

この間，震災復興対策，福島原子力発電所の津波被害による原発事故対策等の民主党政治の混乱は，平成24年（2012）12月の衆議院総選挙において議席を大幅に失い，自民・公明連立政権に交代し，財政規律よりも不況脱却に向けた経済政策に重点を移し，国土強靱化が唱えられた。

平成25年（2013）6月21日には，「水防法及び河川法の一部を改正する法律」が公布され，一部の規定を除き，同年7月11日に施行された。この改正法により「河川管理施設又は許可工作物の維持又は修繕の義務」が河川管理者に課せられた。なお，維持又は修繕に関する規定は同年12月11日に施行された。

この改定の背景には，高度成長期に整備された河川管理施設や許可工作物の老化や劣化が見込まれ，良好な状態に保たれるよう維持または修繕の義務を明確化し，管理者が遵守すべき規定を定める必要性が高まっていたのであ

る（⇒ **10.6**）。存在する河川管理施設の維持管理の強化により，施設の機能保持を図り，治水安全度の確保をしようとしたのである。

　平成 27 年（2015）1 月には，国土交通省は「新たなステージに対応した防災・減災のあり方」を取りまとめ，水害，土砂災害，火山災害に関する今後の防災・減災対策の検討の方向性として，最大規模の外力を想定して，ソフト対策に重点をおいて対応するという考えを示した。同年 5 月，「水防法等の一部を改正する法律」が公布され，想定し得る最大規模の洪水・内水・高潮への対策を打ち出し，「現行の洪水に係わる浸水想定区域について，想定し得る災害規模の降雨を前提とした区域に拡充するとともに，新たに，いわゆる内水および高潮に係わる浸水想定区域制度を設ける。」とした。

　平成 27 年 9 月 10 日から 11 日にかけて，鬼怒川流域は台風第 18 号および台風から変わった低気圧に向かって南から流れ込む湿った空気により大雨となり，鬼怒川は計画高水位を超える洪水となり，堤防決壊 1 か所，溢水 7 か所が発生し，決壊箇所からの氾濫水により常総市域の 1/3 に当たる約 40 km² が浸水し，約 4 300 名の孤立者を出した。この災害は改めて越流氾濫の危険性による大規模氾濫に対する対処法に対するあり方を問うものとなり，「社会資本整備審議会　河川分科会　大規模氾濫に対する減災のための治水対策検討小委員会」で検討され，12 月に答申された。

　答申では「鬼怒川における水害及び今後の気候変動を踏まえた課題に対し，従来型の対策だけで対処することは極めて困難である。これらの課題に対応するためには，河川管理者はもとより，地方公共団体，地域住民，社会，企業等が，その意識を「水害は施設整備によって発生を防止するもの」から「施設の能力には限界があり，施設では防ぎきれない大洪水は必ず発生するもの」へと変革し，氾濫が発生することを前提として，社会全体で常にこれに備える「水防災意識社会」を再構築する必要がある。」とした。

　同月，国土交通省水管理・国土保全局は「水防災意識社会再構築ビジョン」を策定し，ソフト対策とハード対策の方針を示した。「危機管理型ハード対策」では，流下能力が著しく不足している，あるいは漏水の実績があるなど，優先的に整備が必要な区間約 1 200 km について，平成 32 年度を目途に堤防の嵩上げや浸透対策などの対策を実施，当面の間，上下流バランスの観点から

●第10章●経験主義技術からの脱却とその帰結

堤防整備に至らない区間など約1800kmについて，平成32年度を目途に粘り強い構造の堤防などの危機管理型ハード対策を実施，とした。粘り強い堤防の構造として，天端をアスファルト等で保護する，裏法尻をブロック等で補強する，を挙げている。

鬼怒川災害を契機に洪水防禦は，線的防禦から面的防禦へ，すなわち流域管理の方向への動きを強めたのである。

10.2 堤防技術の指針化の動きと河道計画の変革

10.2.1 堤防に関わる調査研究と指針化の動き

昭和末ごろまでの堤防に関わる調査研究成果を土台として，堤防の設計論としてまとめ，公的権威ある技術指針として表出するべく精力的に検討を始めたのは，平成3年（1991）に設置された「堤防設計論研究会」（座長：治水課流域治水調整官）である。研究会は財団法人 国土開発技術研究センターを事務局とし，建設省河川局の堤防設計論に関わる技官等と建設省土木研究所土質研究室（三木博史），河川研究室（山本晃一）の室長等を主メンバーとする官庁技術者から構成されたものであった。

「堤防設計研究会」では，当初，既往の研究成果をもとに，浸透破壊に対する設計の考え方，耐浸透対策，既存堤防の安全性の評価法の検討がなされ，平成7年度に取りまとめた。そこでは，従来の形状規定方式を踏襲しつつ，堤体と基礎地盤の内部構造をできる限り把握し，想定した洪水（外力）に対する堤防の安全性（性能）を照査する堤防設計法を提示した。その成果を用いて建設省河川局治水課は「河川堤防の浸透に関する安全性の概略点検について」（平成8年10月および2月）を策定し，それに基づき全国1級河川の大臣管理区間（約10 000km）の安全性の概略評価が実施された。その点検手法の流れを**図-10.3**，**図-10.4**に示す。また，基礎調査としてどのような情報が収集され分析されるかのとりまとめた例を**図-10.5**に示す。そこでは地盤条件の推定に水害地形分類図の利用が推奨された（⇒注5）。評価結果によると浸透に対して比較的安定性が低いと考えられるC区間2 900km（30％），D区間1 530km（15％）が抽出された。これらについては，引き

10.2 堤防技術の指針化の動きと河道計画の変革

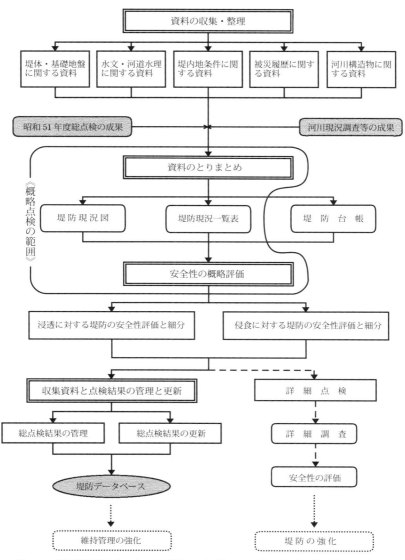

図-10.3 河川堤防総点検の内容と手順および平成 8 年の『河川堤防の安全性の概略点検について』の記述範囲

● 第 10 章 ● 経験主義技術からの脱却とその帰結

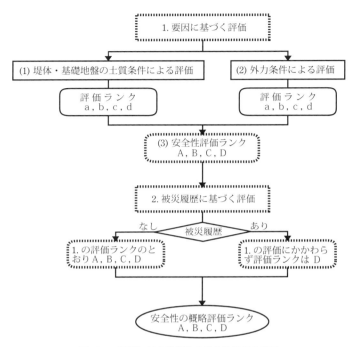

図-10.4 浸透に対する堤防の安全性評価の手順

続き「詳細照査」がなされた。これにより安全率が所定の値に達しない区間が相当数見つかった。

　平成7年（1995）1月17日，兵庫県南部地震が発生し，死者が6 433人にも達した。建設省河川局治水課は河川堤防の耐震対策に資することを目的に，河川堤防の耐震点検の考え方と手法を「河川堤防耐震点検マニュアル」として定め，慣性力として作用する地震力のみを考慮した安定性評価と，過剰間隙水圧の上昇のみを考慮した安全性の評価から，被害形態と被害程度を想定し，二次被害の想定を踏まえて，耐震対策の詳細検討区間を総合的に抽出することを指示した。短期間に点検マニュアルをまとめられたのは，昭和50年代からの堤防の耐震対策に関する検討成果を踏まえ，平成3年（1991）に国土開発技術研究センターが編集した「地震堤防強化計画策定マニュアル（案）」の存在がある［⇒ **9.4.3**］。

10.2 堤防技術の指針化の動きと河道計画の変革

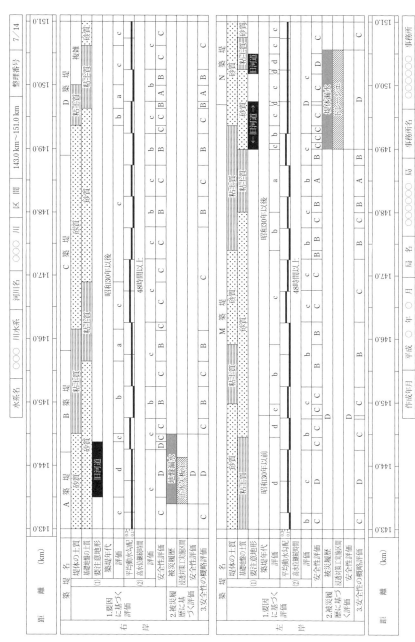

図-10.5 河川堤防の安全性評価結果の作成事例

●第 10 章●経験主義技術からの脱却とその帰結

　以上の浸透および耐震に関する堤防の安全性の照査基準は，平成 9 年度に
改訂した『建設省河川砂防技術基準（案）同解説　設計編』に盛り込まれた。
なお，同時に「高規格堤防」の基準も書き加えられた。高規格堤防は通常の
堤防と機能が異なり設計外力や設計の基本方針が違っている。これについて
は急ぎ検討が加えられ，すでに平成 4 年（1992）に河川管理施設等構造令に
反映されていた。

　平成 9 年（1997）からは「堤防設計検討会」は「堤防研究会」と名前を変
え，新たなメンバーを加え，浸透，耐震，侵食，構造物，堤防強化の 5 つの
ワーキンググループでそれぞれ課題の検討がなされ「河川堤防設計指針」の
作成に取り組むこととなった。なお，平成 11 年（1999）7 月，侵食に対す
る検討を踏まえ，「侵食に対する河川堤防の点検について　点検要領」が建
設省河川局治水課から出され，堤防の侵食に対する安全性の評価がなされた。

　これらのワーキンググループの成果として平成 12 年（2000）6 月建設省
河川局治水課「河川堤防設計指針（第 3 稿）」（全 241 頁）にまとめられたが，
平成 14 年（2002）7 月それを廃止し，「河川堤防設計指針」（平成 19 年 3 月
耐震性能評価法を改訂）が国土交通省河川局治水課から通達された。同時に
財団法人 国土技術研究センター（平成 12 年 12 月 15 日　財団法人 国土開発
技術研究センターから名称変更）から，浸透・侵食・地震に対する堤防の構
造検討，構造物周辺の堤防の点検と強化に対する『河川堤防の構造検討の手
引き』が発刊された。樋門等構造物回りについては，平成 13 年「樋門等構
造物周辺堤防点検要領」（国土交通省河川局治水課）が通達されている。堤
防強化に関するワーキンググループでは，堤防の安全性の照査外力として，
原則として計画堤防高相当および計画降雨量とするとした。また，難破堤堤
防（越水の可能性の高い区間の堤防において必要に応じ越水に対して一定の
安全性を有する様な構造である堤防）の設計についての検討がなされ，平成
12 年「河川堤防設計指針　第 3 稿」に取りまとめられたが，難破堤堤防は
設計外力として堤防天端を超える越流水を外力として考慮せざるを得ず，河
川管理施設等構造令第 18 条の規定「堤防は，護岸，水制その他これらに類
する施設と一体になって，計画高水以下の水位の流水の通常の作用に対して
安全な構造とするものとする。」を超える構造物となり，構造令の改訂がな

392

されなければ法的整合性が取れず，平成14年の決定稿である「河川堤防設計指針」には取り入れられなかった。また，堤防の安全性照査外力は計画高水位とされた。

このときまでに，堤防の安全照査方法，また弱点箇所対策工法に関する技術情報が揃い，堤防の力学的設計体系がようやく整ったと言える。この体系がなければ，堤防の安定性の評価や対策工の設計の合理性が説明できず，堤防補強に対する投資効果も説明できないのである。維持管理時代の河川管理に必須な情報であり，取りまとめが急がれたのである。その後の堤防に関する重点技術課題は，堤防の維持管理のシステム化・制度化，現況堤防の弱点箇所の発見手法，補修・補強工法，維持管理手法に移って行った。平成14年度から15年度にかけて，利根川上流，兵庫県武庫川，淀川，川内川（シラス堤防）等の漏水浸透が問題とされた河川において堤防補強対策の検討がなされている。

国土交通省河川局治水課は，すぐさま平成15年（2003）に「堤防の質的整備に関する技術検討委員会」（委員長：宇野尚雄　広島工業大学教授）を設置し，「河川堤防設計指針」をもとに河川堤防の質的整備推進について検討し，翌年6月，「河川堤防質的整備技術ガイドライン（案）」および「河川堤防モリタリング技術ガイドライン（案）」を策定した。未調査区間を含め計画の水位に達する洪水の規模が発生した場合，約3割の区間で安全性が確保されない可能性があると推定され，早急な対応を求めたのである。モニタリングは19河川で試行されることとなった。堤防の要注意箇所・堤防強化実施箇所を洪水時の浸透水の挙動・侵食現象をモニタリングするものである。

平成16年（2004），関東地方整備局は利根川・江戸川右岸が破堤した場合，首都圏が受ける壊滅的な被害を，昭和22年のカスリーン台風による決壊箇所が破堤したと想定した場合の現況想定氾濫区域を計算により評価した。その結果は浸水面積約530 km²，浸水域内人口約230万，被害額約34兆円に上るものであった。その結果を踏まえ，平成26年（2014）首都圏氾濫区域堤防強化対策を打ち出した。平成23年8月の高規格堤防の見直しにより（⇒**10.5**），高規格堤防に替えて首都圏氾濫区域の堤防（延長70 km，右岸堤防）を堤防拡幅により10年間を目途に堤防の強化を実施するものである。具体

●第 10 章●経験主義技術からの脱却とその帰結

的には堤防法面を一枚法，堤防裏法を7割勾配とし，堤防浸透破壊に対して弱点箇所をこれによりカバーするものとしたのである。

民間請負化された堤防築堤を含む河川土工については，公共財の品質確保の観点から標準化が求められ，昭和61年（1986）より財団法人 国土開発技術研究センターに「河川土工マニュアル検討委員会（委員長：福岡正巳 東京理科大学教授）」を設置し，平成3年（1991）まで調査検討がなされ，その成果が，平成5年（1993）『河川土工マニュアル』[8] として同財団から発刊された（平成21年4月改訂）。

河川管理事務の外部化が進み，河川技術に関する調査・設計等の主要部隊として建設コンサルタント等などが表に見えるようになり，また，官庁技術者の経験不足や技術開発力の低下の憂いもあり，平成7年（1995），土木学会水理委員会の下に河川部会を組織化し，河川技術に関する課題を明確にし，官・学・民の参加協力のもとで情報の交換を行う河川技術に関するシンポジウムを毎年開催するようになった。平成22年（2010）には国土交通省水管理・国土保全局治水課の働きかけにより，土木学会水理委員会河川部会は，堤防等構造物ワーキンググループ（WGリーダ：服部敦 国土政策総合研究所河川部河川研究室長）を設置し，産官学合同で河川堤防に関する継続的な検討を行い，翌平成23年，土木学会地盤工学委員会堤防研究小委員会内に侵食・浸透破壊・洗掘ワーキンググループ（WGリーダ：前田健一 名古屋工業大学大学院社会工学専攻）が設置された。平成24年（2012）6月の河川技術に関するシンポジウムでは「河川堤防の安全性に関する技術」に関する総合的な議論が行われ，河川工学と地盤工学の連携が重要であることが指摘された。8月の九州北部豪雨により矢部川で越水なき基盤からの浸透破壊が原因とする破堤が生じ，河川管理者，技術者，研究者に衝撃を与えた。平成24年（2012）には河川水理と地盤工学のワーキンググループを連携する連携ワーキンググループが組織化され，浸透破壊現象（パイピング）について基本から見直し，認識を深めると同時に，調査，評価，対策，維持管理という現場につなげるための研究課題，今後の研究・調査のあり方を議論した。この連携ワーキンググループの活動は，平成27年度（2015）で終了した[9]。その活動の成果は河川技術論文集第21巻（2015）の総説として「河川堤防

394

10.2 堤防技術の指針化の動きと河道計画の変革

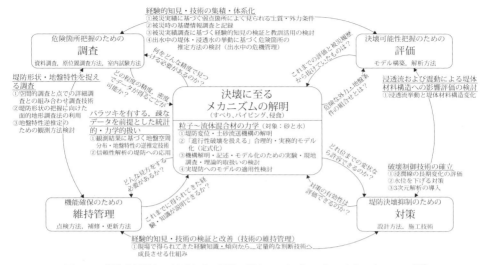

図-10.6 堤防破壊現象の解明とその対策に関するアカデミック・リサーチ・マップ[10]

の効率的補強に関する技術課題とその取り組みの方法」[10]にまとめられた。**図-10.6**にそこで提示された「堤防破壊現象の解明とその対策に関するアカデミック・リサーチ・マップ」を示す。今後，連携ワーキングと同様な場を作り，期間を区切って成果を公表するとしている。

従来，堤防の計画および設計方式についての課題意識と課題の設定は，堤防築堤および維持管理者である官庁技術者自らが発議してきたのであり（関連学会の研究動向・成果を身体化しており，官庁内技術として閉じているものではない），民間は商品材とならない技術なので研究にインセンティヴがなく，また大学の学者は，堤防の実態に関する情報が取れず官からの要請も強くない堤防の計画および設計に関わる事項は研究対象としにくく，管・学・民の連携は弱いものであった。それを変えようとしたのである。

一方で，浸透対策技術，軟弱地盤対策工法，新材料の利用，耐震工法等の工法の開発は，施工工法，新材料を含め民間技術のイニシアチブが強いものであり，連携して開発することにより開発効率の上るものであった。その技術の調達者である官庁はその有用性を確認する必要があり，また民間会社はその技術の商品化のため，総合技術開発プロジェクトや土木研究所との共同

●第10章●経験主義技術からの脱却とその帰結

研究，官民連帯共同研究により，技術の有用性，効用性を確認し，実用技術化，設計体系化する研究が，昭和50年代から進んでいた。建設省は，昭和62年（1987）に新技術活用事業，試験フイールド事業を創設し，民間開発技術を積極的に取り入れるシステムの構築を図っている。

堤防に関する技術開発主体および設計体系化の主体も変わりだしたのである。この動きを実体化する官民の技術開発利益配分論，リスク責任分担論，開発技術の認証システム等の問題の検討やシステム構築が始まっている。

10.2.2　河道計画の枠組みの変革と堤防

平成9年（1997）の河川法の大改正を受け，また河川環境の保全・回復が河川行政の重要な課題とされ，従来の枠組みを超える河道計画が早急に求められ，「河道計画検討の手引き作成ワーキンググループ」（座長：山本晃一財団法人 河川環境管理財団 河川環境研究所 研究総括職）が建設省河川局の担当技官，地方整備局の関係技官，土木研究所の河道計画に関わる（った）研究官，財団法人 国土技術研究センターの関係主任研究員により組織化され，『河道計画検討の手引き』[7] の作成を行った。

河道計画策定の基本を，図-10.7に示す量的安全度の確保，質的安全度の確保，トータルコストの最少化，自然環境や景観の保全，河川利用との調和の4つの視点から計画の策定を行うものとした。これに応えるため，従来の定規断面形を設定するという方式から，河道の変化を許容する流下能力管理方式に変えたのが大きな変更点であった。堤防の技術に関わる問題としては，堤防の高さに関係する河道流下能力算定方式，堤防の侵食・洗掘に関係する河道平面計画の考え方を大幅に変えている。この変更に当たっては，土木研究所河川研究室での河道特性に関する研究[11]～[13]，高水敷植生の粗度係数および草本類の耐侵食性に関する研究[14],[15]等が利用され，また本ワーキンググループにおいて必要な基礎情報の生産も行った。

（1）河道の流下能力算定方式

図-10.8に本指針の流下能力検討フローを示す。高水敷の粗度係数と低水路の粗度係数は異なるので，水理量，高水敷地被状況（植生状況），低水路

10.2 堤防技術の指針化の動きと河道計画の変革

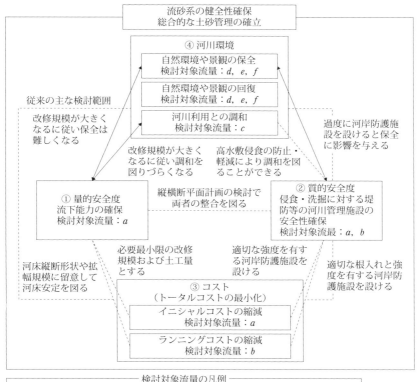

図-10.7 河道計画策定の基本的視点[7]

の河床材料を基に両者を推定する方式とし，痕跡水位による逆算粗度との差異をチェックし，差異があればその原因を究明し粗度係数を見直すものとした。河川環境・景観の観点から高水敷の植生を計画・管理して行くには植生の粗度を算定管理せざるを得ず，またその算定方式が確立されつつあり，福岡捷二ほか[14]や建設省河川局治水課・土木研究所[16]の成果等を取り入れ，草本類の粗度を算定し得るようにした。また，低水路の粗度については，山

● 第 10 章 ● 経験主義技術からの脱却とその帰結

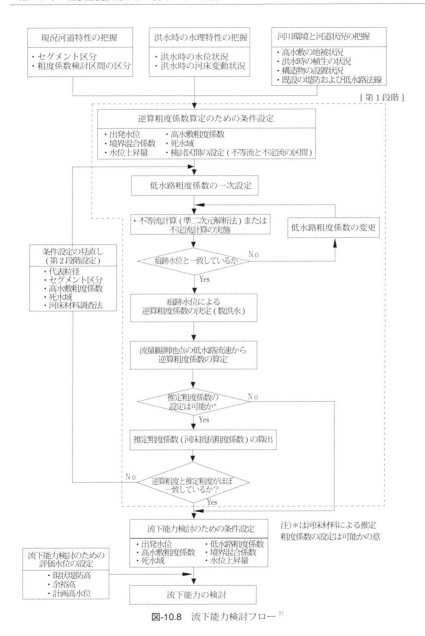

図-10.8 流下能力検討フロー[7)]

本晃一の研究成果[17] を基に，洪水時に発生する小規模河床波，中規模河床波，混合粒径河床材料の影響を取り入れ評価できるようにした。さらに，不等流計算（準二次元解析法）で取り入れられない湾曲・砂州等，河道内構造物，支川の合流，断面の急縮・急拡等による水位上昇量を合理的に算定する方法を提示した。

　これにより計画高水位以下の流下能力を判定できるようにした。また，高水敷の植生変化や河道河積の変化が及ぼす影響が評価でき，河道の維持管理にも利用し得るようになった。

（2）堤防の侵食・河岸洗掘に対する河道計画上の対応

　堤防は，通常，洪水時法面に働く流水により侵食されないように芝張りがなされるが，流速が速い扇状地河川等では堤防護岸により法面侵食を防ぐが，どの程度の流速で護岸が必要か明確でなかった。福岡捷二ほかの堤防芝の対侵食性の関する研究[15] などに基づき，表法尻で平均流速 2 m/s 以上を護岸が必要である目安とした。

　河岸侵食による堤防被災については，河岸侵食の主要要因である湾曲，砂州による深掘れ，侵食幅について概説し，堤防防護に必要な高水敷幅の考え方，低水路河岸安定化の方針を提示し，堤防防護ラインと低水路河岸管理ラインいう概念を導入した。

　堤防防護ラインとは，侵食・洗掘に対する堤防の安全性確保のため，河岸侵食が直接堤防侵食につながらないために必要な高水敷幅を確保した線であり（堤防漏水対策として高水敷をブランケットと位置づけている場合，また地震による堤防の損傷対策として位置づけている場合は，これに必要な幅も確保する），主に治水目的のために設定するラインである。したがってこのラインは，全川にわたって設定される。この幅の確保が，治水面からの必要河積の確保，河川環境（生態，景観等）の面から不可能な場合は，護岸・水制等による侵食対策を確実なものとし，さらに堤防の補強により対処する。侵食・洗掘に対する堤防の安全性確保のための高水敷幅は，一回の出水によって生じる最大河岸侵食幅を目安とする。

　低水路河岸管理ラインとは，河道内において治水，利水，環境等の面から

●第 10 章●経験主義技術からの脱却とその帰結

期待される機能を確保するために措置（河岸侵食防止工）を講ずる必要がある区間を示すものであり，高水敷利用や河岸侵食に対する堤防防護の観点から，低水路を安定化させることを目的に設定するものである。低水路形状を制限する必要がないと判断される箇所・区間では低水路河岸管理ラインは不要であるため，必要とされるところのみにラインが設定されることになる。単断面河道ではこのラインは不要である。

　これにより堤防の安全性を河道計画の視点から確保しようとしたのである。

10.3　河川堤防設計指針における構造検討の考え方

10.3.1　河川堤防設計指針の内容

　平成 14 年（2002）7 月 12 日，「河川堤防研究会」で検討されてきたことを踏まえ，国土交通省河川局治水課長は，北海道開発局河川計画課長，各地方整備局河川部長宛に「河川堤防の設計について」（国河治第 87 号）において，「河川砂防技術基準（案）を補足するものとして河川堤防の設計に関する当面の設計指針を別紙のとおりとりまとめたので通知する。」と通達した。

　別紙は，「河川堤防設計指針」というタイトルであり，河川堤防研究会での長年の検討結果の基本的考え方，設計手順が示されたものである。なお，具体的な検討を行うには，これに先立つ 6 月，国土開発技術研究センターから資料として報告された「河川堤防の構造検討の手引き」等を参考にしなければならず，両者は密接にリンクするものであった。「河川堤防設計指針」は「河川堤防の構造検討の手引き」の内容を簡潔にまとめたものである。

　重要資料であるので巻末に，**資料　河川堤防設計指針**　を転載した。なお，7 月 12 日，国土交通省河川局治水課河川整備調整官より，具体的な調査・照査手法や強化工法の設計手法などについては，下記の文献等を参照されたいと通知されている。

　参考資料は以下のものである。
- ・河川堤防構造検討の手引き：財団法人 国土開発技術研究センター，
　　JICE 資料第 102002 号，2002 年（平成 24 年 2 月改訂）
- ・ドレーン工設計マニュアル：財団法人 国土開発技術研究センター，

JICE 資料第 198009 号，1998 年（平成 25 年 6 月改訂）

- 河川堤防の液状化対策工法設計施工マニュアル（案）：建設省土木研究所耐震研究センター動土質研究室，土木研究所資料第 3513 号，1997 年
- 河川堤防の地震時変形量の解析手法：財団法人 国土開発技術研究センター，JICE 資料第 102001 号，2002 年

なお，平成 19 年（2007）3 月河川構造物の耐震性能照査法の改訂（⇒ **10.3.5**）を受け，同月「河川堤防設計指針」の耐震性能の部分が改訂された。同様，「河川堤防構造検討の手引き」，「ドレーン工設計マニュアル」も追って改訂された。

10.3.2 河川堤防設計指針の補足説明

本小節では「河川堤防設計指針」での記述内容を「河川堤防の構造検討の手引き」等で補足し，また指針の技術的背景を記す。

(1) 浸透に対する堤防の構造検討

検討方針は，「河川堤防の浸透に対する設計は，河川水ならびに降雨の浸透に対して安全な構造とする。」とされた。設計外力である洪水水位波形と降雨量を設定し，その外力に対して堤防の安全性照査項目ごとの安全率などを算出し，その結果を照査基準と照合して安全性が満たされない場合は，堤防強化設計に進むものである。

1) 構造検討の手順

浸透に対する堤防設計の手順を**図-10.9** に示す。まず，安全性の照査に先立ち堤防を一連区間に細分化し，細分化区間ごとに代表断面（細分化区間において最も浸透に対して激しい条件を有する箇所）を選定し，その箇所の安全性照査を行うことにした。細分化は，堤体土質，地盤土質，要注意地形，築堤履歴，被災履歴の 5 要素により区分するものとした。

照査項目は，①洪水時のすべり破壊に対する安全性，②洪水時の基礎地盤の浸透破壊（パイピング破壊）に対する安全性とした。照査基準は，「河川堤防設計指針」に示すとおりであり，築堤履歴の複雑さの差異により安全率を変えている。

401

● 第10章 ● 経験主義技術からの脱却とその帰結

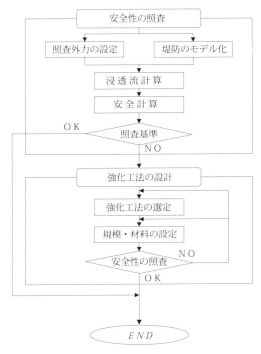

図-10.9 浸透に対する堤防の構造検討の手順

2）浸透に対する安全性の照査法

浸透に対する安全性の照査方法は，**図-10.10**の手順にしたがって行うものとした。

すべりに対する安全性の照査は，非定常の飽和・不飽和非定常浸透流計算をより行い，円弧すべり法による複数の円弧中心に対して安全率を求め，その中の最小値が計算断面における最小安全率とし，「河川堤防設計指針」（⇒**巻末資料**）に規定された照査基準と比較し，照査基準より大きければ安全性が確保できるとした。

パイピング破壊に対しては，飽和・不飽和非定常浸透流計算結果から，以下により安全性が確保できるものとした。

・透水性地盤で堤内地に被覆土層がない場合

　　裏法尻付近の局所動水勾配iを求め，その最大値がiが0.5以下とする。

10.3 河川堤防設計指針における構造検討の考え方

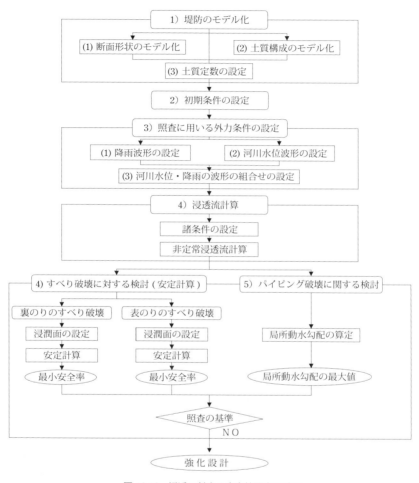

図-10.10 浸透に対する安全性照査の手順

・透水性地盤で堤内地に被覆土層がある場合

 $G > W$ とする。ここで、G：被覆土層の重量、W：被覆土層規定面に作用する揚圧力

照査基準を満足しない場合は、堤防の強化設計に移行する。土質定数の設定は**表-10.4**の方法によるものとした。粘性土の飽和透水係数は、特別な条件（亀裂が多い等）がない限り、

表-10.4 浸透に対する堤防の安全性確認に必要な土質定数

必要な土質定数		用途	備考
飽和透水係数 k_s		非定常浸透流計算	現場および室内での透水試験結果に基づいて設定する
不飽和浸透特性	比透水係数 $\theta \sim k_r$		体積含水率θと比透水係数k_r(不飽和透水係数/飽和透水係数)の関係、および体積含水率θと負の圧力水頭ψの関係(水分特性曲線)を示すもので、実際に求める場合には特別な試験が必要で、ここでは原則として図-10.11および図-10.12に示す不飽和浸透特性を設定する
	線 $\theta \sim \psi$		
湿潤密度 ρ_t		安定計算	原則として室内試験結果に基づいて設定する
粘着力 c			粘性土については非圧密非排水(UU)条件の三軸圧縮試験または等体積一面せん断試験、砂質土については圧密非排水(CU)条件の三軸圧縮試験または等体積一面せん断試験の結果に基づいて設定する
内部摩擦角 ϕ			

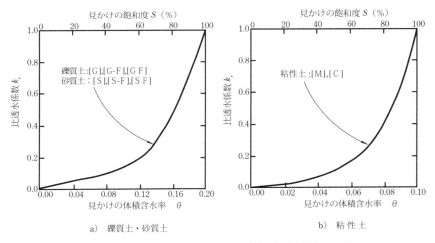

a) 礫質土・砂質土　　　　　　b) 粘性土

図-10.11 浸透流計算に用いる体積含水率と比透水係数の関係

　　シルトを主体とする場合　　　$k_s = 1 \times 10^{-5}$ cm/s
　　粘土を主体とする場合　　　　$k_s = 1 \times 10^{-6}$ cm/s

としてよいとした。

　不飽和透水係数および負の圧力水頭は、実際の堤体の飽和度分布、既往の飽和度と比透水係数の関係、飽和度と負の圧力水頭の関係より、**図-10.11**,**図-10.12**の関係が成立するものとして設定することにした。不飽和透水係数および負の圧力水頭は、原位置あるいは室内の試験で求めることができる

10.3 河川堤防設計指針における構造検討の考え方

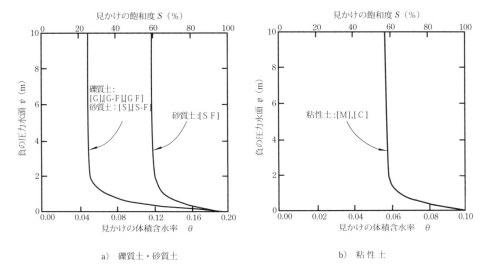

図-10.12 浸透流計算に用いる体積含水率と負の圧力水頭の関係

が試験の方法が未確立であり，試験事例も限られているため，既往の試験結果を参考に構成土質を透水性の土質（礫質土および砂質土），難透水性の土質（粘性土），および中間的な透水性を持つ土質（細粒分含有量に多い砂質土）に大別し，それぞれに設定したものである．ここで比透水係数は，不飽和透水係数 k_o の飽和透水係数 k_s に対する比である．図中の横軸の体積含水率は見かけの体積含水率として扱い，飽和状態の体積含水率を砂質土および中間土では 0.2，粘性土では 0.1 としたものである．

すでに浸透対策工が施されている断面の安全性の照査に当たっては，上記記述に倣うが，遮水シートおよび止水矢板の見かけの透水係数を，既往の実験結果等より，それぞれ

遮水シート　　　$k_v = 1 \times 10^{-8}$ cm/s（厚さ 1 mm）
止水矢板　　　　$k_v = 1 \times 10^{-7}$ cm/s（厚さ 10 mm）

とされており，浸透計算のおけるモデル化におけるその厚さに応じて**表-10.5** に示す程度の値を設定する．その厚さとは浸透流計算において堤体および地盤の要素分割における対策工の要素分割厚さ（対策工をある厚さを持ったものとして要素化する厚さ）である．

●第 10 章●経験主義技術からの脱却とその帰結

表-10.5　人工材料に設定する透水係数の目安値

対策工種	実験等から求められた見かけの透水係数 k_v（cm/s）	モデルに設定する透水係数 k_s（cm/s）				
		モデルの厚さ t_s				
		10 cm	20 cm	30 cm	40 cm	50 cm
遮水シート	厚さ 1 mm に対し $k_v = 1 \times 10^{-8}$	$k_s = 1 \times 10^{-6}$	$k_s = 2 \times 10^{-6}$	$k_s = 3 \times 10^{-6}$	$k_s = 4 \times 10^{-6}$	$k_s = 5 \times 10^{-6}$
止水矢板	厚さ 1 cm に対し $k_v = 1 \times 10^{-7}$	$k_s = 1 \times 10^{-6}$	$k_s = 2 \times 10^{-6}$	$k_s = 3 \times 10^{-6}$	$k_s = 4 \times 10^{-6}$	$k_s = 5 \times 10^{-6}$

注）モデルに対する透水係数は $k_v / t = k_s / t_s$（t は実験等に用いた材料の厚さ）として求めた。

　浸透流計算における初期条件の設定（洪水時前の堤防内地下水位および堤防付近の地盤地下水位）は，計算によって求めることを原則とし，この計算における初期地下水位は，出水期（多雨期）の平均地下水位程度を水平に設定する。洪水前の事前降雨の総雨量は，設計対象区間の多雨期の月降水量の平均値程度を設定し，降雨強度は，堤体の浸透係数を勘案し堤体に事前降雨がすべて浸透するように 1 mm/hr 程度に設定する。これによりほぼ実態の近い凸レンズ型浸潤面（堤体中央の浸潤面が高く法尻で低くなる）が再現されるためである。

　洪水外力は，洪水時の降雨波形と河川水位（外水位）波形を設定する。降雨波形は，① 原則として当該河川の計画降雨量（総降雨量）を用いる。② 降雨強度は 10 mm/hr 程度を目安とする。③ ①で設定した総降雨量と②で設定した降雨強度をもとに長方形の降雨波形を設定する。

　河川水位波形は，① 図-10.13 a）の複数の実洪水波形のそれぞれについて基準となる水位（原則として平水水位）以上の継続時間を求め，同図 b）を作成する。② 図-10.13 b）の継続時間を包絡するような直線を描き，この包絡線で囲まれる部分の面積を求める。ここで，包絡線が図-10.14 に示すように計画高水位（当面の整備目標として設定する洪水時の水位が定められている場合にはその水位）に達しない場合には，同水位の継続時間を 1 時間となるような包絡線を設定する。③ 図-10.13 a）の複数の水位波形の中で，洪水末期の水位低下勾配（水位低下速度）の最大のものを抽出し，その勾配を求める。④ ②および③を基に，計画高水位（当面の整備目標として設定する洪水時の水位が定められている場合にはその水位）の継続時間を決定した

10.3 河川堤防設計指針における構造検討の考え方

うえで，**図-10.13 c**）に示すように，波形面積が同等となるように洪水立ち上がり時間を定め，台形ないし台形に近い波形を作成し，これを基本波形とする。

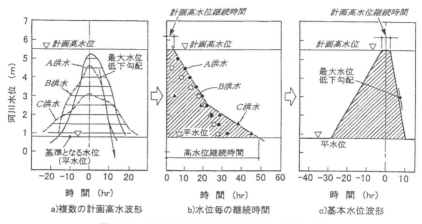

a)複数の計画高水波形　　b)水位毎の継続時間　　c)基本水位波形

図-10.13　河川水位波形（基本水位波形）の設定方法

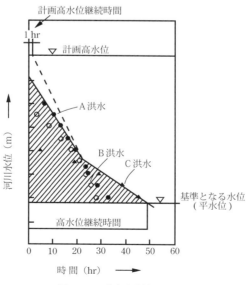

図-10.14　基本水位波形の設定法

407

● 第 10 章 ● 経験主義技術からの脱却とその帰結

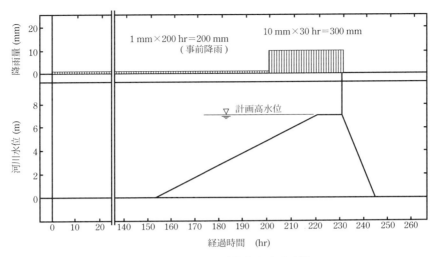

図-10.15 降雨と河川水位波形の組合せ例

　降雨と河川水の波形の組み合わせは，過去の洪水における組み合わせの実態等，地域の特性を考慮して適切に設定する必要があるが，設定に当たって適当な資料がない場合には，**図-10.15** に示すように安全側に計画高水位もしくは当面の整備目標として設定する洪水時の水位の終了時点と降雨の終了時点が一致するように組み合わせる。

　なお，平成 12 年（2000）までの検討では，河川水波形の最高水位は安全側を考え計画堤防高相当水位を照査水位としていたが，河川管理施設等構造令第十八条の規定に合わせ，平成 14 年「河川堤防設計指針」では計画高水位に変えている。

3）強化工法の選定

　河川堤防の浸透に対する強化工法として**表-10.6** を例示し，それぞれの工法について安定計算，感度分析を行い，標準的工法，効果を例示・解説している。

　従来，堤防高が高い場合，小段を付したが，小段は雨水の浸透を助長し，越流時には小段法尻や法肩の侵食が生じやすいので，堤防法面は一枚面とすることを標準とすることを前提に強化工法の評価を実施している。これを受

408

け，平成 11 年（1999）発刊の『改訂　解説・河川管理施設等構造令』[6] では，原則として，堤防は可能な限り緩やかな勾配の一枚法とするものとするとした。

（2）侵食に対する堤防構造検討

「河川堤防設計指針」では，堤防の侵食に対する安全性照査外力として代表流速（Vo）を設定することとし，代表流速（Vo）としては，計画高水位または当面の整備目標として設定する洪水時の水位以下の水位時において最も速い平均流速（Vm）に，湾曲等による補正係数を乗じて算出するものと規定されている。照査項目は，① 堤防法面，法尻の直接侵食に対する安全性，② 主流路（低水路等）からの側方侵食，洗掘に対する安全性とした。設計の手順は図-10.16 に示す。なお Vm は，高水護岸の場合は堤防法尻部，低水護岸および堤防護岸の場合は低水路断面の平均流速である[19]。

安全性の照査基準としては，土木研究所での河道特性に関する研究成果[12]，護岸・根固め工・水制に関する研究成果[18), 19]，草本類の耐侵食性に関する研究成果[15), 21] 等が繰り込まれ，『護岸の力学設計法』[19]，『河道計画の設計の手引き』[7] 発刊後の 10 年間における研究成果を取り入れた以下の指針とした。

1）護岸工がない場合

護岸工のない場合の安全性の照査の項目は，① 堤防法面，法尻の直接侵食に対する安全性　② 主流路（低水路等）からの側方侵食，洗掘に対する安全性の 2 項目とした。

堤防法面および法尻の直接侵食による安全性の確保は，図-10.17 に示す平均根毛量（地表面から深さ 3 cm 迄の単位体積当たりの土中に含まれる根および地下茎の総量）と摩擦速度（表面侵食耐力）の関係より，評価できるものとした。この図は，実験結果から得た摩擦速度，せん断応力が作用する時間と表土侵食深の関係式をもとに，堤防表土の許容侵食深が 2 cm とし図化したものである[21]。継続時間は高水敷を上回る水位の継続時間を目安にする。なお，この図は，① イネ科の植生が優占種である植物群落が繁茂，② モグラ穴に代表される裸地がほとんどなく，植物で一様に被覆，③ 地面

●第10章●経験主義技術からの脱却とその帰結

表-10.6 浸透に対する堤防強化工法の種類とその特性

代表的な工法	強化の原理・効果	計画・設計上の留意点	施工上の留意点	維持管理上の留意点	その他
断面拡大工法	・堤防断面を拡大することにより浸透経路長の延長を図り、平均動水勾配を減じて堤体の安全性を増加させる。のり勾配を緩くすることによりすべり破壊に対する安全性を増加させる。川裏のり尻付近堤体のパイピングを防止する押え盛土としての機能も兼ねる。	・川表側および川裏に用地を必要とする。川表側の場合、川表については河積を減じて堤体の延長性を確保、川裏については用地の確保に留意する。築堤材料は、川表側の材料、川裏側の材料より難透水性よりも高透水性の材料を使用する。 ・基礎地盤が軟弱地盤の場合には、既設堤防への影響（天端のクラック等）について検討する。	・築堤材料の容易に入手できることが望ましい。既設堤体とのなじみをよくするためみをよくするため段切り等を行う。	・軟弱地盤では堤体が沈下することが考えられるため、天端の沈下量を継続的に計測し、天端の確保、クラックの発生等を管理する。	・新規の築堤となるため他の強化工法と併用した場合上載荷重が増加するためある程度の液状化防止効果が期待でき、また地震時の傾斜安定化は向上する。
ドレーン工法	・堤体の川裏のり尻を透水性の大きい材料で置き換え、堤体に浸透した水を速やかに排水する。堤体内浸潤面の上昇を抑制し、堤体のせん断抵抗力の低下を抑制する。のり尻部付近を透水性の大きいドレーン材料で置き換え断面強度を換えるため土の安定化を検する。	・堤体の透水係数が $10^{-3} \sim 10^{-4}$ cm/s オーダーの場合に特に有効である。 ・原則として堤脚水路を設置する（用地を確保できる場合）。 ・ドレーン工の厚さは0.5m以上とし、幅（奥行）は平均動水勾配が0.3以上となるように設ける。 ・ドレーン材料には礫または砕石調和石を用い、周囲はフィルター材料（通常は人工材料）で被覆する。	・堤体との間の排およびフィルター材料の継目に隙間が生じないよう留意する。 ・重機等によりフィルター材料（人工材料）を損傷しないよう留意する。	・効果の長期的な安定を確認するためにドレーン材料および堤体およびドレーン孔を設置することが望ましい。 ・出水時多雨の降雨時には排水の状況を観察し、出水後は土砂の流出等の有無を点検する。	・緑化のために覆土することが望ましいが、その場合はドレーン内への土砂の流入を防止する有効である。 ・間隙水圧を消散させるため液状化の防止にもある程度有効である。
表のり面被覆工法	・表のり面を難透水性材料（土質材料）で被覆することにより、高水位時の河川水からの浸透を抑制する。	・透水性の大きい礫質土や砂質土の堤体で効果が期待できる。 ・被覆材料（土質材料または遮水シート等）の入手材料（土質材料）のすべりに対する安定性の検討が必要である。 ・遮水シートを用いる場合は、覆土やのり面ブロック等によりシートの残留圧による浮き上がりや劣化を防止する。 ・難透水性地盤の場合は排水対策を要する。	・土質材料を用いる場合には、既設堤体とのなじみをよくするためなじみをよくするため段切りを行う。 ・遮水シートを用いる場合は、杭打ちや草木等の根の発育による損傷に留意する。 ・覆土は十分に締め固める。	・土質材料を用いている場合は、乾燥によるクラックの発生に留意する。 ・遮水シートを用いる場合は、杭打ちや草木等の残根部の施工に留意する。 ・表のり尻付近に浸透水が滞留しやすい点に留意する。	・耐震性の向上は期待できない。 ・遮水シートは地震後に変形や損傷の有無を確認する必要がある。

堤体を対象とした強化工法

10.3 河川堤防設計指針における構造検討の考え方

基礎地盤を対象とした液状化工法

工法					
全面被覆工法 （被覆材料（土質材料、遮水シート等））	・堤体全体を難透水性材料（土質材料あるいは人工材料）で被覆することにより、降雨および高水位時の河川水の堤体への浸透を抑制する。	・被覆材料（土質材料または遮水シート等の人工材料）のすべりに対する安定性を検討する。 ・覆土を用いる場合には、覆土やコンクリートブロック等によりシートの残留水圧による浮き上がりと劣化を防止する。 ・水密性が高い場合には堤体の湿潤化を防止するための排水対策や空気圧の増大を防止するための排気対策を考慮する必要がある。	・土質材料を用いる場合には、既設堤体とのなじみをよくするため段切を行う。 ・遮水シートを用いる場合には、シートおよび端部の施工、重ね合せに留意する。覆土は十分に締め固める。	・土質材料を用いる場合は、乾燥によるクラックの発生に留意する。 ・遮水シートを用いる場合には、杭打ちや草木等の根の発育による損傷に留意する。 ・表のり尻付近に浸透水が溜まりやすいので、のり尻からしみ出しに留意する。	・天端や小段を被覆するだけでも降雨浸透を抑制する効果が期待できる。 ・遮水シートを用いた場合は地震時に変形や損傷の有無を確認する必要がある。 ・耐震性の向上は期待できる。
川表遮水工法 （遮水壁（鋼矢板、地中連続壁等））	・川表のり尻に止水矢板等により遮水壁を設置することにより、基礎地盤への浸透水量を低減する。	・遮水壁の材料としては、鋼矢板、軽量鋼矢板、薄型鋼製板や連続地中壁が用いられる。 ・浸透水量を半減させるためには、遮水壁を半透水層厚の80～90%まで貫入させる必要がある。	・遮水壁の打設法は周辺の環境に配慮して選定する。 ・遮水壁の接合部の施工に留意する。 ・遮水壁と遮水壁頭部の接合部の処理に留意する。	・土中に遮水壁を設置するので、基本的には維持管理を必要としない。	・地下水流を遮断するので、周辺への影響を検討する必要がある。 ・側方を拘束するため、川表側の液状化に対して効果が期待できる。
ブランケット工法 （ブランケット（遮水シート、アスファルト等））	・高水敷を難透水性材料（主として土質材料）で被覆することにより、浸透経路長を延伸させ、裏のり尻近傍の浸透圧を低減する。	・高水敷が礫質土や砂質土の場合に効果が期待される。 ・ブランケット長は30m以上にその効果が期待できる。 ・土質材料（良質土）を用いる場合は洗掘防止のため厚さは50cm以上とし、張芝で被覆する必要がある。 ・浸透シートを用いる場合には浮き上がり防止のため覆土または覆土する必要がある。	・遮水壁の打設および止水性を高めるために十分な締固めを行う。 ・遮水シートを用いる場合には接合目および端部の施工に留意する。 ・既設堤体とブランケットの接合部の処理に留意する。	・土質材料を用いる場合は、乾燥によるクラックの発生に留意する。 ・遮水シートを用いる場合には、杭打ちや草木等の根の発育による損傷に留意する。 ・表のり尻付近に浸透水が溜まりやすい点に留意する。	・耐震性の向上にはつながらない。ただし、高水敷が新たに設置される場合には川表側が増加し、上載圧が増加し液状化に対する効果は期待できる。
ウェル工法 （井戸）	・基礎地盤からの浸透水を裏のり尻に設置した減圧井戸等で排水することにより、裏のり尻近傍の浸透圧を低減する。	・井戸および堤脚水路を設置する必要があり、その他の用地的余裕が必要である。 ・短期的、応急的な対応として、天井川や扇状地河川に適用を考えるとよい。	・井戸等は目詰まりを生じない構造とする。	・土砂の流出やフィルター材料の目詰まりを点検する。 ・目詰まり排水できることが望ましい。 ・ポンプの稼動を制御する必要がある。	・周辺に排水路があり、適宜排水できることが望ましい。 ・耐震性の向上にはつながらない。

● 第 10 章 ● 経験主義技術からの脱却とその帰結

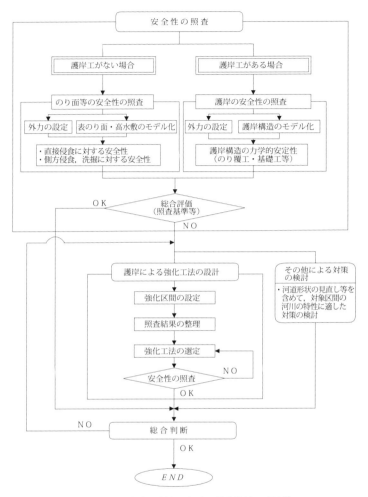

図-10.16 侵食に対する堤防の構造検討の手順[19]

の構成材料がシルトないしシルト混じりであること, ④ 摩擦速度が約 27 cm/s 以下, ⑤ 平均根毛量が $0.02 \sim 0.12 \, \text{gf/cm}^3$ の範囲で適用できる. 平均根毛量は, 土単位体積当たりの水で洗い流した根および茎の総重量である.

　堤防植生の安全性は, 堤防法尻付近の計画高水位時の流速 Vo を流速係数 ϕ で除した値が評価された表面耐侵食力に相当する摩擦速度より小さい場合

10.3 河川堤防設計指針における構造検討の考え方

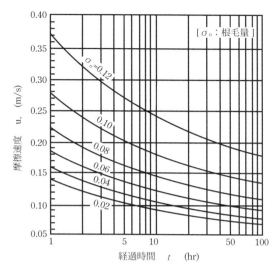

図-10.17 植生の表面侵食耐力（根毛量と摩擦速度の関係，σ_0 の単位は gf/cm³）[21]

に確保されるものとした。

側方侵食，洗掘に対する安全性の照査は，1回の洪水による高水敷等の侵食幅を安全性に対する照査基準を考え，**表-10.7** を基準とした。

2）護岸がある場合

護岸がある場合の安全性照査は，法覆工，基礎工および根固工のそれぞれについて，主として，設定した外力のもとで力学的安定性が確保されているか照査するものとした。

なお，護岸の力学的設計（安全性の照査法）は，昭和62（1987）～ 63年度，財団法人 国土開発技術研究センターに設置された「護岸・根固め工設計指針検討委員会」（委員長：吉川秀夫　早稲田大学教授）で力学化の検討の試

表-10.7 表法尻部の洗掘に対する安全性の照査基準

河道のセグメント分類	照　査　基　準 （1洪水で侵食される高水敷幅の目安）
1	40 m程度
2-1	高水敷幅 b ＞低水河岸高 H の5倍
2-2 および 3	高水敷幅 b ＞低水河岸高 H の2〜3倍

● 第 10 章 ● 経験主義技術からの脱却とその帰結

みがなされたが完成に至らなかった。その後，河道特性に関する研究成果等[12]が取り入れられ，平成 11 年（1999）『護岸の力学設計法』[19]が建設省河川局治水課，土木研究所河川研究室の協力により編集出版された。ここでは，護岸に作用する外力の設定法，護岸の安全性照査法が示されたが，護岸設計に必要な護岸ブロックの物性値（抗力係数等）が示されておらず，また護岸の持つ安全係数の考え方が示されていなかった。

その後，照査に必要な護岸ブロックの力学的物性値（抗力係数，揚力係数など）を測定する計測器を設備したコンサルタントの試験所が現れたことも

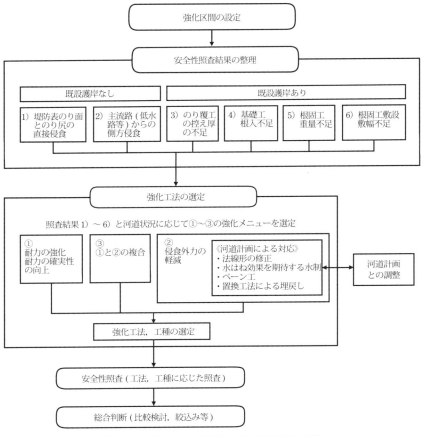

図-10.18　侵食に対する堤防の強化工法の設計手順

あり，計測器を用いた水理試験法が財団法人 土木研究センターに設置された「護岸ブロック試験法検討委員会」（委員長：山本晃一 土木研究所次長）で検討され，平成11年（1999）『護岸ブロックの水理特性試験法マニュアル』[22] として出版された。このマニュアルに基づいてブロック会社の申請・負担によりのブロックの物理特性値（抗力，揚力，回転半径，相当粗度等）が計測され，審査され（建設技術審査証明事業として審査証明委員会で審査），商品情報としてアクセス可能になった。護岸の設計体系がシステムとして整ったのである。これを受けて，山本晃一ほかは平成15年（2003）『護岸・水制の計画・設計』[20] を出版し，護岸・根固め，水制を設計する筋道を示している。

3）強化工法の設計

侵食に対する堤防の強化に当たっては，対象区間の河道特性と安全性の照査結果を考慮して決定するとした。**図-10.18** の設計の手順を示す。

（3）地震に対する堤防構造検討

設計方針は，「地震の被害により二次災害（浸水被害）が生起する可能性の在る区間の河川堤防は，必要に応じ地震に対して所要の安全性を確保できる構造となるように設計する。」とされた。地震による堤防被害は地盤および堤体の液状化で生じるが，既往の地震よる被害を見ると堤防高の25％程度は残留すること，および被害後，2週間程度のうちに応急復旧が完了することにより，上記の方針をとったものである。

設計手順は，**図-10.19** のようであり，地震外力は，液状化の判定に用いる地震力および慣性力として作用させる地震力とともに，水平震度（設計震度）により設定することを標準とした。前者を「液状化判定用設計震度」，後者を「慣性力用設計震度」と呼び，平成9年改訂新版『建設省河川砂防技術基準（案）同解説 設計編［1］』「第1章 河川構造物の設計」に準拠した**表-10.8** に示す地震外力（設計震度）を設定するとした。

1）堤防に対する安全性照査の項目と照査基準

① 照査の項目

地震に対する堤防の安全性は，浸水等による二次災害の可能性の有無によ

415

●第 10 章●経験主義技術からの脱却とその帰結

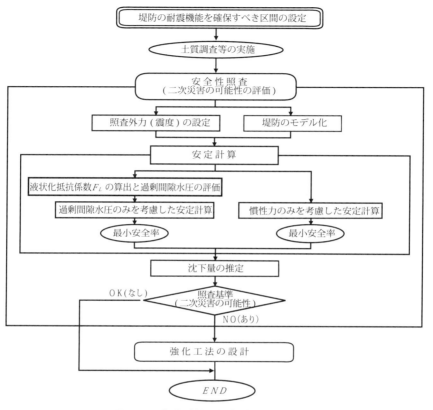

図-10.19 地震に対する堤防の構造検討の手順

表-10.8 河川堤防に設定する地震外力（設計震度）

	堤防規模	地域区分		
		強震帯地域	中震帯地域	弱震帯地域
液状化に対する設計震度		0.18	0.15	0.12
慣性力に対する設計震度	$B/H \leqq 10$	0.18	0.15	0.12
	$10 < B/H \leqq 20$	0.16	0.14	0.11
	$20 < B/H$	0.15	0.12	0.10

注）B: 堤防敷幅, H: 堤防高

り照査する。なお浸水等には堤防に接近して重要なライフライン，老人ホームや病院等の災害弱者施設等が存在する場合に堤防変形により被災することを含む。地震により河川堤防に被害（沈下）が生じた場合の堤内地の二次被害は a. 洪水，高潮，津波が被害を受けた堤防を越流し，堤内地が浸水する，b. 被害を受けた堤防がその機能を失い，平水の河川水が堤内地に溢水する，c. 被害を受けた堤防が河川を塞き止め，堤内地が浸水する等が考えられる。

② 照査の基準

浸水による二次災害の有無は，地震による変形後の河川堤防の高さと緊急復旧期間（概ね 2 週間程度）を考慮して設定した河川水位との比較によって行う。この場合の河川堤防の高さとしては，所要の天端幅（計画あるいは現況天端幅）が確保されている高さとすることが適切なものと考える。

想定する河川水位は，次のような水位が設定できる。

- 朔望平均満潮位（湖沼や堰上流の湛水区間にあっては平常時の水位）＋ α （m）
- 計画津波高
- 確率規模別洪水位（1/1 相当水位）＋ α （m）

ここで α は潮位偏差および波高等を考慮して設定するものであり，1 〜 2 m が目安である。

二次被害の可能性は，地震後の堤防高さが設定した河川水位を下回る場合とする。

2）照査の方法（堤防の沈下量の推定）

地震後の堤防の変形量は，現時点で精度よく予測でき，かつ実用的手法が確立されていないため，円弧すべり法による安定計算を行い堤防の地震時安全率を求め，既往の河川堤防の天端の沈下量と安全率の関係を利用して天端の沈下量を推定する方法を用いる。なお，地震時の安全率の算定に当たっては，慣性力と地震時に発生する過剰間隙水圧は同時に考慮しないものとする。したがって安定計算は，過剰間隙水圧のみを考慮した安定計算（Δu 法）と慣性力のみを考慮した安定計算（kh 法）の 2 つの検討を行う（詳しい算定法は『河川堤防構造検討の手引き』，『道路橋示方書　耐震設計編』[23] を参照[*]）。

表-10.9 堤防天端の沈下量（上限値）と地震時安全率の関係

地震時安全率 F_{sd}		沈下量（上限値）
慣性力を考慮 F_{sd}（kh）	過剰間隙水圧を考慮 F_{sd}（Δu）	
$1.0 < F_{sd}$		0
$0.8 < F_{sd} \leqq 1.0$		（堤防高）× 0.25
F_{sd}（kh）$\leqq 0.8$	$0.6 < F_{sd}$（Δu）$\leqq 0.8$	（堤防高）× 0.50
———	F_{sd}（Δu）$\leqq 0.6$	（堤防高）× 0.75

　沈下量の推定は，川表および川裏に対して得られた地震時安全率をもとに**表-10.9**による沈下比率を用いて想定する。地震時安全率は，川表もしくは川裏についてΔu法およびkh法のいずれか低い安全率を採用する。
　3）強化工法の設計
　地震に対する強化の目標は，堤防が地震によって破壊することや変形することを防止することを目標にするものではなく，河川水の浸水等によるに二次災害が生じない変形量（沈下量）を一定の範囲にとどめるのが主眼である。
　地震に対する堤防強化工法の設計手順を**図-10.20**に示す。強化工法としては**表-10.10**および**表-10.11**が挙げられている。強化工法の選定の優先順

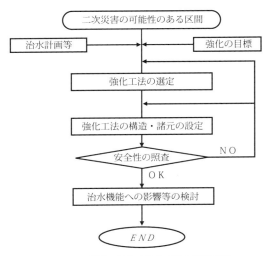

図-10.20　地震に対する強化工法の設計手順

10.3　河川堤防設計指針における構造検討の考え方

表-10.10　地震に対する主な強化工法

工法	工法の原理と概要	工法の特徴	環境条件		地盤条件				留意事項	施工実績
			振動騒音	施工による地盤変位	地下水遮断	粒径	液状化層厚	適用深度[注1]		
押え盛土工法（高水敷法面・緩傾斜を含む）	・押え盛土荷重により、地盤に働く載荷重を増し、液状化状態を抑制する ・すべりに対しても盛土荷重が側方抵抗側に働き、安定化させることが可能	・河川改修事業のメニュー（腹付け工、桜堤、高水敷造成等）で施工が可能	小		なし	問題なし	浅層に効果あり	3m程度の液状化層に適用	・効果として浅層しか期待できない	あり
締固め：振動締固め工法（サンドコンパクション等）	・鋼管ケーシングを先端閉塞の状態で土中に貫入させる。所定の深さに達したところでケーシングを通じて砂などを土中に圧入しながらケーシングを引き抜き、締め固めた砂杭を形成する。このとき、周辺の地盤を側方に圧縮するとともに、振動締固めを行う ・補給材は良質砂や砕石である	・大深度を高密度化が期待できる ・施工実績が豊富 ・施工中に大きなドレーン効果も期待できる	大	大	なし	細粒分に注意	厚くても効果あり	28m	・対象地盤に細粒分が多いと改良後のN値が上昇しにくい ・周辺地盤の変化や振動騒音が大きい	多い
締固め：低振動締固め工法（ミニサンドサイザー・ディープパイブロ等）	・バイブロフロットと呼ばれるバイブレーターを内蔵した鋼製の先端ノズルから水を噴出させながら土中に斜め下に貫入させる。所定の深さに達したところでバイブレーターにより鋼管を振動させながら徐々に引き上げる。振動によって地盤が締め固められるとバイブロフロットの周囲に補給材の砂利、砂礫、砂等の粗粒材を流し込む	・サンドコンパクションと同程度の締固め効果が得られるわりに、振動騒音の効果が少ない	中	小	なし	細粒分に注意	厚くても効果あり	13m	・対象地盤に細粒分が多いと効果が低下	あり
固化：静的締固め工法	・生石灰、セメント、発生土を混合したものをボーリング孔に投入し、杭を形成させる ・杭を右図にように圧入水締水硬によって原地盤を固化する ・吸水膨張による周囲土の締固め効果も期待できる	・振動騒音が少ない ・細粒分が多くても効果がある	小	小	なし	大礫は不適	厚くても効果あり	14m	・地下水汚濁に注意 ・大礫があれば不適	少ない
固化：深層混合処理工法	・セメントを主体とした固化材を原地盤と撹拌混合し、地盤を固化させる ・排土式のものであれば、施工による地盤変位を軽減する方法もある	・施工の信頼性が高い ・排土式のものであれば、施工による地盤変化を軽減できる	小	施工による	あり	細粒分に注意	厚くても効果あり	28m	・周辺地盤に変位を生ずることがある ・大礫があれば不適	あり
固化：高圧噴射攪拌工法	・ボーリング孔を利用し、セメントグラウト等を高圧で噴射し、地盤を固結する	・設備がコンパクトで狭い空間でも施工可能 ・振動騒音による問題は少ない	小	施工による	あり	大礫は不適	厚くても効果あり	ボーリング可能深度	・細粒分が少ないと適用性が低い ・施工管理が難しい	少ない
排水：グラベルドレーン工法	・ケーシングオーガーを所定の位置に回転貫入させた後、砕石を中に排出しながらケーシングを引き上げ、土中に砕石杭を形成する ・地震時には砕石杭を通して水の排水が進み、過剰間隙水の上昇を抑制する	・施工実績が豊富 ・低振動、低騒音で施工が可能 ・縮固め式であれば周辺地盤の縮固め効果も期待できる	小	小	なし	大礫は不適	厚いと効果あり	26m	・地震後に、ある程度の沈下が生じる可能性がある	多い
排水：壁のり尻ドレーン工法	・堤体裏のり尻部にドレーン工を設け、堤体内の地下水位を低下させる	・浸透対策としての効果も期待できる	小	なし	なし	細粒分に注意	厚くても効果あり	—	・堤外側は不適	少ない
構造的：自立（鋼管）矢板工法	・矢板で囲まれた液状化層の側方変位を抑制する	・圧入、中堀り形式で施工すれば振動騒音を低くできる	施工法による	なし	あり	あり	浅層のみ	浅層のみ	・矢板単体の場合は浅層のみしか効果が期待できる ・液状化層が薄い場合は適用性が低い	少ない
構造的：二重矢板工法	・二重矢板およびタイロッドの剛性で液状化層の側方変位を抑制する	・大きな土留めの役割を果たすため境界部での施工が可能	施工法による	なし	あり	あり	浅層のみ	浅層のみ	・二重矢板の内部を液状化しにくい砂等で置換しない場合は効果が高い	少ない
置換工法	・堤防のり尻付近の液状化層を、液状化の発生しにくい材料（例えば砕石）で置換する	・対象地盤が浅いと掘削から施工まで行える	なし	なし	なし	なし	問題なし	6m	・地下水位以下の施工では、締切り工や地下水位低下工法を使用する	少ない

注）適用実績は、これまでに適用された最大深さを示す（土質工学会：液状化対策工法、設計から施工まで、1993）

●第 10 章●経験主義技術からの脱却とその帰結

表-10.11　河川改修工事等の耐震性効果

			耐　震　機　能
河川改修工事	川表側	高 水 敷 造 成	高水敷造成により高水敷部分の上載荷重が増し，液状化の発生を抑制する効果があり，堤体の沈下や変形を軽減することが期待される
		緩傾斜・表腹付け	表腹付けにより腹付け部分の上載荷重が増し，液状化の発生を抑制する効果があり，堤体の沈下や変形の軽減が期待されるとともに，緩傾斜とすることによって変形を緩和することも期待される
		根　固　め	根固めは堤脚部分での上載荷重が増し，液状化の発生を多少抑制する効果が期待できる
		矢　　　板	矢板により液状化層の側方流動を抑制し，堤体の沈下や変形を軽減する効果が期待されるとともに，高水敷造成あるいは根固めと併用することにより耐震性を向上させることが期待される
	川裏側	高 規 格 堤 防	高規格堤防盛土の上載荷重が増して液状化を抑制し，堤体の沈下や変形を軽減する効果が期待されるとともに，極めて緩いのり勾配が変形を緩和させる効果が期待される
		嵩上げ・裏腹付け・裏のり尻ドレーン	嵩上げ・腹付けにより天端および裏のり部分の上載荷重が増して液状化を抑制し，堤体の沈下や変形を軽減する効果が期待される
		緩傾斜・裏腹付け・裏のり尻ドレーン	腹付けにより腹付け部分の上載荷重が増して液状化を抑制し，堤体の沈下や変形を軽減することが期待されるとともに，緩傾斜とすることにより変形を緩和する効果が期待される
		裏のり尻ドレーン	堤体内に水を持ちやすい構造の場合には，ドレーン工の排水機能により液状化層を減少させる効果が期待され，またドレーン工を液状化層まで根入れすれば，液状化に対する軽減効果が期待される

位としては

① 河川改修および堤防強化に効果があり，地震に対する強化につながるものを選定する（高水敷造成，緩傾斜表腹付け，根固工，矢板工，緩傾斜裏腹付け，裏法尻ドレーン工等）。

② 川裏（堤内地）側の強化工法として，押さえ盛土や裏腹付け盛土の実施の可能性を検討し，一部区間でも可能な場合には将来計画の段階施工とする。

③ 次に，騒音や振動問題，施工スペース等を考慮すると川表側を優先すべきで，この場合，工法としては，治水機能上の悪影響がなく，耐浸透機能の確保にも有効な強化工法を検討する。

④ 川裏（堤内地）側に適用する強化工法は，浸透に対する強化が期待できるグラベルドレーン工法やサンドコンパクション工法等，透水性材料を用いた工法とすることが望ましい。

としている。

10.3 河川堤防設計指針における構造検討の考え方

　強化工法の安全性の照査は，選定した強化工法の構造や諸元を設定し，2）で述べた方法を適用して照査する。安全性の照査基準としては，想定される沈下量および背後地の状況等を勘案して設定することが好ましいが，強化後の地震時安全率が 1.0 を上回ることを目標として設計するのが妥当とした。地震に対する強化工法の構造，諸元の設計は『河川堤防の液状化対策工法マニュアル（案）』（1997）[24] および「同改定版」（1998）[25] によるものとする。

　これらの設計指針の技術的背景には，建設省土木研究所動土質研究室での液状化に関する基礎的研究および民間共同研究による耐震工法の開発 [26], [27]，さらに釧路地震（1993），北海道南西沖地震（1993），北海道東北沖地震（1994），兵庫県南部地震（1995）後の現地被災実態調査と復旧工法の検討の成果 [28]（十勝川堤防では，築堤による泥炭土の沈下により築堤土が泥炭土中に沈み，築堤下部土が常時地下水面下となり，その築堤土が液状化したことを明示），さらには地盤工学会に結集した官学民の研究者・技術者の知見『液状化対策の調査・設計から施工まで』[29]（1993 年刊）等が生かされた。

　「河川堤防設計指針」の通達の翌年，平成 15 年（2003），7 月 13 日宮城県北部地震，9 月 26 日十勝沖地震が発生し，鳴瀬川，十勝川等の堤防が液状化により被災した。すぐさま，被災状況，被災原因および復旧工法の検討がなされ，地震対策を含む工事がなされた。

　なお，河川構造物の耐震設計は，設計地震動としてはレベル 1 地震動（中規模地震動）のみが考慮されており，阪神淡路大震災以後，主流となった耐震性能照査の考え方が十分に導入されていなかった。このため，平成 16 年（2004）「河川構造物の耐震検討会」（座長：佐々木康　広島大学名誉教授）が財団法人 国土技術開発研究センターに設置され，国土交通省河川局が国土技術政策総合研究所と独立行政法人 土木研究所の連携のもとに，平成 19 年（2007）3 月『河川構造物の耐震性能照査指針（案）同解説』[30] を作成した。いわゆるレベル 2 地震動（対象地点において現在から将来にわたって考えられる最大級の地震動）に対して構造物の性能規定を求める設計法である。

　表-10.12 に河川構造物に求める耐震性能を示す [31]。本照査指針（案）での土堤防に求める耐震性能は，堤内地盤高が耐震性能照査において考慮する外水位より低い地域については，レベル 2 地震動に対して耐震性能 2 ［河川

● 第 10 章 ● 経験主義技術からの脱却とその帰結

表-10.12 河川構造物に求める耐震性能 [31]

構造物	構造物形式	治水・利水上の区分	L1 照査	L2 照査
堤防（土堤）	土堤	※	対象外	耐震性能 2
		それ以外の地域	対象外	対象外
自立式特殊堤	コンクリート擁壁	※	耐震性能 1	耐震性能 2
		それ以外の地域	耐震性能 1	耐震性能 3
	自立式矢板	※	対象外	耐震性能 2
		それ以外の地域	対象外	耐震性能 3
堰	引き上げ式ゲート	治水上 or 利水上重要	耐震性能 1	耐震性能 2
		それ以外	耐震性能 1	耐震性能 3
	鋼製転倒ゲート（鋼製起伏堰）	治水上 or 利水上重要	耐震性能 1	耐震性能 2
		それ以外	耐震性能 1	耐震性能 3
水門樋門		治水上 or 利水上重要	耐震性能 1	耐震性能 2
		それ以外	耐震性能 1	耐震性能 3
揚排水機場		治水上 or 利水上重要	耐震性能 1	耐震性能 2
		それ以外	耐震性能 1	耐震性能 3

注）※は場内地盤高が耐震性能の照査において考慮する外水位よりも低い地域

構造物としての機能を保持する性能（供用性を満足する）］とした。すなわち地震後氾濫しない。なお，耐震性能 1 は，［河川構造物としての健全性を損なわない性能（供用性を満足し修復も不要）］，耐震性 3 は，［損傷が限定的なものにとどまり，河川構造物としての機能の回復が速やかに行い得る性能（供用性は損なうが修復性は満足する）］である。

耐震性能の照査法は，『河川堤防の構造検討の手引き』の方法（堤防の変形を静的に算定できる方法）を用いて，地震後の堤防高が，耐震性能の照査において考慮する外水位を下回らないことを照査するものとした。

液状化に伴う堤防の変形を簡便かつ精度よく静的に算定する方法としては，液状化の発生による土層の剛性低下を仮定し，土構造物としての自重を作用させ，その変形を有限要素法により算定する方法（有限要素法を用いた自重変形解析法）と，液状化した土層はせん断抵抗を有しない粘性流体と仮定し，地盤の流体的な変形を算定する方法（流体力学に基づく永久変形解析法）があり，それを用いることができるとした。

この耐震性能照査法の変更を受け『河川堤防設計の手引き』は平成 19 年（2007）3 月耐震機能と照査に関する部分を改訂している。

（4）構造物周辺の堤防の点検と強化

　昭和56年（1981）小貝川堤防が破堤した。破堤は高須樋管周りの漏水を
きっかけとするものであった。樋管周囲の築堤土が沈下し，一方で樋管の基
礎杭により沈下が押さえられ，不同沈下により樋管底部の空隙が生じたもの
と推定された。これを契機に全国で樋管下空洞調査が行われ，空洞が多数発
見された。財団法人 国土開発技術研究センターに「河川構造物対策小委員会」
（委員長：吉川秀夫　早稲田大学教授）が設置され，構造物周りの漏水事例，
漏水対策工法が検討され，具体的な対策事業に反映された。また，樋管と周
辺築堤土との不同沈下が少ない柔構造樋管の開発研究がなされ，技術活用パ
イロット事業（⇒注7）等の活用による試験施工がなされ，ようやく平成10
年（1998）『柔構造樋門設計の手引き』（財団法人 国土開発技術研究センター
編，山海堂）が発刊された。編集に当たっては建設省土木研究所 三木博史
土質研究室長ほか関連研究室の指導があった。平成13年（2001）には，国
土交通省河川局治水課より「樋門等構造物周辺堤防点検要領」が通達されて
いる。

　このような調査検討の背景のもと，手引きでは，水門や樋門の堤防を横断
する構造物は，個別の機能のほか堤防としての機能も備えなければならない
とし，軟弱地盤地域に支持杭基礎により設置された水門や樋門の周辺の堤防
については，緩みや空洞等の変状は進行性であると認識し，適切な点検に基
づく安全性の評価（診断）を行い，モリタリングと必要に応じた強化を施し
て，樋門等の周辺堤防が連続する一連の堤防よりも弱点とならない，言い換
えれば同等の安全性を有するよう処置することが重要とした。

　構造物周辺の堤防の点検・強化の手順は，**図-10.21**のようである。具体
的点検・強化法について解説しているが省略する。なお，**図-10.22**に強化
工法の選定手順を，**表-10.13**に抜本的対策の種類を示す。

　対策工のパイピング対策の評価法としては，対策工の原理により適切な手
法を用いるとし，以下の3手法を示している。

　1）レーンのクリープ比

　以下のレーンの加重クリープ比を用いるものである。

$$C \leqq (L/3 + \Sigma I)/\Delta H$$

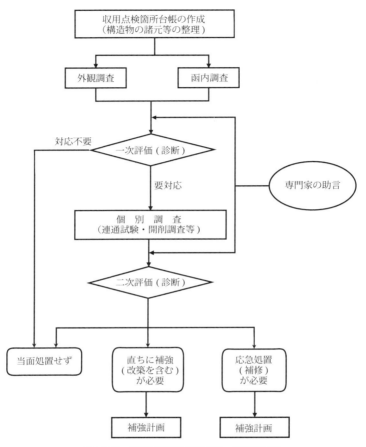

図-10.21　構造物周辺堤防の点検・強化の手順

ここに，C：加重クリープ比，L：本体および翼壁の函軸方向の浸透経路長，Σl：遮水矢板等の鉛直方向および水平方向の浸透経路長，ΔH：内外水位差である。上式を満足するときは，浸透経路の堤内側先端でのクリープ（パイピング）は発生しないとする。表-10.14 にレーンによる土質区分と加重クリープ比 C の値を示す。

2）局所動水勾配

堤内地盤が透水性地盤で被覆土層がない場合は，堤防裏法尻近傍の基礎地

10.3 河川堤防設計指針における構造検討の考え方

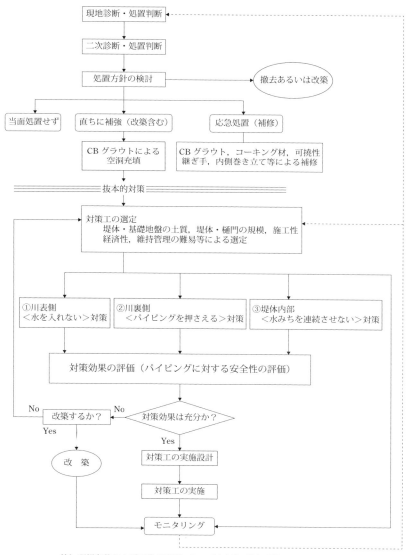

注）現場条件および工費の比較によっては上記の流れが変わることもある。
「当面処置せず」「応急処置」の場合にもモニタリングを行う。

図-10.22　強化工法の選定手順

●第10章●経験主義技術からの脱却とその帰結

表-10.13 技術的対策工法の種類と内容

対策の目的	水を入れない	水みを連続させない		バイピングを押さえる	
対策の考え方	構造物に沿う親水や空隙漏の発生を、遮止することができない。したがって、最も信頼性のある漏水対策は、河川水の入り口での遮水を完全にし、構造物周辺での水の侵入を阻止することである。	構造物とその周辺近傍的に、漏水につながる水みを形成しすいのは構造物に沿う部分である。したがって、構造物を簡潔的に取り巻くように完璧な遮水層を築造すれば漏水の発生主因圧止できる。		構造物沿いに水が流れても構造物自体に危険はないが、土が移動して排出されなければ堤体に対する空隙は生じない。したがって、漏水の出口での対策により、バイピングを生じさせなく排水することによって堤体の安全を保たれる。	
対策工法	連続矢板打設および遮水シート敷設・接合	止水板方式	連壁方式	押さえ盛土	水圧バランス方式
概念図					
工法の原理	堤外側の樋門前面に、樋門を取り囲むように地盤中に地盤中に矢板を連続して打設し、矢板の遮水効果によって河川水の樋門周辺への水の侵入を阻止する。	函体を取り囲むように鋼板、矢板あるいはシートを設置し、これらの遮水機能によって、構造物に沿う水の流れを遮断するとともに浸透経路長を増大させる。	函体を取り囲むようにコンクリートあるいはセメント系改良土体を設置し、これらの遮水体によって、構造物に沿う水の流れを遮断するとともに浸透経路長を増大させる。	堤内側の法先地盤上に盛土して、土材の厚さおよび所要長により、支層での動水勾配を低減させるいは上載重を増加させてバイピング発生を防止する。	内内側の樋門前面に、樋門を取り囲むように矢板等で堰体を作り、井内時は水を供給して堰内の出口での水圧を増加させることでバイピングの発生を阻止する。
効果の確実性ならびに工法の長所・短所	（長所）・河川工事に対する実績が豊富である。・打設に遮水機能が樋門前面に直接の影響を与えない。（短所）・地盤条件によって施工にばらむらが生じ、確実な遮水効果が低減する危険性がある。・振動、騒音が多い。・工事のための新たな用地が不要	（長所）・遮水シートは充分な施工実績を有し、構造物と一体化し、確実な遮水効果が期待できる。（短所）・シートは益水護岸の張出や函体に直接の影響を与える。・地盤沈下によって施工にばらむらが生じ、確実な遮水効果が低減する危険性がある。	（長所）・鋼矢板、鋼管シートのものは施工実績があり、遮水効果が明らかである。（短所）・函体との隙間がわずかしか生じた場合は遮水効果が減少する。・樋門の漏水対策としての施工実績がない。	（長所）・連壁工法は一般的な遮水工法としての施工実績があり、壁体の厚みによる遮水効果が確認されている。（短所）・噴射改良体の場合は既設基礎杭を利用する場合の、遮水性は劣る。・函体との隙間がわずかでも生じた場合は遮水効果が減少する。	（長所）・堤防の浸透対策として一般的な工法であり、効果が確認されている。・浸透流解析による遮水効果を精度よく把握することができる。
施工性	・堤体や樋門の条件にはほとんど左右されず、比較的短期間で施工できる。・仮設は矢板工のみのクレーン設置のみである。・振動、騒音が多い。・工事のための新たな用地は不要	・函体の切回しを必要とする。・シートを除き、設置には端の工開を必要とする。・現場の大きな仮設を要する。・函体の固定は工法開発を要する。	・函体の切回しを必要とする。・現場大きな仮設を要する。・函体との密着方法は工法開発を要する。	・土工のみであり施工は最も容易である。・特別な仮設を必要としない。・工事費が最も少ない。・堤内側に用地を必要とする。	・堤内側に用地および施工ヤード平坦地を必要とする。・非常時は堰体で囲まれた空間となるため、安全対策が必要となるなど、大がかりな対策となる可能性がある。
地盤沈下が進行する場合の対策効果の持続性確保対策	地盤沈下への打設であるため合部には影響が少ないと考えられるが、矢板、水板等の既設構造物との合部は部に必らなかにより対策効果を持たせるには必要に応じて可撓性矢板を用いる。	函体との固定方法は地盤沈下に合部を固定させることと一体化させることにより既設水工法の他、その他の場合は函体との度合部に注入ホースを埋設し、堅体改造を検討する。	噴射改良体の場合は杭と一体化させることにより既設水工法の他、その他の場合は函体との度合部に注入ホースを埋設し、堅体改造を検討する。	盛土を追加して行うことにより対応することとともに、地盤沈下の影響を受けることから、沈下が大きい場合は新たな沈下対策を必要としないなど、維持管理も容易である。	盛土の外側への設置であることから、沈下の影響を受けることはほとんどなく、補修等の維持管理も容易である。

426

10.3 河川堤防設計指針における構造検討の考え方

表-10.14 加重クリープ比 C（レーンの原典より）

区　　　分	C
極めて細かい砂またはシルト	8.5
細　砂	7.0
中　砂	6.0
粗　砂	5.0
細砂利	4.0
中砂利	3.5
栗石を含む粗砂利	3.0
栗石と礫を含む砂利	2.5
軟らかい粘土	3.0
中位の粘土	2.0
堅い粘土	1.8

盤の局所動水勾配の最大値が 0.5 以下で安全であるとする。

3）揚　圧　力

　堤内地盤が透水性地盤で被覆土層がある場合は，被覆土層の重量が被覆土層基底面に作用する揚圧力より大きい場合，安全であるとする。

メモ　昭和49年多摩川水害と堤防

　昭和49年（1974）9月洪水において多摩川 22.3 km 地点にある二ヶ領用水堰左岸の，取水堰直下流の堰取付け護岸の欠陥から護岸が破損し，そこから堰を取り付けてあった高水敷に欠け込みが生じて拡大し，本堤防を侵食し堤内側の住宅 19 棟が流出した。この破堤は床止め工と堤防被災の関係を見直す契機となり，河川管理施設等構造令に反映された。

　同構造令では，堰，水門および樋門，揚水機場・排水機場および取水塔，橋，伏せ越しによる堤防被災が生じないよう，影響区間における堤防保護工の設置や，構造物設計における基準が定められている。なお，土木研究所河川研究室では現地調査と模型実験による床止め工の研究を行い，設計試案を平成元年（1989）に作成している。この研究成果は，国土開発技術研究センター編『床止めの構造設計の手引き』[32]（2008）に反映された。

●第 10 章●経験主義技術からの脱却とその帰結

（5）越水に対する難破堤堤防の設計

　平成 14 年（2002）の「河川堤防設計指針」には，越水に対する難破堤堤防の設計に関する記述はない。また『河川堤防の構造検討の手引き』にも記述がない。

　しかし，昭和の終わりごろから平成の初めまでのアーマレビーの開発と加古川，御船川，江の川での実践，平成 8 年（1996）6 月の河川審議会答申において「想定を上回る洪水は常に発生する危険を備えていることから，あらゆる洪水に対して被害を最小化する観点からの治水対策を新たに進めるべきとされ，そのためには堤防の質的向上を図ることにより破堤による甚大な被害の発生を防止する等の対策を進めるべき」を受け，平成 9 年（1997），河川局の新規・重点課題としてフロンティア堤防構想を打ち出し，難破堤堤防の設計法の検討が進んでいた。難破堤堤防では越流水深 30 cm を設定し，裏法保護工，天端保護工，法尻工の安全性照査を行うものとしていた。

　この難破堤堤防は，河川管理施設等構造令　第 18 条（構造の原則）「堤防は，護岸，水制その他これに類する施設と一体として，計画高水位（高潮区間にあっては，計画高潮位）以下の水位の流水の通常の作用に対して安全な構造とするものとする。」を超える性能規定を持つ構造物であり，氾濫に対する治水安全度の空間的差異を明示するということを社会的に認知し，また財政的に受け入れるという政治的決断を伴う法令を改定しない限り，法的整合性が取れないものと言えるものであった。法令に矛盾しないよう「河川堤防設計指針」では，越水に対する難破堤堤防の設計の記述を見送ったと言えよう。新たに付加すべき堤防の性能に関しては社会的合意が必要なのである。

　東日本大震災（2011 年），鬼怒川の破堤（2015 年）は，越流にある時間耐え得る堤防の必要性を再認識させ，ある程度越水に耐える堤防の整備を始めた（⇒ **10.1**）。

10.4　河川堤防の構造検討と堤防築造土工指針との関係性

　平成 5 年（1993）財団法人 国土開発技術研究センターから『河川土工マニュアル』[8] が発刊されている。本マニュアル作成に当たっては，「河川土

428

工マニュアル検討委員会」（委員長：福岡正巳 東京理科大教授）が設置され，委員からの助言や討議を通して完成したものである。第4章は，「河川土工施工」であり，堤防築堤が民間請負の機械化施工となった実情を反映した記述となっている。ダンプトラック・ブルドーザ等の機械化を反映し，一般に河川堤防では1層当たり締固め後の仕上がり厚を30 cm以下となるように敷き均しを行っているとし，この場合の敷き均し厚（撒き出し厚*）は35〜45 cmとしている。**表-10.15**に土質と締固め機械の一般的な対応を示す。

堤防盛土の締固めの規定の方式としては，大別して品質規定方式と工法規定方式の2つがあるとし，堤防では締固め基準として前者による方式を原則とするが，両者の適用にはそれぞれ適・不適があるから，それぞれの特色を理解し，工事の性格，規模，土質条件などの現場の状況をよく考えたうえでいずれかを選択する。

1）品質規定方式

品質を規定する方式には，次のような種類がある。

① 基準試験の最大乾燥密度，最適含水比を利用する方法

締固めた土の乾燥密度と基準の締固め試験（JIS A 1210）の最大密度

表-10.15 土質と締固め機械の一般的な適応 [8]

締固め機械 土質区分	普通ブルドーザ	タイヤローラ	振動ローラ	振動コンパクタ	タンパ	備　　考
砂 礫混り砂	○	○	○	△	△	単粒度の砂，細粒分の欠けた切込み砂利，砂丘の砂など
砂，砂質土 礫混り砂質土	◎	◎	○	△	△	細粒分を適度に含んだ粒度配合の良い締固め容易な土，マサ，山砂利など
粘性土 礫混り粘性土	○	○	×	×	△	細粒分は多いが鋭敏性の低い土，低含水比の関東ローム，くだきやすい土丹など
高含水比の砂質土 高含水比の粘性土	○	×	×	×	×	含水比調節が困難でトラフィカビリティが容易に得られない土，シルト質の土など

◎：有効なもの
○：使用できるもの
△：施工現場の規模の関係で，ほかの機械が使用できない場所などで使用するもの
×：不適当なもの

● 第 10 章 ● 経験主義技術からの脱却とその帰結

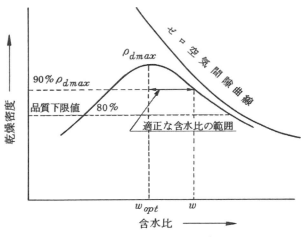

図-10.23　土の突固め曲線[8]

の比（締固め度と略称）が規定値以上となっていること，および施工含水比がその最適含水比を基準として規定の範囲にあることを要求する方法である．土の現場密度試験は「砂置換法による土の密度試験法」（JIS A 1214）によることが多いが，最近ではラジオアイソトープ法（RI 法）も用いられている．なお，平成 8 年（1996）大臣官房技術調査室長より「RI 計器を用いた盛土の締固め管理要領（案）」（建設省技調発第 150 号）が通達されている．

　盛土の品質規定値は，平均締固め度 $D_c = 90\%$ 以上で，締固め度品質下限値 $D_c = 80\%$ 以上と設定した．図-10.23 は突き固め曲線の上にこれを示したものである．この規定は日本統一土質分類における {SF}，{S}，{GF} の粗粒土に適用する．
② 空気間隙率または飽和度を施工含水比で規定する方法
　（空気間隙率または飽和度規定と略称）
　　これは，堤体土粒土の $75\mu m$ 通過分が 25% より少ない土（砂質土，粘性土）を対象とするもので，締め固めた土の性質を恒久的に確保する条件として，空気間隙率または飽和度を表-10.16 のように規定し，これを締め固めた土の強度，変形特性が設計を満足する範囲に施工含水比

10.4 河川堤防の構造検討と堤防築造土工指針との関係性

表-10.16 締固め度の規定[8]

土質分類 名称	粗粒質	砂質土 {SF} (15%≦−74 μm < 25%)	砂質土 {SF} (15%≦−74 μm < 50%)	粘性土 F
締固め度（D_c）	$\overline{D_c} = 90\%$	$\overline{D_c} = 90\%$		
施工含水比（W_n）	—	—	トラフィカビリティを 確保しうる範囲	トラフィカビリ ティを確保しう る範囲
空気間隙率（V_a）	—	—	$V_a \leqq 15\%$	$2\% \leqq V_a \leqq 10\%$
飽和度（S_r）	—	—	—	$85\% \leqq S_r \leqq 95\%$
品質合格率（%）	—	—	90%	90%
品質下限額値	$D_c = 80\%$		—	—

注）基準締固め試験はA−a法とする。（−74 μmは，74 μmより細粒材料の意味[*]）

を規定する方法で管理するものである。なお，同表の砂質土 {SF} については乾燥密度規定および空気間隙率規定のいずれの規定方式によっても品質管理が可能としている。

空気間隙率 V_a および飽和度 S_r は現場において土の湿潤密度 ρ_t および含水比 ω を測定することにより次式から算出できる。

乾燥密度　　$V_a = 100\rho_t / (100 + \omega)$　　　　　(g/cm^3)

空気間隙率　$V_a = 100 - \rho_d/\rho_w (100/\rho_s + \omega)$　　$(\%)$

飽和度　　　$S_r = \omega/(\rho_w/\rho_d - 1/\rho_s)$　　　　$(\%)$

ここで ρ_d は乾燥密度，ρ_w は水の密度（≒ 1 g/cm³），ρ_s は土粒子の密度である。

施工含水比の規定としては，その含水比の上限をトラフィカビリティ（建設機械の走行性を示す地面の能力）を満足し得る限界で定めるのが一般的である。

2）工法規定方式

盛土の締固めに当たって，使用する締固め機械の種類，締固め回数等の工法そのものを仕様書に規定する方式である。

工法規定方式では現場における締固め試験によって盛土の品質を確認し，仕様の適否をチェックし，最終的に締固め機種と締固め回数および撒き出し厚さを決定することが望まれる。

なお『河川土工マニュアル』は，平成21年（2009）4月，平成5年以降の基準・指針等と整合を図る，新規法令の制定・改正に合わせる，SI単位系に変更，近年の施工および管理技術を反映させるために改訂された。

> **メモ　既設堤防の土質性状と締固め度が及ぼす土質性状の変化**
>
> 　図-10.24は，建設省関東地方建設局関東技術事務所[33),34)]がまとめた堤防開削調査時の土質サンプルの土質性状を示したものである。堤防土質は氾濫原堆積物であるシルト質砂を示すものが多い（30％程度）が，砂利川の河床材料である礫質のものから湿地性堆積物である粘性土まで幅広い土質が存在する。締固め度は70～100％の間にある。含水比は粗粒物質ほど小さく，細粒物質ほど大きい傾向にある。
>
> 　図-10.25は，久楽勝行ほか（1982）の礫混じり粘性土の室内試験による締固め度と透水係数および強度定数（粘着力Cおよび内部摩擦角ϕ）の関係[35)]を示したものである。ここで図中の数字は試料番号を示すもので，これが小さいほど細粒分が少ない試料である。締固め度が80％から90％に増加すると透水係数が1～2オーダ小さくなり，強度定数も大きくなることがわかる。盛土の締固め管理の重要性が理解できよう。
>
>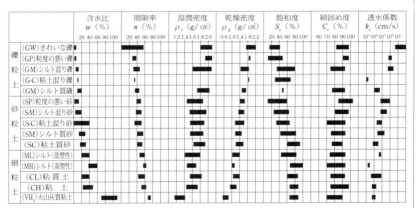
>
> **図-10.24　既設堤防の土質性状**[33)]

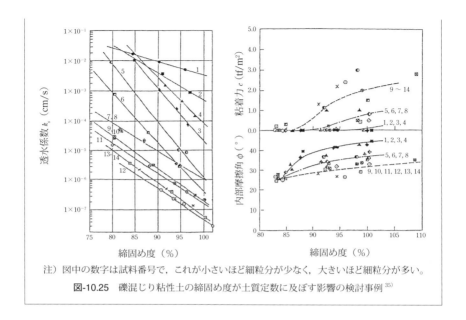

図-10.25　礫混じり粘性土の締固め度が土質定数に及ぼす影響の検討事例[35]

10.5　高規格堤防の設計思想

　平成 3 年（1991），「河川法の一部を改正する法律」（平成 3 年法律第 61 号）において，「高規格堤防特別区域」制度が創設され，いわゆる「スーパ堤防」が法律に位置づけられた。利根川，荒川，多摩川，淀川，大和川の計 798 km がこの区域に指定された。破堤氾濫被害が甚大である大都市の資産集中地域の河川が指定されたのである。

　図-10.1 に代表される高規格堤防（通称スーパー堤防）は，通常堤防よりもはるかに緩やかな幅広の裏法部を持つ盛土構造を基本とする堤防であり，その裏法が通用の土地利用に供されることを前提にした，超過洪水の発生時に作用すると予想される諸外力に対して堤体が破壊されないように設計されるものである。高規格堤防の裏法上（厳密には，河川法第六条 2 項において「高規格堤防特別地域」として指定される範囲）では通常の土地利用がなされることが前提であり，そこでの河川法の規制も極めて緩やかであることから（河川法第二十六条 2 項，3 項，河川法第二十七条），通常堤防を高規格

堤防にする際に，規制の程度との関係から，河川管理者が土地を新たに買収する必要がないという大きな特徴がある。また，高規格堤防は，越水や河道内洗掘だけでなく浸透と地震に関わる外力も設計の対象とするため，堤防破壊要因のすべてに対応できる堤防とされる。さらに河川近傍の地盤が全体的に底上げされるため，様々な面で河川および其の周辺環境の質的向上を図ることができる。こうしたことから高規格堤防は，人口・資産・情報が高度に集積した大都市を氾濫原に持つ主要河川の超過洪水対策の主役として位置づけられた。

このスーパー堤防は，円高不況対策としての追加予算，金融緩和，円高による国内市場の活性化により都市再開発という不動産投資に資金が流れ，地価の高騰時代，いわゆる「バブル景気」（昭和62～平成3年）時代に構想されたものであった。

スーパー堤防は，従来の堤防と設計外力および堤防の前提条件が異なり，その設計方針の確立が求められた。まず，超過洪水時の越水による堤防に働く外力（以下越水外力），基本的には単位幅当たりの越流量あるいは越流水深（越流量に換算可能）をどの程度とするべきかが問われた。これについては建設省土木研究所河川研究室（藤田光一主任研究員が主導）が中心となり理論的実験的研究により，高規格堤防特別区域内の土地利用の差異による堤防越量係数，考えられる越流水深の推定法の検討がなされ[36), 37)]，また高規格堤防内の道路構造物の耐侵食特性の把握による耐侵食力の値等の研究がなされた[38)]。

これらの基本的知見をもとに，平成4年（1992）1月，河川管理施設等構造令の高規格堤防構造規定が追加された。令十八条の構造の原則に

2. 高規格堤防にあっては，前項の規定によるほか，高規格堤防特別区域内の土地が通常の利用の供されても，高規格堤防及び其の地盤が，護岸，水制その他これに類する施設と一体として，高規格堤防設計水位以下の水位の流水の作用に対して耐えることができるものとするものとする。

3. 高規格堤防は，予想される荷重によって洗掘破壊，滑り破壊又は浸透破壊が生じない構造とするものとし，かつ，その地盤は，予想される荷重によって滑り破壊，浸透破壊又は液状化破壊が生じないものとする。

とされ，ここに高規格堤防の構造上の性能規定がなされ，この性能規定を満たす堤防設計，施工が求められた。

設計の前提となる「高規格堤防設計水位」については，令二条の10項に規定され「高規格堤防を設置すべきとして河川整備基本方針に定められた河川の区間の流域又は当該流域と水象若しくは気象が類似する流域それぞれに発生した最大の洪水及び高潮に係わる水象又は気象の観測の結果に照らして当該区間の洪水及び高潮が生ずるものとした場合における当該区間の河道内の最高水位をいう。」とされた。具体的な水位の設定法は平成9年（1997）に改正された『河川砂防技術基準（案）設計編』で解説され，越流を考慮した不定流計算（越流係数 $C=0.6\,\mathrm{m}^{1/2}/\mathrm{s}$ とする）を行い，その計算結果に「洪水時の河床変動等に起因する水位変動」を加えるものとした。

高規格堤防の作用する荷重の種類は，令二十二条の2で規定され，**表-10.17** の荷重が採用された。ここで，W：高規格堤防の自重，P：河道内の流水による静水圧の力，I：地震時における高規格堤防およびその地盤の慣性力，P_p：間隙圧（高規格堤防および地盤の内部の浸透水により水圧），τ：越流水のせん断力である。想定する河道内水位と荷重の関係は，**表-10.18** のとおりである。

ここで，高規格堤防および地盤のすべりに関する構造計算に用いる設計震度は，強震帯地域，中震帯地域，弱震帯地域の区分に応じて，それぞれ 0.15，0.12，0.10 とし，堤体に水平に作用するものとする。ただし，河道内の水位が平水位を超える場合（具体的には計画高水位，高規格堤防設計水位）の設計震度は，上記値の 1/2 とする（洪水と大地震の同時生起を仮定するのは過大設計であるので*）。すべり破壊に関する安定計算に用いる外力条件を**表-10.19** に示す。液状化に関する構造計算に用いる高規格堤防の表面における設計震度は，上記値に 1.25 を乗じた値とする。地震時の慣性力によるす

表-10.17　高規格堤防に作用する荷重の種類

項	河道内の水位	荷　重
一	計画高水位以下である場合	$W,\ P,\ I,\ P_p$
二	計画高水位を超え，高規格堤防設計水位以下である場合	$W,\ P,\ P_p,\ \tau$

●第10章●経験主義技術からの脱却とその帰結

表-10.18　想定する河道内水位と荷重

堤防破壊形態	堤防破壊機構	設計において想定する河道内水位	採用する荷重
川表側からの洗掘破壊	河道内の流水による堤防の川表側の洗掘	高規格堤防設計水位，計画高水位，平水位，水位低下時	河道内の流水によるせん断力
越流水による洗掘破壊	越流水による堤防の川裏側の洗掘	高規格堤防設計水位	τ
すべり破壊	水の浸透による間隙圧の変化による堤防および地盤のすべり	高規格堤防設計水位，計画高水位，平水位，水位低下時	W, P, P_p
	地震時慣性力に伴う不安定化による堤防および地盤のすべり	計画高水位，平水位，水位低下時（計画高水位以下）	W, P, P_p, I
浸透破壊	浸透水の堤防裏面からの流出に伴う堤防の侵食（浸透水侵食破壊）	高規格堤防設計水位，計画高水位，平水位，水位低下時	P, P_p
	浸透水によるパイプ状の地盤土砂流出路形成・発達（パイピング破裂）		
液状化破壊	地震時慣性力の作用により地盤が液状になることに伴う堤防沈下・変形等の発生	計画高水位，平水位	W, P, I発生に伴うP_p

注1）「水位低下時」とは，河道内の水位が高規格堤防設計水位以下で，かつ，水位が急速に低下する場合である。ただし「（計画高水位以下）」とある場合は，計画高水位以下での水位低下に限定する。

注2）荷重の記号の説明は，次のとおりである。
　　　W：高規格堤防の自重
　　　P：河道内の流水による静水圧の力
　　　I：地震時における高規格堤防およびその地盤の慣性力
　　　P_p：間隙圧（高規格堤防およびその地盤の内部の浸透流による水圧，および地震時の過剰間隙水圧）の力
　　　τ：越流水によるせん断力

べり破壊に対する安全性は，円弧すべり法による最小安全率を1.2とし，液状化に対する安全率は，過剰間隙水圧を考慮した円弧すべり法による安全率を1.2として設計する。

　浸透に対する安全性は，浸潤線が高規格堤防の法尻面と交わらないようにする（泥ねい化による堤防の弱体化の防止のため*）。もし，浸潤線が堤防川裏側の法面と交わる場合はドレーン工等の対策工を実施する必要がある。湿潤線は，有限要素法により雨水および洪水波形を考慮した非定常浸透解析等により算出し，この計算における川裏側の法面位置は法尻部を除き実際の法面位置より1.5m低い位置としている。これは堤防表面から一定の深さま

436

10.5 高規格堤防の設計思想

表-10.19 すべり破壊に関する安定計算に用いる外力条件

条　件	計画対象のり面	地　震　力			水　位	間隙圧
		強	中	弱		
計画高水位を超え 高規格堤防設計水位以下	裏のり面	—	—	—	高規格堤防 設計水位	浸透圧
平水位を超え 計画高水位以下	裏のり面	0.075	0.06	0.05	計画高水位	浸透圧
水位低下時	表のり面	0.075	0.06	0.05	高規格堤防 設計水位→ 平水位	残留間隙 水圧
平水位以下	裏のり面 表のり面	0.15	0.12	0.10	平水位	浸透圧

表-10.20 レーンの加重クリープ比

地盤の土質区分	C	地盤の土質区分	C
極めて細かい砂またはシルト	8.5	粗　砂　利	4.0
細　　砂	7.0	中　砂　利	4.0
中　　砂	6.0	栗石を含む粗砂利	3.0
粗　　砂	5.0	栗石と砂利を含む	2.5

では掘削・埋戻しが自由であるからである。パイピング破壊についてはレーンの加重クリープ比Cが**表-10.20**の値以下でなければならないとし，通常堤防の局所動水勾配による判定と異なるものとした。高規格堤防では堤体内に建築物の基礎等の基礎が入り，土と構造物周辺で水道が生じやすくなるからである。ここでCは

$$C = (L_e + \Sigma l) / \Delta H = \{L_1 + L_2 / 3 + \Sigma l\} / \Delta H$$

である，ここに，L_e：水平方向の有効浸透長，L_1：水平方向の堤防と堤防地盤の接触長さ，L_2：水平方向の堤防の地盤と地下構造物の接触長さ，Σl：鉛直方向の地盤と構造物の接触長さ（通常は零とする），ΔH：水位差である（**図-10.26**）。L_2は高規格堤防区域に建ぺい率80％の建物の地下室等が入った場合を想定する。

　河道内流水による侵食に対する安全性は，高規格堤防設計水位以下の河道内流水の作用に対して安全な構造とする。

　越流水による洗掘に対する安定性は，堤防上部に作用する越流水による洗

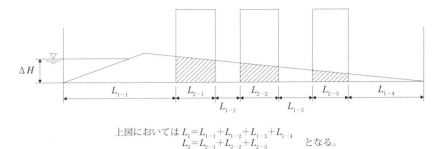

上図においては $L_1=L_{1-1}+L_{1-2}+L_{1-3}+L_{1-4}$
$L_2=L_{2-1}+L_{2-2}+L_{2-3}$ となる。

図-10.26 浸透破壊に対する安定性の検討

掘に対し，必要なせん断抵抗力を有するように設計する．具体的には，越流水の流速が堤体表面のせん断破壊を生じない流速以下になるよう設計するが，越流水の流速は川裏側堤防勾配に左右されるので，川裏側の堤防勾配を定めることになる．すなわち，堤防表面のせん断力 τ が許容せん断力 τ_a 以下となる必要がある．

$$\tau = w_0 h_s I_e \leqq \tau_a$$

ここで，w_0：水の単位体積重量，h_s：高規格堤防の表面における越流水の水深，I_e：越流水のエネルギー勾配である．τ_a の値は土木研究所のおける実物大の模型実験結果より $0.078\,\mathrm{kN/m^2}$（$0.008\,\mathrm{tf/m^2}$）としている．越流水による洗掘破壊を考える場合，一般に越流水が道路部に集中する状況が最も激しいので，道路面に作用するせん断力が許容せん断力以下となるように堤防裏法面勾配 I を定めることになる．道路面に作用するせん断力は流れが等流であると仮定することにより，道路面に作用するせん断力は

$$\tau = w_0 n^{3/5} (q_r)^{3/5} I^{7/10}$$

となる．q_r は単位幅当たりの道路流量である．ここで q_r は $q_r = q \cdot R_r$ として求める．q は単位幅越流量（$\mathrm{m^3/s/m}$）で

$$q = C h_k^{3/2}$$

である．ここで，C は流量係数，h_k は計画堤防天端高を基準とする高規格堤

防設計水位，R_r は堤防法線と直角に通る裏法道路一本の幅に対するその道路が受け持つ堤防法線長の比，n は道路表面のマニングの粗度係数である。n の値は 0.016 を目安とし，C は土木研究所における検討結果[37] より，一般的な値 1.6 を用い

$$\tau = 0.3446\,q^{3/5}\,I^{7/10}\ (\mathrm{tf/m^2}) = 3.3794\,q^{3/5}\,I^{7/10}\ (\mathrm{kN/m^2})$$

となり，τ が τ_a 以下となるように高規格堤防裏法勾配 I を求めるものである。

平成 7 年（1995）には，財団法人 リバーフロント整備センターが事務局となり，本省河川局，関東および近畿地方建設局，土木研究所関係研究室の技官からなる「高規格堤防施工法検討委員会」の検討を踏まえ『高規格堤防盛土設計・施工指針（案）』が，財団法人 リバーフロント整備センターにより取りまとめられた。

以上のように高規格堤防の性能規定は，通常堤防より厳しいものであった。土工量が莫大であり，高規格堤防区域での地権者との調整に難航し，実際に早期の施工可能な区間が少なく，また建設費用も高く，超過洪水対策の便益効果の発現が遅れた。財政状況などにより当初設定した高規格堤防特別区域における高規格堤防の完成は見通しが立たないものとなり，民主党政権下の事業仕分けにおいて完成まで多くの費用と時間を要するとの否定的指摘をうけ，平成 23 年（2011）8 月，高規格堤防の抜本的見直しを行い，整備区間を「人口が集中した区域で，堤防が決壊すると甚大な人的被害が発生する可能性の高い区間」に大幅に絞り込み，下流部のゼロメートル地帯の整備等に縮小された。残された区間については新たな対応が求められた。利根川・江戸川右岸が破堤した場合，首都圏の壊滅的な被害を防ぐため，平成 26 年（2014）に首都圏氾濫区域堤防強化対策（⇒ **10.2.1**）を打ち出したのはその対応である。

●第 10 章●経験主義技術からの脱却とその帰結

10.6　堤防の維持管理システムの高度化

10.6.1　背　　景

　河川管理行為とは，河川法第一条で規定される「河川について，洪水，高潮等による災害の発生が防止され，河川が適正に利用され，流水の正常な機能が維持され，および河川環境の整備と保全がされるようにこれを総合的に管理すること」に関わる河川管理者の行為のすべてを指す。その一部である河川維持管理で対象とする河川行為は，平成 23 年（2011）に提示された「河川砂防技術基準 維持管理編 第 1 章 第 2 節 維持管理の基本方針」に以下のように記されている。

　「河川維持管理は，河道流下断面の確保，堤防等の施設の機能維持，河川区域等の適正な利用，河川環境の整備と保全等に関して設定する河川維持管理目標が達せられるよう，河道や施設の状態把握を行い，その結果に応じて対策を実施することを基本として，適切に実施するものとする。なお，状態把握の結果の分析や評価には確立された手法等がない場合が多く，必要に応じて学識者等の助言を得られるように体制の整備等に努める。」ものとしている。評価時点における河道や施設の状況を河川維持管理目標が達せられるよう維持管理行為を行うことが河川管理者の責務とされたのである。

　この維持管理編は，昭和 33 年（1958）以来の改訂である。翌平成 24 年（2012），水管理・国土保全局河川環境課から「堤防等河川管理施設および河道の点検要項」が発せられている。

　河川の維持管理を計画的に実施するための技術基準が要求された技術的および社会的背景には以下がある。

　① 河川管理施設のストック増とその劣化

　河川管理施設は時間とともに劣化し，また河道の変化により構造物の設計条件が変化し，構造物の機能が低下することが多々ある。従来，洪水による構造物の破損に対して災害復旧，変形に対しては維持修繕で対処してきた。基本的には構造物の被災を通して機能劣化を確認していたと言える。これは

440

構造物が経験主義的な形状規定的設計体系であり，災害の予兆を論理的に発見し認知し得る技術システムでなかったこと，また河川構造物の被災，特に護岸・水制については破損しても直接堤内災害に至らず，河川内の被災で終わることが大部分であったことによる。年間数千億円に達する災害復旧費は，実質的に維持管理費であったと言える。

少子高齢化社会を迎え，公共財に対する財政投資が減少することが予測され，膨大な量に達した既存ストックの維持管理の高度化による河川構造物の延命化，維持管理費用の低減が望まれた。

② 河川構造物および計画・設計技術の高度化

河川構造物（堤防，護岸等）の設計体系が性能規定化された。すなわち構造物の必要な機能を量的に記述し，それを確保するための構造物の形状および材料を論理的に演繹する体系に変わった。

このことは河川構造物の維持管理に当たって，従来実施されてきた構造物の形状変形の監視から，設計の論理に従った維持管理体制に変革せざるを得なくしている。より合理的な維持管理が求められたと言えよう。すなわち構造物のみならず設計条件の変化（河道の変化）を監視せざるを得ず，その情報を含めた評価による維持管理目標の確保が求められている。

また，平成9年（1997）の河川法の改定に伴い，河道計画・河川構造物の設計に河川生態系の保全や河川利用・景観などの要素が繰り込まれ，種々の解説，方針，指針が打ち出された。河川環境の維持についても河川環境機能を包含する計画的な維持管理対策が求められた。

③ 河川の変化の認知とモニタリング

従前の河川管理は，工事実施基本計画の目標水準（定規断面，計画河床高，計画粗度，正常流量，環境基準）を管理のための判断基準としてきた。平成9年（1997）の河川法改正は，生態系や河道の変化の許容，また，その変化の予測に不確実性（洪水発生頻度と規模，山地からの土砂供給量）が伴うことを認知し受け入れたことにより，その過去からの形態変化と速度の観測データを用いて蓋然的必然性を評価し，的確な対応をとることが河川管理の責務となったと言える。河川状況の把握と維持管理の観点から，河道の動態の分析・把握が必要とされた。

④ 公共事業の説明責任

平成の時代に入り公共事業の実施体制，事業評価に対する批判が強くなり，行政運営の転換が求められた。河川管理行為においても計画，執行，維持管理の量・質に関する評価と効用の明示化，公開化が求められた。すなわち管理水準（安全度，環境の質）の明示化が必要とされている。現状の維持管理水準と近い将来の水準（河川整備計画など）の差異を明示化し，事業効果の評価を行い，かつ事業の執行と効用をモニターし，サイクリックに評価し，情報開示することが求められている。維持管理行為においても説明責任（アカウンタビリティ）が求められ，平成25年（2013）より維持管理に関する「河川管理レポート」の作成とその開示の試行が行われることとなった。

⑤ 管理責任範囲の明確化の要求

第9章 注1）で記したように河川管理者の管理の瑕疵に関する法的判断が治水裁判を通して明確化された。

河川管理責任を全うするための維持・修繕システムは，河川管理施設の設計論，設置された河川管理施設の基本形状・設計条件・材料に関する台帳情報，河川管理施設の機能照査法，河川巡視水準，関連河川情報の編集管理，河川管理組織，予算制度等と関連している。河川の維持管理システムの基本方針・制度設計が求められる要因となっている。

⑥ 河川管理組織の変化

9.4 で記したように昭和30年代後半（1960）から始まった河川管理に関わる官庁河川技術者，国および都道府県の土木系研究所の研究者，大学などの土木系高等教育機関の研究者，財団や建設コンサルタントおよび土木系建設会社の技術者の相対的位置関係，役割の変化は，平成の時代により進行し，各々の集団が抱える問題点がより深刻化すると同時に，それを解消しようという動きを加速させ，民間建設コンサルタント，維持管理受託組織への業務転嫁と業務リスク・管理責任の付加を行わざるを得なくしている。また現場経験を持った河川技術者の減少は，維持管理行為の技術判断の標準化，様式化を図らざるを得なくしている。維持管理についての標準化は必然である。

官庁技術者は河川管理に関する情報の収集，編集，技術管理，予算管理，説明にエネルギーを集中せざるを得ないのである。

河川管理行為の迅速化，効率化のために，河川管理情報の様式化とそのストック・流通システムの電子化および情報の解釈組織の再編が始まっている。

通信およびコンピュータの技術の高度化は，河川管理の業務形態や情報編集とその伝達形態を急速に変えつつある。この情報化の流れは，河川の維持管理の情報システム化を強要し，維持管理の基準化を進めざるを得なくさせている。

以下，堤防の維持管理に関する平成期における動きを記す。

平成 7 年（1995）1 月 17 日，兵庫県南部地震が発生し，堤防等の河川管理施設が被災した。建設省河川局治水課は，早速，3 月 15 日，河川堤防の耐震点検の考え方と手法を「河川堤防耐震点検マニュアル」として定め，本マニュアルに従い早急に河川堤防の耐震点検を実施することを求めた。耐震点検の手法は，**10.3.4** に記した内容（河川堤防の構造検討の手引き，平成 14 年）を先取りするものであった。

平成 8 年（1996）10 月，治水課は，「堤防設計検討会」における堤防の浸透に対する安全性に関する検討結果がほぼまとまったことを受け「河川堤防の浸透に対する安全性の概略点検〈安全性の概略評価〉」を実施させた。翌年 9 月には「河川堤防の浸透に対する調査要綱」を策定し，堤防の詳細調査を実施するものとした。

平成 11 年（2009）には「樋門構造物点検要領（案）」「侵食に対する河川堤防の点検要領（案）」を作成し，点検の実施を求めた。

河川堤防設計指針の策定過程における検討結果を先取りする形で，堤防の安全性の点検を進め，要対策箇所の割り出しを図ったのである。

平成 23 年（2011）には，「河川砂防技術基準の維持管理編（河川編）」が水管理・国土保全局から通達され，河川構造物の維持管理に関する基本方針が定まった。これを受け，「堤防等河川管理施設及び河道の点検要領について」（平成 24 年 5 月 17 日，改正：平成 28 年 3 月），「中小河川における堤防等河川管理施設及び河道の点検要領について」（平成 26 年 3 月 31 日，改正：平成 28 年 3 月），「樋門等構造物周辺堤防詳細点検要領」（平成 24 年 5 月 17 日）が作成され，点検の具体的方法を示した。

●第 10 章●経験主義技術からの脱却とその帰結

　平成 25 年（2013）6 月 21 日には，「水防法及び河川法の一部を改正する法律」が公布され，一部の規定を除き，同年 7 月 11 日に施行された。この改正法により「河川管理施設又は許可工作物の維持又は修繕の義務」が管理者に課せられた。なお，「維持又は修繕」に関する規定は同年 12 月 11 日に施行された。この改定の背景は，高度経済成長期に整備された河川管理施設や許可工作物の老化や劣化が見込まれ，良好な状態に保たれるよう「維持又は修繕の義務」を明確化し，管理者が遵守すべき技術基準を定めたものである。以下にその概要を示す。

1）河川法の改正（河川管理施設等の維持又は修繕）

　　第十五条の 2　河川管理施設又は許可工作物の管理者は，河川管理施設又は許可工作物を良好な状態に保つように維持し，修繕し，もって公共の安全が保持されるように努めなければならない。

　　　2　河川管理施設又は許可工作物の維持又は修繕に関する技術的基準その他必要な事項は，政令で定める。

　　　3　前項の技術的基準は，河川管理施設又は許可工作物の修繕を効率的に行うための点検に関する基準を含むものでなければならない。

2）河川法施行令（河川管理施設等の維持又は修繕に関する技術的基準等）

　　第九条の 3　法第十五条の 2 第 2 項の政令で定める河川管理施設又は許可工作物（以下この条において「河川管理施設等」という。）の維持又は修繕に関する技術的基準その他必要な事項は，次のとおりとする。

　　　一　河川管理施設等の構造又は維持若しくは修繕の状況，河川の状況，河川管理施設等の存する地域の気象の状況その他の状況（次号において「河川管理施設等の構造等」という。）を勘案して，適切な時期に，河川管理施設等の巡視を行い，及び草刈り，障害物の処分その他の河川管理施設等の機能（許可工作物にあっては，河川管理上必要とされるものに限る。）を維持するために必要な措置を講ずること。

　　　二　河川管理施設等の点検は，河川管理施設等の構造等を勘案して，適切な時期に，目視その他適切な方法により行うこと。

　　　三　前号の点検は，ダム，堤防その他の国土交通省令で定める河川管

444

理施設等にあっては，1年に1回以上の適切な頻度で行うこと。

　　　四　第二号の点検その他の方法により河川管理施設等の損傷，腐食その他の劣化その他の異状があることを把握したときは，河川管理施設等の効率的な維持及び修繕が図られるよう，必要な措置を講ずること。

　　2　前項に規定するもののほか，河川管理施設等の維持又は修繕に関する技術的基準その他必要な事項は，国土交通省令で定める。

3) 河川法施行規則（河川管理施設等の維持又は修繕に関する技術的基準等）
　　第七条の2　令第九条の3第1項第三号の国土交通省令で定める河川管理施設等は，次に掲げるものとする。

　　　一　ダム（土砂の流出を防止し，及び調節するため設けるもの並びに基礎地盤から堤頂までの高さが15メートル未満のものを除く。）

　　　二　堤防（堤内地盤高が計画高水位（津波区間にあっては計画津波水位，高潮区間にあっては計画高潮位，津波区間と高潮区間とが重複する区間にあっては，計画津波水位又は計画高潮位のうちいずれか高い水位）より高い区間に設置された盛土によるものを除く。）

　　　三　前号に掲げる堤防が存する区間に設置された可動堰

　　　四　第二号に掲げる堤防が存する区間に設置された水門，樋門その他の流水が河川外に流出することを防止する機能を有する河川管理施設等

　　2　令第九条の3第2項の国土交通省令で定める河川管理施設等の維持又は修繕に関する技術的基準その他必要な事項は，同条第1項第二号の規定による点検（前項各号に掲げる河川管理施設等に係るものに限る。）を行った場合に，次に掲げる事項を記録し，これを次に点検を行うまでの期間（当該期間が1年未満の場合にあっては，1年間）保存することとする。

　　　一　点検の年月日
　　　二　点検を実施した者の氏名
　　　三　点検の結果（可動部を有する河川管理施設等に係る点検については，可動部の作動状況の確認の結果を含む。）

● 第 10 章 ● 経験主義技術からの脱却とその帰結

　これを受け，点検の結果に関する要領「河川管理施設の点検結果評価要領（案）」「堤防及び護岸点検結果評価要領（案）」を，平成 27 年（2015）3 月 26 日に通知した。直轄河川区間における樋門・樋管，堤防および護岸堤防（堤防と一体となって機能を発揮するもの）について，目視主体の点検結果を評価し，施設の状態に応じた対応措置を判断するための手続きを示したものである（図-10.27）。なお，平成 28 年（2016）3 月，両点検結果評価要領（案）は「堤防等河川管理施設及び河道の点検要領」「堤防等河川管理施設の点検結果評価要領（案）参考資料」として統合，改正された。

　平成 27 年（2015）2 月 6 日，一般社団法人 河川技術者振興機構が設立された。その定款には，次の記述がある。

（目的）
　第 3 条　この法人は，我が国の河川の総合的な管理により健全な状態を維持するため，第 4 条に掲げる事業による河川技術の発展を通じ，河川管

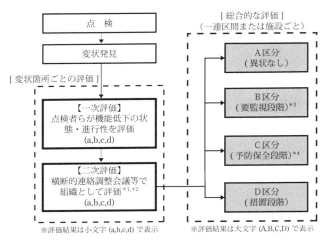

＊1　既往資料等（治水地形分類図，災害履歴，地質情報，築堤履歴，定期横断測量図，浸透流解析結果，設計資料等）を踏まえる。
＊2　不可視，発生原因が不明な変状については，必要に応じて，詳細点検（調査を含む）を実施し，その点検結果を踏まえる。
＊3　軽微な補修を必要とする変状を含む。
＊4　必要に応じて，詳細点検（調査を含む）を実施。

図-10.27　評価の手順（平成 28 年点検結果評価要領（案）について）

理やこれに関連する業務に従事する技術者の技術に向上を図りもって公
共の福祉の向上に寄与することを目的とする。

（事業）

　第4条　この法人は，前条の目的を達成するため，次ぎの事業をおこなう。

　　（1）河川技術の向上と普及

　　（2）河川技術者教育の推進

　　（3）河川技術に関する検定試験の実施並びに技能度の登録及びその証明
　　　　書の発行

　　（4）河川技術に関する講習会，講演会の開催

　　（5）河川技術に関する出版物の刊行

　　（6）河川技術に関する技術者並びに諸団体の連携及び情報交換

　　（7）その他この法人の目的を達成するために必要な事業

　2. 前項の事業は，本邦において行うものとする。

　河川管理構造物の維持管理部門においても外部（民業）化の流れは止まら
ず，維持管理業務に関する知識および見識が一定の水準を持つ民間技術者（河
川維持管理技術者，河川点検士の資格を持つ）へ優先する業務委託が平成
28年度から始まった。資格者には，必要とされる維持管理に関する一定の
知見レベルが求められ，平成27年（2015）「平成27年度河川維持管理技術
講習会テキスト［基本編］」が一般財団法人 河川技術者教育振興機構から発
刊された。

　以上のように，平成7年（1995）1月17日，兵庫県南部地震以降，堤防
の浸透，侵食，耐震に対する安全性の照査方式が固まってきたこともあり，
河川管理施設の維持管理の基準が早急に作成され，維持管理システムの実体
化が進んだのである。これには，中日本高速道路管理下の笹子トンネンル天
井板落下事故（2002年），JR近畿福知山線の脱線事故，JR北海道の貨物線
脱線事故（2003年），東日本大震災における福島原発の事故（2011年）など，
公共財に近い物財を管理する民間会社の維持管理に対する国民の懸念，責任
の追求という圧力の影響，また公物管理における管理責任者の責任に対する
平成24年（2016）の有罪判例（平成13年の明石市大蔵海岸陥没事故）等の

●第 10 章●経験主義技術からの脱却とその帰結

影響もあり，維持管理のシステム化・高度化を進める要因となった。

10.6.2　河川砂防技術基準維持管理編における堤防の維持管理

平成 23 年（2011）に河川砂防技術基準維持管理編（河川編）が水管理・国土保全局から公表された。

維持管理編の構成を目次で見てみる。目次は，章，節，小節，小小節の 4 段の階層構造となっているが，ここでは，章，節の 2 段までを記す。なお，平成 27（2015）年 4 月の修正・付加された部分を括弧内に示した。構成に大きな変化はない。

目　　次
第 1 章　総説
　第 1 節　目的
　第 2 節　維持管理の基本方針
　第 3 節　適用範囲
第 2 章　河川維持管理に関する計画
　第 1 節　河川維持管理計画
　第 2 節　サイクル型維持管理
第 3 章　河川維持管理目標
　第 1 節　一般
　第 2 節　河道流下断面（に係わる目標設定）
　第 3 節　施設の維持管理（に係わる目標設定）
　第 4 節　河川区域等の適正な利用（に係わる目標）
　第 5 節　河川環境の整備と保全（に係わる目標）
第 4 章　河川の状態把握
　第 1 節　一般
　第 2 節　基本データの収集
　第 3 節　堤防点検等のための環境整備
　第 4 節　河川巡視
　第 5 節　点検

448

第6節　河川カルテ

第7節　河川の状態把握の分析，評価

第5章　河道（流下断面）の維持管理（のための）対策

第1節　河道の流下断面の確保・河床低下対策

第2節　河岸の対策

第3節　樹木の対策

第4節　河口部の対策

第6章　施設の維持管理（及び修繕・）対策

第1節　河川管理施設一般

第2節　堤防

第3節　護岸

第4節　根固工

第5節　水制工

第6節　樋門・水門

第7節　床止め・堰

第8節　排水機場

第9節　陸閘

第10節　河川管理施設の操作

第11節　許可工作物

第7章　河川区域等の維持管理対策

第1節　一般

第2節　不法行為への対策

第3節　河川の適正な利用

第8章　河川環境の維持管理対策

第9章　水防等のための対策

第1節　水防のための対策

第2節　水質事故対策

　平成23年（2011）に制定された維持管理編は，河川管理行為における維

持管理の目的，範囲を規定し，河川管理行為の一環として，維持管理目標を定め，収集された維持管理情報を整理・蓄積し，河川状況を分析，評価し，維持管理対策の実行，河川整備計画の修正へ向けた方針策定という，一連のサイクル型管理体制を目指すものであると言える。維持管理は，河川整備計画（河川法第十六条）および河川砂防技術基準　計画編（第3章，第5章），調査編（第4章），さらに構造物の設計（第5章，第6章）と密接にリンクするものとなった。すなわち，それら全体をつなぐ共通項・役割として，河川に関わる情報の蓄積，記号化，流通という情報システムの重要性が増し，共通に使えるシステムの早急な構築をなさざるを得なくなり，河川維持管理データベースシステム（RMDIS：River Management Data Intelligent System）の整備が進められている[39]。

10.6.3　堤防植生管理の課題と対応

　平成期以前の堤防植生管理に関する技術指針としてまとめたものに，建設省北陸地方建設局がまとめた『堤防面植生管理マニュアル（案）』[40]（昭和62年2月刊）がある。「第1章　総則」「第2章　堤防法面等植生の種類と機能等」「第3章　堤防除草の種類と方法等」「第4章　施工管理」からなる。昭和末期における堤防植生に期待する機能，堤防植生の特性（種類，生長速度・開花時期等の雑草の生態特性），除草方式（薬剤散布，機械化除草方式，刈り取り後の雑草処理方式，目土入れ・芝焼・施肥・病虫害の防除等の芝育成の補助手段，モグラの害対策等），工程管理，出来高管理，安全管理などの実情に触れることができる。なお，雑草堤の草丈の管理目標として概ね40cmとしている。この管理目標で除草すれば野芝の回復が期待されるとしている。護岸堤防に生える雑草の根茎は護岸の機能を阻害するので雑草は枯殺することが望ましいとし，薬剤散布の併用が有効としている。

　除草年2〜3回，薬剤散布，除草後の野焼きで維持されてきた堤防植生は，ゴルフ場における農薬の薬害が注目され，平成2年（1990）に「農薬の使用に関する河川に維持管理について」の事務連絡により，「河川管理者が堤防除草に使用している除草剤については，上水道取水口より上流区域は原則として使用を取り止め，他の除草方式に変更すること。」により薬剤散布が中

止され，また平成 4 年（1992）の廃棄物処理法の改正により野焼きが禁止され，除草後の処理費用の増加，維持管理費の削減の観点から年 2 回除草（集草 1 回）への移行（平成 18 年ごろ）により堤防植生が遷移し，外来牧草の繁茂，広葉植物が繁茂し，花粉症の発生，堤防の裸地化等が見られるようになり，堤防植生管理手法のあり方が問われた。

平成 23 年（2011）の「河川砂防技術基準　維持管理編　第 4 章　第 3 節　堤防点検等のための環境整備」においては，「堤防点検，あるいは河川の状態把握のための環境整備として，堤防又は高水敷の規模，状況等に応じた除草をおこなうものとする。」とされた。解説において，「堤防の表面の変状等を把握（通常，目視点検による）するために行う除草は，大河川においては出水期前および台風期の堤防点検に支障がないよう（草丈が短い時期に行う*），それらの時期にあわせて年 2 回行うことを基本とする。」としている。年 2 回の草刈りにより堤防植生の維持管理ができるという前提の記述であるが，年 1 回でも点検に支障がない場合，小規模堤防であって年 2 回の点検を必要としない場合ではこの限りでないとしている。植生繁茂状況等により年 2 回では堤防の変状が把握できない場合や，洪水時の漏水状況などを把握する場合には，経済性等を十分に勘案して追加の除草を検討実施できるとしている。堤防除草費用の削減にウェイトのある記述となっている。

しかし，堤防植生は堤防点検の実行のために維持管理するのみならず，堤防植生に求められる治水機能を保持するために維持管理する必要がある。維持管理編において堤防植生に求められている機能としては，①雨水・流水に対する耐侵食機能を有している植生であること，②堤防点検時異常が発見しやすい草丈であること（60 cm 程度以下が望ましいとされている），③河川利用者にとって快い景観の植生であること，④豊かな植生相を創出できる植生であることなどである。上記機能のうち①，②は河川管理施設として保持しなければならない機能であるが，③，④は，①，②の機能保持の上で求められる機能と位置づけられている。

上記機能①については，10.3.2（2）に示したように平均根毛量を媒介とした，許容摩擦速度と継続時間の関係図（**図-10.17**）をもとに植生管理することになる。平均根毛量の測定は通常の維持管理でなされないので，現地調

査結果より根毛量とシバの被度（⇒注7）の関係に変換した **図-10.28**（土壌硬度 4 kgf 未満の場合，平均根毛量 0.02 〜 0.05 gf/cm³）が示された[21]。しかしながら，年2回の除草では，当初シバであった堤防植生は4〜5年でチガヤ群落，外来牧草タイプに遷移してしまうので，関東地方整備局では，平均根毛量がシバに劣るが草丈があまり高くな

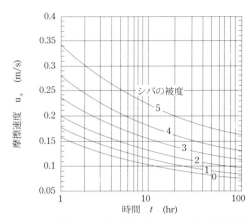

図-10.28 植生の表面侵食耐力（シバの被度と摩擦速度の関係）[21]

い日本の固有種であるチガヤ群落に維持できるような植生管理方策を模索し（⇒注8），現地実験により年2回の草刈りで維持管理できそうであるとした[41]。また，江戸川での外来牧草であるネズミホソムギの花粉による花粉症対策や外来牧草タイプの植生（ネズミホソムギ，オニウシノケグサ，イヌムギなど）を除草時期の工夫により除草回数2回で，2〜3年程度でチガヤ群落に遷移させることができることを現地実験で明らかにした[42]。ただし，大型の多年草等（カラムシ，イタドリなど）は地下部に栄養を蓄積するため除草時期の調整のみでは駆除することが困難であり，効率的な駆除方法の確立に向けた検討が必要とされた[43]〜[45]。

なお，平成2年（1990）「農薬の使用に関する河川に維持管理について」の事務連絡により，農薬を使用しなくなった区間では堤防植生管理に苦慮しており，成長調整剤などを用いた植生群落管理手法についての検討が始められている[46],[47]。また，平成4年（1992）の「廃棄物の処理及び清掃に関する法律」の改定（平成13年4月）に伴う県条例の改定により野焼きによる処理ができなくなった県が多く，集草およびその処理費の増加に苦慮しており，野焼きの効用および処理費の削減について検討が進められている。

植生堤防の維持管理は，除草のみで管理目標水準を達成することはできず，堤防点検を通した不良箇所の発見と補修，さらには洪水時の水防活動と相

まって担保されるものである。

堤防植生の維持管理水準（治水・環境・利用機能からの水準），維持管理手法（除草回数，除草時期，除草手段，除草後の処理手法，薬剤散布，補修手法），維持管理費用の関係性の分析を通した堤防植生維持管理計画方針は，まだ未確定と言える。

《注》

注1）河川整備の緊急性・重要性に鑑み，治水事業の財源を確保するため，昭和60年（1985）に流水占用料（河川法第三十二条による流水占用料，土地占用料または土砂採取料その他河川産出物の採取料を都道府県知事は徴収することができ，その収入は当該都道府県の収入とする）の改正，翌61年度に森林・河川緊急整備税（いわゆる水源地税）の創設の議論があり，改正・創設の運動が行われたが，実現化せず，その中で「河川の整備等を推進するために，利水者等から拠出を求め，基金を創設する」方向が出された（昭和62年度自由民主党税制改正大綱）[48]。

その後，「河川，ダム等に関する調査・試験・研究・啓蒙・普及の助成」などを行う「河川整備基金」を財団法人 河川環境管理財団の内に設置することになり，建設大臣より昭和63年（1988）3月31日認可を得た。基金は利水者などから任意の拠出により，5年間で300億円の造成が目標とされた。財団には，基金を運営する重要事項を審査する機関として，河川整備基金運営審議会が置かれ，適正な運営が行われる仕組みとした。

なお同時に，社団法人 国土緑化推進機構に「緑と水の森林基金」が創設され，森林資源の整備，利用等に関する調査研究の助成などの事業が始まっている。また両基金による事業が円滑に展開されるよう，広く関係行政機関に協力を求めることが，4月12日，閣議了解された。

注2）昭和56年（1981），大平政権のもとで，行政改革の一環として第二次臨時行政調査会が発足した。いわゆる土光臨調といわれるものである。翌年2月，第二次答申が出され，そこで国鉄・電電公社・専売公社の民営化が唱えられた。

昭和62年（1987）に日本電信電話株式会社（NTT）の株が上場された，この株の売却収入を，貿易不均衡を是正し内需拡大の要請に応えるため，第109回臨時国会において，「日本電信電話株式会社の株式売り払い収入の活用による社会資本の整備の促進に関する特別措置法」および「その実施のための関係法律の整備に関する法律」が同年8月28日に成立し9月4日に公布・施行され，即効性のある社会資本の整備が図られた。

この制度は，当分の間，NTTの株売り払い収入の一部を「国債整理基金特別会計」に繰り入れし，一般会計を通じて「産業投資特別会計」の新設勘定である「社会資本整備勘定」に繰り入れ，その資金は特別会計（治水特別会計においては，河川，ダム，砂防の各事業）を経由し，民間都市開発機構を通じて事業主体に（水資源開発公団へは直接）へ貸付が行われた[1]。

●第10章●経験主義技術からの脱却とその帰結

　　　また，無利子貸付金制度は，次の3つのタイプに区分され，治水事業については，
　公共事業であるA，Bタイプの事業が実施された。
　　　Aタイプ（収益回収型）・・・当該事業から収益が生じる公共事業
　　　Bタイプ（補助金型）・・・・通常の公共事業
　　　Cタイプ（民活型）・・・・・第三セクターが行う民活事業
注3）公共工事批判の主なものは，①不要・不急なもの，重複した施設が造られている。
　　　②公共工事のコストが高い，これは談合体質にある。③GDP比率の8％の公共投資は，
　　　欧米先進国の2〜3倍である。④公共工事の景気波及効果，すなわち乗数効果が小さ
　　　くなった。⑤公共工事は住民のためではなく建設業界のために行われている。⑥これ
　　　以上，国，地方公共団体の債務を増大させるわけには行かない。
注4）公益法人改革以前の公益法人（財団法人，社団法人）は，法人設立等は主務官庁に
　　　よる許可主義であり，法人設立と公益性の判断は一体であった。改革後は主務官庁制・
　　　許可主義を廃止し，法人の設立と公益性の判断は分離した。改革後，一般財団法人と
　　　一般社団法人は行政庁による監督がなくなるが剰余金の配分ができない法人，公益財
　　　団法人と公益社団法人は公益目的事業を行うことを主たる目的とし，公益認定の基準
　　　を満たす法人であり行政庁による監督があり，税制上の優遇等があるものに二分され
　　　た。主務官庁制の廃止の目的は，主務官庁と公益法人との関係が密であり，天下りや
　　　業務の競争性が排除されているとの批判に応えるものでもあった。
注5）昭和51年（1976）の台風17号により長良川が岐阜県安八町で破堤し，大きな被害
　　　をもたらし，堤防の安全性を評価するために役立つ水害地形分類図の要望が高まった。
　　　その結果，河川堤防の立地する地盤条件を包括的に把握し，さらに詳細な地点調査を
　　　行うための基礎資料を得ることや氾濫域の土地の性状とその変化の過程および地盤高
　　　等を明らかにすることを目的として治水地形分類図を作成することになった。昭和51
　　　年度（1976）から昭和53年度にかけて国が管理する直轄河川109水系のうち，中部
　　　地方整備局管内の5河川を除く104水系の平野部を対象に854面の初版が作成された。
　　　　平成18年（2006），作成から30年以上経過していること，背景図の情報が古くなっ
　　　ていること，また3年という短時間で整備を行ったため，図版ごとに地形区分の精度
　　　に差があることから，平成18年（2006）国土地理院や国土交通省内の技官等による「治
　　　水地形分類図利活用研究会」が設置され初版の更新，利活用について検討が行なわれ
　　　た。
　　　　平成19年（2007）に千曲川流域で先行的に試験作業を行い，平成21年（2009）か
　　　ら10か年計画で更新作業に着手した。また平成25年（2013）3月に『治水地形分類
　　　図利活用マニュアル（省内版）』（国土地理院）を作成している。
注6）昭和62年（1987）に始まった，新技術を試行し，積算資料および施工資料の整備
　　　等に関わる事項を調査するための事業。

454

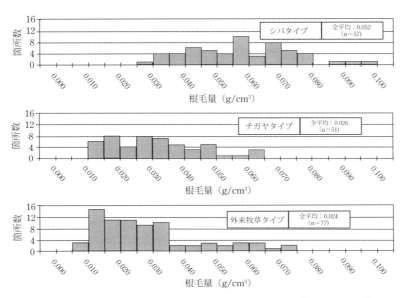

注）調査地点（計201地点）のうち，シバタイプ・チガヤタイプ・外来牧草タイプ以外の植生タイプのサンプルは除外し，また，塊根や塊茎が多く混入しているサンプルも除外している（n=185）

図-①　植生タイプ別の平均根毛量（表層3cm）[41]

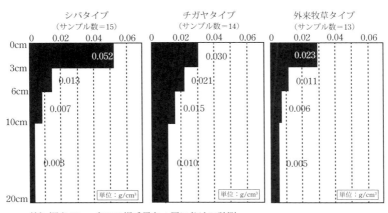

注）深さ20cmまでの根毛量を4層に分けて計測

図-②　植生タイプ別の平均根毛量の分布（文献38をもとに作図）[41]

● 第10章 ● 経験主義技術からの脱却とその帰結

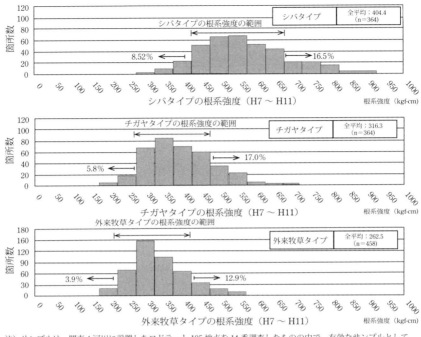

注）サンプルは，関東4河川に設置したコドラート105地点を14季調査したものの中で，有効なサンプルとして1186地点を抽出している。

図-③　植生タイプ別の根系強度（トルク強度）[41]

注7）ある出現種がどのくらいの広がりに葉を茂らせているかを示す尺度が被度である。
　　被度5：コドラートの面積の3/4以上を占めているもの
　　被度4：コドラートの面積の1/2～3/4を占めているもの
　　被度3：コドラートの面積の1/4～1/2を占めているもの
　　被度2：個体数が極めて多いか，コドラートの面積の1/10～1/4を占めているもの
　　被度1：個体数が多いが，コドラートの面積の1/20以下，またはコドラート面積の1/10以下で固体数が少ないもの

注8）関東地方整備局管内（多摩川，江戸川，荒川下流，荒川上流）において堤防植生タイプ，根毛量の調査，ベーン式根茎強度計による根系強度の調査を行い，図-①，図-②，図-③，図-④の結果を得た[41]。シバタイプ，チガヤタイプ，外来牧草タイプの順に表層3cmの根毛量が多くこと，シバタイプは表層付近に根毛が集中しているのに対し，チガヤタイプの根毛量は表層3cmより深い部分に半分以上が存在していることがわかった。これらの事実，植生遷移の実態，植生管理費用の観点から，チガヤタイプの堤防植生を維持管理目標とするものとした。

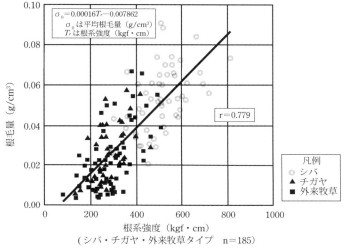

図-④ 根毛量と根系強度(トルク強度)の関係 [41]

《引用文献》

1) 建設省編(1995):日本の河川,建設広報協議会,pp.109-150
2) 建設省河川局水政課(1991):河川法の一部改正について,河川,No.536,3/3,pp.75-76
3) 三橋規宏,内田茂男(1994):昭和経済史 下,日本経済新聞社
4) 建設省河川局(1996):第9次治水事業五箇年計画の策定,河川,No.602,8/9,pp.11-13
5) 財団法人 国土開発技術研究センター(1978):解説・河川管理施設等構造令,山海堂
6) 財団法人 国土開発技術研究センター(1999):改訂 解説・河川管理施設等構造令,山海堂
7) 財団法人 国土技術研究センター(2002):河道計画検討の手引き,山海堂
8) 財団法人 国土開発技術研究センター(2003):河川土工マニュアル,財団法人 国土開発技術研究センター
9) 地盤工学委員会 堤防小委員会 侵食・浸透・浸透破壊・洗掘WG,水工学委員会 河川部会 堤防WG(2015):堤防研究連携WG 活動報告書
10) 河川部会 堤防WG,堤防小委員会 浸透破壊,洗掘WG(2015):河川堤防の効率的補強に関する技術的課題とその取り組みの方向性,河川技術論文集,第21巻,pp.367-372
11) 建設省河川局治水課,建設省土木研究所(1992):河道特性に関する研究-その3-,第46回建設省技術研究会報告,pp.600-651
12) 山本晃一(1994):沖積河川学,山海堂

13) 藤田光一（1998）：河道計画の目指すべき方向と技術的課題，1998年度（第34回）水工学に関する夏期研修会講義集Aコース，土木学会水工学委員会

14) 福岡捷二，藤田光一（1990）：洪水流に及ぼす河道内樹木群の水理的影響，土木研究所報告，第180号

15) 福岡捷二，藤田光一（1990）：堤防法面張芝の侵食限界，第34回水工学論文集

16) 建設省河川局治水課，建設省土木研究所（1989）：河道特性に関する研究，第42回建設省技術研究会報告，pp.761-791

17) 山本晃一（1980）：河川における土砂の移動機構に関する研究ノート［Ⅱ］，土木研究所資料，第1543号，pp.97-214

18) 山本晃一（1996）：日本の水制，山海堂

19) 財団法人 国土開発技術研究センター（1999）：護岸の力学設計法，山海堂

20) 山本晃一編著（2003）：護岸・水制の計画・設計，山海堂

21) 宇多高明ほか（1997）：洪水流を受けた時の多自然型河岸防禦工・粘性土・植生の挙動，土木研究所資料，第3489号，pp.97-214

22) 財団法人 土木研究センター（1999）：護岸ブロックの水理特性試験法マニュアル

23) 日本道路協会（1990）：道路橋示方書・同解説 Ⅴ，耐震設計編

24) 土木研究所動土質研究室（1997）：河川堤防の液状化対策工法設計施工マニュアル（案），土木研究所資料，第3519号

25) 土木研究所動土質研究室（1998）：河川堤防の液状化対策工法設計施工マニュアル（案），部分改定版（設計編 鋼材を用いた対策工法）土木研究所資料

26) 建設省土木研究所（1992）：耐震地盤改良工法に関する共同研究報告書（その6），共同研究報告書，第68号

27) 建設省土木研究所（1995）：液状化対策工法に関する共同研究報告書（その6），共同研究報告書

28) 折敷秀夫，佐々木康（2001）：液状化により被災した河川堤防の地盤改良を併用した復旧，土木学会論文集，No.686/Ⅳ-52，pp.15-29

29) 液状化対策の調査・設計から施工まで編集委員会（1993）：液状化対策の調査・設計から施工まで，社団法人 地盤工学会

30) 国土交通省河川局治水課（2007）：河川構造物の耐震性能照査指針（案）・同解説

31) 杉田秀樹（2007）：河川構造物の性能照査指針（案）が作成される，土木技術資料49-10，pp.13-14

32) 財団法人 国土開発技術研究センター編（1998）：床止めの構造設計の手引き，山海堂

33) 建設省関東地方建設局関東技術事務所（1983）：既設堤防の土質特性に関する調査報告書

34) 三木博史，中山 修，佐古俊介，堀越信雄（2000）：河川堤防の堤体土質特性に関する考察，河川技術に関する論文集，第6巻，pp.37-40

35) 久楽勝行，三木博史，関 一雄（1982）：締固め度が礫混じり粘性土の工学的性質に及ぼす影響（第2報），土木技術資料24-3

36) 山本晃一，藤田光一，布村明彦（1993）：堤防満杯流量時の水位変動による堤防越流，土木研究所資料，第3161号

37) 宇多高明，藤田光一，布村明彦（1993）：高規格堤防の越流水の挙動，土木研究所資料，第 3220 号

38) 宇多高明，藤田光一，佐々木克也（1993）：道路内流水による舗装面の破壊，土木研究所資料，第 3226 号

39) 鈴木克尚，河崎和明（2015）：河川維持管理の高度化に向けた河川維持管理 DB システムの拡充について，河川環境総合研究所報告，第 20 号，pp.50-56

40) 建設省北陸地方建設局監修（1987）：堤防法面等植生管理マニュアル（案），社団法人北陸建設弘済会

41) 佐々木寧，戸谷英雄，石橋祥宏，伊坂　充，平田信二（2000）：堤防植生の特性と堤防植生管理計画，河川環境総合研究所報告，第 6 号

42) 山本晃一，戸谷英雄，谷村大三郎，石橋祥宏，平田信二（2005）：イネ科花粉対策を考慮した堤防植生管理の研究，河川環境総合研究所報告，第 11 号

43) 戸谷英雄，瀬川淳一（2007）：外来種の取り扱いを考慮した堤防の植生管理に関する研究，河川環境総合研究所報告，第 13 号

44) 竹内清文，柳沼昌浩，平田信二，宇根大介（2008）：堤防植生管理における植生の計画的移行，河川環境総合研究所報告，第 14 号

45) 吉田　勢，竹内清文（2010）：植物の生活史に着目した合理的な堤防植生管理－チガヤ優占堤防に実現に向けた取り組み－，河川環境総合研究所報告，第 16 号

46) 大澤寛之，山田政雄，塩見真矢（2016）：植物生長調整剤等を用いた効率的・効果的な堤防植生管理手法の提案，河川環境総合研究所報告，第 21 号

47) 宝藤勝彦，塩見真矢，石原祐二，河崎和明（2016）：堤防植生の機能保持に向けた低草丈草種等の導入に向けて，河川環境総合研究所報告，第 21 号

48) 建設省水政課（1988）：河川整備基金の創設閣議了解，河川，No.501.63/4，p.90

第11章
今後の堤防技術の課題

11.1　河川堤防技術の今

前章までにおいて河川堤防の技術の変遷を見てきた。

堤防技術は，昭和の終わりごろ（1985）から，実践（被災）を通した経験の集約である形状規定方式から，堤防の性能を規定し性能を満たすかを判定する照査方式を明示し，性能を満足するように設計・施工する性能規定方式に変わったと言える。堤防の構造安定性の照査対象とされたのは，浸透，侵食，地震という破壊外力に対する安全性である。

そこで重要視されたのは，照査方式の理論的合理性，すなわち科学的妥当性である。科学者および技術者の共通パラダイムである流体力学，土質力学，構造力学に沿った力学化が図られたのである。しかし，第10章に見たごとく今の安全性照査法は現歴史段階での河川に関わる技術者共同体が受け入れたルールなのである。堤防の構造設計は，土粒子・水・空気，さらにシルト・粘土という細粒子の持つ化学・電気的特性を含む土の変形特性を忠実に表わしたものではなく，それは実践・経験を通した経験知が繰り込まれた割り切りなのである。

堤防機能を性能規定化し，性能の照査により担保するという設計体系への移行を進めた要因は以下のようなものであろう。

① 構造設計の力学化は近代の科学的合理主義の流れに沿ったものであり，科学技術社会がそれを要請していること。

② 実験的および理論的検討による土質力学，土質工学，河川工学的知見，

461

●第11章●今後の堤防技術の課題

および現地堤防被災事例の調査・分析例の増加の結果，土の挙動の予測
レベルの向上があり，量的評価がある程度可能になったこと。
③ 災害復旧という事後保全型の堤防の維持管理から堤防の点検・調査を
通した弱点箇所の発見と補修という予防保全型の維持管理への社会的
要請が強くなったこと。
④ 公物管理に対する責任追及が強くなり（管理瑕疵に対する裁判判決），
一方で財政制約により河川管理費用の削減が強く求められたこと。従
前の方式の形状規定では堤防の性能判定ができず，すなわち危険箇所
の抽出，堤防強化箇所，堤防強化工法の評価が的確にできず，堤防の
維持管理や補強の妥当性を予算当局や国民に説明しにくいこと。
⑤ 電子計算機を用いた計算技術の高度化により堤防の安全性の評価が容
易になったこと。

11.2　今後の技術課題

堤防の今後の技術課題を挙げておこう。

(1) 調 査 法

・ 堤防安全度の低い区間・箇所の絞り込み技術の高度化
沖積地における堆積物の層序構造推定技術の向上（堤防下土層構造情報
の精緻化，沖積地形発達史における時間解像度の向上，微地形の読み込
み技術の向上，水害地形分類図を含めた記載学的情報の分解能の向上）
・ 物理探査技術
電気探査，表面波探査等の物理探査手法を用いた堤防の安全性照査に必
要な堤防および地盤の土質物性値の３次元情報の推定法および精度向上[1]
・ 堤防形状の変化測量技術の高度化
MMS（移動計測車両システム），IT技術，GPS技術，ドローンを用い
た地形測量技術等を用いた堤防変動量の測定技術の実用化
・ 土質調査密度の適正化の検討
土質調査密度と堤防の安全度率の設定の適正化に関する検討，調査費用

462

と安全率向上効果の検討

(2) 照査外力

「河川堤防設計指針」では，河川管理施設等構造令第18条の規定「・・・計画高水位（高潮区間にあっては，計画高潮位）以下の水位の流水の通常の作用に対して安全な構造とするものとする。」の原則に縛られている。越水による堤防破堤に対しては技術的対応方針が示されていない。東日本大震災以来，超過洪水に対する危機管理やソフト対策の検討が進んでいる。難破堤堤防の社会的位置づけの受容化の動きと連動し，余裕高の技術的意味付けの再検討，外力の合理的設定法の検討が必要である。

(3) 照査の方法

土の破壊現象をより的確に表現しようとする浸透−変形有限要素解析等の解析や浸透に伴う堤防の変形・破壊に関する基礎研究が進んでいる。それらの成果が技術界に受け入れられ，経済的合理性の範囲内で計算・評価が可能であれば，照査方式は改編される。

調査密度と土の物性値情報の不確実性（ばらつき）の程度の評価・設定法，不確実性と安全率の関係についての調査研究が必要である。

(4) 堤防構造検討における維持管理の役割

堤防構造設計における維持管理の役割と分担が明確化されておらず，維持管理水準の確定化のため，構造物の許容変形量や劣化度の定量化が必要である。特に堤防法面を植生で保護する堤防における維持管理水準や維持管理方式の定量化に向けた検討が必要である。

(5) 治水計画と堤防の構造基準

昭和51年（1976）以降，河川砂防技術基準における洪水防禦計画に関する基本方針には，「必要に応じ計画規模を超える洪水（以下「超過洪水」という。）の生起についても配慮する。」の記述がある。この記述と堤防の構造設計の考え方との関係について，リスクマネージメントの観点から，治水ダ

ムの運用制御法，氾濫危険度に応じた土地利用の誘導・規制という氾濫原管理という施策を含め，現河川法の空間的制約を超える治水計画のあり方の検討のなかで難破堤堤防の機能設計・配置論に関する検討と社会的合意が必要である。二線堤機能を持つ道路や小堤（計画高水位対応堤防より低い水位に対応する堤防）の構造や越流対策手段の検討も必要である。

人口減少時代に入り，また経済のグローバル化の下，産業構造が変化し土地利用が変わりつつあり，近未来に向けて検討が必要である。土地の持つ氾濫被害形態・規模の差異に応じた治水安全度の設定と土地利用のあり方（規制・誘導），災害復旧における財の投入のあり方の検討を踏まえた，流域計画とリンクされた河川計画の枠組へ変革（法の整備）する必要がある。平成9年（1997）の河川法改正による超過洪水対策としての「樹林帯」の導入[2]，平成13年（2001）の「水防災対策特定河川事業」（⇒ **10.1**）は，この動きの現れである。洪水貯留施設，堤防施設強化，氾濫原管理の相互連関を踏まえた治水戦略［費用効果分析および新しいシナリオ（気候変動適応策を含む）に対する社会的許容度分析を通じた戦略］や地域水防と広域水防に関する制度化のあり方に関する検討も必要である。

（6）自然特性と社会経済条件の差異と堤防技術

わが国の堤防技術と自然特性・社会経済条件の異なる国での堤防技術の差異を検討することは，今後のわが国の堤防のあり方や逆に諸外国へのわが国の堤防技術を伝えるに当たって重要なことである。既往の外国の堤防に関する報告書[3]~[14]に加え，自然地理，歴史などの資料を基に調査・検討を進めるべきである。

（7）堤防築造および維持管理費の負担論
###　　（国・地方自治体・特定受益者間の負担割合）

今後，新たな堤防築造地点は，コストに対する便益比の小さい氾濫地域が増加する傾向にある。堤防築造および維持管理費用の負担主体は誰であり，その負担割合をいかにすべきかの検討が必要である[15]。

11.2　今後の技術課題

（8）堤防技術の集約センターの明示化

　堤防技術に関わる技術集団の構成は，平成10年（1998）ごろから行政改革，法令の改正，情報公開，民営化の動きのなかで，大学等の学的研究者集団，民間技術商品供給者集団，技術・調査民間コンサルタント，公益法人の相対的位置関係や役割が変わりつつある。また，堤防技術の分科が進み，各分科集団が形成され，その分科集団内での技術解析の精緻化や専門化が進み，分科した技術の総合化，統合化，バランスの調整が難しくなっている。

　技術の統制・集約センターが今後どういう形となるかは，政治経済状況の動きと連動し予測することが難しい。堤防の構造や設計論のような技術は市場商品とならず，それを管理する組織の主体的力量が問われる。それを担ってきた官僚組織は，今後も引き続きそれを継続できるのだろうか。

　堤防という公共財技術に関わる各種技術要素情報を収集評価し，また堤防被災実態・要因分析調査を実施・収集し，それらを統合化する技術センターの組織化・明示化・情報開示化が必要である。

《引用文献》

1) 稲崎富士（2017）：統合物理探査による河川堤防の安全性評価技術の開発，河川整備基金事業報告，助成番号26-113-002
2) 財団法人 河川環境管理財団編（2001）：堤防に沿った樹林帯の手引き，山海堂
3) 玉光弘明，中島秀雄，貞道成美，藤井友竝（1991）：堤防の設計と施工，新体系土木工学74，社団法人 土木学会編，技報堂出版
4) 中島秀雄（2003）：河川堤防，技報堂出版，pp.25-57および pp.143-150
5) 財団法人 河川環境管理財団（2005）：ドナウ・ライン川水系の流域管理と自然再生，河川環境総合研究所資料，第14号
6) 財団法人 河川環境管理財団（2006）：ドナウ川とティサ川の河川管理，河川環境総合研究所資料，第17号
7) 財団法人 河川環境管理財団（2008）：米国連邦堤防等の維持管理マニュアル（翻訳版）
8) 財団法人 河川環境管理財団（2008）：非連邦洪水防禦構造物のための堤防管理者マニュアル（翻訳版）
9) 財団法人 河川環境管理財団（2003）：ミシシッピ川の堤防管理に関する実態調査報告書
10) 森　啓年，笹岡信吾，服部　敦（2016）：今後の堤防の維持管理について―欧米の状況を踏まえて―，河川技術論文集，第22巻，pp.239-244
11) 李健生　主任主編（1999）：中国河川防洪叢書　総論巻，中国水利水電出版社（財団

●第 11 章●今後の堤防技術の課題

法人 国土開発技術研究センター翻訳（2000）：JICE 技術資料，第 100001 号

12）黄河水利委員会, 淮河水利委員会（1993）：堤防工程技術規範, 中国水利水電出版社（財
団法人 国土開発技術研究センター翻訳（1999）：JICE 技術資料，第 199011 号

13）董哲仁　編集主幹（1993）：堤防危険除去補強実用技術，中国水利水電出版社（財団
法人 国土開発技術研究センター翻訳（1999）：JICE 技術資料，第 199009 号

14）国土交通省河川局治水課（2012）：河川堤防の構造検討の手引き，参考 2　浸透に対
する安全性照査の基準値について，p.168

15）建設省土木研究所総合治水研究室（1983）：洪水防禦による受益および負担の調整に
関する調査資料，総合治水研究室資料 4

おわりに

　私は，河道計画や護岸・水制・床固工などの河川構造物の設計論に関わる調査研究を行ってきたが，土である堤防本体の技術について本務として調査研究したことはない。それにもかかわらず，立場上，堤防の設計論に関わった。堤防技術に関する全体像や技術課題がよく見えておらず，適切な発話ができなかった。それが本書を書かせた一つの理由である。公共財の技術に関わる技術者には，技術史が必要なのである。

　第1章　序論　において，堤防の技術について概念規定を与えようとしたが，結局やめてしまった。その範囲が広いのである。技術の概念規定に関しては，1930年代から1970年代に技術論として論争があった。技術をとらえようとする主体の社会的役割や思想的立場，検討とする対象物により技術の範疇が異なるのである。私の立場は公共財を扱う技術者の立場から見た堤防の技術である。それが本書の技術の範疇と内容を規定している。

　序論で述べた堤防が築造される場の自然特性と社会経済条件の差異が堤防の技術に及ぼす差異については十分な記述ができなかった。北海道の泥炭という特殊土壌に設置する堤防技術について記すべきであったと思うが，行なわなかった。気候条件や社会経済条件の違いが大きい国外の堤防技術の収集により，技術の差異を分析することが可能であるが，情報の収集が難しく，これも行わなかった。本書執筆中にバングラディシュの堤防の設計マニュアル作成の手伝いを行い，地形，氾濫形態，土壌特性，施工法，治水制度，維持管理システム等の情報の必要性を強く感じた。堤防技術は世界汎用技術ではないのである。

　本書の執筆に当たり，堤防技術に関わる社会的・制度的背景については，拙著『河道計画に技術史』から多くの引用を行った。16年前とその認識について大きな変更がなく，記述が重なるが，技術の変化を促す要因として重

467

要な情報であり，本書の理解のため，御寛容をお願いしたい。

　本書は，私の職場であった公益財団法人 河川財団のサポートがなければあり得なかった。また，堤防に関する仕事を一緒に行った三木博史（元土木研究所土質研究室），間宮　清（元応用地質株式会社），中山　修（元国土技術研究センター）の三氏からは，関係資料の提供や関連情報の提供を，鈴木克尚，軍司江美子（河川財団）の両氏には文書・図表等の整理の手助けを受けた。技報堂出版株式会社　伊藤大樹氏には編集・校正に当たって多大の労を掛けた。記して深く感謝する。

　なお，技術史としての記述は，平成28年（2016）3月をもって止めている。

2017年6月

山本　晃一

資料　河川堤防設計指針

河川堤防設計指針

（国土交通省河川局治水課，平成 14 年 7 月 12 日）

（改正，平成 19 年 3 月 23 日）

1. 本指針の目的

　河川堤防（以下「堤防」という。）は住民の生命と資産を洪水から防御する極めて重要な防災構造物であり，河川管理施設等構造令（以下「構造令」という。）では「計画高水位以下の水位の流水の通常の作用に対して安全な構造とする」ことを構造の原則としている。

　現在の長大な堤防の多くは，古くから逐次強化を重ねてきた長い治水の歴史の産物であり，これまでの整備によって，堤防延長や堤防断面の確保については相当の整備がなされてきている。しかしながら，その構造は主に実際に発生した被災などの経験に基づいて定められてきたものであり，構造物の破壊過程を解析的に検討して設計されてきているものではない。治水対策の進捗に伴い，氾濫原における人口や資産の集積には著しいものがあり，堤防の安全性の確保が益々必要となってきていることから，工学的に体系化された堤防の設計法の確立が求められている。

　この河川堤防設計指針（以下「本指針」という。）は，以上のような背景のもと，現時点における堤防設計の考え方を示したものである。また，堤防の弱点となりやすい樋門等の構造物の周辺についても，点検や補強対策の考え方を併せて示している。

　本指針は，直轄河川の既設の堤防を拡築することを念頭に置いてまとめているが，新堤の整備や既設の堤防の安全性の点検にも適用できるものである。高規格堤防については構造令及びそれに関連する基準等により別途規定されている。構造令の適用外の堤防，すなわち越流堤，囲繞堤，背割堤および導流堤などについては，本指針は適用しない。また，高潮堤や湖岸堤，特殊堤および越水も考慮する必要がある堤防については設置の適否を含め目的に応

469

じた構造の検討が個々になされるものであることから本指針は適応しない。なお，自立式特殊堤を除けば，耐震機能についてはそれらの堤防であっても本指針の基準を準用できる。

　本指針は，堤防に関して一般的に確保されるべき最低限の安全性について述べたものであり，過去の被災経歴などについて個々の河川が有する特性から必要があると判断される場合においては，本指針よりも高い安全性を求めることを妨げるものではない。

2. 堤防設計の基本
（1）基本指針

　構造令では，堤防の構造の原則は定めているものの，その設計に関する事項としては，断面形状（余裕高，天端幅，のり勾配等）の最低基準を河川の規模（流量）等に応じて規定しているだけであり，いわば形状規定方式を基本としている。通常の構造物で行われるような構造物の耐力と外力を比較するという設計法が，堤防においてなされてこなかった理由としては次のようなことが考えられる。すなわち，堤防が長い歴史の中で順次拡築されてできた構造物であり，時代によって築堤材料や施工法が異なるため，堤体の強度が不均一であり，しかもその分布が不明であること，基礎地盤自体が古い時代の河川の作用によって形成された地盤であり，極めて複雑であること，堤防が被災した場合，堤体や基礎地盤が破壊されてしまい，被災原因を解明することが困難であること，小さな穴ひとつでも破堤するといわれるように，局部的な安全性が一連の堤防全体の安全性を規定すること，水防活動と一体となって堤防の安全性が確保されていること，などである。

　このため，ある断面形状を定めて堤防を整備し，大洪水に遭遇して堤防が危険な状態になることを経験すると，その後の改修において，堤防を拡築して強度を上げるという方式を採ってきたと考えられる。また，場所によって堤防の断面が異なると住民に不安を与えることになることも形状規定方式がとられてきた背景のひとつであろう。

　このような形状規定方式による堤防の設計は，簡便で極めて効率的であり，長年の経験を踏まえたものであることから，堤防整備の基本として十分な役

割を果たしてきたことは間違いのないところである。しかしながら，一方で堤防の洪水に対する安全性を評価することが難しいことも事実である。既往の被災事例をみても，計画高水位以下の洪水により漏水など構造上の課題となる現象が数多く発生しており，現在の堤防が必ずしも防災構造物としての安全性について十分な信頼性を有するとはいえない。そのため，計画的な補強対策が必要であり，その必要性や優先度，さらには対策工法を検討するためには，堤防の設計においても一般の構造物の設計法と同様，外力と耐力の比較を基本とする設計法（安全性照査法）を導入することが求められる。

　以上の考えから，平成9年に改定した河川砂防技術基準（案）では，堤防の断面形状については従来の考えを踏襲しつつ，堤防の耐浸透・耐侵食機能に関しては機能毎に水理学的あるいは土質工学的な知見に基づく安全性の照査法を用いた堤防設計法を導入した。また，耐震機能については「河川構造物の耐震性能照査指針（案）」（平成19年3月）に於いて，いわゆるレベル2地震動に対して地震に起因する堤防変形により二次災害が発生する条件を工学的な手法に基づき検討し，それを所要の強化工法を施す設計法を導入している。

　本指針は，河川砂防技術基準（案）を補足することにより，堤防の信頼性の一層の向上を図るものである。

（2）堤防の安全性確保の基本的な考え方

　堤防の安全性を確保するためには，堤防に求められる機能を明確にした上で，それぞれの機能毎に堤防の安全性を照査し，所要の安全性が確保されていないと判断される区間については強化を図る。しかしながら，洪水あるいは地震による堤防の不安定化，あるいは変形のメカニズム等については，現時点においてもすべてが解明されているわけではなく，本指針で採用した設計法は，十分に確立された技術的知見であるとは必ずしもいえない。したがって，適用に当たっては未解明な部分が残されていることに留意するとともに，モニタリングを並行して実施することにより，水防活動とあいまって洪水等に対する堤防の安全性の向上を図ることが重要である。

資料　河川堤防設計指針

3. 堤防設計の基本的な流れ

　堤防は洪水が氾濫区域に溢水することを防止するための施設であり，その
ためには洪水等により堤防がその機能を喪失または低下することを回避しな
ければならない。すなわち，洪水等によって生起される浸透，侵食作用，さ
らに地震に対して安全な構造を有している必要がある。このことから，堤防
に求められる安全に関わる機能を，①耐浸透機能（浸透に耐える機能），②
耐侵食機能（侵食に耐える機能），③耐震機能（地震に耐える機能）とし，
整備箇所に応じて所要の機能を確保するよう堤防を整備する。

　①耐浸透機能とは，洪水時の降雨および河川水の浸透により堤防（堤体お
よび基礎基盤）が不安定化することを防止する機能であり，全堤防区間で必
要とされる。②耐侵食機能とは，洪水時の流水の侵食作用により堤防が不安
定化あるいは流失することを防止する機能であり，耐浸透機能と同様に全堤
防区間で必要とされる機能である。

　一方，③耐震機能については，洪水と地震が同時に生起することは極めて
まれであり，土堤である堤防の復旧は比較的容易であることから，本指針に
おいては，平水時に地震により堤防が沈下し，河川水が堤内地に侵入するこ
とによって，浸水等の二次災害を発生させないようにする機能とする。この
機能が必要とされる堤防区間は，平水時の河川水位や潮位が堤内地基盤高に
比べて高いゼロメートル地帯等で，堤防の沈下等により浸水が生ずる可能性
のある区間である。

　なお，樋門等の堤防横断構造物の周辺においても，以上の三つの機能が確
保されている必要がある。特に函体底版周辺の空洞化や堤体の緩みにともな
う漏水等，浸透問題については個別に十分な点検を行い，周辺の堤防と同じ
水準の機能が確保されるよう管理しなければならない。

　堤防設計の基本的な流れを図1に示す。まず，①自然的，社会的条件の
調査や被災履歴などの既設堤防の安全性に係る点検・調査等により堤防の特
性を把握する。それにより，②耐浸透，耐侵食，耐震の各機能の確保が必要
となる区間を抽出し，③各機能毎に堤防構造の検討を行う。

　樋門等の構造物周辺の堤防については，外観の観察等を実施して安全性を
評価するが，この評価には特に高度な知見を要することから，専門家の助言

資料 河川堤防設計指針

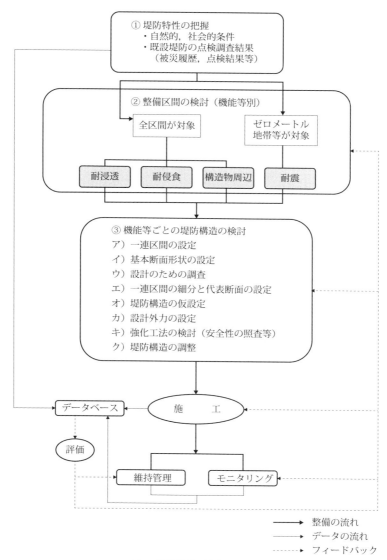

図1 堤防設計の基本的な流れ

資料　河川堤防設計指針

を受けることが重要である。樋門等の構造物周辺の安全性に問題があると考えられる場合には，所要の対策を行う。

4. 堤防構造の検討手順と手法

（1）検討の手順

　堤防構造の検討では，まず堤防整備区間を対象として河道特性や洪水氾濫区域が同一または類似する区間（以下「一連区間」という。）を設定し，一連区間において高さ，天端幅，のり勾配など堤防の基本的な断面形状（以下「基本断面形状」という。）を構造令などから定める（図1③ア）イ））。次に，堤防構造の検討を行うため，堤防に求められる機能毎に堤防の耐力の条件（基礎地盤の状況など）を調査して一連区間を細分する（図1③ウ）エ））。その細分区間における堤防構造を検討するため，細分区間毎に代表断面を設定する（図1③エ））。また，外力ならびに堤防の耐力の条件（堤体の土質強度等）となる諸量を把握するために，堤防の機能に応じて適切な調査を実施する（図1③ウ））。

　以上の結果を用いて堤防構造の検討を行う。構造の検討は，基本断面形状をもとに仮設定した代表断面の堤防構造を対象として，機能毎に適切な手法を用いて安全性を照査する。ここで，照査の結果が照査基準を満足しない場合には，強化工法を検討して堤防構造を再設定し，その安全性を確認する（図1③オ）〜キ））。最後に，各機能毎の照査結果，強化工法の設計等を調整することにより設計を終了する（図1③ク））。

（2）一連区間の設定

　一連区間とは，堤防構造の検討を効率的に進めるために設定するもので，一連区間の境界は支派川の分合流箇所や山付き箇所に設定することを基本とするが，河川の特性，地形地質，あるいは堤内地の状況（地盤高等）や想定される氾濫形態等も考慮して分割してもよい。

　山付き箇所は，一連区間の設定の基本となる。また，支派川の分合流箇所の多くは計画高水流量の変化点であり，堤防の断面形状が変わる可能性がある地点であるとともに，氾濫区域を分断する地点でもあることから，これを一連区間の境界として設定することは合理的である。

474

資料　河川堤防設計指針

　なお，山間狭隘部の堤防のように山付き箇所をはさんで短い堤防が断続する場合や支派川が近接して分合流する場合には，河道特性や地形特性を考慮して，いくつかの堤防区間を一連区間と見なしてもよい。

（3）堤防の基本断面形状

　堤防構造の検討に当たっては，まず堤防の基本断面形状を設定する必要がある。性能規定の設計手法であれば，機能さえ満足していれば場所毎に多様な形状を設定することが可能であるが，堤防においては上下流あるいは左右岸の堤防断面形状の整合性が強く求められることから，一連区間内の基本断面形状は原則として同一とする。なお，ここで設定する基本断面形状は，必要最小限の断面であることに留意する必要がある。

① 堤防高および天端幅

　　堤防の高さ及び天端幅は，構造令により設定する。

　　余裕高は，洪水時の風浪，うねり，跳水等による一時的な水位上昇に対する備えであるほか，洪水時の巡視や水防活動の安全の確保，植生や風雨などによる劣化，流木等の流下物によりゲートや橋梁が閉塞することの防止等，様々な要素をカバーするためのものであり，堤防の構造上必要とされる高さである。

　　天端幅は，堤防の天端が管理用通路として使用されるだけではなく，散策路や高水敷へのアクセス路として広く利用されており，それらの機能増進やバリアフリー化の推進，あるいは水防時の円滑な車両通行の確保，地震災害時等の河川水利用等を考慮し，可能な限り広くとることが望ましい。また，水防活動等のため適当な間隔で天端幅の広い箇所を設けておくことが望ましい。

　　なお，構造令に規定されている余裕高及び天端幅は最低限確保するべき値であり，河川の特性に応じて適宜設定する。

② のり面の形状とのり勾配

　　堤防のり面は表のり，裏のりともに，原則として勾配が3割より緩い勾配とし，一枚のりの台形断面として設定する。構造令では，のり勾配は2割より緩い勾配とし，一定の高さ以上の堤防については必要に応じ小段を設けることとしているが，小段は雨水の浸透をむしろ助長する場

475

合があり，浸透面からみると穏やかな勾配の一枚のりとしたほうが有利なこと，また除草等の維持管理面やのり面の利用面からも穏やかな勾配が望まれていること等を考慮し，緩傾斜の一枚のりとすることを原則とした。ただし，従来より小段を設ける計画がないような，高さの低い堤防に関してはこの限りではない。さらに，既存の用地の範囲で一枚のりにすると，のり勾配が3割に満たない場合の断面形状については個別に検討する必要がある。

また，小段が兼用道路として利用されている等の理由から，一枚のりにすることが困難な場合には，必ずしも一枚のりとする必要はないが，雨水排水が適確に行われるよう対処することが必要である。

なお，のり面の延長が長くなると雨水によるガリ侵食が助長される場合があるので，雨水排水の処理については注意する。

（4）設計のための調査

一連区間の細分，構造の検討における安全性の照査を行うために，所要の調査を実施する。調査の内容は堤防に求められる機能や検討区間の特性等によって異なるため，河川の洪水の特性，河道特性や堤防整備区間の地形地質条件，背後地の状況等を勘案して適切な項目を設定する必要がある。

（5）一連区間の細分

既往の点検や調査の結果及び設計のための調査等にもとづき，一連区間を堤防構造の検討を行う区間に細分する。細分の観点は堤防に求められる機能により異なるが，堤防の種別（完成，暫定など），堤内地盤高から見た堤防高，背後地の状況，治水地形分類，堤体や基礎地盤の土質特性，高水敷の状況，過去の被災履歴などの条件から，堤防構造を同一とする区間として設定する。

（6）堤防構造の仮設定

細分された区間の中から代表断面を選定し，基本断面形状に基づき，過去の経験や周辺の堤防構造等を参考にして，代表断面の堤防構造を仮設定する。代表断面は，堤内地盤高と堤防高の差が最も大きい等，設計上厳しい条件にある箇所において設定する必要がある。

（7）設計外力の設定

洪水時の堤防は，計画高水位以下の水位の流水の通常の作用に対して安全

な構造とする必要がある。計画高水位は，河道計画および施設配置計画等の洪水防御計画の基本となるものであり，河川管理施設は計画高水位に達する洪水状態を想定して設計を行う必要がある。また，耐浸透機能については，計画規模の洪水時の降雨も重要な外力である。

　液状化の判定に用いる地震力及び慣性力として作用させる地震力には，震度法による設計震度を用いる。この際，地震力の作用方向は水平とする。なお，十分な検証を行える場合などにおいては，数値シミュレーションによる変形解析手法を活用することもできる。

　なお，堤防の耐震性能の照査に当たっては，レベル2地震動による液状化の影響を考慮することとしている。

（8）強化工法の検討

　耐浸透，耐侵食機能に関する構造の検討では，まず代表断面において仮設定した堤防構造を対象として，機能毎に適切な手法を用いた安全性の照査を行う。照査の結果が照査基準を満足しない場合には，強化工法を検討し，堤防構造を修正する。

　地震を対象とした構造の検討は，耐浸透や耐侵食機能の確保が確認された堤防構造について，地震による堤防の変形が2次災害の発生につながるか否かについて検討する。その結果，地震に対する対策が必要とされる場合においては，所要の安全性を確保できる構造となるよう強化工法を検討し堤防構造を修正する。

（9）堤防構造の調整

　個々の機能に必要とされる堤防構造が互いに矛盾する場合や，全体として構造体としてのバランスのとれない堤防構造となる場合には，堤防構造が最大限の効果を発揮するよう十分な調整を図る必要がある。また，環境面にも配慮した上で堤防構造を決定する必要がある。

　さらに，縦断方向の構造の連続性や，樋門，樋管等の構造物の配置等を考慮して，一連区間の堤防が同等の機能を発揮するよう最終的な堤防構造を決定する。決定に当たっては，細分区間毎の堤防構造の連続性に配慮し，境界部が弱点とならないよう留意する必要がある。

資料　河川堤防設計指針

5. 安全性の照査

（1）照査の基本

　工学的手法を基本とする堤防の安全性照査では，堤防に求められる機能に
応じて，安全性の照査手法の適応，照査外力の設定，照査基準の設定をそれ
ぞれ適切に行うことが重要である。

　安全性照査の手法については次の手法を標準とし，これらの手法の適用に
必要とされる照査外力，照査基準を設定する。

- ・耐浸透機能：非定常浸透流計算及び円弧滑り安定計算
- ・耐侵食機能：設計外力とする洪水による堤防のり面及び高水敷の侵食限
界の判別（既設護岸のある場合には設計外力とする洪水による護岸の破
壊限界の判別）
- ・耐震性能：堤防の変形を数値解析より算定

（2）照査外力と照査基準

1）浸透に対する照査

　　耐浸透機能の照査では，照査外力として照査外水位と照査降雨を設定
する。

　　照査外水位としては，計画高水位（当面の整備目標として設定する洪
水時の水位が定められている場合にはその水位）とし，照査降雨として
は，計画規模の洪水時の降雨（当面の整備目標として設定する洪水が定
められている場合にはそのときの降雨）とする。

　　照査基準には，以下に示すように滑りに関しては目標とする安全率を，
パイピングに関しては力学的な限界状態を設定する。

① 滑り破壊に対する安全性

　　a. 裏のりの滑り破壊に対する安全性

$$Fs \geqq 1.2 \times a_1 \times a_2$$

　　Fs；滑り破壊に対する安全率

　　a_1；築堤履歴の複雑さに対する割増係数

　　　築堤履歴が複雑な場合　　　　　　　　　　　　$a_1 = 1.2$

　　　築堤履歴が単純な場合　　　　　　　　　　　　$a_1 = 1.1$

　　　新設堤防の場合　　　　　　　　　　　　　　　$a_1 = 1.0$

a_2；基礎地盤の複雑さに対する割増係数

被災履歴あるいは要注意地形がある場合　　　$a_2=1.1$

被災履歴あるいは要注意地形がない場合　　　$a_2=1.0$

※築堤履歴の複雑な場合：築堤開始年代が古く，かつ築堤は数
度にわたり行われている場合や履歴が不明な場合

要注意地形：旧河道，落掘跡などの堤防の不安定化につなが
る治水地形

b. 表のりの滑り破壊に対する安全性

$Fs \geqq 1.0$

Fs；滑り破壊に対する安全率

② 基礎地盤のパイピング破壊に対する安全性

a. 透水性地盤で堤内地に難透水性の被覆土層がない場合

$i < 0.5$

i；裏のり尻近傍の基礎地盤の局所動水勾配の最大値

b. 透水性地盤で堤内地に難透水性の被覆土層がある場合

$G > W$

G；被覆土層の重量

W；被覆土層基底面に作用する揚圧力

2）侵食に対する照査

耐侵食機能の照査検討では，照査外力として代表流速を設定する。代
表流速としては，計画高水位（当面の整備目標とする洪水時の水位が定
められている場合にはその水位）以下の水位時において，最も早い平均
流速に湾曲等による補正係数を乗じて算出する。

照査基準は以下を標準とする。ただし，河岸防護等の適切な対策がと
られる場合にはこの限りではない。

① 堤防表のり面およびのり尻の直接侵食について

表面侵食耐力＞代表流速から評価される侵食外力

② 主流路（低水路等）からの側方侵食，洗掘について

高水敷幅＞照査対象時間で侵食される高水敷の幅

資料　河川堤防設計指針

3）耐震性能照査

　河川構造物の耐震性能照査指針（案）・同解説（平成 19 年 3 月）を参照されたい。

6. 機能維持のためのモニタリング

　堤防は延長の長い線状の形態を有し，歴史的な経緯を経て構築されてきた構造物であることから，洪水および地震に対する堤防の信頼性を維持し高めていくためには，堤防の保持すべき個々の機能に着目したモニタリングが不可欠である。モニタリングにより機能の低下や喪失が認められた場合，あるいはそのおそれがあると判断された場合には，直ちにその復旧や予防措置を講ずるとともに，必要に応じて堤防の構造，材料や設計法の妥当性について再検証することも重要である。

　モニタリングとしては，堤防の各部分に変状や劣化が生じていないか，降雨終了後も長期間にわたり水が滲み出していないか，みお筋や河床高に変化がないかなどについて，日常の巡視や調査等により把握するとともに，出水時に堤体及び堤防周辺地盤の挙動，樋門等の構造物周辺の漏水，あるいは堤体内の浸潤面の発達状況等を監視，計測すること等が重要である。

　モニタリングの方法としては，目視によることのほか，堤防の個々の機能に応じて計器を設置するなどして，出水時に生じた変化などを把握することが望ましい。堤防が洪水あるいは地震により被害を受けた場合には，入念な調査により被害の原因やメカニズムを把握して対策を行うことが重要である。

索　引

用語索引

【あ行】
アーマレビー　304
圧密沈下　330
洗い堤　65
石川　86
維持管理　1
維持修繕　357
石蛸　155, 179, 190, 275
石出し　19, 22, 27
石積工　27
石積出し　12
石塘　15
石張工　27
出雲結　9
伊勢湾台風　245, 248
板柵　29
板柵工　5, 9
溢水堤　177
溢流堤　188
犬走り　54, 187, 225
猪子　9
インターネット社会　299
羽越災害　299, 300
請負工事　294
牛類　27
内入用　39
内法　225
裏法　225
液状化　343
液状化現象　300
液状化判定用設計震度　415
越水外力　434
越水堤防　301
越流堤　300, 326
円弧すべり計算法　302
円弧すべり面法　344
大聖牛　27
御囲堤　26

お金手伝　39
押え盛土　354
押堀　62, 67
御手伝普請　79
表法　225
オランダ式二重管コーン試験　317

【か行】
開成学校　123
科学技術新体制　235
河港道路修築規則　95
笠置　54
嵩置き　188
鹿島水理試験所　250
過剰間隙水圧　302, 346
河水統制　170
河水統制事業　213, 219, 245
霞堤　13, 26, 30, 175, 227, 312
カスリーン台風　239, 255
河川維持管理　440
河川維持管理技術者　447
河川管理施設　1
河川管理施設等構造令　293
河川管理リポート　442
河川技術者振興機構　446
河川砂防技術基準（案）　298, 308
河川砂防技術基準　維持管理編　385, 448
河川審議会　292
河川整備基金　376
河川整備基本方針　383
河川整備計画　383
河川堤防設計指針　392,

400, 402
河川点検士　447
河川土工　394
河川の重要度　309
河川法　93, 133
河道計画　3, 259
河道センターライン方式　316
河道分類　86
狩野川台風　248
花粉症対策　452
萱出し　87
空石張工　27
雁堤　59
環境基本法　381
環境政策大綱　381
慣性力用設計震度　415
官民連帯共同研究　295, 396
監理水準　442
危機管理　378, 463
技術院　217
技術活用パイロット事業　423
鬼怒川の破堤　428
基本高水　259, 260
逆算粗度　260
キャリオールスクレーパ　276
九州帝国大学　171
京都帝国大学　171
享保の改革　36
局所動水勾配　402
杭工　9
杭柵　29
クイックサンド　351
空気間隙率　430
空洞化　307
掘削　147
クッター式　226, 236

481

索　引

轡塘　16
国役普請　37, 40
グラベルドレーン　420
クリープ比　437
計画河床勾配　261
計画高水位　221, 261
計画高水流量　139, 260
計画洪水流量　122, 259
経済安定本部　242
形状規定方式　461
警防団令　213
激甚災害特別財政援助法　245
ケレップ水制　107, 115, 122
限界動水勾配　258, 351
建設省河川砂防技術基準　258
建設省土木研究所　241, 257, 303
検地　24, 34
現場せん断試験　317
兼用道路　324
公益法人改革　385
工学会　171
高規格堤防　375, 378, 384, 433
高規格堤防設計水位　435
公儀普請　38
公共土木施設災害復旧事業費国庫負担法　244
工事実施基本計画　292
高水位　221
高水工事　133, 143
高水敷　202
洪水防御計画　3
洪水防御堤防　175
公地公民の制　7
耕地整理法　165
高等文官試験　217
工部大学校　123
コーンペネトロメータ　340
小型振動ローラ　342
護岸　3, 19, 69

湖岸堤　332
国土技術研究センター　392
国土技術政策総合研究所　385
国土強靭化　386
国土交通省　385
国土総合開発法　245
国民所得倍増計画　252
国立防災科学技術センター　302
子蛸　179
小段　54, 225, 229, 232
古墳　6
コンクリート異形ブロック　303
根毛量　451

【さ行】
災害準備基金特別会計法　136
災害対策基本法　245, 248
災害土木費国庫補助規定　136
災害復旧制度　244
災害待ち　245
柴工水制　122
柴工水刎　108
札幌農学校　123, 171
砂防法　93, 133
サンドコンパクション　420
C集団　19
地方書　3, 44
地方竹馬集　50
地方凡例録　48
しがら工　5, 9
敷葉工法　7, 8
時局匡救事業　209
資源調査会　242
試験フィールド事業　396
事後保全型　462
止水効果　352, 353
止水盤　329, 353

失業救済事業　209, 235
柴工水制　122
柴工水刎　108
シバの被度　452
地盤沈下　317
自普請　42
締固め　338
締固め基準　429
締固め度　301, 432
尺木牛　27
尺木垣　27
遮水工法　117
守護大名　11
出発水位　315
首都圏氾濫区域堤防強化対策　393, 439
樹林帯区域　384
浚渫　147
準用河川　292
将棋頭　13
定規断面　298
常水位　194
捷水路　106, 145, 264
常水路　202, 205, 264
消防組規則　97, 213
定法書　44
消防組織法　243
消防団令　242
消防法　243
植生護岸　306
新河川法　291
新河道計画　316
新技術活用事業　396
浸水想定区域制度　387
新全国総合開発計画　288
心土　189
振動応答解析　302
振動コンパクタ　342
浸透作用　328
浸透破壊　401
浸透防止工法　117
浸透流解析法　360
震度法　302
森林法　133
水害地形　242

482

水害地形分類図　249,
　388, 454, 462
水害防止協議会　212,
　220
水害予防組合　135, 243,
　243
水制　3, 69
水防　3, 4, 42
水防管理団体　243
水防法　243
水利組合　203
水利組合条例　93, 97,
　135
水利組合法　135
水利土功会　97
水理模型実験　172
水路式　170
水論　62
スウェーデン式サウン
　ディング試験　317
数値計算　281
スーパー堤防　375, 433
捨石　29
砂川　86
砂堤　69, 189
すべり破壊　401
制水堤　203
成長調整剤　452
静的震度法　346
性能規定方式　461
生物多様性条約　381
堰板　186, 188
セグメント　31
セグメント1　78, 119, 313
セグメント2　313
セグメント2-1　21, 60, 78,
　79
セグメント2-2　18, 61,
　72, 79
セグメント3　61, 151,
　226
説明責任　442
背割堤　107
戦国大名　11
千本づき　151, 190
総合技術開発プロジェク

ト　395, 295
総合治水対策　250
総合治水対策特定河川事
　業　290
即時沈下　330
粗朶沈床　122
外法　225

【た行】
第一次治水計画　136
第一次臨時治水調査会
　160
耐越水堤防　250, 300,
　302
第三次治水計画　211
耐震性能　421
耐震設計法　302
耐震対策　302, 307
大聖牛　27
第二次臨時治水調査会
　163
大宝律令　8
大名手伝普請　38
大名塘　18
タイヤローラ　340
高潮　248, 332
高撒き　200, 205, 340
高水工事　133, 143
宅地嵩上げ　384
竹蛇籠　9
多自然型川づくり　378
棚牛　27
棚木牛　27
ダム式発電所　170
ため池　6, 7
多目的ダム　246
タワー式　232
談合　377
単年度予算　242
ダンプトラック　252
地下空間　378
力杭　176
地球温暖化　377
地形均し　20
築堤材料　178
治山治水緊急措置法

251
治山治水対策要綱　247
治水裁判　298
治水策要領　93
治水雑誌　40
治水事業五箇年計画
　251
治水新策　125
治水全体計画　287
治水総論　101, 107
治水地形分類図　454
治水特別会計法　251
治水費資金特別会計
　162
治水論　126
中水路　146
超過外力　386
超過洪水　374, 378, 386,
　463
超過洪水対策　250
町人請　49
丁場　57
直営工事　294
直轄技術研究会　257
チリ地震津波　250
沈床　113, 153
詰杭工　5
堤外地　64
定式普請　42
低水位　193
低水工事　143
低水流量　226
低水路　146
低水路河岸管理ライン
　399
泥炭　152, 192
堤内地　2
堤防　2
堤防組合　97
堤防研究会　392
堤防溝洫志　56
堤防植生管理　450
堤防設計論研究会　388
堤防線　226
堤防の維持　278
堤防の沈下量　417

483

索　引

堤防防護ライン　399
堤防無用論　126
堤防役　43
堤防余裕高　265
電源開発促進法　246
天井川　10
天端　225
天端幅　323
天領　33
東京大学　123
頭首工　167
透水係数　432
透水性地盤　329
導流堤　228
道路土工指針　301
道路法　169
特殊堤　326, 333
独立行政法人 土木研究
　所 385
ドコービル　232
床固工　202, 203
床止め水制　232
土質工学会　256
土質試験法　317
土質層序構造　281
土質力学　173
土台木　78
土地改良　165
土地利用一体型水防災事
　業 385
土堤　69
土堤原則主義　299
土取場　181, 231, 339
土羽打ち　342
土羽打ち棒　155
土羽踏み　151
土羽棒　276
土木会議　211
土木学会　171, 216
土木工要録　108
渡来人　5
ドラグライン式　232
トラフィカビリティ
　431
鳥脚　59
土量計算　273

ドレーン工法　361
泥川　86
トロッコ　232

【な行】
内務省土木試験所　172,
　218
長良川破堤　302
軟弱地盤　329
軟弱地盤工法　277
難破堤堤防　464, 428
新潟地震　300
2Hルール　234
西日本水害　247
日本技術協会　217
日本工人倶楽部　217
日本土質基礎工学委員会
　256
根固め工　303
年超過確率　309
農村救済　210
野越　65
野焼き　452
法肩　225
法尻　225
法尻保護工　205

【は行】
排水井戸　354
排水溝　354
パイピング　394, 423
鋼土　117, 176, 178
バケット式　232
バザーン式　141, 175
梯子胴木　8
旗本領　33
場踏　225
バブル景気　373, 434
腹付け　54
張石　231
パワーシャベル　252
阪神・淡路大震災　381
班田収授の法　7
氾濫原管理　250, 464
氾濫水の誘導　250
東日本大震災　428, 463

樋管　167, 307
樋管空洞調査　303
菱牛　27
比透水係数　405
樋門　167
兵庫県南部地震　390,
　443
氷堤　184, 185
比流量　139
フォルヒハイマー式
　226, 236
伏流水　205
不同沈下　423
不等流計算　260
負の圧力水頭　404
不飽和土　301
不飽和透水係数　404
フライの式　274
ブランケット　278, 329,
　354
ブルドーザ　252, 275, 340
ブロックの物理特性値
　415
フロンティア堤防　428
文官任用令　216
分流堤　228
ベルトコンベア　252
弁慶枠　47, 86
防御の工　96
防災計画　242
放水路　143
防潮堤　16
飽和・不飽和非定常浸透
　流計算　402
飽和度　430
没水堤防　175
ポンプ　167
ポンプ浚渫船　341

【ま行】
撒き出し　199, 205, 232,
　429
マニング式　226, 236,
　260
水資源　242
水資源開発公団法　246

484

索　引

水資源開発促進法　246
水刎　101, 103
水防災意識社会　387
水防災対策特定河川事業　384
水論　62
三叉　9
民間共同研究　421
民間コンサルタント　295, 298
民間省要　47
村請　34
村囲堤　62
毛管水頭　301
モッコ　152, 202, 205

【や行】
山付き堤　57

遊水地　231
幽霊丁場　153
用水　6
養老律令　9
横堤　172
予防の工　96
予防保全型　462
予防保全対策　361
余　盛　り　179, 190, 272, 329, 330
余裕高　118, 320, 322

【ら行】
蘭学　88
流過可能洪水流量　249
流過能力　260, 310
流下能力管理方式　396
流作場　55, 64, 94

流水　328
流水占用料　453
流路工　206
領主普請　41
力抗　176
レーンのクリープ比　423
漏水対策工　301, 351
漏水防止工法　277
ロードローラ　340
論所堤　43, 62

【わ行】
枠工　27
輪中　43, 62
輪中堤　384

河川名・地名・施設名索引

【あ行】
秋篠川　9
旭川　24, 66, 87
芦田川　34
安倍川　37, 56
荒　川　34, 38, 41, 47, 63, 64, 79, 86, 143, 299, 433
飯沼　36
石狩川　159, 180, 192
出雲川　61
板付遺跡　5
市野川　63
稲荷川　41
揖斐川　40, 107
岩井川　9
印旛沼　49
宇治川　10, 21, 29
江戸川　37, 64, 94, 101, 103, 194, 250, 253, 255, 439, 452
大井川　34, 37
大井川ダム　170
太田川　24

大野川　34
巨椋池　21
遠賀川　34

【か行】
加古川　304
加治川　293, 299
加勢川　18
嘉瀬川　34, 61, 65
釜無川　11, 56
岩流瀬堤　78
神戸川　125
菊池川　15, 29, 34, 70
木　曽　川　26, 34, 40, 104, 106, 194
木曽三川　38
北上川　34, 140, 143, 194
木津川　10
鬼怒川　37, 64, 107, 387
紀ノ川　18, 29
久慈川　61
九頭竜川　236
倉松川　378

検見川　49
江の川　61, 304
甲府盆地　11, 14
小　貝　川　37, 64, 68, 107, 153, 306, 368, 423
菰川　9

【さ行】
佐賀江　66
相模川　291
酒匂川　37, 47, 78
佐保川　9
狭山池　7, 8
紫雲寺潟　36
重信川　34, 61
信濃川　126, 140, 141, 143, 194
首都圏外郭放水路　378
常願寺川　57, 109, 264
庄内川　66
城原川　65
白川　24, 34, 61
新川　384

485

索　　引

信玄堤　13
川内川　70, 87, 393

【た行】
太閤堤　21
大谷川　41
高岩　12
高須樋管　306, 423
高瀬川　34
高梁川　61
竹鼻川　41
太宰府　8
多摩川　47, 61, 86, 109,
　250, 293, 299, 433
筑後川　34, 61, 123, 141
千曲川　454
中条堤　62
鶴見川　250
天竜川　34, 37, 109
十勝川　421
利根川　34, 37, 38, 39, 41,
　50, 61, 64, 68, 79, 94,
　101, 103, 104, 107, 108,
　140, 141, 147, 151, 194,
　199, 205, 253, 393, 433,
　439

豊川　61
登呂遺跡　5

【な行】
中川　378
那珂川　61
長　良　川　40, 107, 118,
　299, 454
長良川河口堰　376
鳴瀬川　421
難波高津の宮　6
難波の堀江　6
二ヶ領用水堰　427
西除川　7
寝屋川　378

【は行】
斐伊川　118, 124
富士川　34, 37
古利根川　378
保津川　34

【ま行】
槇島堤　23
茨田の堤　6
水城　7, 8
御勅使川　11

緑川　18, 34
見沼　36
御船川　18, 304
武庫川　201, 205, 393

【や行】
矢部川　394
山国川　34
大和川　6, 40, 433
由良川　61, 293
吉野川　61, 140, 380
吉野川第十堰　380
淀　川　34, 40, 101, 108,
　118, 136, 140, 141, 143,
　147, 149, 193, 195, 205,
　250, 393, 433

【ら行】
ライン川　185

【わ行】
ワイゼル川　187
渡良瀬川　41, 107, 142
渡良瀬遊水地　253, 300,
　301

人名索引

【あ行】
青木楠男　173, 218
赤井浩一　258, 360
安藝皎一　218, 242
アボット（Abbott）236
ア ル ン ス ト（Arnst）
　100, 107
井沢弥惣兵衛為永　37,
　47, 86
石黒五十二　123
伊藤　剛　218
伊奈備前守忠次　26
井上兼吉　172
岩崎忠泰　281
ウェストルウィル

（Westerwiel）100, 107
宇喜多秀家　24
内田俊一　242
宇野尚雄　393
エッセル（Escher）100
大久保利通　96
大熊　孝　31, 50
大谷貞夫　38
大矢雅彦　249
岡崎文吉　174, 180
岡部三郎　172
沖野忠雄　125, 136, 139
オ ス タ ー ベ ル グ
　（Osterberg）345
尾高惇忠　125

【か行】
笠井愛次郎　172
笠谷和比古　38
加藤清正　14, 24, 25, 26,
　30
カリス（Kalis）100
河村瑞賢　34
ガ ン ギ エ（Ganguillet）
　236
吉川秀夫　306, 307, 308,
　368, 413, 423
君島八郎　174, 192
木村俊晃　249
キャサグランデ（Casa-

索　引

grande）336,350
金原明善　125
クーロン（Coulomb）
　173, 218
久楽勝行　334, 432
クッター（Kutter）236
久保吾郎　360
熊沢蕃山　35
小西行長　14
近藤仙太郎　139, 145,
　146

【さ行】
佐伯敬崇　105
佐々木康　421
佐々成政　14
佐藤清一　218
佐藤信有　49, 56
篠田哲昭　45
清水　済　105
スティブンソン（Steven-
　son）225
角倉了以　34
関屋忠正　124
セルトン　189

【た行】
高田雪太朗　110
武田信玄　11, 25, 26
田中丘隅　47, 85, 86
田沼意次　49
ダルシー（Darcy）102,
　173, 219
チッセン（Tissen）100
知野泰明　45, 89
寺内正毅　217
テルツァギ（Terzagh）

218
デレーケ（De Rijke）
　100, 104, 107, 109, 121,
　136
ドールン（Doorn）100,
　107
栂野廉行　298
徳川家康　33
徳川吉宗　35, 37
富永正義　223
豊臣秀吉　14, 25

【な行】
中川吉造　167, 216
長崎敏音　174
中大兄皇子　6
中山秀三郎　173
成富兵庫茂安　65
縄田照美　293, 316
西田真樹　89
西松　喬　128
西村捨三　125
西　師意　31, 126

【は行】
バザーン（Bazin）102,
　105, 236
橋本　徹　386
橋本規明　121, 264
服部　敦　394
ハンフリート　236
福岡捷二　397
福岡正巳　257, 270, 271,
　394, 429
福岡次吉　223
藤田光一　434
二見鏡三郎　236

ブライ（Bligh）219
古市公威　123, 125, 126,
　136, 171, 217
細井正延　250
本間　仁　218

【ま行】
マイトレクト（Mastrigt）
　100
前田健一　394
松田万智子　45
三木博史　368, 388, 423
三島通庸　138
宮本武之輔　217, 223
ムルデル（Mulder）100,
　104, 105, 106
毛利輝元　24
物部長穂　171, 173, 360
森田道常　49
文武天皇　8

【や行】
山田省三郎　125
山村和也　257, 300, 334,
　353, 360
山本晃一　388, 396, 397,
　415
横田周平　218, 219, 235
米田正文　258

【ら行】
ラプラス（Laplace）350
ランキン（Rankine）173
リンドウ（Lindow）100
レィニュウス（Reinius）
　336
レーン（Lane）219, 424

487

【著者略歴】

山本晃一（やまもと・こういち）

1970 年	東京工業大学大学院修士終了（土木工学）
	同年，建設省に入省，土木研究所河川研究室研究員
1981 年	建設省土木研究所河川部総合治水研究室長
1985 年	財団法人 河川情報センター主任研究員
1988 年	建設省土木研究所河川研究室長，河川部長，研究所次長，筑波大学工学研究科教授（1992 〜 1999 年，併任）
1999 年	財団法人 河川環境管理財団（20013 年より公益財団法人 河川財団と名称変更）研究総括官，河川総合研究所長等を経て
2016 年	公益財団法人 河川財団研究フェロー
学位等	工学博士，科学技術庁長官賞科学技術功労者（1999）
主　著	沖積河川学，山海堂（1994），日本の水制，山海堂（1996），河道計画の技術史，山海堂（1999）［土木学会出版文化賞］，護岸・水制の計画・設計，山海堂（2003），自然的攪乱・人為的インパクトと河川生態系，技報堂出版（2005）［編著］，河川汽水域，技報堂出版（2008）［編著］，流木と災害，技報堂出版（2009）［編著］，沖積河川，技報堂出版（2010），総合土砂管理計画，技報堂出版（2014）［編著］

河川堤防の技術史

定価はカバーに表示してあります。

2017 年 10 月 25 日　1 版 1 刷　発行

ISBN978-4-7655-1850-5 C3051

著　者　山　本　晃　一

企　画　公益財団法人　河　川　財　団

発 行 所　技 報 堂 出 版 株 式 会 社

〒101-0051　東京都千代田区神田神保町 1-2-5
電　話　営　業　（03）（5217）0885
　　　　編　集　（03）（5217）0881
　　　　Ｆ　Ａ　Ｘ　（03）（5217）0886
振替口座　00140-4-10
http://gihodobooks.jp/

日本書籍出版協会会員
自然科学書協会会員
土木・建築書協会会員

Printed in Japan

© Kouichi Yamamoto, 2017

落丁・乱丁はお取り替えいたします。

装幀　ジンキッズ　印刷・製本　三美印刷

JCOPY　〈出版者著作権管理機構 委託出版物〉

本書の無断複写は著作権法上での例外を除き禁じられています。複写される場合は，そのつど事前に，出版者著作権管理機構（電話：03-3513-6969，FAX：03-3513-6979，e-mail：info@jcopy.or.jp）の許諾を得てください。